基础工程学

JICHU GONGCHENGXUE

（第3版）

严绍军　时红莲　谢妮　编著

图书在版编目(CIP)数据

基础工程学/严绍军,时红莲,谢妮编著.-3版—武汉:中国地质大学出版社,2018.5(2019.7重印)

ISBN 978-7-5625-4246-9

Ⅰ.基…
Ⅱ.①严…②时…③谢…
Ⅲ.地基-基础(工程)
Ⅳ.①TU47

中国版本图书馆CIP数据核字(2018)第029617号

基础工程学(第3版) **严绍军 时红莲 谢妮 编著**

责任编辑:徐润英 责任校对:周 旭

出版发行:中国地质大学出版社(武汉市洪山区鲁磨路388号) 邮编:430074
电话:(027)67883511 传真:67883580 E-mail:cbb @ cug. edu. cn
经 销:全国新华书店 http://cugp. cug. edu. cn

开本:787毫米×1 092毫米 1/16 字数:490千字 印张:19
版次:2005年4月第1版,2018年5月第3版 印次:2019年7月第2次印刷
印刷:武汉籍缘印刷厂 印数:1001—2500册

ISBN 978-7-5625-4246-9 定价:50.00元

再版前言

“基础工程学”是土木工程中一门重要的、具有很强实践性的专业课程。我校的土木工程是在工程地质方向的基础上逐步发展起来的，是具有一定自身特色的专业，因此编写一部适合我校土木工程、地质工程专业学生使用的基础工程学教材非常有必要。

本书第一版(2005 年)、第二版(2009 年)的作者刘昌辉教授在本课程教学、教材编写中作出了重要贡献。本次修编正是以原书第二版为基础，为适应行业规范的修订、教学计划与内容的调整，并总结历年教学中的经验而进行的。编写过程中以着重介绍基础工程学的基本概念、基本理论、基本方法为原则，将浅基础、桩基础、基坑工程作为主要内容并适当扩展，而地基处理、岩土工程施工等内容，是后续专业课程涉及的内容，本教材相对予以弱化。

本次修编的主要内容如下：

(1)第一章对人工地基、基坑工程的概念作了相应介绍，以利形成基础工程学整体概念。

(2)浅基础部分，调整了冻土基底允许残留冻土层厚度，删除了杯口基础及课后习题的部分答案，对条形基础设计计算方法综合为静定法和倒梁法两大类。

(3)对桩基部分的计算方法、表格、部分构造规定进行了调整。

(4)调整了基坑工程的内容体系，遵循由简入繁、由易而难的结构形式进行内容编排，丰富了设计算例。在介绍弹性支点法的同时，对传统的简易设计计算方法予以部分保留，并适当增加了降水工程内容。

(5)为适应相关规范内容的调整，对钢筋混凝土的内容也相应进行了修改。

全书共分为六章，其中第一章和第五章由严绍军编写，第四章和第六章由时红莲编写，第二章和第三章由谢妮编写。全书由严绍军负责统稿。在此要特别感谢原书作者刘昌辉在教材的编写思路、结构体系、具体内容的组织及修改等方面给予的无私指导，并感谢中国地质大学出版社的大力支持。

由于笔者水平有限，书中必有不足之处，为使教材内容更加完善，笔者将虚心等待热心读者的指教。

编著者

二〇一八年三月

目　　录

第一章　地基与基础及设计基本要求

建造在土层(或岩层)上的建筑物,可将其分为上部结构和下部结构两大部分。建筑物下面的土层或岩体承担着建筑物的全部荷载,将受到建筑物荷载影响的那一部分土层(相当于压缩层范围内土层)或岩层称为地基,而将建(构)筑物的下部结构称为基础。一般情况下,基础往往位于室外地面标高以下,它承受着上部结构的荷载,且将荷载传递到地基土中,其常见的功能主要有:

(1)以不同的基础型式,如不同的尺寸、刚度及埋深等,将上部结构传来的轴力、水平力、弯矩等荷载传递到地基中,以满足地基土承载力的要求。

(2)根据上部结构的特点以及地基可能出现的变形情况,利用基础所具有的刚度(经计算确定),与上部结构共同调整因荷载不均或地基土的不均匀性产生的变形,以便使上部结构不致产生过多的次应力。

从不同的角度(材料、构造形式、作用、施工方法及埋深等)可将基础分为多种类型。不同类型的基础,既要使自身强度满足上部结构的荷载要求,还需适应地基的强度和稳定性,所以,进行基础设计时,实际上是进行地基及基础的设计。

设计时,需对地基、基础及上部结构进行考虑,虽然这三方面各自的功能、工作性状及研究方法不同,但对同一建筑物而言,在荷载作用下,这三方面却是相互联系、相互制约的整体。目前,实践中还难以将这三方面完全统一起来进行设计计算,设计时仍较多地采用常规设计方法。但在处理地基及基础问题时,应将三方面作为一个整体进行统筹考虑,才能收到较理想的效果。

设计时,既要保证基底的压力不超过地基承载力特征值,又要使地基的变形量不超过建筑物的地基变形允许值,并且应对设计方案进行技术经济的分析,使设计成果既安全实用,又经济合理。

一般情况下,基坑是为基础施工提供临时性的地下空间的一项技术,但是,随着基坑深度与规模增加、地下空间利用程度加大、周边环境条件复杂化及保护力度愈增等,基坑工程逐渐成为基础工程的一个重要内容。

第一节　地基、基础的主要类型及基坑工程

一、地基的主要类型

(一)一般地基

土层分布较均匀的地基称为均质地基。其地基土层可能是单一的,也可能由多层土组成,当由多层土组成时,各土层的坡度一般小于10%,其中软土层坡度一般小于5%,地基土也可能夹有薄层透镜体。

由于土层分布较均匀,设计时主要考虑地基土的力学性质以及建筑物的特性。在多数情

况下，采用天然地基可满足一般建筑物对地基的变形及稳定性要求。由于勘察工作的精度有限，地层浅部存在的局部软土、洞穴、树根等情况有时待基坑开挖时才发现，甚至在使用过程中出现建筑物沉降不均时才引起注意。因此，基础施工前的基坑验槽工作必须慎重，应加强验槽时的钎探工作，排除地基土中的各种隐患。

当地基土层分布无规律，各土层坡度较大，特别是软弱土层厚度变化大时，应视为非均质地基，设计时应根据土层具体情况区别对待。

（二）特殊性土地基

对一般性土地基（如黏性土地基、砂土地基、碎石土地基及岩石地基等）而言，特殊性土地基主要指湿陷性黄土地基、膨胀土地基、软土地基、冻土地基、红黏土等。另外，填土、盐渍土、污染土等也属于特殊性土的一部分。

1.湿陷性黄土地基

黄土主要分布在中纬度干旱、半干旱地区，大陆内部、温带荒漠和荒漠地区边缘以及第四纪冰川边缘均有广泛发育，我国黄土高原属于典型的黄土区。山西、陕西、甘肃的大部分地区，以及河南西部、宁夏、青海、河北的部分地区，新疆、内蒙古、山东、辽宁及黑龙江的部分地区也有不连续的分布。原生黄土具有很好的结构性，天然含水量较低，一般低于塑限，孔隙比稍高，约为 1.0 左右。该类土在天然状态下强度较高，压缩性较低，而当浸水后，粒间连结力因可溶盐溶解而降低，在一定压力作用下土体将重新压缩，即产生湿陷。这种黄土称为湿陷性黄土。

对湿陷性黄土的判定主要通过试验以湿陷系数来判定。在室内压缩试验中，土体在规定压力下变形稳定，然后浸湿饱和，土体结构遇水破坏产生的附加沉降与样品高度之比定义为湿陷系数。当湿陷系数 $\delta_s<0.015$ 时一般定为非湿陷性黄土；当 $0.03\geqslant\delta_s\geqslant0.015$ 时属于湿陷性轻微黄土；当 $0.07\geqslant\delta_s>0.03$ 时为湿陷性中等黄土；当 $\delta_s>0.07$ 时为湿陷性强烈黄土。从沉积年代上研究黄土，早、中更新世（Q_1、Q_2）形成的黄土已经没有湿陷性了，而晚更新世、全新世（Q_3、Q_4）的黄土一般具有湿陷性。在全新世黄土中，又可以划分为 Q_4^1 原生的湿陷性黄土及 Q_4^2 新近堆积黄土。新近堆积黄土又可根据沉积环境划分为坡积型和冲洪积型，但总的来说新近堆积黄土性质一般较差。

以黄土湿陷性起始压力是否大于上覆土体饱和自重为标准，将湿陷性黄土划分为自重湿陷性黄土和非自重湿陷性黄土。通过类似测湿陷系数试验（试验时压力取上覆土体饱和自重）得到黄土的自重湿陷系数。当然，地基湿陷性测试与评价也可采用现场试验来完成。已知每一层土体湿陷系数、自重湿陷系数及代表土层厚度，可以计算出场地的湿陷量和自重湿陷量，以此可以对场地进行湿陷性等级评价。根据湿陷量和自重湿陷量，可以将场地地基类型划分为轻微（I）、中等（II）、严重（III）及很严重（IV）4 个等级。以此并结合建筑物重要性、地基受水浸可能性及使用期间建筑沉降限制严格程度，来确定地基、基础及上部结构处理措施。

湿陷性黄土地区处理措施一般包括防止地基浸水、提高上部结构整体性及变形适应性、消除地基土的湿陷性等措施。

（1）防止水浸入地基。在建筑物的布置、场地及屋面排水、地面防水、散水、排水沟、管道敷设、管材及接口等方面采取防水措施；在防护范围内，对地下管道增设检漏管沟和检漏井；对防水地面、排水沟、检漏管沟、检漏井等设施提高设计标准。

（2）结构措施。选择适宜的结构和基础型式；加强结构的整体性及空间刚度；构件应有足够的支承长度；预留适应沉降的净空；建筑物体形力求简单，当体形复杂时应设沉降缝，将建筑物分成若干体形简单并具有较大空间刚度的独立单元。

（3）地基处理措施。地基处理是消除黄土地区部分或全部湿陷量最常用的方法。当基础以下湿陷性黄土厚度较小时，一般可采用土（或灰土）换填形成垫层的方法来置换，但湿陷性黄土厚度过大时，换填法不大适用，这时可以考虑采用挤密土（灰土）桩来消除桩周土的湿陷性；大面积湿陷性黄土区，也可采用重锤夯实，破坏黄土大孔隙结构而达到目的；对于自重湿陷性黄土，人工预浸水可以消除自重湿陷量。当然也可以采用桩基础穿过湿陷性黄土进入下覆的非湿陷坚硬土层来减少湿陷性黄土的负面影响。

2. 膨胀土地基

因膨胀土的黏粒成分主要由亲水矿物（如蒙脱石、水云母等）组成，吸水膨胀、失水收缩或反复胀缩是膨胀土地基的变形特点。由于地基土的密度、天然含水量不同，加上气候、覆盖条件的差异，其变形可能是上升型变形，也可能是下降型变形，或者二者皆有。

地基土含水量的改变是引起地基变形的主要原因，含水量的改变及变化程度主要取决于降雨量及蒸发量、地温的变化程度及地基的覆盖情况，如房屋、地坪、草木的覆盖情况等。因此，在较长时间的降水或大旱后，往往引起建筑地基变形，使三层以下的建筑物产生破坏，如墙体开裂、独立砖柱断裂并伴随水平位移及转动、室内地坪隆起等。地基变形引起的房屋变形以反向挠曲变形居多，在某一时期某一具体条件下，也常表现为正向弯曲变形，坡地上的房屋还常出现局部倾斜并伴有水平变形。在膨胀土地基上的房屋，其损坏率较高，且损坏后的房屋不易修复。

根据以上基本特征，膨胀土地基的设计工作应按以下原则进行：

（1）根据拟建地区的气候、地形地貌条件、地基的膨胀性质等，判定地基在 10 年或更长时间可能发生的最大变形量及其变形特征。

（2）采取相应措施，使可能发生的变形量减少到房屋允许变形值范围之内。如：增加基底压力以限制其膨胀变形；为减小气候变化所产生的不利影响，对基础采用适当的埋深；采用覆盖设施，使蒸发所引起的干缩变形减至最小限度；改善地面排水及地下管道排水设施，防止向土中渗漏等。

（3）对处于坡地的房屋，设置挡墙维护边坡，以减少地基土中水分的侧向蒸发，防止地基因水平方向变形而危害建筑物。

对膨胀土地基的变形特征判定，直接关系到膨胀土地基的设计是否正确，以及将采取的防治措施是否得当。例如，对膨胀变形为主的地基，采用增加基底压力、防止水渗入地基的措施最可靠，而对含水量较高的膨胀土地基，增加基底压力的方法不能采用，应以减少蒸发、防止地基土收缩下沉为出发点才是正确的。

3. 软土地基

由淤泥、淤泥质土、冲填土、杂填土或其他高压缩性土层构成的地基属软土地基。因为在这类地基土上建造房屋会产生较大沉降，若将中、低压缩性土地基的一般设计方法直接用到软土地基的设计中，可能不满足建筑物的安全使用要求，所以，除按一般地基设计原则进行设计外，在某些方面还应采取特殊措施。天然软土一般属于还原环境条件下全新世晚期湖相饱和堆积物，一般以孔隙比 e 的大小分为淤泥质土（$1.5>e\geqslant1.0$）和淤泥（$e\geqslant1.5$）两大类。

软土地基设计中必须慎重考虑地基土的变形，甚至当荷载未超过地基土的承载力特征值时，若未采取特殊措施，也会产生过大沉降及不均匀沉降，使房屋严重破坏。例如，建在中、低压缩性地基上的三层砖石结构，其沉降量一般不超过 10～20mm，若建在软土地基上，沉降量可达 100～500mm。又由于软土的渗透性弱，建筑物的沉降稳定时间少则几年，多则十几年，可见对软土地基进行设计时，考虑采用相应的措施很有必要。其设计原则和措施主要有：

(1)提高建筑物的刚度，以减小相对弯曲变形，使建筑物得以均匀下沉。

(2)利用补偿性基础设计方法，或采用筏板基础，以减小地基中的附加应力，使沉降量减小。

(3)使建筑物的体形及平面布置简单、荷载均匀，必要时按平面形状及高度差异，在适当部位设置沉降缝，以减少局部地基的不均匀变形，防止建筑物开裂和破坏。

(4)控制相邻建筑物的间距，以免因相互影响而产生附加不均匀沉降，防止相对倾斜。

(5)控制加荷速率，利用土的固结原理，使地基在压缩变形过程中相应提高地基承载力。

(6)利用地基处理的方法，如堆载预压、换土垫层等方法，以提高地基承载力。

(7)控制施工现场大面积堆载的范围及堆载量，以防邻近建筑物被破坏或者使基础产生不均匀下沉。

(8)当在软土地基上建造高重型建筑物时，一般采用深基础，如采用桩基础穿过软土层进入承载力较高的地基土中，甚至可进入深部基岩，使建筑物的沉降量不超过允许值，且稳定性得到保证。但采用桩基础会使工程造价提高，需进行技术经济的比较后才能决定是否采用。

4.冻土地基

在寒冷地区，土中液态水因温度低于 0℃而结冰，因冰胶结土粒形成冻土。冻土的强度较高，压缩性很低，当温度升至 0℃以上，土体因冰融化使强度大幅度降低，压缩性增强。冻土分为季节性冻土(冬季冻结，春季融化)和多年性冻土(在年平均气温低于 0℃的地区，仅表层土因气温升高而融化，其下部土层终年处于冻结状态)。

在我国的高纬度高海拔地区进行铁道建设、油气管道、电站及特殊项目的施工中常遇到冻土地基，在这类地基上施工需解决的主要问题是如何防止冻土解冻，以及如何避免因地下水向地表上升而产生的冻锥对工程的危害。

地温升高将引起地基土解冻，如气温升高、建筑物覆盖地基、采暖等都会使地基土解冻。由于冻土中冰的体积大于融化后水的体积，使解冻后的地基产生塌陷现象，又因土体强度急剧降低，会使基础产生过量的或不均匀下沉。

为防止冻融对建筑物的危害，可将基础埋置于不解冻土层中(如采用钻孔灌注桩工艺)，并设置地板架空层(对表层土隔热)，可减小解冻的可能性。工程选址时，应避开可能产生冰锥的地区，并做好场地排水工作。冻土地基的相关设计详见第二章。

(三)人工地基

除了被动地利用已有的天然地基外，可以对天然地基进行处理形成人工地基，该类地基类型种类较多，下面仅进行简单介绍。

当基础下存在不良地基土时，如果地基土厚度不大，在工程量可以接受的情况下，可以考虑将不良地基土人工挖除后换填满足要求的土体。这种方法常用在局部的坑、穴处理，换填土常用人工夯实的三七或二八灰土、承载力更高的砂石料等。当然人工换填也可用于变形调节，如在处理高层主体与裙房差异变形过程中，可以采取将裙房下地基置换为具有一定变形缓冲能力的土体，以保证变形的协调。换填土的指标主要控制压实系数。

当将土体挖除置换不现实时，可以考虑采用保留原土，但要提高天然地基土体的密实度来改善其工程性质。根据土质条件，常用的方法有强夯加密、挤土桩及振冲桩加密、真空或堆填压实等方法，以降低土体的孔隙率，改善其工程性质。最简单的加密方法——夯实，是采用重锤提升一定高度后释放，然后对土体进行夯击，导致土体加密的一种办法。夯击属于瞬时的能量冲击，速度很快，被加固的土体一般为能被夯击密实的碎石土、砂土、低饱和度的粉土与黏性土、湿陷性黄土、素填土和杂填土等地基，饱和的细粒土一般不采用夯实提高密实度。夯实是一种由地表向下的加密过程，加固效果随深度增加而降低。挤土桩则属于通过对桩周土体挤压而实现加密的工艺，加固深度受桩长控制。挤土桩在处理排水不畅的细粒饱和土时也不适用。当遇到饱和的松散砂性土时，为改善土体的工程性质，提高抗液化能力，常用振冲工艺导致局部砂土液化来提高土体的密实度。对于淤泥质土，采用夯实、挤土桩及振冲桩并不能提高土体本身的密实度，反而可能导致土体工程性质降低。要想提高这类低强度、低渗透性的饱和土体的密实度，工程上常用真空或堆载压实的方法。堆载预压比较简单，一般分层堆填荷载于松软土体之上，增加土体总应力（超孔隙水压力为主），待孔隙水压力消散，土体沉降并加密，性质改善。而真空预压主要是对地表密封覆盖后通过抽真空而导致土体固结压密的过程，受系统密封性能控制，处理后的地基承载力一般不会超过 80kPa。

另外，也有通过灌入水泥及化学浆液，对土体进行直接改性的方法来处理地基。

对强度难以满足要求的地基土部分用更高强度材料予以置换，形成地基土与置换材料的复合地基，也是工程上经常使用的方法，如水泥土搅拌桩复合地基、旋喷桩复合地基、夯实水泥土桩复合地基等。当桩体在形成的过程中，对周边土体有挤压加密效果时，属于置换与加密的共同作用。当然在部分软土地基中形成的砂桩，一般只是用于降低土体排水路径，不考虑置换效应。

人工地基形式种类极其多样，必须在充分认识地质条件、岩土体性质基础上，因地制宜，灵活使用。

二、基础的主要类型

建筑物的基础可采用多种材料建造而成，常见的有砖基础、毛石基础、灰土基础（石灰∶黏土为 3∶7 或 2∶8）、三合土基础（石灰∶砂∶碎石为 1∶2∶4 或 1∶3∶6）、混凝土基础、钢筋混凝土基础等。工程中可从不同的角度将基础分为以下几种类型。

（一）按基础的受力性能划分

砖基础、毛石基础、灰土基础、混凝土基础等均属无筋扩展基础，也称刚性基础。基础自身的抗压强度远大于其抗拉、抗剪强度，能承受较大的竖向荷载，但不能承受因挠曲变形而产生的拉应力和剪应力。

由于基础的抗拉、抗弯曲强度较低，当上部荷载分布不均或地基土层强度不均时，一旦产生沉降不均，刚性基础易断裂，且刚性基础受刚性角的限制（详见第二章），其底面尺寸宜窄不宜宽，并应有足够的埋深。因此，当上部荷载不大且分布均匀、地基土为承载力较高的均质地基时，适宜采用刚性基础。

对无筋扩展基础而言，钢筋混凝土基础属柔性基础。它不仅具有一定的抗压强度，能承受较大的竖向荷载，且具有一定的抗拉、抗弯曲强度，能承受挠曲变形及其所产生的拉应力和剪应力，因而能抵抗一定的不均匀沉降。柔性基础不受刚性角的限制，可采用宽截面、浅埋深的形式。例如，当地基承载力较低时，可加大基础宽度以减小基底单位面积荷载，使上部结构荷载与地基承载力相适应。

(二)按基础的构造及形式划分

1. 墙下条形基础

墙下条形基础分刚性及柔性两种，柔性墙下条形基础如图 1-1 所示。因刚性条形基础受刚性角的限制，适宜在承载力较大的均质地基且荷载分布较均匀的情况下采用。柔性条形基础能抵抗一定的不均匀沉降，且不受刚性角的限制，当上部荷载稍大而地基承载力稍低时，可采用增加基础宽度的办法以减小基底单位面积的荷载，使地基承载力满足上部荷载的要求。

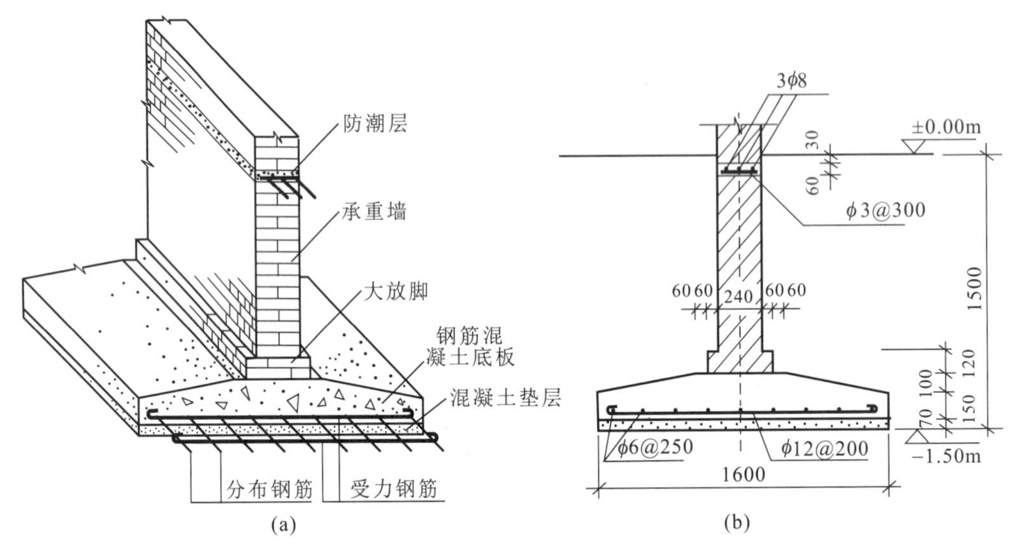

图 1-1　柔性墙下条形基础详图

(a)立体图；(b)剖面图

2. 单独(独立)基础

独立基础按基础型式又可分为墩式基础、杯形基础及壳体基础。常见的墩式基础有垂直式、斜坡式及阶梯式。杯形基础多用于装配式钢筋混凝土柱基，为了便于预制柱竖立于基础之上，在基础上预留出杯口，故称为杯形基础(图 1-2)。壳体基础常作为烟囱、水塔、料仓等筒形构筑物的基础。

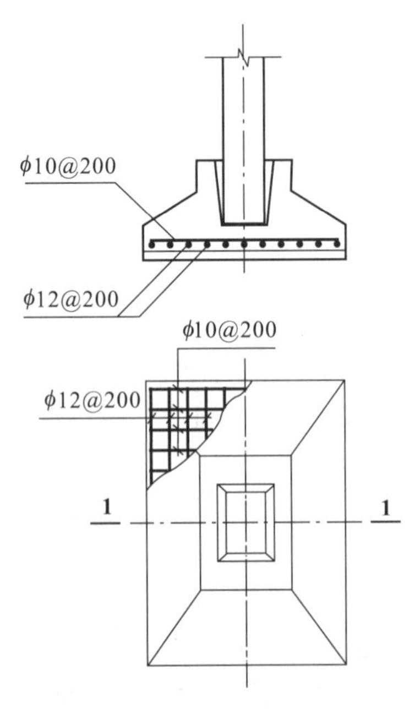

图 1-2　杯形基础

独立基础用于一般厂房柱基及民用框架结构基础，并适宜在承载力较大的均质地基中采用。当地基承载力较低、需增加基底面积时，应采用柔性独立基础，以免受刚性角的限制。当基础上部荷载分布不均匀、地基土局部软弱时，可采用增加相应地段(荷载较大地段或地基土软弱地段)基底面积及埋深的办法,使基础受力及沉降趋于均匀。

由于基础之间互不联系,当各基础的荷载不同时,只能以调整各基础底面积的方法使各处地基变形趋于均匀。当地基土不均匀时,应对各独立基础的截面尺寸及埋深作相应调整,以免使各基础间出现较大的沉降差。对多跨厂房及框架结构,除基础底面积应适应地基承载力外,还应对各柱基的沉降差,特别是边排柱与中排柱之间的沉降差进行验算。

3.连续基础

为了满足地基承载力的要求,将基础底面积扩大,形成柱列(单向)或柱网(双向)下的条形基础,以及整片连续设置于建筑物之下的筏板基础、箱形基础等,均属连续基础。由于采用连续基础的建筑物其整体刚度加强,调整不均匀沉降的能力及抗震性能也显著提高。

将柱下独立基础沿柱列(单向)连接起来的基础称为柱下条形基础(图 1-3);沿柱列的纵横向(柱网)将独立基础连接起来,即形成柱下十字交叉基础,也称格状或网状基础(图 1-4)。

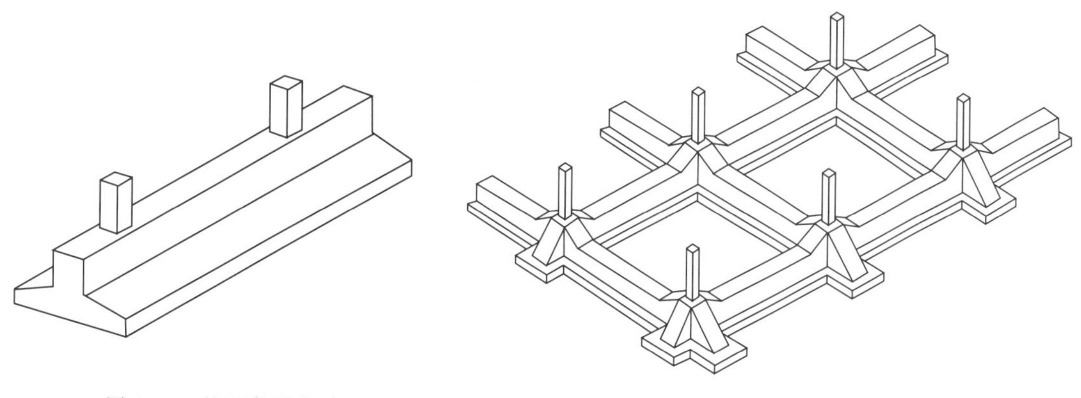

图 1-3　柱下条形基础　　　图 1-4　柱下十字交叉基础

当上部荷载较大,地基承载力低或地基土层不均,采用独立柱基时地基承载力及沉降不能满足要求,而增加基底面积及埋深又受到条件限制时,宜采用柱下条形基础,这样既减小了基底单位面积的荷载,又加强了基础的刚度和整体性,且使调整不均匀沉降的能力得以提高。当采用柱下条形基础仍不能满足要求时,可采用十字交叉基础,使基底面积和整体刚度进一步增加,而且调整不均匀沉降的能力进一步提高。

当采用十字交叉基础也不能满足地基承载力及允许变形要求时,可将基础建成一钢筋混凝土大板,使基底面积与底层面积相等甚至更大,即成为筏板基础。若在基础纵横向加肋梁,以加强底板刚度,减薄底板厚度,即为肋梁式筏板基础;无肋梁时即为平板式筏板基础。平板式筏板基础实际上是一厚度达 1～3m 的钢筋混凝土平板,施工方便,建造快,但混凝土用量大,国外高层建筑的基础采用平板式筏基的较多。

由钢筋混凝土顶板、底板以及外墙、纵横内隔墙组成的一空间整体结构基础,称为箱形基础。

箱形基础的整体刚度远大于上述各种基础,一般不会产生不均匀沉降,只能产生整体倾斜,当地基不均匀或基底压力不均时,它有很好的调整能力,甚至可架越地基中不大的洞穴。若地基土软硬不均,建筑物为面积不太大、平面形状较简单的重型建筑物,以及对不均匀沉降要求严格的建筑物,适宜采用箱形基础。

由于箱形基础的内部空间大，可减少大量的回填土，卸除了基底以上原有土层的自重，此时，相当于减小了基底附加压力，这对减小地基沉降及提高地基的稳定性非常有利。在地基承载力不高、地基为非均质时，对高层建筑物或高耸建筑物，以及有多层地下室的建筑物，多采用箱形基础。

（三）按基础的特殊作用及特殊施工方法划分

地下连续墙基础。既承受上部结构荷载作为基础使用，又承受侧向土压力、水压力的连续墙状结构称为地下连续墙，需配备专用机械才能施工完成。

沉井基础。即采用沉井方法施工，施工完毕后以沉井作为基础使用。

桩基础。即采用钻、冲、挖、锤击、静压等不同施工方法形成的各种灌注桩及预制桩基础。

（四）按基础的埋置深度划分

浅基础。即采用较简便的施工方法及常规的基坑开挖排水措施即可施工的基础，基底埋深一般不大于5m。一般的单独基础、条形基础及较多的连续基础均属浅基础。

深基础。基底埋深一般大于5m，或者需采用特殊方法才能施工的基础。如地下连续墙、沉井、桩基均属深基础。

三、基坑工程

（一）基坑工程及其类型

为了保证基础施工以及地铁车站、地下停车场、仓库、变电站、市政工程建设的顺利进行，需要向地表以下开挖土体，成为一个为工程施工而提供的地下空间即形式基坑。随着上部建筑高度越来越大，基础埋深相应增加，以及对地下空间的利用技术不断加速发展，导致基坑工程逐渐成为基础工程的一个重要组成部分。

在岩土体中开挖，随深度加大，若不采取相应措施，必然会出现基坑周边土体变形、坍塌、地下水渗流、土体失稳等现象，为确保基坑内主体建筑结构及周边环境的安全，如何对基坑采取临时性或永久性支挡、加固、保护和地下水控制措施，则是基坑支护技术涉及的内容。用于支挡或加固基坑侧壁并承受土水压力荷载的结构即为支护结构。

根据工程目的、特点和使用周期，基坑支护结构可分为临时性结构和永久性结构。在大多数情况下，基坑支护是作为地下工程施工时的临时性支挡，在永久工程（如基础）施工完成后，对基坑进行回填，则支护结构即失去了作用；另外一种情况是支护结构在施工期间承担支护作用，保证地下结构顺利完成，在建筑物建成后仍作为建筑物的一部分永久使用，除了用于承担水平荷载外，还承担部分竖直荷载。两种结构在设计荷载取值、结构耐久性要求等方面是有差别的。

随着工程建设的发展，为适应复杂的地质与周边环境条件，不断有新的支护结构形式用于实践，如重力式水泥土墙、复合土钉墙、支挡式结构等。采用的支挡结构有单排桩、双排桩、地下连续墙等，根据支撑性质又可以分为悬臂式支挡结构、锚杆锚固支撑、内支撑等类型。锚杆也可以与重力式挡土墙、土钉墙等联合使用。

在基坑工程中，一个不容忽视的问题是对地下水的控制。土体含水量变化直接影响边坡的稳定性，同时地下水的渗流也可能造成流土、管涌及接触冲刷等破坏，而承压水压力较大时，还需要考虑是否会出现基坑突涌破坏。除了地下水对基坑本身造成破坏外，为疏干基坑导致局部地下水位降低还会引起土体有效应力增加、地面出现附加沉降变形等问题，影响周边建（构）筑物的安全。基坑工程的成败很大程度上取决于对地下水的处理。

（二）基坑工程技术

随着基坑开挖深度与规模的不断增加，基坑工程技术已经成为土木工程施工中的一个关键环节。它从原来只是一项为了完成工程施工而开展的临时性辅助工作，逐渐发展成综合性的系统工程技术，它涵盖基坑工程勘察、设计、施工、监测与检测、地下水控制、开挖施工等一系列内容。

一般基坑支护结构为临时性设施，在追求安全性与经济性的平衡过程中，稍有不慎就可能导致基坑工程失败。基坑失稳按形式可以分为岩土体自身破坏和人工结构破坏两大类。岩土体自身破坏类型有基坑整体出现滑动破坏、坑底土体隆起失稳、坑内土体抗剪切能力不足而出现"踢脚破坏"、土体对锚杆及土钉约束力不足而拔出破坏、土体颗粒抗渗流能力不足出现渗透破坏、突涌破坏、重力式结构倾倒与滑移破坏等，这些问题主要采用土力学与地下水动力学的理论来解决。人工结构破坏主要为桩、墙、锚杆、内支撑等支挡结构的承载力、刚度或稳定性不足引起的失稳、断裂、过大弯曲变形等。上述两种破坏均可能造成周边建（构）筑物连锁性破坏。

为了避免出现上述破坏，基坑工程设计主要包括基坑稳定性计算、基坑变形计算、地下水渗流与地下水控制计算、支护结构水土压力计算、支护结构变形与内力计算等。在人工放坡、土钉墙及重力式挡土墙设计中，其主要计算理论基础还是土力学。随着基坑开挖深度加大，柔性支挡结构设计逐渐成为设计的重点和难点。早期一般采用静力平衡法、塑性铰法及等值梁法等古典方法进行设计，但是这种古典方法计算结果与实测相比一般偏大，也无法计算支挡结构变形，而山肩帮男法、弹性法、弹塑性法等解析法可以部分解决上述问题。现有规范将被动侧土体、支撑与锚杆等均视为弹性体，对挡土结构采用平面杆系结构弹性支点法进行计算。弹性支点法部分考虑支撑区变形与应力的耦合，但其基本假设并不完善，计算需要利用杆件有限元理论进行求解。当基坑不规则、支撑结构非常复杂时，采用三维分析进行数值分析计算已成为常用的计算手段。

基坑工程是一项实践性特别强的工作，因理论研究滞后于工程实践，现有理论难以完全满足工程需要。首先，土力学及地下水动力学计算需要的岩土体物理力学及渗流参数往往难以获得，而本构模型也与实际有一定差异；其次，每个基坑千差万别，难以用简单理论一概论之，如每个基坑所处的地质条件各不相同，周边建筑及管线条件及地表荷载等也有差异，基坑开挖深度、范围及季节气候等均可影响基坑工程的成败；另外，基坑工程属于一个与过程密切相关的课题，具有显著的时空效应，支护结构上承担的荷载并不是一成不变，计算得到的水土压力一般为极限状态下的主动与被动值，这与实际水土压力为一个与时间相关的变量不符，因此施工工艺、开挖与支撑次序与时间节点等均可影响结构荷载与内力；最后，技术人员对基坑工程技术的认识水平也影响基坑工程的成败。

基于基坑工程本身的复杂性及理论的不足，通过实时监测来保证工程顺利实施显得尤为重要。目前基于基坑监测数据分析的风险管理和安全评估已经大量用于工程实践，也成为研究热点。采用以理论为导向、重视地区工程经验、实测定量三者相结合的方法，在基坑工程方案选择、设计及施工控制中，越来越得到认可和重视。

第二节　地基、基础与上部结构相互作用的概念

坐落于地基上的结构物，其荷载及自重由地基土的支承力及地下水的浮力来平衡，该静力平衡体系包括上部结构、基础及地基土三部分。当采用常规方法（主要是结构力学法）对基础进行分析及设计时，则是将三者视为各自独立的单元，分别进行力学分析，各自独立求解。

例如：图 1－5(a)所示为高层框架结构。分析时先沿框架柱脚处切断，将上部结构视为柱脚固定（或铰接于不沉降的基础上）的独立结构，用结构力学方法求出外荷载作用下柱底反力和结构内力[图 1－5(b)]。之后将求出的柱底固端力反向作用于基础梁上，并假定地基反力为直线分布，并仍按结构力学方法求解基础梁的内力[图 1－5(c)]。进行地基计算时，按总荷载求出基底平均反力 $\overline{p}$[图 1－5(d)]，并将 $\overline{p}$ 作为柔性荷载（不考虑基础刚度）来验算地基承载力和基础的沉降量。

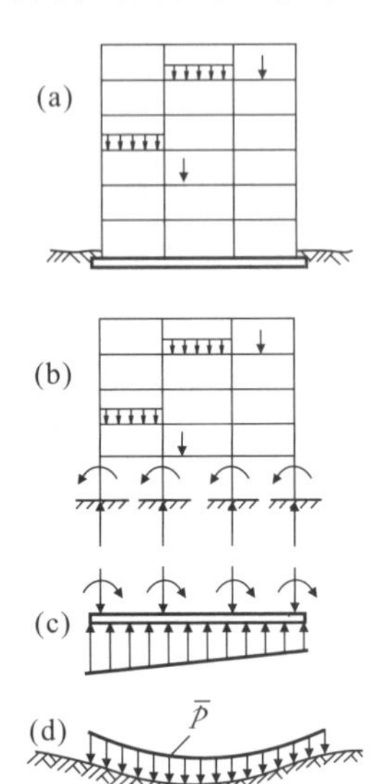

图 1－5　高层框架结构系统不考虑共同作用的分析方法示意图
(a)高层框架结构系统简图；(b)上部结构；(c)基础结构；(d)地基计算

这种计算方式只满足了总荷载与总反力的静力平衡条件，而上部结构与基础之间的连接点以及基底与土介质之间的接触点上位移连续的条件完全未能考虑。其实，不论是结构的支座反力，还是地基对基础的反力，都与上部结构、基础及地基三者的变形特征密切相关，三者各自的工作性状（例如变形和内力或应力），不仅取决于荷载的大小与分布，在一定意义上更取决于三者抵抗变形的刚度大小及其相互联系。工作时，三部分将按各自的刚度对变形产生相互制约作用，使整个体系的内力（包括柱脚及基底反力）和变形（包括基础的沉降）产生变化，这与按三者为各自独立的单元进行分析的情况明显不同。如果地基土软弱，结构物对不均匀沉降敏感，按常规方法分析的结果与实际情况的差别就更加明显。

要反映在外荷载作用下三者的内力及变形的变化程度以及相互制约作用，并使三者均满足静力平衡和变形协调条件，同时按此原则对整个体系的相互作用进行分析，可想而知，这是相当复杂的力学问题。目前，对上部结构的分析一般仍未考虑与地基、基础的相互作用及共同工作，在梁板式基础的分析中，虽考虑了基础与地基的共同工作，但通常也未考虑上部结构刚度的影响。限于问题的复杂性，以下仅对上部结构、基础及地基三者的相互作用情况进行相应介绍。

一、上部结构的刚度对基础受力状况的影响

上部结构的刚度（整体刚度），即指整个上部结构对基础的不均匀沉降或挠曲的抵抗能力。现以绝对刚性和绝对柔性两种上部结构对条形基础的影响为例进行说明。

图 1－6(a)中上部结构为绝对刚性，当地基变形时，各柱只能同时均匀下沉，若忽略各柱端的抗转动能力，则柱支座可视为条形基础（基础梁）的不动铰支座，基底分布反力可视为基础梁的外荷载，此时，基础梁如同倒置的连续梁，不产生整体弯曲，但在基底反力作用下会产生局

部弯曲。

图 1－6(b)中上部结构为绝对柔性，它除将荷载传递给基础外，对基础的变形毫无约束作用，即柔性结构未参与共同工作，于是基础梁在产生局部弯曲的同时，还要经受很大的整体弯曲作用。

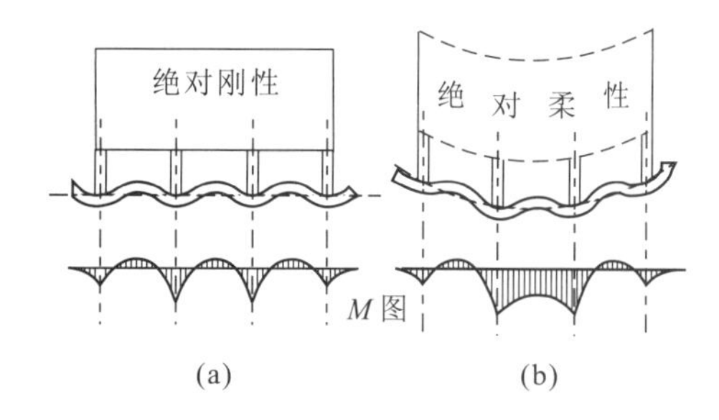

图 1－6　上部结构刚度对基础受力状况的影响

(a)上部结构绝对刚性；(b)上部结构绝对柔性

在图 1－6 中，两种极端情况下的基础梁，其挠曲形式及相应的内力所显示的图形明显不同。实际上，除了像烟囱、高炉等整体构筑物可认为是绝对刚性者外，绝大多数结构物往往介于绝对刚性和绝对柔性之间，要考虑其整体刚度相当困难，只能依靠计算机来分析。实践中，往往只能根据经验的定性判断，判定上部结构比较接近于哪种情况。例如：上部结构为剪力墙体系的高层建筑接近于绝对刚性，单层排架结构则接近于绝对柔性。当上部结构的刚度较大时，抵抗和调整地基变形的能力也较强，但会在结构内产生较高的次应力(附加应力)。反之，上部结构刚度愈小，次应力也愈小。

二、基础刚度对基底反力分布的影响

现以绝对柔性基础和绝对刚性基础为例，在只考虑基础自身刚度的情况下，说明地基与基础的相互作用。

1. 绝对柔性基础

因绝对柔性基础的抗弯刚度极小，当忽略上部结构刚度时，基础会随着地基的变形而弯曲，基础上各处的荷载传递到基础底面时不可能向附近扩散，如同荷载直接作用于地基上。所以，柔性基础的基底反力分布与基础上的荷载分布一致，如图 1－7(a)所示，即反力分布 $p(x,y)$与荷载 $q(x,y)$大小相等，方向相反。若地基为均质弹性半空间，当基础承受均布荷载时，由角点法可求算出柔性基础基底沉降量是中部大、边缘小，即称之为盆形沉降。由于基础刚度太小，它不能调整这一沉降形态，也不能使基底的荷载分布情况有所改变。要使基础的沉降趋于均匀，若基础的刚度不变，唯一的办法就是使基础边缘的荷载增加，而基础中部相应减载，如图 1－7(b)所示。此时，基底面沉降趋于均匀，但基础上的荷载及基底反力呈非均匀状分布。

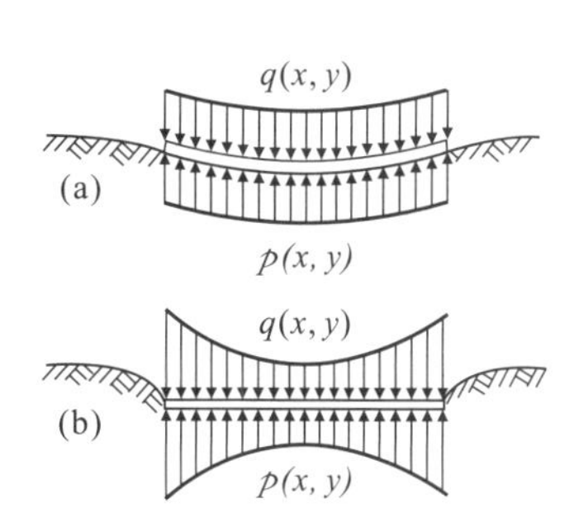

图 1－7　绝对柔性基础基底反力分布

(a)均布荷载；

(b)保持均匀沉降所需荷载分布形式

2. 绝对刚性基础

由于绝对刚性基础的抗弯刚度极大，受荷载作用后不产生挠曲变形，沉降后基底仍为一平面。由柔性基础沉降均匀时基底反力分布情况可推想，中心荷载作用下的刚性基础，其基底反力分布应为中部小而边缘大，如图 1－8 所示。对具有一定刚度的基础，在调整基底沉降使之趋于均匀的同时，也使基底压力从中部向边缘相应地转移。工程中把刚性基础能跨越基底中部，将荷载相对集中地传递至基底边缘地基土的现象称为基础的架越作用。

如果将地基土视为弹性体，刚性基础基底反力理论解为边缘趋向无穷大、中间小的分布。实际上，当荷载增至一定程度时，由于地基局部剪切破坏，边缘处的接触压力不会继续增加，当边缘处地基土产生塑性变形后，塑性区会发展至一定范围，此时基底反力将重新分布，最先出现塑性区的基底边缘处反力将减小，并向中部转移，即形成马鞍形分布，如图 1-8 所示。

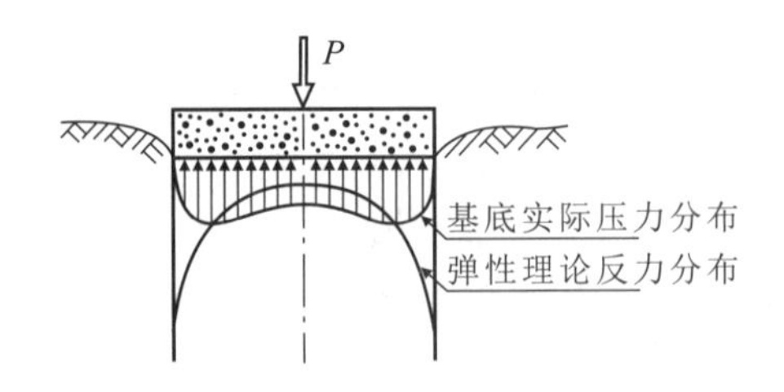

图 1-8　绝对刚性基础基底反力分布

一般情况下，在黏性土或非黏性土地基中，只要基础的底面积及埋深足够大，荷载不太大时，基底反力往往呈马鞍形分布。

3. 基底反力分布的规律

理论分析及试验研究表明，基底反力的分布，除了与基础刚度密切相关外，还受土的类别与变形特性、荷载大小与分布、土的固结与蠕变特性、基础埋深及基础形状等众多因素的影响，根据模型试验与大量现场实测资料分析，基底反力分布大致呈以下三种类型：

(1)若基底面积足够大，基础有一定埋深，荷载不大，地基尚处于线性变形阶段时，基底反力图往往呈马鞍形，如图 1-9(a)所示；若地基较坚硬，则反力最大值的位置更接近于基底边缘。

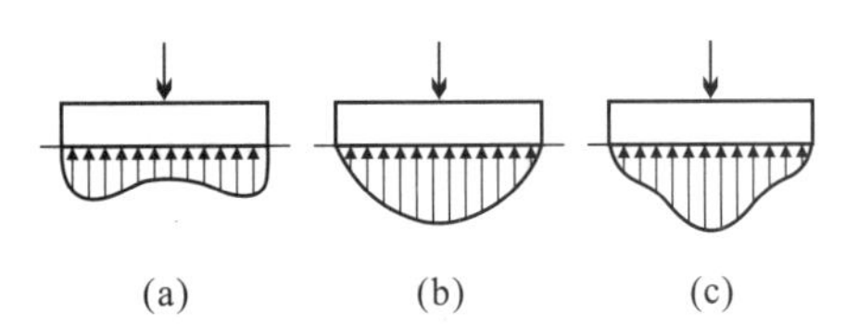

图 1-9　基底反力分布的几种典型情况
(a)马鞍形；(b)抛物线形；(c)钟形

(2)砂土地基上的小型基础，当埋深较浅，或者荷载较大时，临近基础边缘的塑性区将逐渐扩大，塑性区地基土所卸除的荷载必然转移给基底中部的土体，使基底中部的反力增大，最后呈抛物线形，如图 1-9(b)所示。

(3)当荷载非常大，以致地基土接近整体破坏时，反力更加向中部集中，呈钟形分布，如图 1-9(c)所示；当基础周围有非常大的地面堆载，或者受到相邻建筑的影响时，也可能出现钟形的反力分布。

三、地基条件对基础受力状况的影响

基础的受力状况(乃至上部结构的受力状况)，还取决于地基土的压缩性(即软硬程度或刚度)及其分布的均匀性。由于地基土的分布有时呈非均匀状态，土层分布的变化和非均质性对基础挠曲和内力的影响同样不能忽视。

当地基为不可压缩时(例如基础坐落于坚硬的未风化基岩上)，基础结构不仅不产生整体弯曲，而且局部弯曲也很小。最常见的情况是地基土有一定的可压缩性，甚至可压缩性很大，且分布不均(图 1-10)。由于地基土软硬程度及分布情况不同，虽然图1-10 中两基础的柱荷载相同，但两基础的挠曲情况及弯矩分布明显不一样。

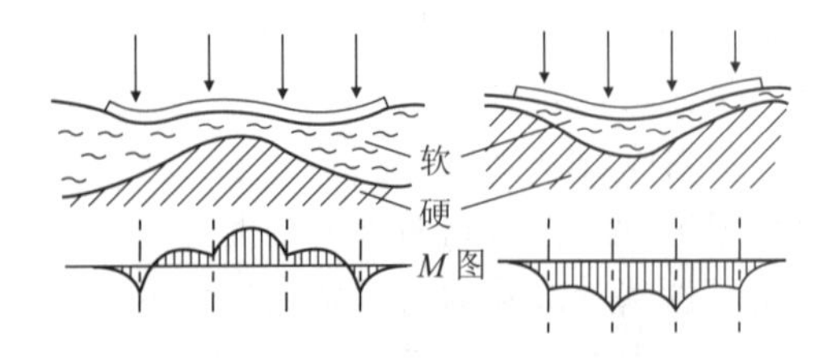

图 1-10　地基条件对基础受力的影响

以上考虑的是地基土的压缩性及其分布对基础受力状况的影响，在分析基础与地基相互作用问题时，还必须考虑基础与地基界面处的边界条件及其对基础受力状况的影响。

基础与地基两者的界面处往往显示出摩擦特征，而界面条件受多种因素影响。例如：由于土的强度有限，形成的摩擦力也有限（不超过土的抗剪强度）；孔隙水压力的变化，可能改变压缩过程中摩擦力的大小与分布；外荷载的性质及分布情况、基础的相对柔度以及土的蠕变等都影响到边界条件。除了要考虑界面上的摩擦条件外，还要规定界面脱离接触的条件。

由于影响界面摩擦条件的因素复杂，只能对界面摩擦的影响作相应的估计；而对接触条件的判定，由于结构物自重大（特别是高层建筑），足以防止界面出现拉应力（即基础与地基不会脱离接触）。所以，在分析竖向荷载作用下的基础工作性状时，一般均假定基础与支承土体之间为光滑接触，即仅保持竖向位移是连续的；当分析水平荷载作用下的基础抗水平滑动稳定性时，则考虑界面上存在有摩擦力。

以上仅介绍了地基、基础与上部结构相互作用的概念，具体的分析及设计理论（详见有关文献）已在某些重大工程中相应实施，目前多数工程仍主要采用常规方法进行设计。常规设计时基底反力按直线分布考虑，由基础上的荷载与基底反力的静力平衡条件求算基础截面的弯矩和剪力，因分析过程是静定的，故称为静定分析法，又由于在基础刚度很大、地基相对较软弱时采用常规设计方法才比较符合实际情况，所以，又将常规设计称为刚性设计，详见第二章。

第三节　地基基础设计的基本原则

基础工程设计时，需综合考虑场地地质条件、建筑物的重要性及使用功能、上部结构的类型、荷载大小及分布、施工条件及对周围邻近建筑物的影响等众多因素，之后才能作出相应的设计方案。对某一具体建筑物，可能有多种设计方案可供选择，只有经过技术经济比较，才能得出较经济合理的方案。现将基础工程设计时所涉及的主要问题及设计的基本原则进行说明。

一、设计时需注意的主要事项

1. 对地质资料的分析判断

根据拟建建筑物场址的地质勘察报告，正确判定地基土类别，特别应防止对地区性或特殊类地基土的误判。例如，据有关资料，我国 20 世纪 70 年代以前因对膨胀土的误判，造成房屋的破坏损失以亿元计算。还应判明地基土的分布情况，特别是局部软弱层、可液化土层及暗沟、墓穴等异常情况。土层在竖直向及水平向的分布状况，直接关系到持力层的选择、基础的选型、选择埋深及沉降的均匀性。在对地基各土层（包括软弱下卧层）的分布及埋深进行分析判定时，还应对地基各类土的有关物理力学指标进行分析比较，以便为地基设计作准备。

对地下水的埋深及变化规律也应查明。生产及生活用水的排放以及抽取地下水，都会使原地下水位出现变化。在地下水位较高的地区，当进行基坑开挖时，必须慎重考虑地下水对边坡稳定性的影响及需采取的边坡维护措施；当施工需采用井点降水方法降低地下水位时，还应考虑抽取地下水对邻近建（构）筑物的影响以及应采取的防范措施。

设计前，必须判明地下防空洞、各种地下管线的分布情况以及邻近建筑物基础的情况，以便使基础的平面布置及埋深与现有的地下情况相适应，否则，会造成停工或者对原设计进行修改。

2.对上部结构的分析

对上部结构进行分析时，必须了解建筑物的重要性（它与建筑物损坏后的严重程度有关，见第二章）及使用要求，以便对建筑物的地基变形值进行控制。对重要的工业与民用建筑及对地基变形有特殊要求的建筑物，设计时更应慎重。如设有众多易燃易爆管道的化工建筑，若因地基沉降不均引起管道开裂则会引起严重后果；对体形复杂的高层建筑，若发生较大的倾斜，即使不致发生倒塌，也会使电梯设施难以运行，并给居住者造成不安全感；又如某些大型的精密加工设备基础，其自动化程度高，如果基础的变形值超过规定范围，则会影响设备的正常运行及加工精度。

建筑物体形的复杂程度、结构形式、荷载性质及其大小和分布情况等因素，均是选择基础形式的依据。例如，体形简单的建筑物，即使荷载较大，因其分布较均匀，可能采用天然地基作持力层并采用一般连续基础即可满足要求；而体形复杂的建筑物，因荷载分布不均，对沉降差要求极为严格，可能须采用桩基础才能满足要求。不同的结构形式，对地基不均匀沉降的敏感程度也不同（如框架结构与筒体结构即为敏感性完全不同的两种结构）。对敏感性结构，则应选择刚度较大的基础形式。对层数多、荷载大且作用情况复杂的高层建筑，则应选择承载力高、整体刚度大的基础形式，如大厚度片筏基础、箱形基础，甚至可采用桩-筏及桩-箱等复合基础，以获得较大的空间刚度及承载力。

当拟建基础与已有建筑或设施相邻时，还必须考虑对邻近建筑或设施的影响。由于地基土会因两相邻基础基底压力的扩散而引起附加不均匀沉降，为此，应按有关规定（见第二章）使相邻建筑保持一定的间距。

3.保证设计方案的技术合理性

所选择的基础形式应与上部结构类型相适应，其底面尺寸还应与地基承载力相适应。为了使建筑物的地基变形不超过规定的允许值，以免出现结构损坏、建筑物倾斜、开裂等事故，使地基的稳定性能得到充分保证，还应按需要对建筑物地基的变形及稳定性进行验算。让建筑物安全可靠地发挥其功能，这样的设计方案才具有技术合理性。

4.设计方案应与施工技术的可行性相适应

任何设计方案，只能通过相应的施工技术手段，才能使设计方案变为现实。现有施工技术的水平直接关系到设计意图能否实施及实施的质量。为此，设计者对建筑经验、施工工艺的适应性及施工技术的水平均应有全面的了解，所采用的设计方案，若能利用当地已有成熟经验的施工工艺即可完成，则较为理想。

对于一般的常规工程，往往不存在“施工技术的可行性”问题，而随着高大建筑物的增多，采用深基础、锚杆、地下连续墙等难度较大的施工工艺也相应增加。由于设计者往往只按地质条件选择出可行的施工工艺，如选择的是灌注桩（沉管桩或钻孔桩）或预制桩，但对施工机械的设备能力及具体施工工艺的技术水平不一定完全有把握。为了使施工完毕的基础能满足设计要求，应对影响基础施工质量的因素进行全面分析，并且还应考虑所采用的施工工艺与环境要求是否相适应。

以桩基为例：采用钻孔灌注桩工艺时，应考虑成孔的困难程度、成孔后的孔底沉渣清除程度、水下灌注混凝土工艺的质量等；若采用沉管灌注桩，应考虑在软土层中施工密集群桩易产生断桩、缩颈、钢筋笼上浮等质量问题；若采用打入桩，因施工时产生振动及噪音，环境条件是否允许。例如，某多层宾馆的基础设计采用大面积沉管灌注桩，桩身需穿过较大厚度的软土层，结果造成近30%的桩不符合质量要求，其主要原因是设计时未能考虑该工艺的施工技术可行性；又如在某精密机床的基础设计中，采用钻孔灌注桩工艺，但机床工作过程时的沉降最大值必须保证不大于0.32mm，可钻孔桩的清孔质量水平难以使孔底虚土清除干净，为此，决定采用桩尖压浆方案[桩身混凝土灌注完毕后，从预埋钢管（已随钢筋笼下入孔内）内向桩尖底部压浆]，结果基础的沉降量完全符合要求。

可见，为了使施工质量符合设计要求，必须对施工技术的可行性进行认真全面的考察分析，即使采用的某种工艺是可行的，也应考虑施工中可能产生的不利因素对设计取值（如单桩承载力特征值）的影响。

5. 工程造价应尽可能经济合理

当某一基础工程有几种设计方案可供选择时，就应对各方案的工程造价进行比较。由于基础设计方案是根据地质条件、建筑物体形的复杂程度、结构形式、荷载情况、环境条件、施工工艺等因素进行选取的，如果地质条件差，建筑体形及结构复杂，则所设计的基础其施工难度必然较大，基础工程的造价甚至会成倍增加。为此，建筑设计不应仅考虑某一方面的要求，还应进行宏观经济分析，力求建筑型式更加合理，为经济合理的结构设计（包括基础设计）创造条件。

以采用不同柱跨的某框架结构为例：柱跨6m时可利用天然地基采用一般连续基础；当采用9m柱跨时，基础的集中荷载将成倍增加（如10层框架，单柱荷载将增至8 000kN以上），这时往往需考虑采用桩基，基础工程的造价至少增加一倍以上。又如某工程需采用打入桩工艺，桩长需60m，桩数308根，若采用ϕ609－11钢管桩，当时造价共需616万元；若采用500mm×500mm空心预应力钢筋混凝土桩，内空直径270mm，桩数桩长不变，分三节制桩，则需308万元。可见，单桩承载力相近的两种方案，造价相差一倍，当然采用预应力钢筋混凝土桩更为合理。

在高层建筑的基础施工中，深基坑开挖、支挡结构以及降水工程的造价，也属基础工程造价的一部分，在满足了技术合理性及施工可行性的前提下，同样应进行经济比较，并考虑就地取材的可能性。例如深基坑支护工程中，当能采用钻孔灌注桩挡墙时，则比采用钢板桩挡墙的工程造价大幅度降低；又如在石材丰富的地区，如果条件允许，采用毛石挡墙往往比采用锚杆支挡结构更经济。

二、基础工程设计的基本原则

工程中可能遇到这类情况：相同结构形式及相同荷载的建筑物，当地基土性状不同时，有的结构能正常工作，而有的结构可能出现严重事故；同样地基土上不同结构类型的建筑，某些类型结构未出问题，而另一类型结构却遭破坏。由于上部结构、基础及地基的情况不同，可能出现的问题也不同，需采用的设计措施也不一样。以为地基承载力能满足要求就可不顾其他因素的影响是不明智的，应本着上部结构、基础及地基三者相互作用、共同工作的整体观点，分析在各种地质条件下三者可能出现的问题并采取相应的设计措施，才能使设计方案安全合理。虽然相互作用的理论还未完全进入实施阶段，但国内总结的实践经验相当丰富，并在地基基础设计规范中均有体现。所以，严格遵照国家有关规范进行设计，是避免失误的最好途径。基础工程设计时，必须遵循以下原则。

1. 基底压力应不大于修正后的地基承载力特征值

所有建筑物的地基设计均应符合这一原则。当地基受荷载后即将丧失稳定性时对应的承载力即为极限承载力，它不能被设计所采用。在某级荷载压力下，地基变形能逐渐稳定，地基受荷载后塑性区能限制在一定范围内，并能保证不产生剪切破坏及出现整体失稳（此时地基土强度已较充分地发挥），且地基变形不超过建筑物的允许变形值时对应的承载力为允许承载力。按正常使用极限状态的原则进行地基设计时，所选定的地基允许承载力是指由载荷试验测定的地基土压力变形曲线线性变形段内规定的变形所对应的压力值，其最大值为比例界限值，称其为地基承载力特征值。

由于地基承载力与地基土的性质、基础形状、宽度、埋深等因素有关，从相互作用的观点看，允许承载力还应与建筑结构的特性有关。根据地基土的性质、基础宽度及埋置深度等具体情况进行修正得出的允许承载力，为修正后的地基承载力特征值。

当地基所受荷载大于修正后的地基承载力特征值时，则难以保证地基土能正常工作，地基土的塑性区将进一步发展，使地基变形进一步增大而难以稳定直至破坏。

2. 地基变形值应不大于建筑物的地基变形允许值

当基底压力满足修正后的地基承载力特征值时，一般情况下能保证地基土不发生剪切破坏，但地基在荷载作用下总会产生一定变形，地基变形控制到何等程度，才能保证建筑物的使用功能及外观不受影响，也不会引起建筑物开裂、损坏，则是设计时必须考虑的。

地基的变形量可为数毫米至数百毫米，而建筑物的构件材料，除木材外，其他如砖石砌体和钢筋混凝土梁板，都只能适应较小的差异沉降，如敏感性结构的砌体承重墙体，由于其抗拉、抗剪强度低，当拉应变大于0.05%时，砖墙即会产生裂缝。当地基土压缩性不均匀时，上部结构及基础调整不均匀沉降的能力愈小，则建筑物因地基变形产生不良后果的可能性愈大。可见，建筑物地基的变形程度既与地基土的压缩性有关，还与结构类型有关。按地基土压缩性不同及不同的结构类型，根据长期沉降观测资料，国家制定出各种相应情况下的建筑物地基变形允许值表，以作为设计时的控制标准。

由于地基变形使上部结构产生裂缝及破坏的事例较多，控制地基变形已成为地基设计的主要原则，按《建筑地基基础设计规范》（GB 50007—2011）的要求，在满足承载力计算的前提下，对设计等级为甲、乙级及部分丙级（详见第二章）的建筑物，均应按地基变形设计，即应按控制地基变形的正常使用极限状态设计。

需说明的是，在计算地基变形量时，考虑的主要是地基土的压缩性及上部荷载情况，而未能考虑上部结构的刚度对计算结果的影响，所以地基变形计算值与实际情况有一定的误差，而地基变形允许值是按实际建筑物在不同类型地基上的长期沉降实测资料制定出的，应属上部结构、基础及地基三者相互作用的结果。不能因为计算值与实际情况有较大差异就忽视计算的重要性，也不能只求设计的可靠性而一味增加安全度，以致造成不必要的浪费，应根据实际情况及现有可借鉴的设计经验，认真考虑上部结构、基础及地基相互作用对地基变形的影响，灵活地运用相关理论，才能使设计成果更为理想。

3. 水平荷载作用时应满足稳定性要求

对承受较大水平荷载（如风力、地震力）的建筑物，特别是高层建筑及高耸结构物，设计时必须考虑地基所具有的抗滑及抗倾覆能力，一旦地基失稳，则会造成灾难性后果。对位于斜坡地段的建（构）筑物，若考虑不周全，一旦产生对斜坡稳定性不利的因素，不但危及建筑物的安全,甚至会引起斜坡破坏。

为了使建(构)筑物能安全可靠地发挥其功能,在风力或地震力等水平荷载较大的地区,必须进行地基的抗滑及抗倾覆验算(见第二章),且应使安全系数达到要求。

当需在斜坡地段进行建筑时,应按斜坡的具体情况分别进行考虑:对处于稳定土坡地段的建筑物,其基础外边缘与斜坡边缘的距离应按国家规范要求经计算确定(见第二章);避免在可能产生滑坡的不良地段进行建设;为了防止滑坡的产生,在山区进行场地平整时,应考虑土方施工对斜坡稳定性的影响,避免采用大挖大填的施工方案,并应采用相应的疏导排水设施;在江、河岸坡地段,既要防止因流水冲刷引起滑坡,也应防止因建筑物重量及地面堆载引起地基失稳。

在邻近建筑物附近进行深基坑开挖施工时,为了维护邻近建筑物的安全及边坡的稳定性,使边坡及邻近建筑物地基的抗滑、抗倾覆能力得到加强,需采用边坡支挡结构进行维护并进行相应的设计。

以上三项原则是基础工程设计的基本原则,设计时可根据建筑物的重要性或者建(构)筑物的使用年限区别对待。

对设计等级为甲级、乙级及部分丙级建筑物,必须按以上三项原则进行设计。对地基变形量有严格限制的建筑物,荷载差异或建筑物高度差异可能引起局部沉降差过大时,大面积堆载可能引起邻近建筑不均匀沉降时,遇不均匀地基或特殊性土地基可能引起不均匀沉降时,都应进行地基变形计算。当设计的基础宽度过大时,由于计算出的地基承载力值较大,为了安全,需要对地基的变形量进行计算复核,也可采用载荷试验进行复核。设计时还应考虑地基变形对建筑物整体的影响并采取相应的设计及施工措施,如有主楼及裙楼的大型建筑物,既要保证主楼及裙楼的地基变形符合要求,又要避免因主楼地基沉降较大而引起裙楼部分损坏;设计时还应考虑建筑物使用过程中可能产生的引起建筑物沉降增大的各种因素,如地面堆载是否会引起厂房柱基沉降量或不均匀沉降量增大,抽取地下水引起的塌陷对基础的影响,排放工业废水对基础有无侵蚀性及是否对地基土产生不利影响等。

由以上情况可知,设计时既要对地基土的特性、各类型基础的功能特性、上部结构及基础对地基变形的适应能力等有足够的认识,又要对施工的难易程度、工期长短、工程对周围环境的影响及工程造价进行综合比较。由于需考虑的各方面因素互相制约,难以使最佳方案一次到位,往往需作出几种方案并进行比较,经筛选综合后才能使设计方案达到较理想的程度。

思　考　题

1. 试分析几种特殊性地基对工程设计可能产生的不利影响。在该地区进行基础工程设计时应注意哪几方面的问题?

2. 常用的浅基础型式有哪几种,它们分别适宜在什么条件下采用?

3. 无筋扩展基础及钢筋混凝土基础各有哪些特点?

4. 简述基坑工程的目的。基坑工程施工中容易出现哪些问题?

5. 简述地基、基础及上部结构三者相互作用的概念。

6. 基础工程设计时应遵循哪几项原则?

第二章　浅基础设计

一般来说，基础按埋深可分为两类。通常把埋置深度不大(小于或相当于基础底面宽度，一般认为小于5m)的基础称为浅基础。把浅层土质不良，需要利用深处良好地层，采用专门的施工方法和机具建造的基础称为深基础。开挖基坑后可以直接修筑基础的地基，称为天然地基。那些不能满足要求而需要事先进行人工处理的地基，称为人工地基。

基础工程设计时，在条件允许的情况下，应首先考虑采用天然地基，既省去地基处理费用，又可加快工程进度，施工也方便。天然地基上的浅基础便于施工、工期短、造价低，如能满足地基的强度和变形要求，宜优先选用。本章主要讨论天然地基上浅基础的设计原理和计算方法，这些原理和方法基本适用于人工地基上的浅基础。

在进行天然地基上的基础设计时，需考虑地基及基础两方面的设计内容。为了适应地基强度，而且要使地基的变形及稳定性符合设计要求，天然地基设计的内容主要包括：确定基础埋深及地基承载力特征值，确定基础底面尺寸，并对地基变形及稳定性进行验算。为了保证基础自身的强度及稳定性，基础设计包括确定基础类型及材料，对基础内力进行计算，从而确定基础竖直剖面尺寸，并进行配筋计算等。

按《建筑地基基础设计规范》(GB 50007—2011)进行地基基础设计时，所采用的荷载效应最不利组合与相应的抗力限值应符合下列规定：

(1)按地基承载力确定基础埋深及基础底面积时，传至基础上的荷载效应应按正常使用极限状态下荷载效应的标准组合。相应的抗力应采用地基承载力特征值。

(2)计算地基变形时，传至基础底面上的荷载效应应按正常使用极限状态下荷载效应的准永久组合(准永久组合指正常使用极限状态计算时，对可变荷载采用准永久值为荷载代表值的组合)，不应计入风载和地震荷载作用。相应的限值应为地基变形允许值。

(3)在确定基础高度、计算基础内力、确定配筋及验算材料强度时，上部结构传来的荷载效应组合和相应的基底反力，应按承载能力极限状态下荷载效应的基本组合，采用相应的分项系数(可采用以下简化规则确定由永久荷载控制的荷载效应基本组合设计值：将由永久荷载控制的荷载效应的标准组合值乘以综合荷载分项系数1.35)。

第一节　地基设计

一、选择基础埋置深度

基础埋置深度(埋深)指设计地面标高至基础底面的标高差。为了保护基础不受破坏，并保证基础的安全及稳定，基础底面应埋置于设计地面以下一定深度。选择基础的埋置深度是基础设计工作的重要一环，因为它关系到地基基础设计方案的优劣、施工的难易和造价的高低。一般来说，在满足地基稳定和变形要求及有关条件的前提下，基础应尽量浅埋。对基础埋深的选择，主要考虑以下几方面因素。

（一）依建筑物的使用要求、荷载大小及性质选择埋深

不同使用功能的建筑物，如人防工程、地下车库、设备层、服务性设施的地下室等，对其基础埋深均有不同的要求。

当同一建（构）筑物内需采用不同类型基础时，应按埋深较大的基础考虑埋深，如单层厂房排架柱基及其邻近的设备基础，应以埋深大的基础考虑统一埋深。

对高层建筑，因竖向荷载大，且承受较大的水平荷载，所以高层建筑基础的埋置深度应满足地基承载力、变形和稳定性要求。在抗震设防区，除岩石地基外，天然地基上的筏形和箱形基础，其埋深不宜小于建筑物高度的1/15，以保证其稳定性。桩箱或桩筏基础的埋置深度（不计桩长）不宜小于建筑物高度的1/18。对高耸构筑物（烟囱、水塔），还要满足抗倾覆稳定性，所以也应有足够的埋深。位于岩石地基上的高层建筑，其基础埋深应满足抗滑稳定性要求。

又如：高压输电塔的基础属承受拉力或上拔力的构筑物，基础也需有足够埋深，否则基础抗拔阻力不能满足要求，也使基础发挥不出应有的功能。

对埋深浅的基础，除岩石地基外，其埋深也应不少于0.5m，且基础顶面应低于设计地面大于或等于0.1m，这对保护基础及加强其稳定性是有利的。

（二）依建筑场地工程地质及水文地质条件选择埋深

地基土层受荷载后，会产生不同程度的变形。因地质环境不同，各建筑场地的地基土层性状各异，而且同一场地的地基土也不可能完全均匀一致。因此，合理地选择支承基础的土层尤为重要。凡直接支承基础的土层称为持力层，其下的各土层称为下卧层。可见选择基础埋深的过程，也是依基础的荷载来选择持力层的过程。为了满足建筑物对地基承载力和地基变形的要求，基础应尽可能埋置在良好的持力层上。当地基受力层（或沉降计算深度）范围内存在软弱下卧层时，软弱下卧层的承载力和地基变形也应满足要求。

（1）当地基土由均匀的压缩性较小的土层构成时，该土层即可作为持力层，此时，只要根据作用在地基上的荷载、建筑物用途、地基土的冻胀性等因素，确定出合适的埋深（并满足基础最小埋深要求）即可。

（2）若压缩层范围内上部土层压缩性较大（软土），下部土层压缩性较小，则应依软土厚度及建筑物类型综合考虑：

1）当软土厚度不超过2m时，宜将下部土层作为持力层。

2）当软土厚度为2～5m时，低层轻型建筑物可用上部土层作持力层，必要时需加强上部结构刚度，或对持力层作相应人工处理。对3～5层一般混合结构及单层厂房（无吊车设备），以具体情况决定是否以下部土层为持力层。对高层建筑及有地下室的一般混合结构，应以下部土层为持力层。

3）当上部软土厚度大于5m时，对一般荷载不大的建筑物（3～5层以下混合结构，无吊车的单层厂房）以上部土层为持力层，必要时加强上部结构刚度或采用人工地基。对有地下室的房屋及高层建筑，可考虑采用人工地基或桩基，并按软土层具体厚度、施工设备及条件综合考虑。

（3）当地基土上部土层压缩性较小，而下部为压缩性较大的软土时，应依上部土层厚度情况来决定基础埋深。当上部土层厚度足够大时，则以上部土层为持力层，并尽量减小基础埋深，以利减小压缩层内软土所受影响的厚度，甚至可提高设计地面标高至自然地面以上。当基础尽量浅埋以后，其底部压缩性较小土层的厚度所剩无几时，则宜选择下部土层作持力层，并

需对下部土层进行人工处理。

(4)当场地地基土均为软土，甚至采用任何型式的浅基础也难以满足对地基土的承载力及变形要求时，则应对地基土进行人工处理，必要时还需加强上部结构刚度，再确定具体埋深。

(5)当地基土由多层软硬土层交替组成时，应根据各土层厚度及压缩性，以减小基础沉降的原则来决定基础埋深。

(6)当同一建筑物各基础荷载悬殊，或地基土水平方向展布不均且压缩性变化较大时，则同一建筑物基础可采取不同埋深，并注意应尽量减小建筑物的沉降差及局部倾斜，争取沉降趋于均匀，再综合以上原则选择埋深。

水文地质条件对基础埋深的影响应考虑以下方面：

(1)有地下水存在时，基础应尽量埋置在地下水位以上，以避免地下水对基坑开挖、基础施工和使用期间的影响。

(2)当场内地下水位较高，且土层透水性较强时，为防止因动水压力引起流砂，保护基坑壁的稳定，应尽量减小基坑开挖深度，基础埋深应尽量小为宜。当地下水有侵蚀性时，应对基础采取防侵蚀措施，或将基础底标高定在地下水位以上。

(3)当基坑底持力层为隔水层(或相对隔水层)，其下为承压含水层时，要保证坑底土层自重压力大于承压水压力，防止出现管涌及冲溃坑底等土体破坏现象，即：

$$\gamma h > \gamma_w h_w \tag{2-1}$$

式中：γ——基坑底面隔水土层的重度，对潜水位以下的土取饱和重度(kN/m³)；

γ_w——水的重度(10kN/m³)；

h——基坑底面至承压含水层顶面的距离(m)；

h_w——承压水位(m)。

如式(2-1)无法得到满足，则应设法降低承压水头高度或减小基础埋深。对于平面尺寸较大的基础，在满足式(2-1)的要求时，还应有不小于1.1的安全系数。

(4)对施工场地附近的地表水(湖、河、水库、地下管道漏水及排放)与地下水的水力联系，及对施工现场的影响，均应进行调查，这样可为设计及施工方案的合理选择提供有利条件。

(三) 考虑地基土冻胀和融陷的影响确定埋深

1. 地基土产生冻胀的原因及危害

在寒冷地区，当地温低于0℃后，因土中液态水冻结使地基土形成冻土，且土体强度增大，体积膨胀并引起地基土隆起，即冻胀。位于冻胀区的基础所受到的冻胀力如大于基底压力，基础就有被抬起的可能。当温度升至0℃以上，土体解冻，液态水的含量增加，土体承载力降低，压缩性大增，引起地基沉降，即融陷。地基土的冻胀与融陷一般是不均匀的，容易造成建筑物开裂损坏。对冻融现象随季节变化每年冻融交替一次的土层称季节性冻土。季节性冻土在我国北方分布很广，且对建筑产生的危害较大。对持续冻结多年的冻土(三年以上的冻结土层)称多年性冻土。

土在冻结过程中，当地温降至0℃以下，土中重力水及毛细水先后冻结时，结合水并未冻结(如结合水外层−1℃左右才冻结，其内层−10℃以下才冻结)，它会从水膜较厚处向薄处移动。当既存在结合水又有毛细水不断补给的条件时，土中水分会从下部土体中向冻结锋面聚集，即在形成冻结土的过程中，除土层原有水分冻结外，未冻结土层中的水分向冻结土层迁移(称水分迁移)而冻结，使上部土层含水量增大，其结果是在冻结面上形成冰夹层及冰透镜体。

可见，水分迁移并再冻结是引起地基土冻胀的主要原因。

土层含水量越大，地下水位越高，负温维持时间越长，则越利于水分迁移。在细粒土中，因其中结合水表面能较大，又存在毛细水，水分迁移现象最明显，所以其冻胀率大。

2. 考虑地基土的冻胀性确定埋深

地基土的粒径级配、含水量、地下水位等因素决定了地基土的冻胀性。《建筑地基基础设计规范》(GB 50007 — 2011)将地基土按其冻胀程度分为不冻胀土、弱冻胀土、冻胀土、强冻胀土及特强冻胀土共五类(表 2-1)。

表 2-1 地基土的冻胀性分类

<table>
<tr><th>土的名称</th><th>冻前天然含水量
w (%)</th><th>冻结期间地下水位距冻结面的最小距离 h_w(m)</th><th>平均冻胀率
η(%)</th><th>冻胀等级</th><th>冻胀类别</th></tr>
<tr><td rowspan="6">碎(卵)石，砾、粗、中砂(粒径小于 0.075mm 的颗粒含量大于 15%)，细砂(粒径小于 0.075mm 的颗粒含量大于 10%)</td><td rowspan="2">$w\leqslant 12$</td><td>>1.0</td><td>$\eta\leqslant 1$</td><td>Ⅰ</td><td>不冻胀</td></tr>
<tr><td>$\leqslant 1.0$</td><td rowspan="2">$1<\eta\leqslant 3.5$</td><td rowspan="2">Ⅱ</td><td rowspan="2">弱冻胀</td></tr>
<tr><td rowspan="2">$12<w\leqslant 18$</td><td>>1.0</td></tr>
<tr><td>$\leqslant 1.0$</td><td rowspan="2">$3.5<\eta\leqslant 6$</td><td rowspan="2">Ⅲ</td><td rowspan="2">冻胀</td></tr>
<tr><td rowspan="2">$w>18$</td><td>>0.5</td></tr>
<tr><td>$\leqslant 0.5$</td><td>$6<\eta\leqslant 12$</td><td>Ⅳ</td><td>强冻胀</td></tr>
<tr><td rowspan="7">粉砂</td><td rowspan="2">$w\leqslant 14$</td><td>>1.0</td><td>$\eta\leqslant 1$</td><td>Ⅰ</td><td>不冻胀</td></tr>
<tr><td>$\leqslant 1.0$</td><td rowspan="2">$1<\eta\leqslant 3.5$</td><td rowspan="2">Ⅱ</td><td rowspan="2">弱冻胀</td></tr>
<tr><td rowspan="2">$14<w\leqslant 19$</td><td>>1.0</td></tr>
<tr><td>$\leqslant 1.0$</td><td rowspan="2">$3.5<\eta\leqslant 6$</td><td rowspan="2">Ⅲ</td><td rowspan="2">冻胀</td></tr>
<tr><td rowspan="2">$19<w\leqslant 23$</td><td>>1.0</td></tr>
<tr><td>$\leqslant 1.0$</td><td>$6<\eta\leqslant 12$</td><td>Ⅳ</td><td>强冻胀</td></tr>
<tr><td>$w>23$</td><td>不考虑</td><td>$\eta>12$</td><td>Ⅴ</td><td>特强冻胀</td></tr>
<tr><td rowspan="9">粉土</td><td rowspan="2">$w\leqslant 19$</td><td>>1.5</td><td>$\eta\leqslant 1.0$</td><td>Ⅰ</td><td>不冻胀</td></tr>
<tr><td>$\leqslant 1.5$</td><td rowspan="2">$1<\eta\leqslant 3.5$</td><td rowspan="2">Ⅱ</td><td rowspan="2">弱冻胀</td></tr>
<tr><td rowspan="2">$19<w\leqslant 22$</td><td>>1.5</td></tr>
<tr><td>$\leqslant 1.5$</td><td rowspan="2">$3.5<\eta\leqslant 6$</td><td rowspan="2">Ⅲ</td><td rowspan="2">冻胀</td></tr>
<tr><td rowspan="2">$22<w\leqslant 26$</td><td>>1.5</td></tr>
<tr><td>$\leqslant 1.5$</td><td rowspan="2">$6<\eta\leqslant 12$</td><td rowspan="2">Ⅳ</td><td rowspan="2">强冻胀</td></tr>
<tr><td rowspan="2">$26<w\leqslant 30$</td><td>>1.5</td></tr>
<tr><td>$\leqslant 1.5$</td><td rowspan="2">$\eta>12$</td><td rowspan="2">Ⅴ</td><td rowspan="2">特强冻胀</td></tr>
<tr><td>$w>30$</td><td>不考虑</td></tr>
<tr><td rowspan="9">黏性土</td><td rowspan="2">$w\leqslant w_p+2$</td><td>>2.0</td><td>$\eta\leqslant 1$</td><td>Ⅰ</td><td>不冻胀</td></tr>
<tr><td>$\leqslant 2.0$</td><td rowspan="2">$1<\eta\leqslant 3.5$</td><td rowspan="2">Ⅱ</td><td rowspan="2">弱冻胀</td></tr>
<tr><td rowspan="2">$w_p+2<w\leqslant w_p+5$</td><td>>2.0</td></tr>
<tr><td>$\leqslant 2.0$</td><td rowspan="2">$3.5<\eta\leqslant 6$</td><td rowspan="2">Ⅲ</td><td rowspan="2">冻胀</td></tr>
<tr><td rowspan="2">$w_p+5<w\leqslant w_p+9$</td><td>>2.0</td></tr>
<tr><td>$\leqslant 2.0$</td><td rowspan="2">$6<\eta\leqslant 12$</td><td rowspan="2">Ⅳ</td><td rowspan="2">强冻胀</td></tr>
<tr><td rowspan="2">$w_p+9<w\leqslant w_p+15$</td><td>>2.0</td></tr>
<tr><td>$\leqslant 2.0$</td><td rowspan="2">$\eta>12$</td><td rowspan="2">Ⅴ</td><td rowspan="2">特强冻胀</td></tr>
<tr><td>$w>w_p+15$</td><td>不考虑</td></tr>
</table>

注：①w_p 为塑限含水量(%)；w 为在冻土层内冻前天然含水量的平均值；
②盐渍化冻土不在表列；
③塑性指数大于 22 时，冻胀性降低一级；
④粒径小于 0.005mm 的颗粒含量大于 60%时，为不冻胀土；
⑤碎石类土当充填物大于全部质量的 40%时，其冻胀性按充填物土的类别判断；
⑥碎石土、砾砂、粗砂、中砂(粒径小于 0.075mm 的颗粒含量不大于 15%)、细砂(粒径小于 0.075mm 的颗粒含量不大于 10%)均按不冻胀考虑；
⑦η 为平均冻胀率，即最大地面冻胀量与场地冻结深度之比。

为了防止建筑物因地基土冻融造成破坏，消除基底面的法向冻胀力，应保证基础的最小埋置深度（d_{min}）；当冻深及地基的冻胀性较大时，还应设法减小或消除基础外侧的切向冻胀力，这对维护不采暖的轻型结构（如仓库、管道支架等）的安全显得更为重要。

季节性冻土地区基础埋置深度宜大于场地冻结深度。对于深厚季节性冻土地区，当建筑物基础底面土层为不冻胀、弱冻胀、冻胀土时，基础埋置深度可以小于场地冻结深度，此时基础最小埋置深度按下式计算：

$$d_{min}=z_d-h_{max} \tag{2-2}$$

式中：h_{max}——基础底面下允许残留冻土层的最大厚度（m），按表2-5查取；

z_d——季节性冻土地基的场地冻结深度（m），自冻前自然地面算起，等于实测冻土层厚度减去冻胀量。当无实测资料时，按下式计算：

$$z_d=z_0\cdot\psi_{zs}\cdot\psi_{zw}\cdot\psi_{ze} \tag{2-3}$$

式中：z_0——标准冻结深度（m），其定义为：地下水位与冻结锋面之间的距离大于2m，不冻胀黏性土，地表平坦、裸露、城市之外的空旷场地中不少于10年实测最大冻深的平均值，按规范中标准冻深线图采用；

ψ_{zs}——土的类别对冻深的影响系数，按表2-2查取；

ψ_{zw}——土的冻胀性对冻深的影响系数，按表2-3查取；

ψ_{ze}——环境对冻深的影响系数，按表2-4查取。

表2-2　土的类别对冻深的影响系数

土的类别	影响系数（ψ_{zs}）	土的类别	影响系数（ψ_{zs}）
黏性土	1.00	中、粗、砾砂	1.30
细砂、粉砂、粉土	1.20	碎石土	1.40

表2-3　土的冻胀性对冻深的影响系数

冻胀性	影响系数（ψ_{zw}）	冻胀性	影响系数 ψ_{zw}	冻胀性	影响系数（ψ_{zw}）
不冻胀	1.00	冻胀	0.9	特强冻胀	0.80
弱冻胀	0.95	强冻胀	0.85		

表2-4　环境对冻深的影响系数

周围环境	影响系数（ψ_{ze}）	周围环境	影响系数（ψ_{ze}）	周围环境	影响系数（ψ_{ze}）
村、镇、旷野	1.00	城市近郊	0.95	城市市区	0.90

注：环境影响系数一项，当城市市区人口为20万～50万时，按城市近郊取值；当城市市区人口大于50万小于或等于100万时，按城市市区取值；当城市市区人口超过100万时，按城市市区取值，5km以内的郊区应按城市近郊取值。

在冻土层地区，因土质、水文地质条件等因素不同，冻土层的深度在各地区及同一地区也不一致。为了防止建筑物基础受地基土冻结的影响，可将基础埋深确定在冻深以下，在土层冻结深度较小且冻胀性较弱的地区可采用一般的浅基础，在冻结深度较大且冻胀性较强的地区，可采用独立基础或桩基础，但需考虑大量土方开挖、工期延长、工程造价增加等情况对工程项目是否合算。

表 2-5 建筑基底下允许残留冻土层厚度 h_{max}(m)

冻胀性	基础形式	基底平均压力(kPa) / 采暖情况	110	130	150	170	190	210
弱冻胀土	方形基础	采暖	0.90	0.95	1.00	1.10	1.15	1.20
		不采暖	0.70	0.80	0.95	1.00	1.05	1.10
	条形基础	采暖	>2.5	>2.5	>2.5	>2.5	>2.5	>2.5
		不采暖	2.20	2.50	>2.5	>2.5	>2.5	>2.5
冻胀土	方形基础	采暖	0.65	0.70	0.75	0.80	0.85	—
		不采暖	0.55	0.60	0.65	0.70	0.75	—
	条形基础	采暖	1.55	1.80	2.00	2.20	2.50	—
		不采暖	1.15	1.35	1.55	1.75	1.95	—

注:①本表只计算法向冻胀力,如果基侧存在切向冻胀力,应采取防切向力措施;
②本表不适用于宽度小于 0.6m 的基础,矩形基础可取短边尺寸按方形基础计算;
③表中数据不适用于淤泥、淤泥质土和欠固结土;
④计算基底平均压力时取永久荷载标准组合值乘以 0.9,可以内插。

在冻胀、强冻胀、特强冻胀地基上可采取如下措施以减小或消除冻害:宜选择地势高、地下水位低的地段作为建筑场地,并防止地表水浸入地基;对地下水位以上的基础侧面回填厚度不小于 20cm 的中、粗砂等非冻胀性材料,以消除切向冻胀力;对地下水位以下的基础,可采用桩基础;增加房屋的整体刚度,如设置基础梁和圈梁、控制上部结构的长高比;当独立基础联系梁下或桩基础承台下有冻土时,为防止因土的冻胀将梁或承台拱裂,应在梁或承台下留有相当于该土层冻胀量的空隙。

(四)考虑对已有建筑物基础的影响确定埋深

当拟建建(构)筑物邻近已有建筑物时,应考虑拟建基础施工及使用过程中对邻近建筑物基础的影响。当新旧基础净距很小,则应使新建基础埋深不超过已有基础埋深为宜,否则可能引起原有基础下沉或倾斜。若设计埋深必须大于已有基础埋深时,应按以下原则确定两基础的净距,即:

$$\Delta H/L \leqslant 0.5 \sim 1.0 \qquad \text{(当荷载较小、土质较好时,取大值)}$$

式中:ΔH——相邻基础底标高差(m);

L——相邻基础净距(m)。

若以上原则不能满足,则应分段施工新建基础,并对原有基础采取加固、支撑等保护措施。当附近存在涵管等地下设施时,拟建基础底标高应低于地下设施底标高。

(五)考虑地表水对基础埋深的影响

在有流水作用的地段,要考虑水流及浪击对基础的侵蚀,所以河床或岸边的建筑物基础埋深应大于流水最大冲刷深度,以利基础的稳定性。

二、确定地基承载力

地基承载力是指地基承受荷载的能力。在保证地基稳定的条件下,使建筑物的沉降量不超过允许值的地基承载力称为地基承载力特征值,以 f_a 表示。由其定义可知,f_a 的确定取决于以下两个条件：第一，地基要有一定的强度安全储备，确保不出现失稳现象，即 $f_a = p_u / K$，式中 p_u 为地基极限承载力，K 为安全系数；第二，地基沉降不应大于相应的允许值。在保证有一定安全储备的前提下，地基承载力特征值是允许沉降的函数，允许沉降愈大，f_a 就愈大；如果不允许地基产生沉降，那么地基承载力将为零。可以说，在许多情况下，地基承载力的大小是由地基沉降允许值控制的。对高压缩性的地基而言，情况更是如此。

当基础上的荷载确定后，要使地基土不致产生强度破坏且沉降值不超过允许范围，则基底压力（单位面积上的平均压力）应不得大于修正后的地基承载力特征值。一般先确定出地基承载力特征值并进行修正，之后再确定出基础底面尺寸。

地基承载力特征值可由载荷试验或其他原位测试、公式计算并结合工程实践经验等方法综合确定。

（一）按理论公式确定地基承载力

将地基极限承载力 p_u 值除以安全系数 $K=2.0 \sim 3.0$，所得承载力相当于修正后的承载力特征值 f_a。确定地基极限承载力的理论公式有多种，如太沙基公式、魏锡克公式和汉森公式等。

太沙基公式：

$$\left.\begin{aligned} p_u &= cN_c + \gamma d N_q + \frac{1}{2}\gamma b N_\gamma \quad (\text{条形基础}) \\ p_u &= 1.2cN_c + \gamma d N_q + 0.4\gamma b N_\gamma \quad (\text{方形基础}) \end{aligned}\right\} \tag{2-4a}$$

当地基为松砂、软土时：

$$p_u = \frac{2}{3}cN_c' + \gamma d N_q' + \frac{1}{2}\gamma b N_\gamma' \tag{2-4b}$$

式中：p_u——地基极限承载力（kPa）；

c——土的黏聚力（kPa）；

γ——土的重度（kN/m^3），当基底标高以下土性与上部土性不同时，应分别取各自重度；

b, d——分别为基底宽和埋深（m）；

$N_c, N_q, N_\gamma, N_c', N_q', N_\gamma'$——与 φ 有关的承载力系数，由太沙基公式承载力系数图查得。

式（2-4a）与式（2-4b）适用于不同地基土。因松软土破坏时的地基变形较大，承载力有所降低，计算时黏聚力（$\bar{c}$）及内摩擦角（$\bar{\varphi}$）只取相应指标的 2/3，即 $\bar{c}=2c/3$，$\tan\bar{\varphi}=2\tan\varphi/3$，代入式（2-4a）即为式（2-4b）。

按太沙基公式解出的结果属近似解，但能满足工程需要。

由公式可看出，地基极限承载力 p_u 不仅仅与地基土性质有关，而且与基础埋深、基底面积有关。p_u 值及 N_c, N_q, N_γ 等系数值是按条形竖直均布荷载时推导出。若将公式中未反映的因素，如基础形状、偏心荷载、倾覆荷载等也进行考虑，则可采用汉森承载力公式：

$$p_u = cN_c s_c d_c i_c g_c b_c + qN_q s_q d_q i_q g_q b_q + \frac{1}{2}\gamma b N_\gamma s_\gamma d_\gamma i_\gamma g_\gamma b_\gamma \tag{2-4c}$$

式中：N_c, N_q, N_γ——仅与地基土内摩擦角 φ 有关的承载力系数；

s_c, s_q, s_γ——基础形状修正系数；

d_c, d_q, d_γ——基础埋深系数；

i_c, i_q, i_γ——荷载倾斜修正系数；

g_c, g_q, g_γ——地面倾斜修正系数；

b_c, b_q, b_γ——基础底面倾斜修正系数。

以上各系数的求取参见土力学教材。在工程建设中，因基础底面及基础附近地面均呈水平状，故各项中的 g、b 两类修正系数可不参与计算。

当荷载偏心距 $e \leqslant 0.033$ 倍基础底面宽度时，可以采用《建筑地基基础设计规范》(GB 50007—2011)推荐的以地基临界荷载 $p_{1/4}$ 为基础的理论公式，根据土的抗剪强度指标来计算地基承载力特征值，计算公式如下：

$$f_a = M_b \gamma b + M_d \gamma_m d + M_c c_k \tag{2-5}$$

式中：f_a——按土抗剪强度指标确定的地基承载力特征值(kPa)；

M_b，M_d，M_c——承载力系数，按表 2-6 采用；

b——基础底面宽度(m)，当基础宽大于 6m 按 6m 考虑，对于砂土，小于 3m 按 3m 考虑；

γ_m——基础底面以上土的加权平均重度，地下水位以下取有效重度(kN/m^3)；

γ——基础底面以下土的重度，地下水位以下取有效重度(kN/m^3)；

c_k——基底下一倍短边宽深度内土的黏聚力标准值(kPa)。

表 2-6　承载力系数 M_b、M_d、M_c

土的内摩擦角 φ_k(°)	M_b	M_d	M_c	土的内摩擦角 φ_k(°)	M_b	M_d	M_c
0	0	1.00	3.14	22	0.61	3.44	6.04
2	0.03	1.12	3.32	24	0.80	3.87	6.45
4	0.06	1.25	3.51	26	1.10	4.37	6.90
6	0.10	1.39	3.71	28	1.40	4.93	7.40
8	0.14	1.55	3.93	30	1.90	5.59	7.95
10	0.18	1.73	4.17	32	2.60	6.35	8.55
12	0.23	1.94	4.42	34	3.40	7.21	9.22
14	0.29	2.17	4.69	36	4.20	8.25	9.97
16	0.36	2.43	5.00	38	5.00	9.44	10.80
18	0.43	2.72	5.31	40	5.80	10.84	11.73
20	0.51	3.06	5.66				

注：φ_k 为基底下一倍短边宽深度内土的内摩擦角标准值。

计算时需注意以下几点：

(1)根据理论公式计算地基承载力时，地基土的抗剪强度指标应取黏聚力标准值 c_k 及内摩擦角标准值 φ_k。

土的抗剪强度指标可采用原状土室内剪切试验、无侧限抗压强度试验、现场剪切试验、十字板剪切试验等方法测定。鉴于多数工程施工速度快，地基土较接近于不固结不排水剪条件，当采用室内剪切试验确定抗剪强度指标时，规范推荐应选择三轴压缩试验中的不固结不排水试验。经过预压固结的地基可采用固结不排水试验。每层土的试验数量不得少于 6 组。根据该层土 n 组三轴压缩试验结果，分别计算黏聚力及内摩擦角的变异系数 δ、试验平均值 μ 及标准差 σ，再分别计算出黏聚力及内摩擦角的统计修正系数 ψ_c 及 ψ_φ，将统计修正系数乘以该指标的试验平均值，即得标准值 c_k、φ_k(详见《建筑地基基础设计规范》(GB 50007—2011))。

(2)按土的抗剪强度确定的地基承载力特征值没有考虑建筑物对地基变形的要求,因此在基础底面尺寸确定后,还应进行地基变形验算。

(3)按规范公式所求算的地基承载力特征值,应在偏心距 $e \leqslant 0.033b$ 的前提下使用,而且现有的计算公式(包括太沙基公式及汉森公式)一般只适用于浅基础,即 $d/b \leqslant 1 \sim 3$。当 $d/b > 3$ 时,则应按深基础考虑。

岩石地基承载力特征值可按《建筑地基基础设计规范》(GB 50007—2011)推荐的岩基载荷试验方法确定。对完整、较完整和较破碎的岩石地基承载力特征值,可根据室内饱和单轴抗压强度按下式计算:

$$f_a = \psi_r \cdot f_{rk} \tag{2-6}$$

式中:f_a ——岩石地基承载力特征值(kPa);

f_{rk}——岩石饱和单轴抗压强度标椎值(kPa),可按岩石单轴抗压强度试验确定;

ψ_r ——折减系数。根据岩体完整程度以及结构面的间距、宽度、产状和组合,由地区经验确定。无经验时,对完整岩体可取 0.5,对较完整岩体可取 0.2～0.5,对较破碎岩体可取 0.1～0.2。

计算时注意上述折减系数值未考虑施工因素及建筑物使用后风化作用的继续;对于黏土质岩,在确保施工期及使用期不致遭水浸泡时,也可采用天然湿度的试样,不进行饱和处理。对破碎、极破碎的岩石地基承载力特征值,可根据地区经验取值,无地区经验时,可根据平板载荷试验确定。

(二)按原位测试法求地基承载力

常见的原位测试方法如载荷试验、静力触探、标准贯入试验等,都可用其测试结果推算出相应的地基承载力。这些方法在难以取得地基土原状土样的情况下,或为避免原状土样被扰动时最为适合。

当确定浅部地基土层在承压板下应力主要影响范围内的承载力时,可采用浅层平板载荷试验;当确定深部地基土层及大直径桩的桩端土层在承压板下应力主要影响范围内的承载力时,可采用深层平板试验,且载荷试验承载力应取特征值。

例如:采用平板载荷试验确定地基承载力特征值时,是对试验基坑(基坑宽度不应小于承压板宽度或直径的 3 倍)内地基土上面积大于或等于 $0.25m^2$(对软土,大于或等于 $0.5m^2$)的刚性承压板分级加载,测读每级荷载下地基土的沉降量直至地基土破坏。

根据载荷试验得到的荷载-沉降($p-s$)曲线,可以确定地基承载力特征值:

(1)当荷载-沉降($p-s$)曲线上有比例界限时,取该比例界限所对应的荷载值作为地基承载力特征值 f_{ak};

(2)当极限荷载小于对应比例界限的荷载值的 2 倍时,取极限荷载值的一半作为地基承载力特征值 f_{ak};

(3)当不能按上述两种方法确定,承压板面积为 $0.25 \sim 0.5m^2$ 时,可取 $s/b = 0.01 \sim 0.015$(b 为承压板宽度或直径)所对应的荷载作为地基承载力特征值 f_{ak}(对砂土、硬黏性土取 0.01,对可塑黏性土取 0.015),但其值不应大于最大加载量的一半。同一土层参加统计的试验点不应少于 3 点,当试验实测值的极差不超过其平均值的 30%时,取此平均值作为该土层的地基承载力特征值 f_{ak}。

目前，各地区制定的相应技术规范中，给出按当地工程实践经验并根据地基土的物理力学指标、标准贯入击数 N 值及静力触探试验的比贯入阻力 p_s 值等确定地基承载力特征值的标准，可参照使用。按各种原位测试成果来确定地基承载力的具体方法，可参见有关教材及规范。

（三）地基承载力特征值的修正

按载荷试验或其他原位测试、经验值等方法确定的地基承载力特征值，只有在基础宽度 $b \leqslant 3$m、基础埋深 $d \leqslant 0.5$m 的条件下方可适用。当 $b > 3$m，$d > 0.5$m 时，应对地基承载力特征值 f_{ak} 进行宽度及深度修正，除岩石地基外，修正后的地基承载力特征值按下式求得：

$$f_a = f_{ak} + \eta_b \gamma (b-3) + \eta_d \gamma_m (d-0.5) \tag{2-7}$$

式中：f_{ak}，f_a——分别为地基承载力特征值、修正后的地基承载力特征值(kPa)；

η_b，η_d——分别为基础宽度及埋深的地基承载力修正系数，见表 2-7；

γ_m——基础底面以上土的加权平均重度，地下水位以下取有效重度(kN/m³)；

γ——基础底面以下土的重度，地下水位以下取有效重度(kN/m³)；

b——基础底面宽度(m)，当 $b<3$m 时按 3m 考虑，当 $b>6$m 时按 6m 考虑；

d——基础埋深(m)，一般自室外地面标高算起。在填方整平地区，可自填土地面标高算起，但填土在上部结构施工后完成时，应从天然地面标高算起。对于地下室，如采用箱基或筏基时，自室外地面标高算起，当采用独立基础或条形基础时，应从室内地面标高算起。

表 2-7　地基承载力修正系数

土的类别		η_b	η_d
淤泥和淤泥质土		0	1.0
人工填土 e 或 $I_L \geqslant 0.85$ 的黏性土		0	1.0
红黏土	含水比 $\alpha_w > 0.8$ 含水比 $\alpha_w \leqslant 0.8$	0 0.15	1.2 1.4
大面积压实填土	压实系数大于 0.95、黏粒含量 $\rho_c \geqslant 10\%$ 的粉土 最大干密度大于 2.1t/m³ 的级配砂石	0 0	1.5 2.0
粉土	黏粒含量 $\rho_c \geqslant 10\%$ 的粉土 黏粒含量 $\rho_c < 10\%$ 的粉土	0.3 0.5	1.5 2.0
e 及 I_L 均小于 0.85 的黏性土 粉砂、细砂(不包括很湿与饱和时的稍密状态) 中砂、粗砂、砾砂和碎石土		0.3 2.0 3.0	1.6 3.0 4.4

注：①强风化和全风化的岩石，可参照所风化成的相应土类取值，其他状态下的岩石不修正；

②地基承载力特征值按规范中的深层平板载荷试验确定时，η_d 取 0。

（四）基础底面压力验算

当基础受轴心荷载作用时，基础底面的压力应符合下式要求：

$$p_k \leqslant f_a \tag{2-8}$$

式中：p_k——相应于荷载效应标准组合时基础底面处的平均压力(kPa)；

f_a——修正后的地基承载力特征值 (kPa)。

当基础受偏心荷载作用时，不仅要符合式(2-8)的要求，还应符合下式要求：

$$p_{kmax} \leqslant 1.2 f_a \tag{2-9}$$

式中：p_{kmax}——相应于荷载效应标准组合时基础底面边缘的最大压力值(kPa)。

（五）软弱下卧层承载力验算

当地基受力层范围内有软弱下卧层时，应按下式验算软弱下卧层的承载力：

$$p_z + p_{cz} \leqslant f_{az} \tag{2-10}$$

式中：p_z——相应于荷载效应标准组合时软弱下卧层顶面处附加压力值(kPa)；

p_{cz}——软弱下卧层顶面处土的自重压力值(kPa)；

f_{az}——软弱下卧层顶面处经修正后的地基承载力特征值(kPa)。

当下卧软弱土层与其上部土层强度相差至一定程度，即上、下土层压缩模量比值不小于3时，可以假设基础底面处地基附加压力 p_0 按一定角度 θ 向下扩散，扩散后的附加压力在任意深度的水平面上均匀分布，如图2-1所示。按扩散前后总压力相等的条件，可将基础底面以下深度为 z 处软弱下卧层顶面的附加压力由下式表达：

条形基础：
$$p_z = \frac{bp_0}{b+2z\tan\theta} \tag{2-11}$$

矩形基础：
$$p_z = \frac{lbp_0}{(b+2z\tan\theta)(l+2z\tan\theta)} \tag{2-12}$$

式中：p_0——基底附加压力，$p_0 = p_k - p_c$，p_c 为基底处土的自重压力值(kPa)；

l,b——分别为基础长度及宽度(m)；

z——基础底面至软弱下卧层顶面的距离(m)；

θ——地基压力扩散角(°)，按表2-8确定。

表2-8　地基压力扩散角 θ

E_{s1}/E_{s2} \ z/b (θ)	0.25	0.50
3	6°	23°
5	10°	25°
10	20°	30°

注：① E_{s1}、E_{s2}分别为上、下土层压缩模量(MPa)；

②$z<0.25b$时，一般取$\theta=0°$，必要时宜由试验确定；

$z>0.50b$时，θ值按$z/b=0.50$确定；

③z/b在0.25与0.50之间时可插值使用。

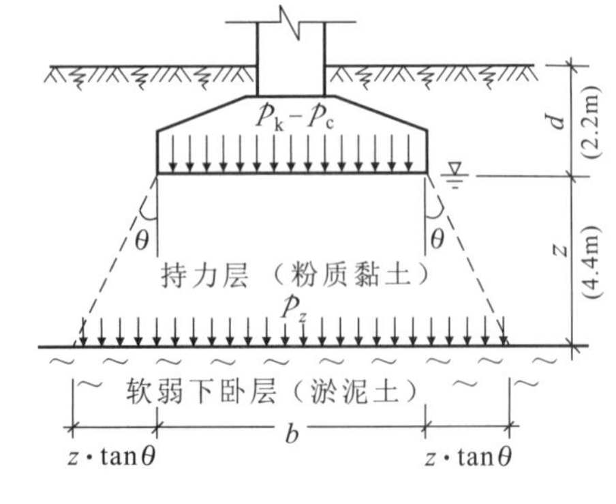

图2-1　软弱下卧层承载力验算及例题1附图

[例题1]　一埋深2.2m的矩形基础，底面积 $A=2.0\times2.4\text{m}^2$（图2-1），上部结构传至基础顶面荷载 $F_k=1\ 056\text{kN}$，自然地面以下至6.6m为粉质黏土，$\gamma_{sat}=19.5\text{kN/m}^3$，$f_{ak}=230\text{kPa}$，$e$、$I_L$ 均小于0.85，6.6m以下为淤泥质黏土，$f_{ak}=65\text{kPa}$。两土层压缩模量比 $E_{s1}/E_{s2}=4$，地下水位深度为2.2m，验算两土层地基承载力是否满足要求。

解：(1)验算持力层承载力：基础底面处平均压力 $p_k=\dfrac{F_k+G_k}{A}=264.0(\text{kPa})$

修正后的持力层承载力特征值按式(2-7)计算得：

$f_a=283.0\text{kPa}$，$p_k<f_a$，满足式(2-8)要求。

(2)软弱下卧层承载力验算：

$$p_0 = p_k - p_c = 221.1(\text{kPa})$$

$\because E_{s1}/E_{s2}=4, z>0.5b$，按表 2-8 查得 $\theta=24°$，则淤泥质黏土层顶面的附加压力值为：

$$p_z=\frac{lbp_0}{(b+2z\tan\theta)(l+2z\tan\theta)}=28.37(\text{kPa})$$

淤泥质黏土层顶面处土的自重压力值为：$p_{cz}=2.2\times19.5+4.4(19.5-10)=84.7(\text{kPa})$

淤泥质黏土层顶面以上土的重度平均值为：

$$\gamma_m=\frac{19.5\times2.2+4.4(19.5-10)}{2.2+4.4}=12.83(\text{kN/m}^3)$$

按式(2-7)求淤泥质黏土层顶面处修正后的承载力特征值：

$$f_{az}=f_{ak}+\eta_d\cdot\gamma_m(d-0.5)=143.3(\text{kPa})\qquad(\eta_b=0、\eta_d=1.0)$$

按式(2-10)：　$p_z+p_{cz}=28.37+84.7=113.07(\text{kPa})<f_{az}=143.3(\text{kPa})$

满足要求。

三、确定基础底面尺寸

当基础上的总荷载、基础埋深及修正后的地基承载力特征值已知，即可根据持力层修正后的承载力特征值计算基础底面尺寸。值得注意的是，计算基础底面积需要的修正后的地基承载力特征值 f_a 又与基础宽度、埋深有关，因此，一般先仅按埋深对地基承载力特征值 f_{ak} 进行深度修正，然后按修正后的地基承载力计算出基础宽度 b。如果 $b\leqslant3\text{m}$，则算得的基础宽度即为所求；否则需要重新假定 b 再进行计算。

如果地基受力层范围内存在着承载力明显低于持力层的下卧层，则所选择的基底尺寸尚须满足对软弱下卧层承载力验算的要求。

按荷载对基底形心的偏心情况，上部结构作用在基础顶面处的荷载可以分为轴心荷载和偏心荷载两种。

(一)轴心受压基础

在竖向轴心荷载作用下，可将基础底面的压力看作是均匀分布。此时，基底压力应不大于该处修正后的地基承载力特征值：

$$p_k=\frac{F_k+G_k}{A}\tag{2-13}$$

$$F_k+G_k\leqslant A\cdot f_a\tag{2-14}$$

式中：F_k——相应于荷载效应标准组合时上部结构传至基础顶面的竖向力值(kN)；

G_k——基础自重和基础上土重(kN)；

A——基础底面积(m^2)。

p_k——相应于荷载效应标准组合时基础底面处的平均压力(kPa)；

f_a——修正后的地基承载力特征值 (kPa)。

在实际计算过程中，G_k 按基础重度及基础上土重度的平均值计算，即：

$$G_k=\bar{\gamma}\cdot H\cdot A\tag{2-15}$$

式中：H——对外墙、外柱基础，为室内外设计地面平均标高至基底的距离(m)；对内墙内柱基础，为室内设计地面标高至基底的距离(m)；

$\bar{\gamma}$——基础及基础上填土的平均重度，一般取 $\bar{\gamma}=20\text{kN/m}^3$。

对矩形基础，基础底面积应满足以下要求：

$$A \geqslant \frac{F_k}{f_a - \overline{\gamma} \cdot H} \tag{2-16}$$

对墙下条形基础，可取1m长墙段作计算单元，按上式计算，即$b \geqslant \dfrac{F_k}{f_a - \overline{\gamma} \cdot H}$。

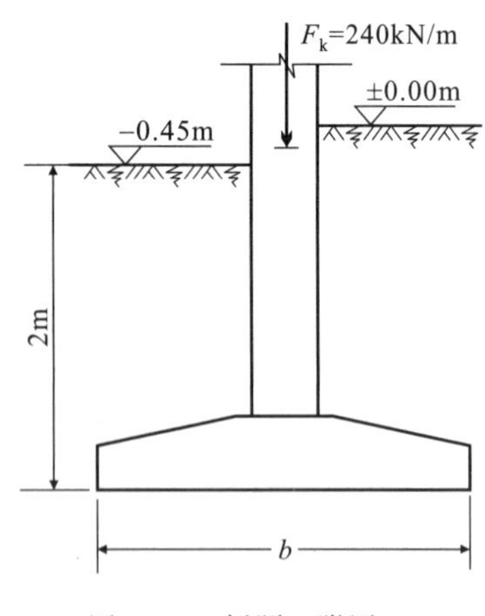

图2-2　例题2附图

[例题2]　某办公楼外墙基础埋深2m，室内外地面标高差0.45m，上部结构荷载值$F_k = 240\text{kN/m}$，持力层为粉质黏土，重度$\gamma = 18\text{kN/m}^3$，$e = 0.8$，$I_L = 0.833$，$f_{ak} = 190\text{kPa}$，试求基础宽度(图2-2)。

解：(1)求修正后的地基承载力特征值f_a。

设基础宽$b < 3\text{m}$，$\because d > 0.5\text{m}$，$\therefore$只进行深度修正，按表2-7及式(2-7)

$$f_a = 190 + 1.6 \times 18 \times (2 - 0.5) = 233.2(\text{kPa})$$

(2)确定H。

$$H = 2 + 0.45 \times 1/2 = 2.23(\text{m})$$

(3)求基础宽度。

取1m长墙段作计算单元，按式(2-16)

$$b \geqslant \frac{F_k}{f_a - \overline{\gamma} \cdot H} = 1.27(\text{m})$$

取$b = 1.30\text{m} < 3\text{m}$，故不必进行承载力宽度修正，$b = 1.30\text{m}$即为所求。

按此试算结果，验算是否满足式(2-8)要求：$p_k = (F_k + G_k)/b = 229(\text{kPa})$，$p_k < f_a$，满足要求。注意：当底面积确定后，对矩形基础，最终应确定基础长度l及宽度b，对中心受压基础，一般l/b取1～1.5为宜。

(二)偏心受压基础

当基础所受荷载除竖向荷载外还有水平力及弯矩作用时，该基础应属偏心荷载作用基础，并应考虑最不利荷载组合，此时基底压力已不是均匀分布，可按材料力学偏心受压公式求算基底最大压力p_{kmax}和最小压力p_{kmin}，即：

$$\left.\begin{aligned} p_{kmax} &= \frac{F_k + G_k}{A} + \frac{M_k}{W} \\ p_{kmin} &= \frac{F_k + G_k}{A} - \frac{M_k}{W} \end{aligned}\right\} \tag{2-17}$$

式中：M_k——相应于荷载效应标准组合时作用于基础底面的力矩值(kN·m)；

W——基础底面的抵抗矩(m^3)，$W = bl^2/6$，如图2-3所示。

设竖向荷载总偏心距为e，则式(2-17)可用下式表达：

$$\left.\begin{aligned} p_{kmax} &= \frac{F_k + G_k}{A}\left(1 + \frac{6e}{l}\right) \\ p_{kmin} &= \frac{F_k + G_k}{A}\left(1 - \frac{6e}{l}\right) \end{aligned}\right\} \tag{2-18}$$

以$x-x$方向为例(图2-3)：

(1)当$e_x = 0$时，基底压力均匀分布，属式(2-13)情况，即图2-3(a)。

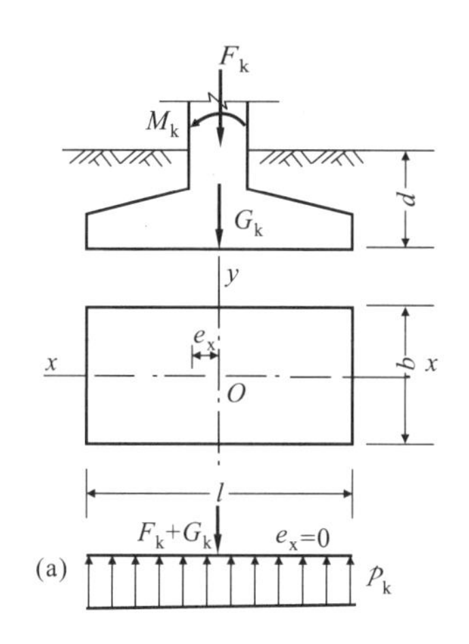

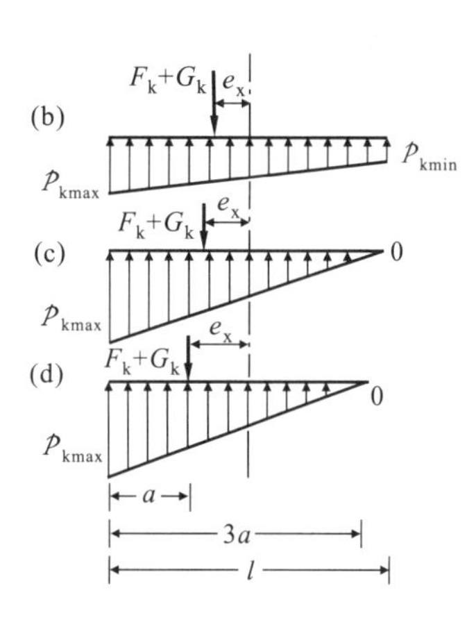

图 2-3　基底压力反力分布示意图

(2)当 $0<e_x<l/6$ 时,基底压力呈梯形分布,即图 2-3(b)。

(3)当 $e_x=l/6$ 时,基底压力呈三角形分布,即图 2-3(c)。

(4)当 $e_x>l/6$ 时,基底压力分布范围小于基底截面,即图 2-3(d)。

在情况(4)中,基础局部与地基脱开,此时基底反力仍应与偏心荷载平衡,即荷载合力 F_k+G_k 应通过反力分布三角形形心,基础边缘最大压力应按下式确定:

$$p_{kmax}=\frac{2(F_k+G_k)}{3ba} \tag{2-19}$$

式中:a——合力作用点至基底最大压力边缘的距离(m);

b——垂直于力矩作用方向的基础底边长(m)。

对非抗震设计时高宽比 $H/B>4$ 的高层建筑,基底底面不宜出现零应力区,对矩形平面的基础相当于 $e_x\leqslant l/6$;对 $H/B\leqslant 4$ 的高层建筑,基础底面与地基土之间的零应力区面积不应超过基础底面积的 15%,相当于 $e_x\leqslant 1.3l/6$。

当矩形基础在双向偏心荷载作用下,且 $p_{kmin}>0$ 时,基底角点处压力如图 2-4 所示。

其中:

$$\left.\begin{aligned} p_{kmax}&=\frac{F_k+G_k}{A}+\frac{M_{kx}}{W_x}+\frac{M_{ky}}{W_y}\\ p_{kmin}&=\frac{F_k+G_k}{A}-\frac{M_{kx}}{W_x}-\frac{M_{ky}}{W_y}\end{aligned}\right\} \tag{2-20}$$

$$\left.\begin{aligned} p_{k1}&=\frac{F_k+G_k}{A}-\frac{M_{kx}}{W_x}+\frac{M_{ky}}{W_y}\\ p_{k2}&=\frac{F_k+G_k}{A}+\frac{M_{kx}}{W_x}-\frac{M_{ky}}{W_y}\end{aligned}\right\} \tag{2-21}$$

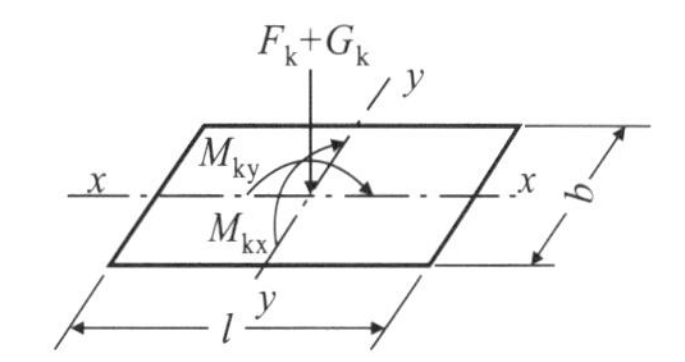

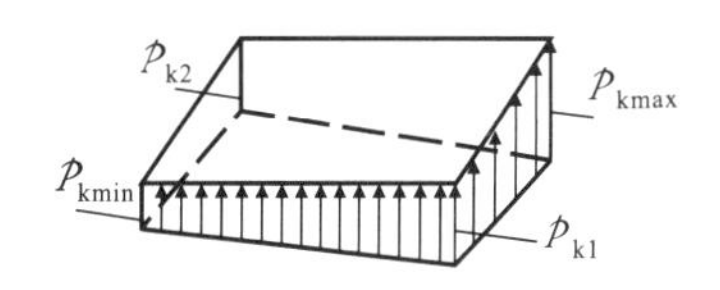

图 2-4　矩形基础在双向偏心荷载作用下的基底压力分布

式中:M_{kx}、M_{ky}——分别为荷载合力对基底 x、y 对称轴的力矩(kN·m);

W_x、W_y——分别为基底面对 x、y 轴的抵抗矩(m^3)。

对偏心荷载作用下的基础,如果是采用魏锡克或汉森一类公式计算地基承载力特征值 f_a,则在 f_a 中已经考虑了荷载偏心和倾斜引起地基承载力的折减，此时基底压力只须满足式(2－8)的要求即可。但如果 f_a 是按载荷试验或规范表格确定的，则除应满足式(2－8)的要求外，尚应满足式(2－9)的要求。

故受偏心荷载的矩形基础，其基础底面尺寸也不能用公式直接算出，确定 l、b 值时也应先试算，且应使基础长边 l 处于弯矩偏心方向。具体可按以下步骤试算：

(1)先假设基础受轴心荷载作用，不考虑荷载偏心，试算出底面积 A_1 或 b_1；

(2)依偏心距大小，将基底面积 A_1(或基底宽 b_1)增加 10%～50%，作为第一次试算结果 A_2 或 b_2，偏心受压时 l/b 取 1～3 为宜；

(3)将增大后的底面积 A_2 或 b_2 代入式(2－17)或式(2－18)，试算出 p_{kmax}；

(4)按式(2－8)、式(2－9)验算 p_k、p_{kmax} 是否满足要求，否则应调整底面积直至满足要求；

(5)当持力层下有软弱下卧层时，还应按式(2－10)验算下卧层承载力，必要时应调整底面积及埋深(详见本节软弱下卧层承载力验算)。

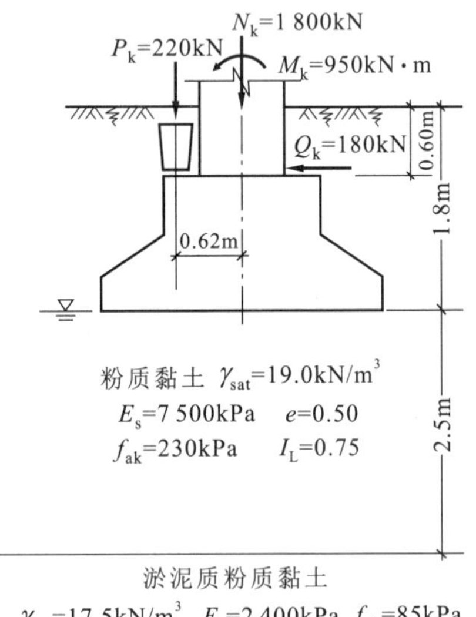

图 2－5　例题 3 附图

[例题 3]　一矩形基础，持力层、下卧层、埋深及荷载资料如图 2－5 所示，试确定基础底面积。

解：(1)按轴心荷载作用确定底面积，先由式(2－7)确定修正后的持力层承载力特征值 f_a：

设 $b<3$m　$f_a=f_{ak}+\eta_d\gamma_m(d-0.5)=269.5$(kPa)

$$A_1=\frac{N_k+P_k}{f_a-\overline{\gamma}\cdot H}=8.65(\text{m}^2)$$

(2)因荷载偏心较大，试将基底面积增加 50%，即 $A_2=1.5\times A_1=13.0(\text{m}^2)$。

设 $l/b=2$，即 $A_2=2b^2$，则 $b=2.6$m，$l=5.2$m，即 $A=2.6\times5.2=13.52(\text{m}^2)$

(3)求基底平均压力 p_k 及最大压力 p_{kmax}。

按式(2－15)，$G_k=486.7$kN

基底竖向合力　$\sum F_k=N_k+P_k+G_k=2\,506.7$(kN)

基底总力矩　$\sum M_k=M_k+Q_k\times1.2+P_k\times0.62=1\,302.4$(kN·m)

偏心距　$e=\sum M_k/\sum F_k=0.52$(m)　($l/6=0.87$，故 $e<l/6$)

$p_k=\sum F_k/A=185.4$(kPa)

$p_{kmax}=\sum F_k(1+6e/l)/A=296$(kPa)

(4)验算持力层承载力。

$p_k=185.4(\text{kPa})<f_a=269.5$(kPa)

$p_{kmax}=296(\text{kPa})<1.2f_a=323.4$(kPa)，满足要求。

(5)验算下卧层承载力。

$d=4.3$m，查表(2－7)，$\eta_b=0$，$\eta_d=1.0$

$$\gamma_m=\frac{19\times1.8+(19-10)\times2.5}{4.3}=13.19(\text{kN/m}^3)$$

$f_{az}=f_{ak}+1.0\times13.19\times(4.3-0.5)=135.1$(kPa)

下卧层顶面处自重应力 $p_{cz}=19\times1.8+(19-10)\times2.5=56.70$(kPa)

按 $E_{s1}/E_{s2}=3.1$，$z/b>1/2$，查表 2－8 得 $\theta=23°$

由式(2-12)得： $p_z=59.17(\text{kPa})$

按式(2-10)验算： $p_z+p_{cz}=115.87(\text{kPa})<f_{az}$，满足要求。

以上计算结果仅满足 $p_k<f_a$ 的设计原则，之后应按该建筑物地基基础设计等级，依据规范要求确定是否进行地基变形验算及稳定性验算。

注意：为避免基础发生倾斜，p_{max} 与 p_{min} 不宜相差过大，如厂房吊车柱基，应严格控制偏心距并使 $e\leqslant l/6$。当不易满足以上条件时，应将基础底面调整为非对称形，以利荷载重心与基底形心重合。

四、地基变形计算

按地基承载力特征值确定的基础底面尺寸可以保证建筑物在防止地基剪切破坏方面具有足够的安全度，但却不能保证地基的变形可以控制在允许的范围内。过大的地基变形会导致上部结构丧失其使用功能。因此，《建筑地基基础设计规范》(GB 50007—2011)规定：建筑物的地基变形计算值不应大于地基变形允许值。

在常规设计中，一般的步骤是先确定持力层的承载力特征值，然后按承载力要求确定基础底面尺寸，最后(必要时)验算地基变形，以保证建筑物的正常使用和安全可靠。

根据建筑物的规模、高度、体形、功能特征和地基的复杂程度，以及由于地基问题对建筑物的安全和正常使用可能造成影响(危及人的生命、造成经济损失和社会影响及修复的可能性)的严重程度等，《建筑地基基础设计规范》(GB 50007—2011)将地基基础设计分为三个设计等级，如表2-9所示。

表2-9 地基基础设计等级

设计等级	建筑和地基类型
甲级	重要的工业与民用建筑 30层以上的高层建筑 体形复杂，层数相差超过10层的高低层连成一体的建筑物 大面积的多层地下建筑物(如地下车库、商场、运动场等) 对地基变形有特殊要求的建筑物 复杂地质条件下的坡上建筑物(包括高边坡) 对原有工程影响较大的新建建筑物 场地和地基条件复杂的一般建筑物 位于复杂地质条件及软土地区的二层及二层以上地下室的基坑工程 开挖深度大于15m的基坑工程；周边环境条件复杂、环境保护要求高的基坑工程
乙级	除甲级、丙级以外的工业与民用建筑物；除甲级、丙级以外的基坑工程
丙级	场地和地基条件简单、荷载分布均匀的七层及七层以下民用建筑及一般工业建筑物；次要的轻型建筑物 非软土地区且场地地质条件简单、基坑周边环境条件简单、环境保护要求不高且开挖深度小于5.0m的基坑工程

地基基础设计，除所有建筑物的地基计算均应满足承载力计算的有关规定外，对设计等级为甲级、乙级及表2-10以外的丙级建筑物均应按地基变形设计——对地基进行变形验算，且变形值不超过允许值。

对表2-10所列范围内的建筑物，如有下列情况之一时，仍应作变形验算：

(1)地基承载力特征值小于130kPa，且体形复杂的建筑；

(2)在基础上及其附近有地面堆载或相邻基础荷载差异较大，可能引起地基产生过大的不均匀沉降时；

(3)软弱地基上的建筑物存在偏心荷载时；

(4)相邻建筑距离过近，可能发生倾斜时；

(5)地基内有厚度较大或厚薄不均的填土，其自重固结未完成时。

表 2-10　可不作地基变形计算设计等级为丙级的建筑物范围

<table>
<tr><td rowspan="2">地基主要受力层情况</td><td colspan="3">地基承载力特征值 f_{ak}(kPa)</td><td>80≤f_{ak}<100</td><td>100≤f_{ak}<130</td><td>130≤f_{ak}<160</td><td>160≤f_{ak}<200</td><td>200≤f_{ak}<300</td></tr>
<tr><td colspan="3">各土层坡度(%)</td><td>≤5</td><td>≤10</td><td>≤10</td><td>≤10</td><td>≤10</td></tr>
<tr><td rowspan="8">建筑类型</td><td colspan="3">砌体承重结构、框架结构(层数)</td><td>≤5</td><td>≤5</td><td>≤6</td><td>≤6</td><td>≤7</td></tr>
<tr><td rowspan="4">单层排架结构(6m 柱距)</td><td rowspan="2">单跨</td><td>吊车额定起重量(t)</td><td>10～15</td><td>15～20</td><td>20～30</td><td>30～50</td><td>50～100</td></tr>
<tr><td>厂房跨度(m)</td><td>≤18</td><td>≤24</td><td>≤30</td><td>≤30</td><td>≤30</td></tr>
<tr><td rowspan="2">多跨</td><td>吊车额定起重量(t)</td><td>5～10</td><td>10～15</td><td>15～20</td><td>20～30</td><td>30～75</td></tr>
<tr><td>厂房跨度(m)</td><td>≤18</td><td>≤24</td><td>≤30</td><td>≤30</td><td>≤30</td></tr>
<tr><td colspan="2">烟　囱</td><td>高度(m)</td><td>≤40</td><td>≤50</td><td colspan="2">≤75</td><td>≤100</td></tr>
<tr><td colspan="2" rowspan="2">水　塔</td><td>高度(m)</td><td>≤20</td><td>≤30</td><td colspan="2">≤30</td><td>≤30</td></tr>
<tr><td>容积(m^3)</td><td>50～100</td><td>100～200</td><td>200～300</td><td>300～500</td><td>500～1 000</td></tr>
</table>

注：①地基主要受力层系指条形基础底面下深度为 $3b$(b 为基础底面宽度)，独立基础下为 $1.5b$，且厚度均不小于 5m 的范围(二层以下一般的民用建筑除外)；

②地基主要受力层中如有承载力特征值小于 130kPa 的土层时，表中砌体承重结构的设计应采用符合规范要求的结构措施；

③表中砌体承重结构和框架结构均指民用建筑，对于工业建筑可按厂房高度、荷载情况折合成与其相当的民用建筑层数；

④表中吊车额定起重量、烟囱高度和水塔容积的数值系指最大值。

(一)地基变形允许值

按规范要求，计算地基变形时，传至基础底面上的荷载效应应按正常使用极限状态下荷载效应的准永久组合，不应计入风荷载和地震作用，相应的限值应为地基变形允许值。因地基土性状、建筑物结构及荷载不同，地基变形的主要特征也各不相同。

地基变形的特征[指对各类建(构)筑物不利的地基沉降变形形式]可分为沉降量、沉降差、倾斜、局部倾斜等。

国家规范给出了地基变形特征的允许值，如表 2-11 所示。当由于建筑地基不均匀、荷载差异很大、体形复杂等因素引起地基变形，对不同结构的建筑物在进行地基变形计算时，应按其主要变形特征控制。例如：对砌体承重结构基础，若因地基变形造成结构损害，则主要是由纵墙挠曲引起墙体局部出现斜裂缝，可用局部倾斜来验算。为使计算结果具代表性，一般选择地基不均匀、荷载相差大或体形复杂的局部区段的纵横墙相交处进行计算。

表 2-11 中给出相邻柱基沉降差允许值。因为在地基土质不均、并且有较大荷载差异时，当基础附近有地面堆载或受相邻基础荷载影响时，或者因沉降不均影响建筑物使用功能时，都会使该类结构的相邻基础出现沉降差。所以，计算部位应选在可能产生较大沉降差的相邻两基础处。

表 2-11　建筑物的地基变形允许值

变形特征	地基土类别	
	中低压缩性土	高压缩性土
砌体承重结构基础的局部倾斜	0.002	0.003
工业与民用建筑相邻柱基的沉降差 (1)框架结构 (2)砌体墙填充的边排柱 (3)当基础不均匀沉降时不产生附加应力的结构	 $0.002L$ $0.0007L$ $0.005L$	 $0.003L$ $0.001L$ $0.005L$
单层排架结构(柱距为6m)柱基的沉降量(mm)	(120)	200
桥式吊车轨面的倾斜(按不调整轨道考虑) 纵向 横向	 0.004 0.003	
多层和高层建筑的整体倾斜　$H_g \leqslant 24$ $24 < H_g \leqslant 60$ $60 < H_g \leqslant 100$ $H_g > 100$	0.004 0.003 0.002 5 0.002	
体形简单的高层建筑基础的平均沉降量(mm)	200	
高耸结构基础的倾斜　$H_g \leqslant 20$ $20 < H_g \leqslant 50$ $50 < H_g \leqslant 100$ $100 < H_g \leqslant 150$ $150 < H_g \leqslant 200$ $200 < H_g \leqslant 250$	0.008 0.006 0.005 0.004 0.003 0.002	
高耸结构基础的沉降量(mm)　$H_g \leqslant 100$ $100 < H_g \leqslant 200$ $200 < H_g \leqslant 250$	400 300 200	

注:①有括号者仅适用于中压缩性土;
②L 为相邻柱基的中心距离(mm),H_g 为自室外地面起算的建筑物高度(m);
③倾斜指基础倾斜方向两端的沉降差与其距离的比值;
④局部倾斜指砌体承重结构沿纵向 6～10m 内基础两点的沉降差与其距离的比值;
⑤本表数值为建筑物地基实际最终变形允许值。

对烟囱、水塔、高炉等高耸构筑物基础及受较大偏心荷载的单独基础,当地基土质不均或附近有大量地面荷载时,可能出现的变形特征主要是整体倾斜;当地基土均匀,且无相邻荷载影响时,可能出现的变形主要是沉降。在这种情况下,对高耸结构基础只要沉降量不超过允许值,则可不验算倾斜值。

对桥式吊车厂房,表 2-11 给出纵向(吊车梁方向)及横向(桥桁方向)的倾斜允许值。当地基产生不均匀变形后,必然影响吊车正常使用并危及安全,所以应验算其纵横向倾斜值并将其控制在允许范围之内。

对表中未包括的其他建(构)筑物的地基变形允许值,可根据其上部结构对地基变形的适应能力和使用要求确定。

随着建设事业的发展及高大建筑物的增多,为尽快发挥待建项目的经济效益,需尽量合理安排工期。为此,主体建筑与附属建筑开工时间往往不一致。在必要的情况下,则需分别预估建筑物在施工期间和使用期间的地基变形值,以便预留建筑物有关部分之间的净空及考虑连接方法和施工顺序。

一般多层建筑物在施工期间完成的沉降量,对于砂土地基,可认为其最终沉降量已完成80%以上,对低压缩性土可认为已完成最终沉降量的 50%～80%,对中压缩性土可认为已完成 20%～50%,对高压缩性土可认为已完成 5%～20%。

（二）地基变形计算

由建筑物的地基变形允许值表可以看出，各允许值是对各种结构的基础所处地基的变形特征控制值，对建筑物而言，在一般情况下主要考虑的是地基的竖向压缩变形，其变形结果会引起基础沉降，故基础的沉降计算由地基变形计算解决。

地基土的变形特征，对黏性土，包括瞬时沉降、固结沉降（主固结沉降）及次固结沉降三部分。计算过程中，根据实际情况可忽略的是瞬时沉降及次固结沉降，而主固结沉降是黏性土沉降的主体部分，不能忽略。最常用的计算方法，即《建筑地基基础设计规范》（GB 50007—2011）推荐的分层总和法，其计算式为：

$$s=\psi_s\cdot s'=\psi_s\cdot\sum_{i=1}^{n}\frac{p_0}{E_{si}}(z_i\bar{\alpha}_i-z_{i-1}\bar{\alpha}_{i-1}) \tag{2-22a}$$

式中：s——地基最终变形量（mm）；

s'——按分层总和法计算出的地基变形量（mm）；

ψ_s——沉降计算经验系数，根据地区沉降观测资料及经验确定，也可采用表2-12中数值；

n——地基变形计算深度范围内所划分的土层数；

p_0——相应于作用的准永久组合时基础底面处的附加压力（kPa）；

E_{si}——基础底面下第 i 层土的压缩模量（MPa），应取土的自重压力至土的自重压力与附加压力之和的压力段计算；

z_i、z_{i-1}——分别为基础底面至第 i 层土、第 $i-1$ 层土底面的距离（m）；

$\bar{\alpha}_i$、$\bar{\alpha}_{i-1}$——分别为基础底面计算点至第 i 层土、第 $i-1$ 层土底面范围内平均附加压力系数（查附加应力系数表格）。

表 2-12　沉降计算经验系数 ψ_s

基底附加压力	$\bar{E}_s=2.5$MPa	$\bar{E}_s=4.0$MPa	$\bar{E}_s=7.0$MPa	$\bar{E}_s=15.0$MPa	$\bar{E}_s=20.0$MPa
$p_0\geqslant f_{ak}$	1.4	1.3	1.0	0.4	0.2
$p_0\leqslant 0.75f_{ak}$	1.1	1.0	0.7	0.4	0.2

注：①$\bar{E}_s$ 为变形计算深度范围内压缩模量的当量值，应按下式计算：$\bar{E}_s=\dfrac{\sum A_i}{\sum\dfrac{A_i}{E_{si}}}$，式中 A_i 为第 i 层土附加应力系数沿土层厚度的积分值，即第 i 层土的附加应力系数面积；

②该表允许内插。

进行地基变形计算时，应注意以下几点：

（1）当受相邻荷载作用时，基底下各深度处的附加应力应为基础自身引起的附加应力及相邻荷载在沉降计算点下引起的附加应力之和。

（2）计算超固结土层的沉降时，当该深度处自重应力与附加应力之和不大于先期固结应力时，应将再压缩指数参与计算；当大于先期固结应力时，应将压缩指数参与计算。

（3）当大面积深基坑开挖后，地基土发生回弹，则应分别算出因挖土卸载产生的回弹量、因结构建造时的加载但未超过开挖的土重时所产生的再压缩量及因结构建造时继续加载超过开挖的土重时所产生的压缩量。再压缩量及压缩量组成基础沉降量，计算时，地基中自重应力分布曲线已从地面开始变为从基础底面开始算起，且基底处附加应力即为基底压力。

基坑开挖较深时，地基土回弹再压缩变形量往往在总沉降量中占重要地位，基坑开挖后地基土的回弹变形量可按下式计算：

$$s_c = \psi_c \sum_{i=1}^{n} \frac{p_c}{E_{ci}}(z_i\bar{\alpha}_i - z_{i-1}\bar{\alpha}_{i-1}) \tag{2-22b}$$

式中：s_c——地基的回弹变形量(mm)；

ψ_c——回弹量计算的经验系数，取 $\psi_c=1.0$；

p_c——基坑底面以上土的自重压力(kPa)，地下水位以下应扣除浮力；

E_{ci}——土的回弹模量，按《土工试验方法标准》确定。

计算时应按回弹曲线上相应的压力段计算。沉降计算经验系数 ψ_s 应按地区经验采用，根据实测资料统计，ψ_s 小于或接近 1.0。

基坑地基土的回弹再压缩量 s'_c 在回弹量 s_c 范围内时，可采用式(2-22b)并将回弹再压缩模量 E'_{ci} 代替回弹模量 E_{ci} 计算回弹再压缩量 s'_c。一般情况下勘察报告应提供地基土的回弹模量及回弹再压缩模量，在初步设计阶段估算地基沉降时，地基土的回弹模量及回弹再压缩模量可取同一值，一般可取土层压缩模量的 2～3 倍。

(4)在以常规方法计算地基沉降时，只考虑了地基土的压缩性及荷载情况，由于采用的压缩性指标与土层实际性状的差异，而且附加应力是以基础中心为计算点，也未考虑上部结构、基础及地基的相互作用，计算结果往往会大于实际沉降量。为了使计算结果更接近实际沉降值，各地应以实测沉降资料及经验值对计算结果进行调整，国家规范中给出的沉降计算经验系数 ψ_s，就是以大量沉降观测资料与计算结果进行对比得出的经验系数值，使用时允许内插，其计算结果为最终沉降量。

对于非黏性土，要直接取得土层的压缩模量 E_s 值很难，由于原状土样不易取得，而在原位进行的测试(如载荷试验)所得出的是土层变形模量，且只能代表载荷板下一定深度范围内土层的变形模量，所以，目前常用的思路是以原位测试指标与变形模量 E_0 值建立经验关系，之后即可用原位测试指标换算出 E_s 值。可见估算出非黏性土的沉降量在一定程度上取决于经验。对非黏性土，其承载力一般大于黏性土承载力，其变形值小于黏性土变形值。

采用分层总和法计算地基沉降量时，一般取基底以下某一深度处附加应力与自重应力的比值为 0.2(一般土)或 0.1(软土)处作为沉降计算深度的界限。当需要考虑相邻荷载影响时，沉降计算深度应符合式(2-23)的要求，即：

$$\Delta s'_n \leqslant 0.025 \sum_{i=1}^{n} \Delta s'_i \tag{2-23}$$

式中：$\Delta s'_i$——在计算深度范围内第 i 层土的计算变形值(mm)；

$\Delta s'_n$——在由计算深度向上取厚度为 Δz 的土层计算变形值。Δz 按表 2-13 确定。

表 2-13　Δz 值

b(m)	$b\leqslant2$	$2<b\leqslant4$	$4<b\leqslant8$	$b>8$
Δz	0.3	0.6	0.8	1.0

注：b 为基础宽度。

若在沉降计算深度以下有压缩性较大的土层时，应往下继续计算沉降至压缩性较大土层底面为止。

对无相邻荷载影响的基础，宽度在 $b=1$～30m 范围内时，基础中点的地基沉降计算深度也可按以下简化经验公式计算：

$$z_n = b(2.5 - 0.4\ln b) \tag{2-24}$$

在计算深度 z_n 范围内存在基岩时，深度可取至基岩表面；当存在较厚的坚硬黏土层，其孔隙比小于 0.5、压缩模量大于 50MPa，或存在较厚的密实砂卵石层、其压缩模量大于 80MPa 时，z_n 可取至该层表面。

（三）减小沉降危害的措施

任何建筑物落成后，地基土都会有一定沉降，但若沉降量过大，则会影响建筑物功能的正常发挥，若产生过大的不均匀沉降，则会引起建筑物开裂、破坏、楼倒屋塌等事故，特别是在地基土质差的情况下最易出现这种情况。为防止因沉降不均造成建筑物破坏，就应在结构设计及建筑设计等方面采取相应措施。

1. 结构设计措施

(1)增加建筑物刚度。如控制建筑物长(L)、高(H_f)比，L/H_f值越小，刚度越好。实践表明，对 $L/H_f \leqslant 2.5$ 或最大沉降 $s_{max} < 120$mm 的砌体承重结构，不易出现裂缝，而 $L/H_f > 3.0$ 或 $s_{max} > 120$mm 时则易开裂。所以，对三层和三层以上的砌体承重结构房屋，L/H_f宜小于或等于 2.5，当房屋的预估最大沉降量小于或等于 120mm 时，其长高比可不受限制。

(2)设置圈梁。能增强建筑物整体性，提高砌体抗剪抗拉能力，在一定程度上可防止或减少裂缝出现，也能阻止裂缝发展。当沉降变形以正向挠曲为主时，圈梁应设在结构底层部位；当以反向挠曲为主时，则应在顶层加设圈梁。对多层房屋，可在基础和顶层处各设置一道钢筋混凝土圈梁，其他各层可隔层或层层设置。对单层厂房、仓库，可结合基础梁、联系梁、过梁等设置圈梁。各层圈梁的具体位置应在该层楼板下、窗过梁处，并分布在外墙、内纵墙及主要内横墙上，且在同一平面上闭合。

(3)纵横墙布置合理。当发生不均匀沉降时，砌体承重结构可能因建筑物的纵向挠曲而开裂损坏，故纵墙是主要抗纵向挠曲的受力构件。为防止墙体刚度削弱，对长高比 $2.5 < L/H_f \leqslant 3.0$ 的砌体承重结构房屋，应使纵墙尽量不转折或少转折。而横墙可加强建筑物整体刚度，调整内外墙间的不均匀沉降，所以横墙间距不宜过大。在平面上，横墙应与外墙连接成牢靠的整体，纵横墙之间也要连续成整体。

(4)加强基础的刚度及强度。特别是在软弱地基、压缩性不均匀的地基土上，可采用十字交叉基础、筏基或箱基。对体形复杂、荷载差异较大的框架结构，可采用箱基、桩基、厚筏等，以减少不均匀沉降。

(5)减小并调整基底附加应力。如设地下室或半地下室，调整基础底面尺寸或埋深，并依土层压缩性不同调整各部分荷载分布及各基础间距。还可采用减小建筑物自重的办法，建筑物自重(包括基础及覆盖土)，民用建筑占总荷载的 60%～70%，工业建筑占 40%～50%，设计时可采用空心混凝土墙板、空心砖，以减轻墙体重；选用预应力钢筋混凝土空心楼板，采用架空地板替代填土地坪等。对不均匀沉降限制严格或重要的建筑物，可选用较小的基底压力。

2. 建筑设计措施

(1)力求建筑物体形简单。建筑物的平面形式及立面形式，以简单的矩形为宜，平面上若为“H”形、“L”形，在纵横方向交叉处因基础较密，地基中各单元荷载产生的附加应力会相互叠加，引起较大沉降。再则因转折多，使整体刚度减小。立面上，若高差过大，则造成荷载悬殊大，会在高矮相接处出现沉降差过大。

(2)设置沉降缝。这是减少不均匀沉降的有效方式。该方法是将建筑物分成几个长高比较小、整体刚度好、能自成沉降体系的单元，使各单元自身调整不均匀变形。沉降缝从檐口到基础将建筑物分开，其具体部位应设在地基土压缩性有明显差异处、平面形态改变的转折处、高度及荷载有很大差别处、结构类型不同的交接部位以及需分期建造房屋的交界处。缝宽按层高不同而各异，二、三层房屋可为5～8cm，四、五层为8～12cm，五层以上不小于12cm，缝内一般不填料。因该方法会给建筑上、结构上及施工上增加难度，造价相应提高，一般不轻易采用。

(3)控制相邻建筑物的间距。该措施可减小或避免地基受相邻基础压力扩散的影响而引起的附加不均匀沉降，否则会因间距过近使建筑物产生裂缝或发生倾斜。而决定相邻建筑间距的主要因素是影响建筑的沉降量及被影响建筑的整体刚度，间隔距离可参考表2-14选用。

表2-14 相邻建筑物基础间的净距 (单位:m)

净距 / 被影响建筑的长高比 / 影响建筑的预估平均沉降量(cm)	$2.0\leqslant\frac{L}{H_f}<3.0$	$3.0\leqslant\frac{L}{H_f}<5.0$
7～15	2～3	3～6
16～25	3～6	6～9
26～40	6～9	9～12
>40	9～12	>12

注:①L为房屋长度或沉降缝分隔的单元长度(m)，H_f为自基础底面起算的房屋高度(m)；
②当被影响建筑的长高比为$1.5<L/H_f<2.0$时，其间隔距离可适当缩小。

(4)调整建筑物有关部位的设计标高。该措施可减少或避免因明显不均匀沉降使有关部位的标高发生变化后而影响其使用功能。如依据预估沉降量，适当提高室内地坪及地下设施的标高，对有联系的各部分或设备之间沉降大的部位的标高适当提高。又如可加大设备与建筑物之间的净空，有管道穿过的部位应有足够尺寸的预留孔，或采用柔性管道接头等均是可行的预防办法。

3.施工措施

在施工过程中，一方面要维护好地基土，以免扰动后承载力降低。如开挖基坑时，应预留一定厚度土层暂不暴露，待浇筑混凝土垫层之前再挖至基底设计标高，并注意现场排水，以免地基土性状改变。另一方面则应依不同荷载主体合理安排施工进程，如对荷载差异较大的主楼及裙楼建筑，可先施工大荷载的主楼，后施工轻荷载裙楼，其间最好间隔一段时间。需注意，该施工措施只能调整建筑物总沉降差的一部分，如在软土中，按正常速度施工，施工期间的沉降量仅为总沉降量的5%～20%。

五、地基稳定性验算

对承受很大风力或地震力作用的高层建筑或烟囱、水塔等高耸构筑物，作用于建(构)筑物的水平荷载或倾覆力矩很大，又如高压线塔架基础、锚拉基础、挡土墙、堤坝、桥台等，都需考虑其稳定性。对位于斜坡面或坡顶上的建(构)筑物，则需考虑边坡稳定性。对含软弱夹层的地基土、地基土变形范围内存在倾斜基岩面，或基底下存在隐伏软弱结构面时，都可能引起地基稳定性破坏。

（一）地基抗水平滑动的稳定性验算

受到竖向及水平向荷载作用的基础，当水平荷载较大而竖向荷载相对较小时，一般需验算地基抗水平滑动稳定性（图 2－6），且应满足下式要求，即：

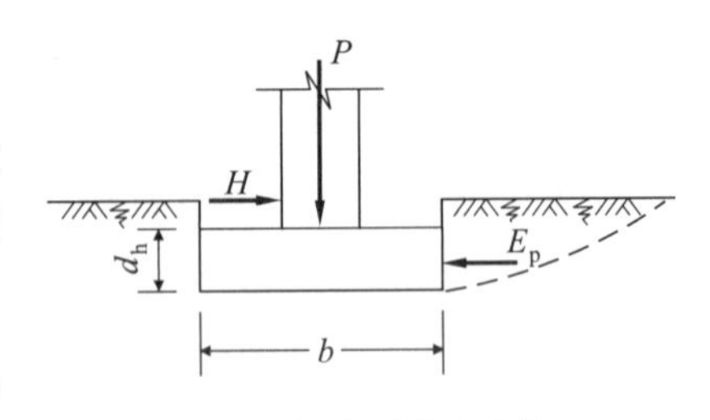

图 2－6　抗水平滑动验算

$$K=\frac{P\cdot\tan\delta+c\cdot b\cdot l+p_{\mathrm{p}}\cdot l\cdot d_{\mathrm{h}}}{H}\tag{2-25}$$

式中：K——稳定性安全系数，一般 $K=1.2\sim1.3$；

H——作用于基础顶面的水平力（kN）；

P——作用于基础上的竖向荷载（kN）；

δ——基底与土接触面摩擦角（°）；

c——地基土黏聚力（kPa）；

p_{p}——基础侧面被动土压力强度（kPa），或按地震力作用下的被动土压力计算；

d_{h}——基础高度（m）；

b、l——基础的宽度与长度（m）。

（二）地基整体滑动稳定性验算

当地基土含软土或软弱夹层时，在竖向及水平向荷载作用下，可能引起地基整体滑动，此时需进行地基整体滑动稳定性验算。

当基础附近地基土可以认为是均质时，一般可简化为平面问题，按圆弧滑动条分法进行验算，如图 2－7 所示，稳定安全系数 K 应符合下式要求：

$$K=M_{\mathrm{R}}/M_{\mathrm{S}}\geqslant1.2\tag{2-26}$$

式中：M_{R}——抗滑力矩（kN·m）；

M_{S}——滑动力矩（kN·m）。

一般 $K=1.2\sim1.3$。

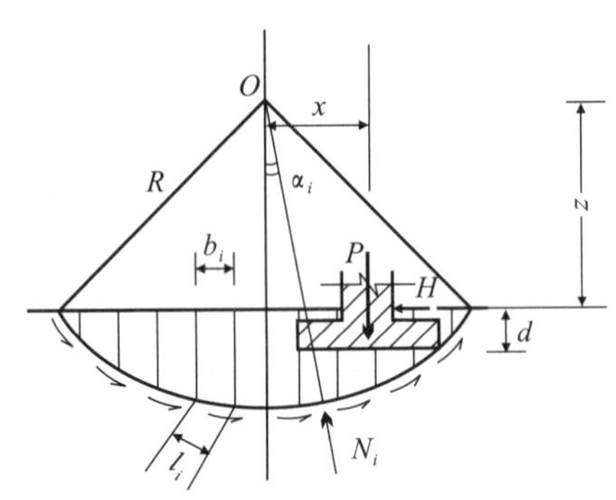

图 2－7　地基整体滑动稳定性验算示意图

$$M_{\mathrm{S}}=(P-\gamma\cdot d\cdot b)x+H\cdot z$$

式中：x——竖向荷载 P 距滑动圆心的水平距离（m）；

z——水平荷载 H 距圆心的垂直距离（m）；

b——基底宽度（m）。

$$M_{\mathrm{R}}=R\left(\sum p_i\cdot b_i\cdot\cos\alpha_i\cdot\tan\varphi_i+\sum c_i\cdot l_i\right)$$

式中：p_i——i 土条处压力平均值（kPa）；

b_i——土条宽度（m）；

α_i——N_i 径向与竖直线夹角（°）；

l_i——i 土条弧长（m）。

以上计算忽略了土条自重产生的滑动力及抗滑力对整体稳定的影响，并假设在水平地面下，滑弧通过基础侧底边缘，圆心位于滑动土体垂直平分线上。

对于各类基础所处实际情况，应依土力学有关理论具体分析可能产生的最危险滑动面，不同形式的滑面应满足不同安全系数 K 值，如当滑动面为平面时，稳定安全系数 K 值应不小于1.3。

对位于稳定土坡坡顶上的建筑，当垂直于坡顶边缘线的基础底面边长小于等于3m时，其基底面外边缘线至坡顶的水平距离（图2-8）应符合以下要求，且不得小于2.5m：

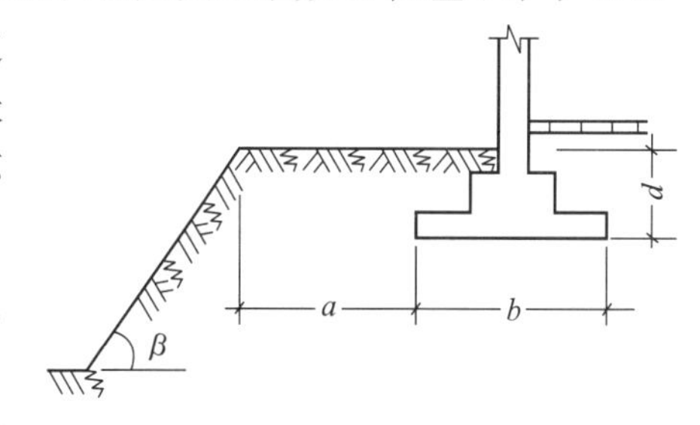

图2-8　基础底面外边缘线至坡顶的水平距离示意图

条形基础：$a \geqslant 3.5b - \dfrac{d}{\tan\beta}$　　　　(2-27)

矩形基础：$a \geqslant 2.5b - \dfrac{d}{\tan\beta}$　　　　(2-28)

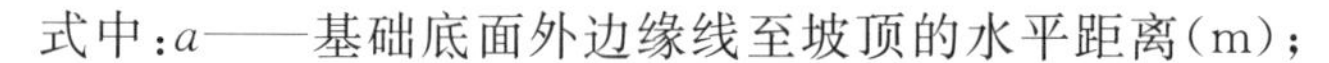

式中：a——基础底面外边缘线至坡顶的水平距离（m）；

b——垂直于坡顶边缘线的基础底面边长（m）；

d——基础埋深（m）；

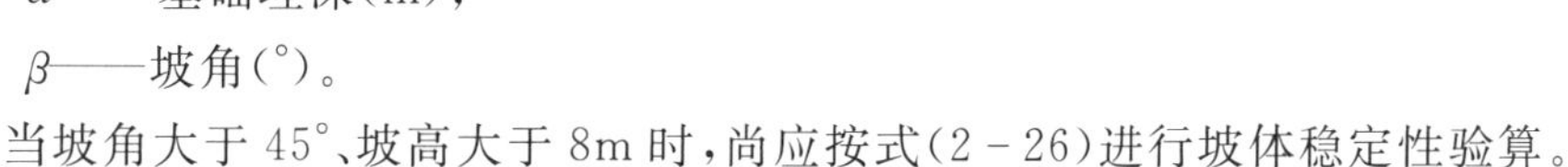

β——坡角（°）。

当坡角大于45°、坡高大于8m时，尚应按式（2-26）进行坡体稳定性验算。

在进行天然地基计算的过程中，各种因素、计算参数及计算方法往往互相关联、相互制约，应对多种因素，特别是最不利的情况进行充分的分析、判断。例如：某建筑物持力层为不均质黏土，其下卧层为压缩性较高的粉质黏土，按地基承载力进行有关计算后，上部结构未采用加强措施，结果墙身开裂，其原因是计算时未考虑地基变形，基础局部倾斜超过允许值。可见，仅仅按地基承载力计算地基又不验算地基变形，则可能造成事故。

第二节　无筋扩展基础（刚性基础）

为扩散上部结构传来的荷载，使作用在基底的压应力满足地基承载力的设计要求，且基础内部的应力满足材料强度的设计要求，通过向侧边扩展一定底面积的基础称为扩展基础。无筋扩展基础是用混凝土、毛石混凝土、砖、三合土及灰土等材料建造的不需配置钢筋的墙下条形基础或柱下独立基础，它是建（构）筑物最常用的基础形式。其工程造价低，施工难度较小，工程进度快，当基础的荷载不太大时，若地基承载力、地基变形及稳定性均能满足要求，可首先考虑选用无筋扩展基础。

因无筋扩展基础受荷载后所产生的挠曲变形很小，也称为刚性基础。刚性基础施工较方便，基础稳定性好，且能承受较大荷载。例如，在地基强度满足要求的前提下，刚性基础适用于六层和六层以下（三合土基础不宜超过四层）多层民用建筑和轻型厂房。虽然刚性基础是民用及工业建筑首先考虑的基础形式，但因其自重大，当地基土层强度低时，由于对基础底面尺寸有一定限制（基础宽度 b 宜小于2.5m），需对地基进行加固处理之后才能采用，否则，会因荷载压力超过地基强度而影响结构功能的正常使用。对上部荷载较大且对差异变形敏感的结构物，在土质较差且厚度较大的情况下也不宜采用。

刚性基础平面尺寸较上部承重构件（柱、墩、台底面）截面尺寸大，根据地基土强度、基础厚度、埋深及施工方法不同，基础每边最小需扩大200～500mm，而扩大的最大尺寸又受材料刚性角 α 的限制，如图2-9所示。在荷载（包括基础自重）作用下，基底承受着强度为 p_k 的地基反力，基础的悬出部分（上部承重构件以外部分）相当于承受着强度为 p_k 的均布荷载的悬臂梁，如图 2－10 所示。只要实际的刚性角 α 不大于基础材料刚性角限值 α_{max}，就能保证基础内产生的拉应力和剪应力不超过材料的允许抗拉和抗剪强度。此时，既发挥了刚性基础抗压强度高的特点，又不致于因基础的抗拉、抗剪强度低而遭破坏。所以，刚性基础的截面必须满足刚性角的要求。

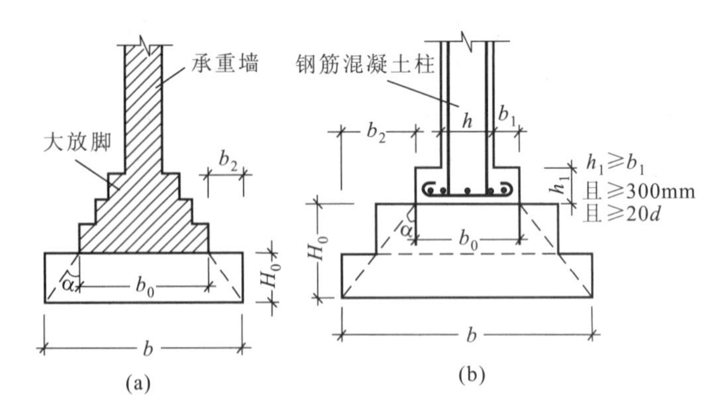

图 2－9　刚性基础构造示意图
d—柱中纵向钢筋直径
(a)墙下刚性基础；(b)柱下刚性基础

施工时，常常将基础砌筑成台阶形式，为满足台阶各层次宽高比在刚性角范围之内，b_2/H_0 应在允许值范围内，如图 2－9 所示。

各种材料砌筑的刚性基础，其质量要求及台阶宽高比的允许值如表 2－15 所示，且基础底面宽度、长度均应满足式(2－29)的要求：

$$b \leqslant b_0 + 2H_0 \tan\alpha \tag{2-29}$$

式中：b——基础底面宽度(m)；

H_0——基础高度(m)；

b_0——基础顶面墙体或柱脚宽度(m)；

$\tan\alpha$——基础台阶宽高比允许值。

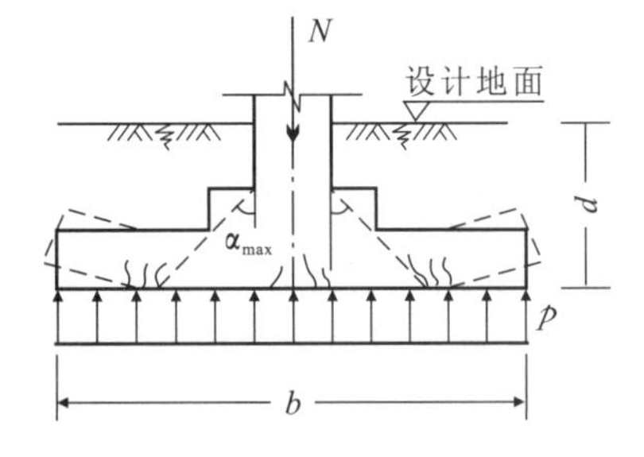

图 2－10　刚性基础受弯破坏

表 2－15　无筋扩展基础台阶宽高比的允许值

基础材料	质量要求	台阶宽高比的允许值		
		$p_k \leqslant 100$	$100 < p_k \leqslant 200$	$200 < p_k \leqslant 300$
混凝土基础	C15 混凝土	1∶1.00	1∶1.00	1∶1.25
毛石混凝土基础	C15 混凝土	1∶1.00	1∶1.25	1∶1.50
砖基础	砖不低于 MU10　砂浆不低于 M5	1∶1.50	1∶1.50	1∶1.50
毛石基础	砂浆不低于 M5	1∶1.25	1∶1.50	—
灰土基础	体积比为 3∶7 或 2∶8 的灰土，其最小干密度：粉土 1.55t/m³，粉质黏土 1.50t/m³，黏土1.45t/m³	1∶1.25	1∶1.50	—
三合土基础	体积比 1∶2∶4～1∶3∶6(石灰∶砂∶骨料)，每层约虚铺 220mm，夯至 150mm	1∶1.50	1∶2.00	—

注：①p_k 为荷载效应标准组合时基础底面处的平均压力(kPa)；

②阶梯形毛石基础的每阶伸出宽度，不宜大于 200mm；

③当基础由不同材料叠合组成时，应对接触部分作抗压验算；

④对混凝土基础，当 $p_k > 300$kPa 时，尚应按下式验算墙(柱)边缘或变阶处的受剪承载力：

$$V_s \leqslant 0.366 f_t A$$

式中：V_s——相应于荷载效应基本组合时的地基土平均净反力产生的沿墙(柱)边缘或变阶处单位长度的剪力设计值(kN)；

f_t——混凝土轴心抗拉强度设计值(kPa)；

A——沿墙(柱)边缘或变阶处混凝土基础单位长度面积(m²)。

砖基础俗称大放脚，其各部分的尺寸应符合砖的模数。砌筑方式有两皮一收和二一间隔收两种。两皮一收是每砌两皮砖两边各收进 1/4 砖长，二一间隔收是两皮砖一收与一皮砖一收相间隔，两边各收进 1/4 砖长。

毛石基础的每阶伸出宽度不宜大于 200mm，每阶高度通常取 400～600mm，并由两层毛石错缝砌成。混凝土每阶高度不应小于 200mm，毛石混凝土基础每阶高度不应小于 300mm。

灰土基础施工时每层虚铺灰土 220～250mm，夯实至 150mm，称为“一步灰土”。根据需要可设计成二步灰土或三步灰土。

三合土基础厚度不应小于 300mm。

无筋扩展基础也可由两种材料叠合组成。例如，上层用砖砌体，下层用混凝土。

为了省工和平整基坑，无筋扩展基础底部常铺设垫层，一般用灰土、三合土或素混凝土为材料，厚度大于或等于 100mm。薄的垫层不作为基础考虑，对于厚度大于 250mm 的垫层，可以作为基础的一部分来考虑。但若垫层材料的强度小于基础材料时，需要对垫层进行抗压验算。

[例题 4]　某办公楼外墙厚 $a=360$mm，墙下设条形基础，上部结构荷载值 $F_k=88$kN/m，修正后的地基承载力特征值 $f_a=90$kPa。从室内设计地面算起，基础埋深 1.55m，室外地面低于室内地面 0.45m，拟采用二步灰土加大放脚的组合基础型式，试设计该外墙基础的几何尺寸（图 2-11）。

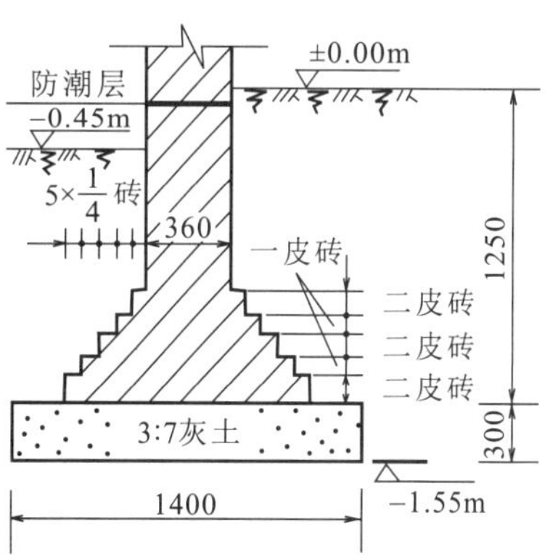

图 2-11　例题 4 附图

解：(1) 求基础宽 b，按式(2-16)

$$b\geqslant\frac{F_k}{f_a-\bar{\gamma}\cdot H}=\frac{88}{90-20\times(1.55-\frac{0.45}{2})}=1.38(\text{m})$$

取 $b=1.40$m

(2) 求墙基大放脚下灰土基础允许悬挑长度：

按表 2-15，$p_k=89$kPa，$b_2/H_0=1/1.25$，基础为两步灰土基础，即厚度 300mm，得

$b_2=300/1.25=240$(mm)

(3) 求大放脚台阶级数：采用两皮一收及一皮一收相间做法，每收一次，两侧各收 1/4 砖长，则台阶数为：

$$n\geqslant(\frac{b}{2}-\frac{a}{2}-b_2)\times\frac{1}{60}=4.67$$

取 $n=5$，即五级台阶。

第三节　钢筋混凝土扩展基础

钢筋混凝土基础底面在地基反力作用下，若基础内产生的拉应力和剪应力较大，为防止基础开裂破坏，必须使基础有足够的厚度并配置足量钢筋，使基础有良好的抗剪和抗弯能力。此时，基础的宽高比已不必受基础材料的刚性角限制，基础厚度则按设计剪力进行控制。当地基承载力较低，基础荷载较大，且存在弯矩及水平力等荷载时，可扩展基础宽度以适应地基承载力较低的状况。由于基础厚度较小，既可节省材料，又可减少基础埋深。这种具有良好抗弯抗

剪能力的钢筋混凝土基础，可称为柔性基础。而柱下钢筋混凝土独立基础和墙下钢筋混凝土条形基础均称为钢筋混凝土扩展基础。

一、钢筋混凝土扩展基础的构造要求

1. 垫层

钢筋混凝土基础底板下一般需浇筑一层厚度为 70～100mm 的素混凝土垫层。它既是基础底板钢筋绑扎的工作面，又可保证基础底板的质量，并保护地基土不被扰动。垫层素混凝土强度等级不低于 C10，且每边应宽于底板 50mm。

2. 底板

现浇钢筋混凝土基础底板厚度除按计算确定外，墙下条形基础底板厚度不宜小于 200mm，如图 2－12 所示；锥形基础的边缘高度不宜小于 200mm，且两个方向的坡度不宜大于 1∶3，如图 2－13 所示；阶梯形基础每阶高度宜为 300～500mm。

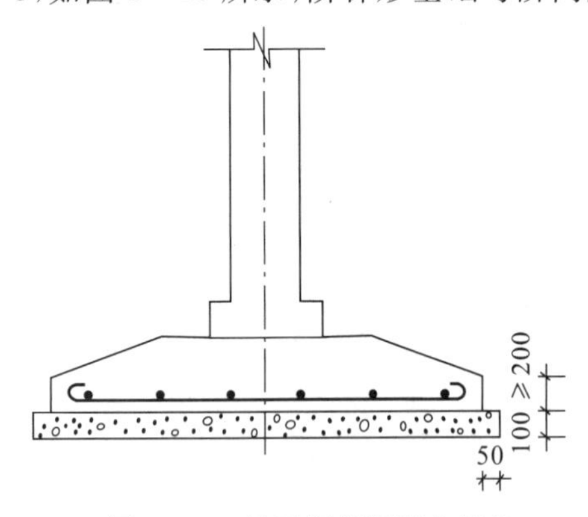

图 2－12　墙下钢筋混凝土基础

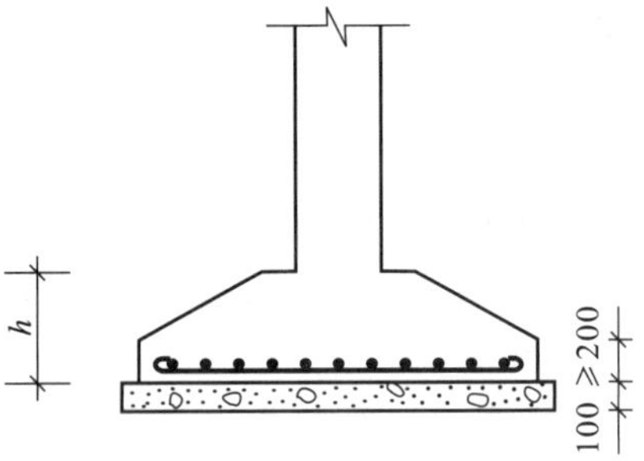

图 2－13　柱下锥形基础

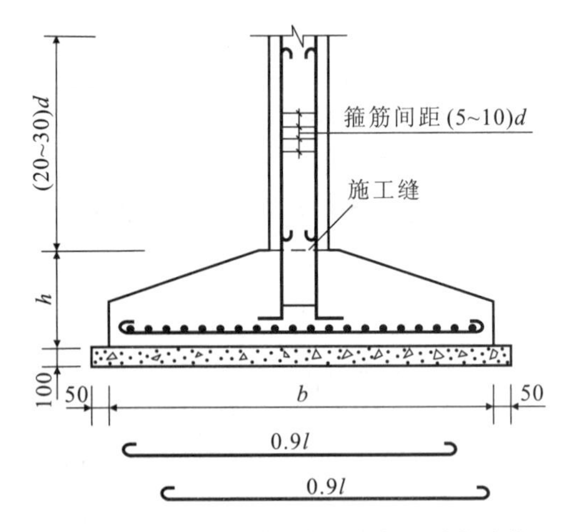

图 2－14　现浇钢筋混凝土柱与基础的连接

底板受力钢筋的最小配筋率不应小于 0.15%，且最小直径不应小于 10mm，其间距不宜大于 200mm，也不宜小于 100mm。当柱下独立基础底面边长和墙下条形基础的宽度大于或等于 2.5m 时，底板受力钢筋长度可取边长或宽度的 0.9 倍并交错布置（图 2－14）。底板钢筋保护层厚度不宜小于 40mm（有垫层时）或 70mm（无垫层时）。

墙下条形基础受力钢筋应垂直于墙基纵轴线配置，直径一般为 ϕ10～ϕ16。纵向配置的分布筋直径不小于 8mm，间距不大于 300mm，每延米分布筋的面积应不小于受力筋面积的 1/10。墙下条形基础一般可做成无肋条形基础；当地基强度不均匀时，为增加基础纵向抗弯能力，需沿纵向配置受力筋，并可做成有纵肋的条形基础。

基础混凝土强度等级不宜低于 C20。

钢筋混凝土单独基础的构造形式除现浇锥形基础及现浇台阶形基础外，还有预制杯形基础。杯形基础分高杯口基础及低杯口基础，还可分为单肢柱杯口基础和双肢柱杯口基础。杯形基础的构造要求详见《建筑地基基础设计规范》(GB 50007—2011)。

3. 钢筋混凝土独立基础与柱的连接

现浇柱的基础，其插筋的数量、直径及钢筋种类应与柱内纵向受力筋相同。插筋下端弯直钩放在基础底板钢筋网上，如图 2－14 所示。当柱为轴心或小偏心受压，基础高度不小于 1 200mm 时；或柱为大偏心受压，基础高度不小于 1 400mm 时，可仅将位于四角的插筋伸至底板钢筋网上，其余插筋锚固在基础顶面以下 l_a(锚固长度)处。基础内插筋至少应配置上下两道箍筋以固定插筋。有抗震设防要求时，纵向受力筋的最小锚固长度 l_{aE}应符合以下要求：一、二级抗震等级时，$l_{aE}=1.15l_a$；三级抗震等级时，$l_{aE}=1.05l_a$；四级抗震等级时，$l_{aE}=l_a$。基础底板顶面以下纵向受拉筋的锚固长度 l_a，以及插筋与柱的纵向受力筋的连接方法，均应符合现行《混凝土结构设计规范》的有关规定。

二、墙下钢筋混凝土条形基础

墙下钢筋混凝土条形基础一般用于单层或多层的砌体结构中，并且广泛应用于多层及小高层钢筋混凝土剪力墙结构的房屋中。

墙下条形基础的埋深及宽度确定后，基础底板厚度及配筋需对基础受力情况进行分析计算后方可确定。基础受荷载作用时，如同倒置的“悬臂梁”，如图 2－15 所示。“悬臂梁”在基底设计净反力 p_j(扣除基础自重及基础上回填土重后相应于荷载效应基本组合时的地基土单位面积净反力)作用下，基础底板将发生向上的弯曲变形，Ⅰ—Ⅰ截面产生设计弯矩 M。当配筋不足时，底板会因 M 过大而沿Ⅰ—Ⅰ截面开裂。同时，在 p_j 作用下，Ⅰ—Ⅰ截面产生剪力 V，截面外侧会产生向上错动的趋势。实验及理论分析表明，底板在 V 作用下，当基础板厚度不够时，底板会产生斜向裂缝。可见，基础底板应有足够的厚度和配筋。

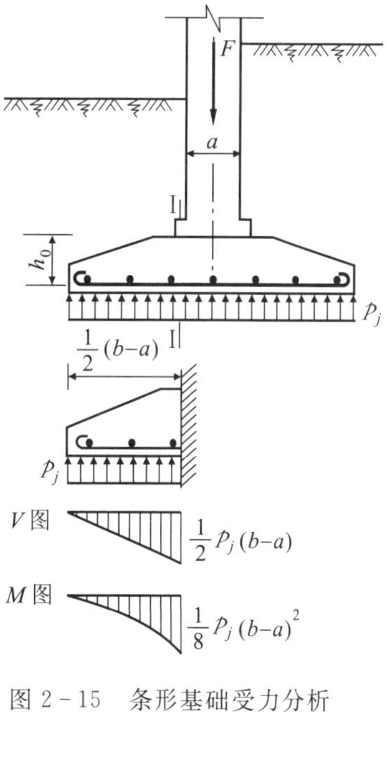

图 2－15　条形基础受力分析

1. 基础底板厚度的确定

沿墙基纵向取 1m 长基础板进行分析，设上部结构传至基础顶面相应于荷载效应基本组合时的荷载为 F(kN/m)，可得基底单位面积净反力：

$$p_j=F/(b\times 1)=F/b \qquad (2-30)$$

Ⅰ—Ⅰ截面设计剪力：

$$V=\frac{1}{2}p_j(b-a) \qquad (2-31)$$

根据受均布荷载作用下的无腹筋梁受剪承载力公式，底板有效高度 h_0 满足下式要求时，在设计剪力 V 作用下底板不产生斜裂缝破坏。

$$h_0\geqslant\frac{V}{700f_t} \qquad (2-32)$$

式中：h_0——底板有效高度(mm)，底板有垫层时 $h_0=h-45$mm；底板无垫层时 $h_0=h-75$mm，h 为基础底板厚度；

f_t——混凝土轴心抗拉强度设计值(N/mm²)。

2.配筋计算

Ⅰ—Ⅰ截面的弯矩设计值：
$$M=\frac{1}{8}p_j(b-a)^2 \tag{2-33}$$

底板内受力钢筋截面积：
$$A_s=\frac{M}{0.9h_0f_y} \tag{2-34}$$

式中：A_s——基础底板受力钢筋截面积(mm²)；

f_y——钢筋抗拉强度设计值(N/mm²)，HPB300 级钢筋，$f_y=270$N/mm²；HRB335 级钢筋，$f_y=300$N/mm²。

当条形基础受偏心荷载时，式(2-31)、式(2-33)中基底设计净反力 p_j 取基底边缘最大净反力 $p_{j\max}$ 与Ⅰ—Ⅰ截面处净反力 $p_{j\mathrm{I}}$ 的平均值，即 $p_j=(p_{j\mathrm{I}}+p_{j\max})/2$。

［例题 5］ 设计某教学楼外墙钢筋混凝土基础，上部结构传至基础顶面的荷载设计值 $F=270$kN/m($F_k=200$kN/m)，修正后的地基承载力特征值 $f_a=135$kPa；混凝土强度等级为 C20，钢筋为 HPB300 级，基底标高 −1.75m，基底垫层厚 100mm，如图 2-16 所示。

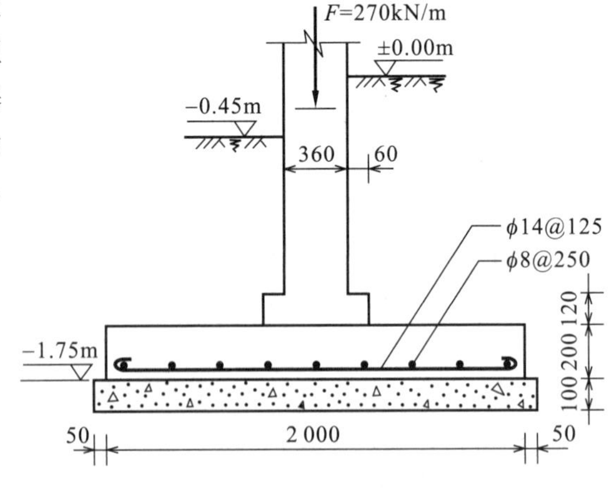

图 2-16　例题 5 附图

解：(1)求基础宽度

$b=\dfrac{F_k}{f_a-\bar{\gamma}H}=1.91$(m)，取 $b=2.0$m

(2)确定底板厚度

基底净反力 $p_j=F/b=135$(kPa)

Ⅰ—Ⅰ截面设计剪力：

$$V=\frac{1}{2}p_j(b-a)=110.7(\mathrm{kN})$$

底板有效高度按式(2-32)，混凝土为 C20 时，$f_t=1.1$N/mm²

$$h_0=V/700f_t=144(\mathrm{mm})$$

按式(2-32)中有关要求，因设有垫层，底板厚 $h=h_0+45=189$(mm)，为满足构造要求，取 $h=200$mm，实际 $h_0=155$mm。

(3)底板配筋计算，Ⅰ—Ⅰ截面弯矩按式(2-33)计算

$$M=\frac{1}{8}p_j(b-a)^2=45.4(\mathrm{kN\cdot m})=45.4\times10^6(\mathrm{N\cdot mm})$$

受力筋截面积，按式(2-34)计算，采用 HPB300 级钢筋，$f_y=270$N/mm²

$$A_s=M/0.9h_0f_y=1\ 205(\mathrm{mm}^2)$$

条形基础纵向每米长度内可选 9ϕ14 钢筋，均布即可。

注意：计算剪力及弯矩时，对砖墙且放脚不大于 1/4 砖长时，从墙边(不包括放脚)算起，对混凝土墙体，从墙底座边缘算起。以上计算的 A_s 为每米长基底受力筋配筋量。分布筋采用 ϕ8@250 即可，至此，该基础设计计算完毕。

三、柱下钢筋混凝土独立基础

柱下钢筋混凝土独立基础受荷载作用时，处于典型的局部受压状态。依试验结果，柱下独立基础受荷载后可能出现以下破坏形式。

基底在设计净反力作用下，底板在纵横向均可能发生向上弯曲，基础底部受拉，顶部受压，当荷载增大至一定程度时，在危险截面内的设计弯矩会超过底板的抗弯强度，致使底板产生弯曲破坏。为此需在底板配置足量钢筋。

当基底面积较大而基础厚度较薄时，基础受荷载后，可能会沿柱边缘或台阶变截面处产生近45°方向的斜拉裂缝，形成冲切角锥体，此种现象属冲切破坏，如图2-17所示。为此，基础底板需有足够厚度。

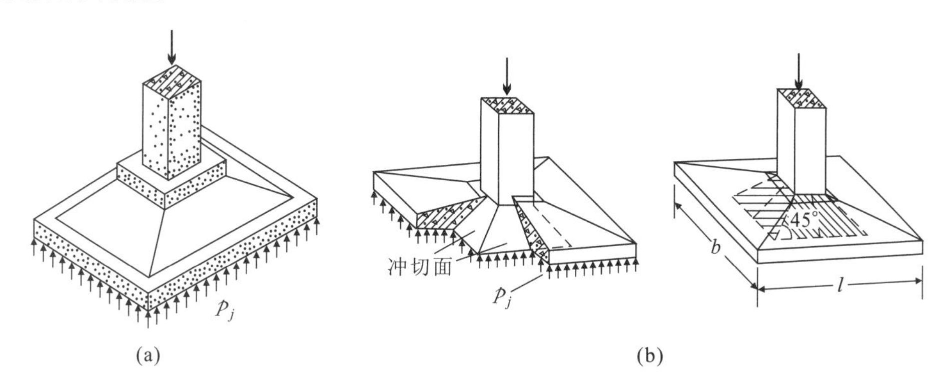

图2-17　钢筋混凝土独立基础的破坏形式

(a)底板受弯破坏；(b)底板冲切破坏

(一)确定中心受压独立基础底板厚度

对钢筋混凝土独立基础，其抗剪强度一般均能满足设计要求，但必须进行抗冲切验算。为保证基础不发生冲切破坏，应使地基净反力产生的冲切力不大于基础冲切面上的混凝土抗冲切承载力，从而确定基础的最小允许高度。

计算时可先将冲切角锥体底面积(虚线范围)近似划分为四个区域，如图2-18所示。柱短边 b_c 两侧冲切角锥体外基底面积(阴影部分)大于柱长边 a_c 两侧冲切角锥体外基底面积，即柱短边两侧由地基净反力引起的冲切力要大于柱长边两侧。现分析柱短边一侧反力情况。

冲切破坏面以外的基础底冲切作用面积为 A_{abcdef}，引起该侧冲切破坏的地基土净反力(冲切力)为：

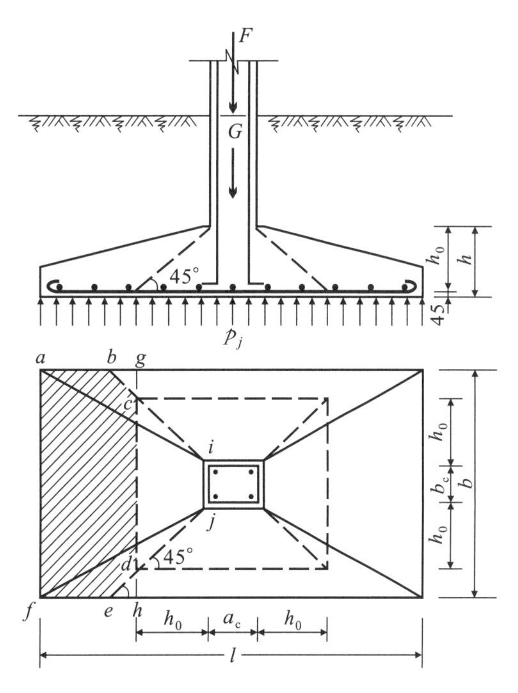

图2-18　中心受压柱基础底板厚度的确定

$(b>b_c+2h_0)$

$$F_l = p_j A_{abcdef} \tag{2-35}$$

式中：F_l——相应于荷载效应基本组合时作用在面积 A_{abcdef} 上的地基土净反力设计值(kN)；

p_j——扣除基础自重及其上土重后相应于荷载效应基本组合时地基土单位面积净反力(kN/m²)，即 $p_j = \dfrac{F}{l \cdot b}$。

由图可知，

$$A_{abcdef} = A_{aghf} - A_{bgc} - A_{dhe} = (\frac{l}{2} - \frac{a_c}{2} - h_0)b - (\frac{b}{2} - \frac{b_c}{2} - h_0)^2$$

柱短边一侧的抗冲切力，由冲切锥斜面上混凝土抗拉承载力的竖直向分量提供(相当于冲切锥斜面的垂直投影面积 A_{cijd} 范围内的混凝土抗拉承载力)。

$$A_{cijd} = \frac{b_c + (b_c + 2h_0)}{2} h_0 = (b_c + h_0)h_0 = b_m h_0$$

按《混凝土结构设计规范》(GB 50010—2010)规定，受冲切承载力按式(2-36)计算：

$$F_l \leqslant 0.7\beta_{hp} f_t b_m h_0 \tag{2-36}$$

$$b_m = \frac{b_c + (b_c + 2h_0)}{2} = b_c + h_0$$

式中：β_{hp}——受冲切承载力截面高度影响系数：当 $h \leqslant 800$mm 时，取 $\beta_{hp} = 1.0$；当 $h \geqslant 2\,000$mm 时，取 $\beta_{hp} = 0.9$，其间按线性内插法取用；

f_t——混凝土抗拉强度设计值(N/mm²)，C20 时取 1.1，C25 时取1.27；

b_c——冲切破坏锥体最不利一侧柱宽(mm)；

h_0——冲切破坏锥体的有效高度(mm)。

对截面高度 $h \leqslant 800$mm 的独立基础，由式(2-35)及式(2-36)可得：

$$p_j[(\frac{l}{2} - \frac{a_c}{2} - h_0)b - (\frac{b}{2} - \frac{b_c}{2} - h_0)^2] \leqslant 0.7 f_t (b_c + h_0)h_0 \tag{2-37}$$

当柱边长及基础底边长已定，按基底净反力及混凝土抗拉强度设计值，即可求算出基础有效高度 h_0。再按 h_0 确定基础底板厚度 h，即有垫层时，$h = h_0 + 45$mm；无垫层时，$h = h_0 + 75$mm，并满足构造要求。

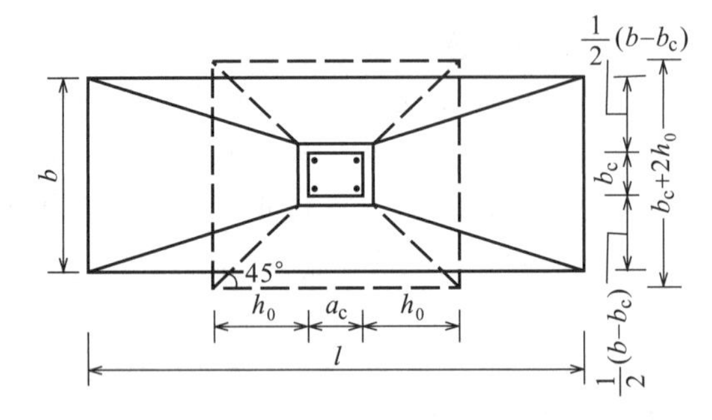

图 2-19　中心受压柱基础底板厚度的确定
($b < b_c + 2h_0$)

按图 2-18 推导出的式(2-37)，属冲切锥体下边线 cd 长小于 b 的情况，即 $b > b_c + 2h_0$，当按冲切破坏规律冲切锥体下边线长大于 b 时，即 $b_c + 2h_0 \geqslant b$(图 2-19)，当截面高度 $h \leqslant 800$mm 时，则受冲切承载力公式为：

$$p_j(\frac{l}{2} - \frac{a_c}{2} - h_0)b \leqslant 0.7 f_t[(b_c + h_0)h_0 - (\frac{b_c}{2} - \frac{b}{2} + h_0)^2] \tag{2-38}$$

同理：当 $l = b, a_c = b_c$ 时，　$p_j[\frac{l^2}{4} - (\frac{a_c}{2} + h_0)^2] \leqslant 0.7 f_t (a_c + h_0)h_0$　(2-39)

以上分析的是冲切破坏面沿柱周边向下成 45°斜面拉裂成冲切角锥体的情况。当基础剖面为台阶形时，拉裂面还可能在变阶处产生，此时，除验算整个基础的有效高度外，还应验算变

阶处有效高度 h_{01}(图 2-20)。计算方法同上,只需将式(2-37)至式(2-39)中 a_c、b_c、h_0 由 a_1、b_1、h_{01} 替换,即可求算出台阶有效高度 h_{01}。

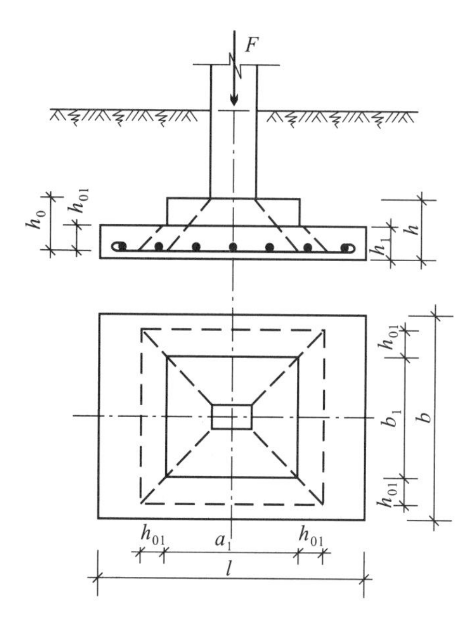

图 2-20　阶梯形基础底板厚度验算

（二）中心受压独立基础配筋计算

由于独立基础的长宽尺寸一般较为接近,故基础底板按双向弯曲板考虑。进行内力计算时常采用简化计算方法,即将独立基础的底板看作固定在柱子周边四面挑出的悬臂板,将地基净反力近似按对角线划分为 4 个梯形区域,并认为基础纵横两方向的弯矩等于所对应的梯形基底面积上地基净反力所产生的力矩。按此原则确定基底纵横两方向应配置的受力筋。由图 2-18 可知:

Ⅰ—Ⅰ截面上地基净反力力矩:

$$M_{\mathrm{I}}=\frac{p_j}{24}(l-a_c)^2(2b+b_c) \tag{2-40}$$

该截面受力筋截面积按下式计算,即:

$$A_{s\mathrm{I}}=\frac{M_{\mathrm{I}}}{0.9h_0 f_y} \tag{2-41}$$

式中:$A_{s\mathrm{I}}$——Ⅰ—Ⅰ截面受力筋截面积(mm^2);

h_0——该截面有效高度(mm);

f_y——钢筋抗拉强度设计值($\mathrm{N/mm}^2$)。

Ⅱ—Ⅱ截面上地基净反力力矩:

$$M_{\mathrm{II}}=\frac{p_j}{24}(b-b_c)^2(2l+a_c) \tag{2-42}$$

受力筋截面积为:

$$A_{s\mathrm{II}}=\frac{M_{\mathrm{II}}}{0.9(h_0-d)f_y} \tag{2-43}$$

式中:d——基础底板最下层受力筋直径(mm)。

当基础为台阶形时,除按上式算出 M_{I}、$A_{s\mathrm{I}}$、M_{II}、$A_{s\mathrm{II}}$ 外,还应验算变阶处Ⅲ—Ⅲ、Ⅳ—Ⅳ截面的 M_{III}、$A_{s\mathrm{III}}$、M_{IV}、$A_{s\mathrm{IV}}$(图 2-21)。同理,相应公式为:

$$M_{\mathrm{III}}=\frac{p_j}{24}(l-a_1)^2(2b+b_1) \tag{2-44}$$

$$A_{s\mathrm{III}}=\frac{M_{\mathrm{III}}}{0.9h_{01}f_y} \tag{2-45}$$

$$M_{\mathrm{IV}}=\frac{p_j}{24}(b-b_1)^2(2l+a_1) \tag{2-46}$$

$$A_{s\mathrm{IV}}=\frac{M_{\mathrm{IV}}}{0.9(h_{01}-d)f_y} \tag{2-47}$$

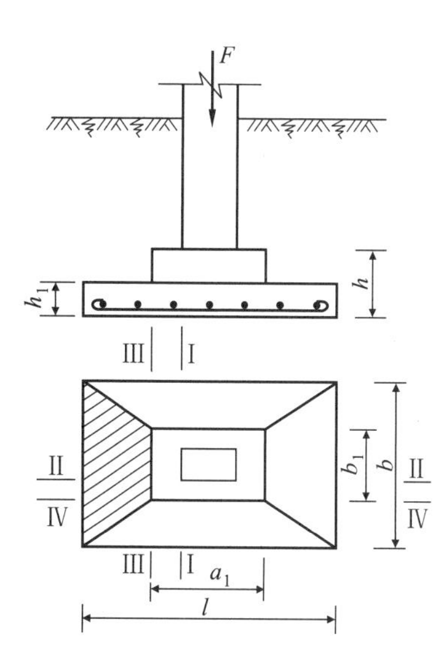

图 2-21　中心受压阶梯形柱基础配筋计算

[例题 6]　一荷载设计值 $F=700\mathrm{kN}(F_k=520\mathrm{kN})$

的柱基，柱截面为 350mm×350mm，相当于室内地面的基础埋深 1.8m，$f_a=145$kPa，基础拟采用 HPB300 级钢筋，混凝土强度等级为 C25，基底铺设垫层 100mm，试设计基础，如图 2-22 所示。

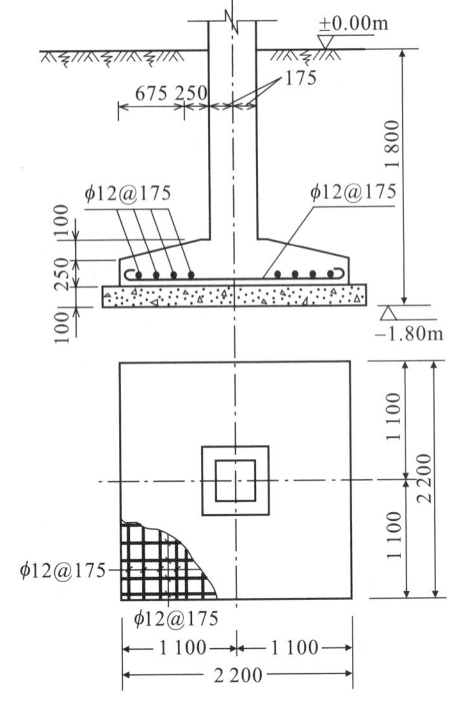

图 2-22　例题 6 附图

解：(1)计算基础底面积。

$$A=\frac{F_k}{f_a-\bar{\gamma}H}=4.77(\mathrm{m}^2)$$

基础底边长取 $l=b=2.2$m，则 $A=4.84\mathrm{m}^2$

(2)计算基础底板厚度 h。

基底净反力 $p_j=F/A=144.6$(kPa)

混凝土为 C25 时，$f_t=1.27\mathrm{N/mm^2}$

由式(2-39)求得 $h_0\geqslant 0.27$m。依以上计算结果 $b=2.2$m，$b_c+2h_0=0.89$m，属 $b>b_c+2h_0$ 情况，即可能产生的冲切锥底在基础底面内。采用式(2-37)或式(2-39)计算合理。在按式(2-37)求算 h_0 时，当截面高度影响系数 $\beta_{hp}=1$ 时，可将该不等式简化成

$$h_0=\frac{\sqrt{b_c^2+c}}{2}-\frac{b_c}{2} \tag{2-48}$$

式中：
$$c=\frac{2b(l-a_c)-(b-b_c)^2}{1+0.7\dfrac{f_t}{p_j}} \tag{2-49}$$

当柱截面及基础底面均为正方形时

$$c=\frac{(b-b_c)(b+b_c)}{1+0.7\dfrac{f_t}{p_j}} \tag{2-50}$$

因基底铺设垫层，则基础底板厚 $h=h_0+45=315$mm，取 350mm，则 $h_0=305$mm。

(3)配筋计算。按式(2-40)、式(2-41)

$$M_{\mathrm{I}}=\frac{p_j}{24}(l-a_c)^2(2b+b_c)=97.95(\mathrm{kN\cdot m})=97.95\times10^6(\mathrm{N\cdot mm})$$

$$A_{s\mathrm{I}}=\frac{M_{\mathrm{I}}}{0.9h_0f_y}=1\ 322(\mathrm{mm}^2)$$

(HPB300 级筋，$f_y=270\mathrm{N/mm^2}$)

钢筋选用 $\phi12$，则钢筋根数为 $\dfrac{1\ 322}{\pi d^2/4}\approx12$ 根，采用 13 根钢筋且基础四边留足保护层，钢筋均布即可。因为柱截面及底板均为正方形，故配筋为 $\phi12@175$，双向配置，如图 2-22 所示。

(三)偏心受压独立基础设计

1. 基础底板厚度的计算

进行中心受压独立基础底板厚度计算，按式(2-35)确定冲切力 F_l 时，基底净反力呈均匀分布，而偏心受压时，应按基础边缘最大设计净反力考虑。最大设计净反力参考式(2-17)或式(2-18)计算，采用相应于荷载效应基本组合时的荷载值，但不考虑基础自重及其上土重。

$$\left.\begin{aligned}p_{j\max}=\frac{F}{A}+\frac{M}{W}\\p_{j\min}=\frac{F}{A}-\frac{M}{W}\end{aligned}\right\}\tag{2-51}$$

或

$$\left.\begin{aligned}p_{j\max}=\frac{F}{A}(1+\frac{6e}{l})\\p_{j\min}=\frac{F}{A}(1-\frac{6e}{l})\end{aligned}\right\}\tag{2-52}$$

再将式(2－37)、式(2－38)或式(2－48)至式(2－50)中 p_j 由 $p_{j\max}$ 代替求算出 h_0。对台阶形偏心受压基础，还应计算变阶处有效高度 h_{01}，即以 $p_{j\max}$、a_1、b_1 代替 p_j、a_c、b_c，按相应公式求算即可，如图 2－23 所示。

2. 基础底板配筋计算(图 2－24)

对于矩形基础，当台阶的宽高比小于或等于 2.5 和偏心距小于或等于 $l/6$ 时，柱边截面的弯矩可按下列简化方法进行计算：

$$M_{\mathrm{I}}=\frac{1}{48}[(p_{j\max}+p_{j1})(2b+b_c)+(p_{j\max}-p_{j1})b](l-a_c)^2\tag{2-53}$$

同理，对Ⅱ—Ⅱ截面：

$$M_{\mathrm{II}}=\frac{1}{48}(p_{j\min}+p_{j\max})(b-b_c)^2(2l+a_c)\tag{2-54}$$

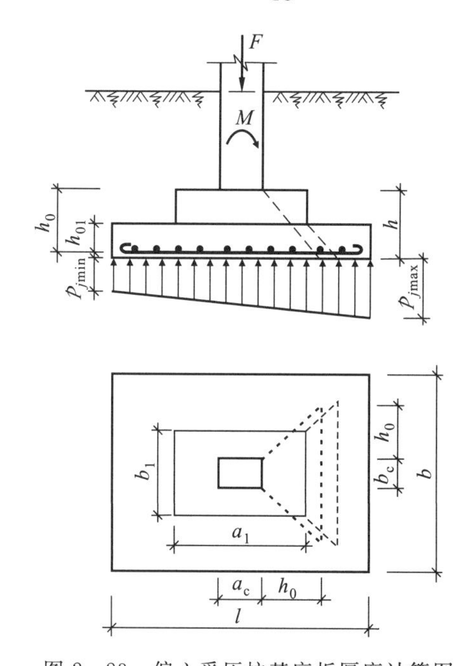

图 2－23　偏心受压柱基底板厚度计算图

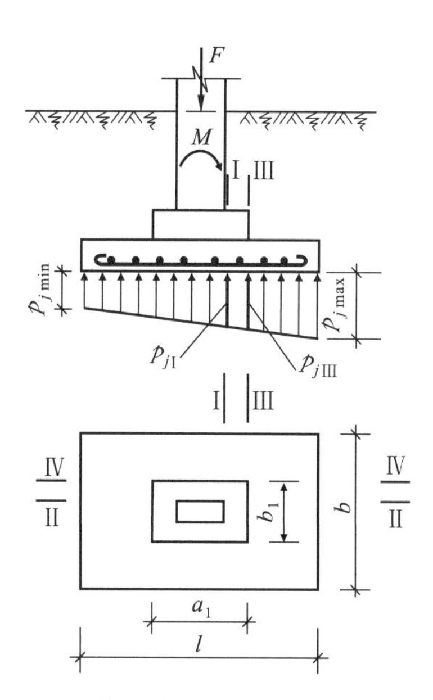

图 2－24　偏心受压柱基底板配筋计算图

当偏心受压基础为台阶形时，变阶处弯矩分别为：

$$M_{\mathrm{III}}=\frac{1}{48}[(p_{j\max}+p_{j\mathrm{III}})(2b+b_1)+(p_{j\max}-p_{j\mathrm{III}})b](l-a_1)^2\tag{2-55}$$

$$M_{\mathrm{IV}}=\frac{1}{48}(p_{j\min}+p_{j\max})(b-b_1)^2(2l+a_1)\tag{2-56}$$

[例题 7] 按图 2－25 中有关资料，设计柱下独立基础：确定基础底面尺寸，进行抗冲切、抗弯计算，确定基础厚度及配筋。

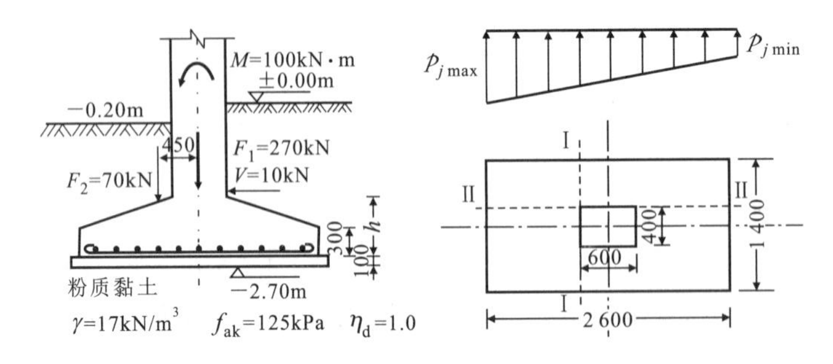

图 2－25　例题 7 附图

已知：持力层为粉质黏土，$\gamma=17.0\text{kN/m}^3$，$f_{ak}=125\text{kPa}$，$\eta_d=1.0$

基础埋深：-2.70m

基础顶面荷载值：竖向总荷载标准值：$F_k=F_{1k}+F_{2k}=200+52=252(\text{kN})$

水平向荷载标准值：水平力 $V_k=7.4\text{kN}$，弯矩 $M_k=74\text{kN}\cdot\text{m}$

竖向总荷载设计值：$F=F_1+F_2=270+70=340(\text{kN})$

水平向荷载设计值：水平力 $V=10\text{kN}$，弯矩 $M=100\text{kN}\cdot\text{m}$

基础混凝土强度等级为 C20。V 作用位置距基底 900mm。

解：(1)确定修正后的地基承载力特征值 f_a，设基础宽度 $b\leqslant 3.0\text{m}$，按式(2－7)

$$f_a=f_{ak}+\eta_d\gamma_m(d-0.5)=159(\text{kPa})$$

(2)确定基础底面尺寸，按偏心受压基础计算，先将受轴心荷载时计算的底面积增加 50%。

按式(2－16)　$A=1.5\dfrac{F_k}{f_a-\bar{\gamma}H}=3.53(\text{m}^2)$　(平均埋深 $H=2.60\text{m}$)

取 $l=2.6\text{m}$，$b=1.4\text{m}$，则 $A=3.64\text{m}^2$

(3)验算地基承载力。

按式(2－17)　$W=\dfrac{bl^2}{6}=1.58(\text{m}^3)$

竖向力标准值 $F_k=252\text{kN}$

基底总力矩标准值 $\sum M_k=M_k+F_{2k}\times0.45+V_k\times0.9$

$=74+52\times0.45+7.4\times0.9=104.1(\text{kN}\cdot\text{m})$

基础自重及填土重 $G_k=A\bar{\gamma}H=3.64\times20\times2.6=189(\text{kN})$

基底平均压力 $p_k=\dfrac{F_k+G_k}{A}=121.2(\text{kPa})$

$p_{kmax}=\dfrac{F_k+G_k}{A}+\dfrac{\sum M_k}{W}=187.1(\text{kPa})$　$p_{kmin}=\dfrac{F_k+G_k}{A}-\dfrac{\sum M_k}{W}=55.3(\text{kPa})$

$p_k=121.2(\text{kPa})<f_a=159(\text{kPa})$　$p_{kmax}=187.1(\text{kPa})<1.2f_a=190.8(\text{kPa})$

满足要求。

(4)确定基底净反力(不考虑基础自重及填土重)。

按式(2－51)　$W=1.58\text{m}^3$

竖向力设计值 $F=340\text{kN}$

基底总力矩设计值 $\sum M=M+F_2\times0.45+V\times0.9=100+70\times0.45+10\times0.9$
$=140.5(\text{kN}\cdot\text{m})$

$$p_{j\max}=\frac{F}{A}+\frac{\sum M}{W}=182.33(\text{kPa})\qquad p_{j\min}=\frac{F}{A}-\frac{\sum M}{W}=4.5(\text{kPa})$$

(5)抗冲切验算，确定基础高度。

初步取 $h=500\text{mm}$　即 $h_0=0.5-0.045=0.455(\text{m})$

∵ $b_c+2h_0=0.4+2\times0.455=1.31(\text{m})<b=1.4\text{m}$

∴按式(2-37)计算，将 $l=2.6\text{m}$，$a_c=0.6\text{m}$，$b=1.4\text{m}$，$b_c=0.4\text{m}$ 代入得：

式左边：　$$F_l=p_{j\max}\left[\left(\frac{l}{2}-\frac{a_c}{2}-h_0\right)b-\left(\frac{b}{2}-\frac{b_c}{2}-h_0\right)^2\right]=138.75(\text{kN})$$

式右边：　$0.7f_t(b_c+h_0)h_0=299.55(\text{kN})>138.75(\text{kN})$

h 满足抗冲切承载力要求。

(6)抗弯计算。

Ⅰ—Ⅰ截面距基础左侧边缘最大净反力处 1.0m，由基底最大及最小净反力可求出 $p_{j\text{I}}=113.93\text{kPa}$

Ⅰ—Ⅰ截面弯矩：$$M_\text{I}=\frac{1}{48}[(p_{j\max}+p_{j\text{I}})(2b+b_c)+(p_{j\max}-p_{j\text{I}})b](l-a_c)^2=86.98(\text{kN}\cdot\text{m})$$

Ⅱ—Ⅱ截面弯矩：$$M_\text{II}=\frac{1}{48}(p_{j\min}+p_{j\max})(b-b_c)^2(2l+a_c)=22.58(\text{kN}\cdot\text{m})$$

采用 HRB335 级 $\phi12$ 钢筋，$f_y=300\text{N/mm}^2$

$$A_{s\text{I}}=\frac{M_\text{I}}{0.9h_0f_y}=\frac{86.98\times10^6}{0.9\times455\times300}=708(\text{mm}^2)$$

$$A_{s\text{II}}=\frac{M_\text{II}}{0.9(h_0-12)f_y}=\frac{22.58\times10^6}{0.9\times(455-12)\times300}=188.78(\text{mm}^2)$$

由于按 M_I、M_II 所确定的配筋量太小，底板受力筋按最小配筋率配置，并满足构造要求。

第四节　柱下钢筋混凝土条形基础

当上部结构传给柱基的荷载较大，而地基土承载力较低时，则需增大基础底面积，若因受邻近建筑物或已有的地下构筑设施的限制，独立基础的底面积不能再扩展，此时可采用柱下钢筋混凝土条形基础。又如，当各柱荷载差异过大，或地基土强度不均，若采用柱下独立基础，则可能引起各基础间较大的沉降差。为防止过大的不均匀沉降，减小地基变形，则应加大基础整体刚度，此时也应采用柱下钢筋混凝土条形基础。

柱下钢筋混凝土条形基础体形呈单向或双向条状，常作为排架或框架结构的基础，条形钢筋混凝土基础也称做基础梁，双向条基即十字交叉基础。图 2-26 为某四层两跨的厂房基

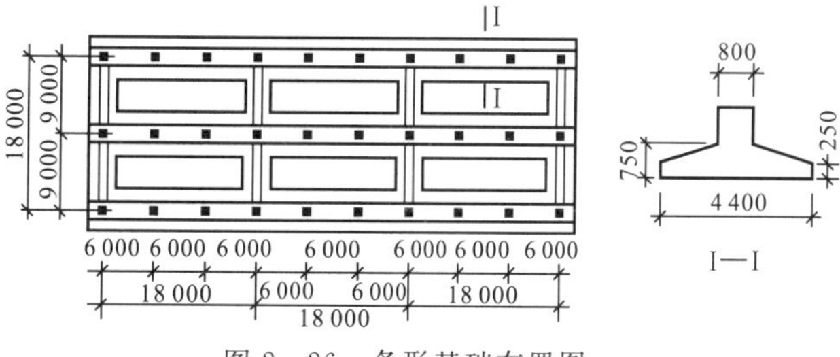

图 2-26　条形基础布置图

础示意图，即由条形基础将上部各片框架连成整体，上部结构为横向布置的四层框架，支承在三条纵向布置的条基上，并由四个横向基础梁相连。

一、柱下钢筋混凝土条形基础的构造要求

柱下条基的横剖面一般为倒置"T"形，基础底板两侧挑出部分称为翼板，中间腹部称为肋梁（图 2-27）。除符合钢筋混凝土扩展基础的构造要求外，对柱下条基，其翼板厚度不宜小于 200mm，当翼板厚度为 200～250mm 时，宜采用等厚度翼板，当翼板厚度大于 250mm 时，宜用变厚度翼板，其坡度不大于 1∶3，柱下条基的肋梁高宜为柱距的 1/8～1/4。

为了调整底面形心位置，以减少基础端部基底压力，使基底反力分布较为合理，一般情况下，条基的端部应向外伸出，其长度宜为第一跨距的 0.25～0.3 倍，但不宜伸出太长。

当采用现浇柱时，柱与条形基础梁的交接处，其平面尺寸不应小于图 2-27 所示尺寸。

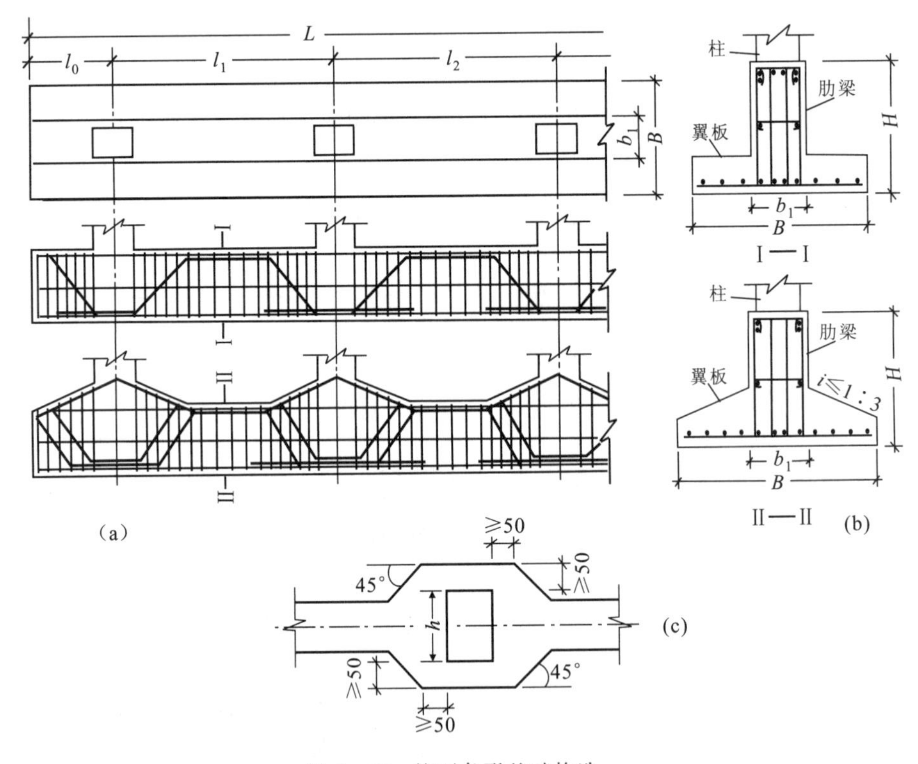

图 2-27　柱下条形基础构造

(a)纵向平面及剖面；(b)横向剖面；(c)现浇柱与基础梁交接处平面尺寸

在软土地区，柱下条基底部应铺垫厚度不小于 100mm 的砂石垫层，对刚度较小的基础梁可不铺垫层。

基础梁内的受力钢筋，按各部位受力情况进行布置。如：支座处，受力筋设置在支座下部，跨中处受力筋设置在基础梁上部，梁下部的纵向筋需连接时，连接位置宜在跨中，梁上部纵筋连接位置宜在支座处，搭接长度应满足规范要求，位于同一连接区段内的受拉筋搭接接头截面面积不宜超过钢筋总截面面积的 25%。

因基础梁受力复杂，为了使基础截面拉、压区配筋量比例适中，并考虑可能出现的整体弯

曲，顶部钢筋按计算配筋全部贯通，底部通长筋截面积不得小于底部纵向筋总面积的1/3。梁上部及下部的纵向受力筋配筋率均不小于0.2%。对高度大于700mm的基础梁，还应加设腰筋，在肋梁两侧沿高度每隔300～400mm设置一根，其直径不小于10mm。梁中箍筋肢数由计算确定，当肋梁宽$b_1 \leqslant 350$mm时采用双肢箍，当$350 < b_1 \leqslant 800$mm时采用四肢箍，直径不应小于8mm，其间距与普通梁相同。

基础梁底板的构造要求与墙下钢筋混凝土条形基础相同。

二、柱下单向钢筋混凝土条形基础的内力计算

（一）概述

柱下条形基础在柱荷载作用下基底将产生反力，而基底反力的分布又与上部结构刚度、柱距、荷载分布的均匀情况、肋梁自身高度以及地基土性状、均匀程度等因素有关。

当荷载及地基土层分布较均匀时，基础受荷载后会发生整体正向弯曲，工程中称之为"盆形沉降"，此时，柱荷载（特别是底层柱荷载）分布情况将发生变化而重新分布。边柱将出现较大的超载而内柱相应卸载，即出现上部结构与地基及基础相互作用引起的"架桥"作用。当上部结构刚度较好、条基上荷载分布均匀、地基土性状均匀时，"盆形沉降"的现象并不明显，此时可考虑地基反力呈直线分布。当需考虑上部结构与地基基础相互作用引起的"架桥"作用时，因边柱有较大的超载，基础梁端部的地基反力则相应增加，若按地基反力直线分布假定计算反力时，可在边跨部位将地基反力提高15%～20%。

对处于软土地基上的框架结构柱下钢筋混凝土条形基础，应尽可能考虑上部结构与地基基础的相互作用；对不均匀沉降不太敏感的静定结构可以选用抗弯刚度较小的条形基础；对不均匀沉降敏感的超静定结构，宜采用刚度较大的条形基础，这样既提高了建筑物的整体刚度，又减小了上部结构的次应力；而对低压缩性地基上的超静定结构，可不考虑上部结构及基础与地基的共同作用。

柱下条形基础的计算方法较多，总体上可分为刚性基础法和弹性地基梁计算法两类。

刚性基础法又称为简化计算法，其假定基底反力呈直线分布。这就要求基础相对于地基土的刚度很大，如当$\lambda l \leqslant 1.75$时（l为条形基础的柱距，λ为文克勒地基上梁的柔性指数，见本节"基床系数法"），可认为基础梁是刚性的。在荷载和基础都均匀对称的情况下，反力为均布，并将基础梁看作倒置的多跨连续梁，而将柱底端作为梁支座。在地基土性状较均匀、上部结构刚度较好、柱间距不太大且均匀、荷载分布较均匀（如相邻柱荷载不超过20%）、基础的刚度也较大（如肋梁高不小于1/6柱距）的情况下，因地基土变形时反力重分布是趋于均匀的，可用刚性基础法计算基础梁内力。若基础与地基的相对刚度较小，因荷载作用点下反力较集中，反力分布也不均匀，宜采用弹性地基梁法计算基础梁内力。

（二）刚性基础法

刚性基础法（简化计算法）可分为静定分析法和倒梁法两种。

采用刚性基础法设计柱下条形基础的步骤如下：

（1）绘出计算简图，包括有关尺寸、荷载、埋深等。

（2）当柱下条形基础纵向荷载不对称时，以$\sum M_A = 0$，求荷载合力重心位置，将偏心地基反力变为均布反力，再调整悬臂长及基础梁总长度，使荷载重心与基础形心重合，如图2-28所

示。荷载 N_1 作用点至荷载合力重心的距离为

$$x=\frac{\sum N_i x_i+\sum M_i}{\sum N_i}$$

(3)按基础梁总长确定底板宽度，计算横向地基净反力。即

$$p_{j\max}=\frac{\sum N_i}{BL}\left(1+\frac{6e}{B}\right)$$

$$p_{j\min}=\frac{\sum N_i}{BL}\left(1-\frac{6e}{B}\right)$$

其中　　　$e=\sum M_x/\sum N_i$

(4)算出底板悬臂的地基平均净反力，并按斜截面受剪承载力确定板厚并计算配筋量。

$$\left.\begin{aligned}&\text{剪力：}\quad Q=\left(\frac{p_{j1}}{2}+p_{j2}\right)(B-b_1)/2\\&\text{弯矩：}\quad M=\left(\frac{p_{j1}}{3}+\frac{p_{j2}}{2}\right)l_1^2\end{aligned}\right\}\qquad(2-57)$$

底板厚度及配筋计算同墙下条形基础。

(5)按静定分析法或倒梁法计算条形基础纵向肋梁的内力，以确定肋梁高度及配筋量。

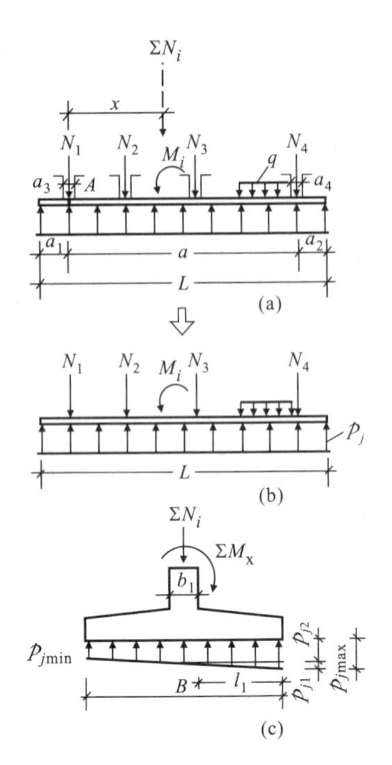

图 2-28　计算简图

1. 静定分析法

若上部结构的刚度很小(如单层排架结构)时，宜采用静定分析法。计算时，先按直线分布假定求出基底净反力，然后将柱荷载直接作用在基础梁上。这样基础梁上所有的作用力都已确定，故可按静力平衡条件计算出任一截面上的弯矩和剪力。

该方法没有考虑上部结构刚度的有利影响，所以在荷载作用下基础将产生整体弯曲，计算所得的基础不利截面上的弯矩绝对值一般偏大，适用于上部为柔性结构且基础本身刚度较大的条形基础。

[例题 8]　某框架结构柱下条形基础埋深 1.5m，修正后的地基土承载力特征值 $f_a=120\text{kPa}$，条形基础上各柱荷载设计值及柱距如图 2-29 所示，试求条形基础底面尺寸，并用静力平衡法分析基础梁的内力。

解：(1)确定基础梁上各柱轴力的合力 $\sum N_i$ 距 A 轴线的距离 x：

$$\sum N_i x_i=960\times14.7+1\ 754\times10.2+1\ 740\times4.2=39\ 311(\text{kN}\cdot\text{m})$$

总竖向荷载设计值　　$\sum N_i=5\ 008\text{kN}$

$$x=\sum N_i x_i/\sum N_i=7.85(\text{m})$$

(2)确定基础梁总长 L。

因构造需要，基础梁需伸出 A 轴的长度 $a_1=0.5\text{m}$，为了使荷载合力通过基底形心，则基础梁必须伸出 D 轴以外，伸出长度为 a_2。

$$a_2=2(x+0.5)-14.7-a_1=1.5(\text{m})$$

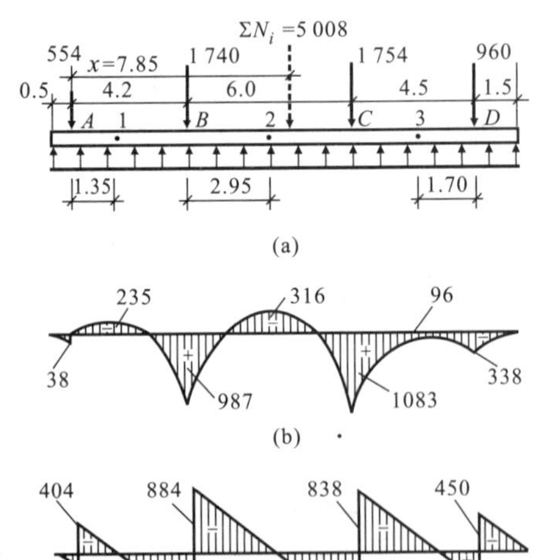

图 2-29　基础梁内力

(a)荷载(kN)；(b)弯矩(kN·m)；(c)剪力(kN)

则基础梁总长　　$L=14.7+a_1+a_2=16.7(\mathrm{m})$

(3)确定基础梁宽度 B(总竖向荷载标准值$\sum N_{ik}=3\ 710\mathrm{kN}$)。

$B=\dfrac{\sum N_{ik}}{(f_a-\overline{\gamma}H)L}=2.47(\mathrm{m})$，取 $B=2.5\mathrm{m}$($\overline{\gamma}$ 取 $20\mathrm{kN/m^3}$)

(4)内力分析。

因基础梁长度调整后荷载合力已通过基底形心，可认为地基净反力已呈均布，则单位长度地基梁的净反力 p_j 为：

$$p_j=\frac{\sum N_i}{L}=\frac{5\ 008}{16.7}=300(\mathrm{kN/m})$$

弯矩及剪力计算：

$$M_A=\frac{1}{2}p_ja_1^2=\frac{1}{2}\times300\times0.5^2=37.5(\mathrm{kN\cdot m})\quad(\text{取 }38.0\mathrm{kN\cdot m})$$

$Q_A^{左}=300\times0.5=150(\mathrm{kN})$，　　$Q_A^{右}=150-554=-404(\mathrm{kN})$

设 AB 跨内最大负弯矩的截面“1”离 A 轴的距离为 x_1，则

$300(x_1+0.5)=554$，$x_1=1.35\mathrm{m}$

$$M_1=300\times\frac{(1.35+0.5)^2}{2}-554\times1.35=-235(\mathrm{kN\cdot m})$$

$$M_B=300\times\frac{(4.2+0.5)^2}{2}-554\times4.2=987(\mathrm{kN\cdot m})$$

$Q_B^{左}=300\times4.7-554=856(\mathrm{kN})$，　　$Q_B^{右}=856-1\ 740=-884(\mathrm{kN})$

同理，BC 跨内最大负弯矩的截面“2”离 B 点距离为 x_2，则

$$x_2=\frac{554+1\ 740}{300}-4.7=2.95(\mathrm{m})$$

$$M_2=300\times\frac{(4.7+2.95)^2}{2}-554\times(4.2+2.95)-1\ 740\times2.95=-315.7(\mathrm{kN\cdot m})$$

(取$-316\mathrm{kN\cdot m}$)

$$M_C=300\times\frac{(4.7+6.0)^2}{2}-554\times(4.2+6.0)-1\ 740\times6.0=1\ 083(\mathrm{kN\cdot m})$$

$Q_C^{左}=300\times10.7-554-1\ 740=916(\mathrm{kN})$，　　$Q_C^{右}=916-1\ 754=-838(\mathrm{kN})$

CD 跨内最大负弯矩的截面“3”离 D 点距离 $x_3=\dfrac{960}{300}-1.5=1.7(\mathrm{m})$

$$M_3=-300\times\frac{(1.5+1.7)^2}{2}+960\times1.7=96(\mathrm{kN\cdot m})$$

$$M_D=300\times\frac{1.5^2}{2}=337.5(\mathrm{kN\cdot m})(\text{取 }338\mathrm{kN\cdot m})$$

$Q_D^{右}=-300\times1.5=-450(\mathrm{kN})$，　　$Q_D^{左}=960-450=510(\mathrm{kN})$

计算结果如图 2-29 所示。按此法将各支座处内力及各跨中最大弯矩求出后，即可确定基础梁的肋梁宽度、高度及相应配筋。确定梁高度及配筋时，在保证安全的前提下一般可统一配算，必要时可侧重某区段加强配筋。

注意：在分析基础梁内力时，由于基础梁全长范围内梁上墙重、基础及其上填土重等荷载呈均匀分布，并被它们产生的地基反力所抵消，基础梁不会因这部分荷载而产生内力，作用在基础梁上净反力只考虑柱子传给的荷载。在进行基础底板计算时，基础及其上填土重已由基

底反力抵消，在确定底板内力时，只考虑梁上墙重及柱子传给的荷载，而在验算地基承载力时，柱荷载、梁上墙重、基础自重及其上填土重都应考虑。

2. 倒梁法

倒梁法假定上部结构是绝对刚性的，各柱之间没有沉降差异，因而可以把柱脚视为条形基础的固定铰支座，将基础视作倒置的多跨连续梁，而荷载则为直线分布的基底净反力以及柱脚处的弯矩。这种计算方法只考虑了柱间的局部弯曲，忽略了基础的整体弯曲，因而计算出的柱位处弯矩值与柱间最大弯矩值较为均衡，所得到的不利截面上的最大弯矩绝对值一般较小。倒梁法适用于上部结构刚度很大的情况。

当柱距近似相等、内柱荷载相同、地基土质均匀且基础的绝对及相对沉降量较小时，以直线分布的基底净反力为荷载，可近似地按连续梁弯矩系数计算柱下条形基础的内力。

倒梁法计算时所需的弯矩系数由多跨连续梁内力系数表查得，如五跨连续梁系数如表 2-16 所示。

表 2-16　五跨连续梁系数表

A　l　B　l　C　l　C　l　B　l　A

$M=Cpl^2$

$Q=Cpl$

支座弯矩系数		距中弯矩系数			剪力系数				
M_B	M_C	M_1	M_2	M_3	Q_A	$Q_B^{左}$	$Q_B^{右}$	$Q_C^{左}$	$Q_C^{右}$
+0.105	+0.079	−0.078	−0.033	−0.046	−0.395	+0.606	−0.526	+0.474	−0.500

注：表中 p 为单位长度的地基净反力。

［例题 9］ 某预制装配多层框架结构，为使横向框架间沉降差尽量减小，需加强房屋纵向刚度，采用纵向条形基础。柱上竖向荷载设计值 $N_1=1\,252\text{kN}$，$N=1\,838\text{kN}$，试按倒梁法计算基础梁内力，见图 2-30。

解：(1)梁弯矩计算：因荷载均匀对称，基底净反力按均布考虑，即：

$$p_j=\frac{\sum N_i}{L}=306(\text{kN/m})$$

该例为均布地基反力作用下，以柱为支座的九跨等跨连续梁，内力可按五跨等跨连续梁计算。为计算方便，将均布反力分成两部分，即 A 轴外侧悬臂段[图 2-30(a)]及五跨内区段[图 2-30(b)]。

A 截面处弯矩　$M_A=\frac{1}{2}\times306\times1.1^2=185(\text{kN}\cdot\text{m})$

M_A 传递至 B、C 截面处弯矩可用力矩分配法求算，分配过程和弯矩如图 2-30(a)所示。

五跨内反力产生的弯矩由弯矩系数法计算，结果见图 2-30(b)(用弯矩分配法计算，结果相近)。

支座弯矩：

$$M_B=0.105p_jl^2=1\,157(\text{kN}\cdot\text{m})$$
$$M_C=0.079p_jl^2=870(\text{kN}\cdot\text{m})$$

跨中弯矩：

$M_1=-0.078p_jl^2=-859(\text{kN}\cdot\text{m})$

$M_2=-0.033p_jl^2=-364(\text{kN}\cdot\text{m})$

$M_3=-0.046p_jl^2=-507(\text{kN}\cdot\text{m})$

将图 2-30(a)中用力矩分配法计算的结果与图 2-30(b)中用弯矩系数法算得的结果叠加，得最后弯矩图 2-30(c)(弯矩均画在受拉的一侧)。即

$M'_A=185(\text{kN}\cdot\text{m})$

$M'_B=1\,157-53=1\,104(\text{kN}\cdot\text{m})$

$M'_C=870+13.5\approx884(\text{kN}\cdot\text{m})$

$M'_1=793(\text{kN}\cdot\text{m})$

$M'_2=384(\text{kN}\cdot\text{m})$

$M'_3=493(\text{kN}\cdot\text{m})$

(2)梁剪力计算。

$Q_A^{左}=306\times1.1=337(\text{kN})$

$$Q_A^{右}=-\frac{p_jl}{2}+\frac{M'_B-M'_A}{l}=-765(\text{kN})$$

$$Q_B^{左}=\frac{p_jl}{2}+\frac{M'_B-M'_A}{l}=1\,071(\text{kN})$$

$$Q_B^{右}=-\frac{p_jl}{2}-\frac{M'_B-M'_C}{l}=-955(\text{kN})$$

$$Q_C^{左}=\frac{p_jl}{2}-\frac{M'_B-M'_C}{l}=881(\text{kN})$$

$$Q_C^{右}=-\frac{p_jl}{2}=-918(\text{kN})$$

注意：用以上方式计算时，可发现各支座反力与柱上荷载有较大不平衡力，如支座 B 不平衡力近 190kN。因未考虑基础梁挠度与地基变形连续性条件，且以地基反力呈直线分布为假定，各支座不平衡力会随着基础梁荷载及跨度的不均匀程度而变化，均匀性越差，不平衡力越大。为消除该计算方法的弊病，可采用逐次渐近法，将各支座不平衡力均匀分布在该支座一定范围内(图 2-31)。各支座不平衡力为：$\Delta P_i=N_i-(Q_i^{左}-Q_i^{右})$，将各不平衡力均布在支座相邻两跨的各 1/3 跨度范围内。

对边跨支座：$\Delta q_1=\dfrac{\Delta P_1}{l_0+\dfrac{l_1}{3}}(\text{kN/m})$

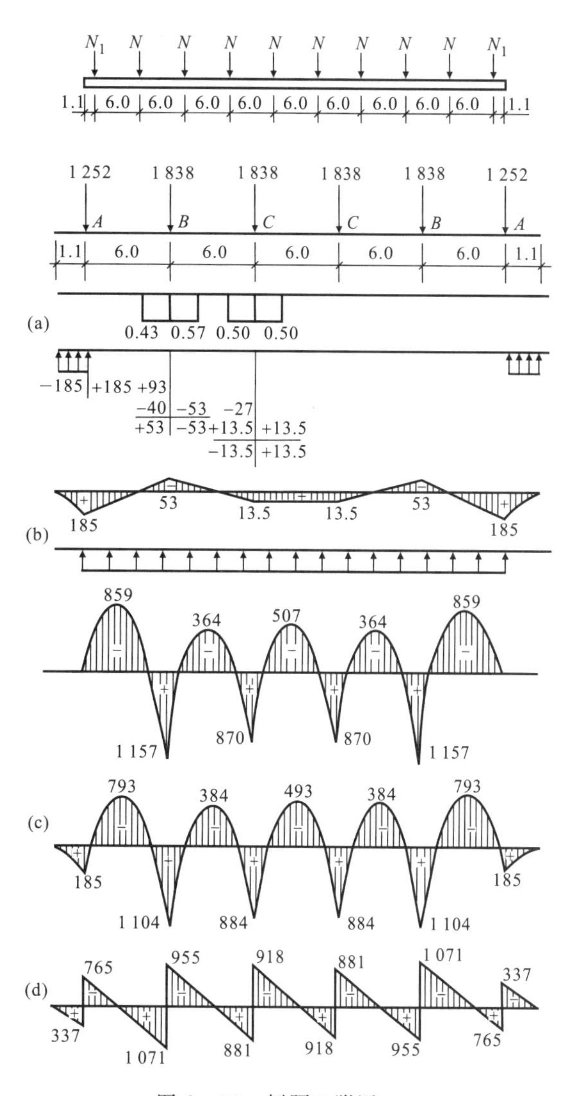

图 2-30　例题 9 附图

(a)弯矩分配系数，悬臂处地基净反力和弯矩；(b)$A\sim A$ 范围内地基净反力和弯矩(kN·m)；(c)最后弯矩(kN·m)；(d)剪力(kN)

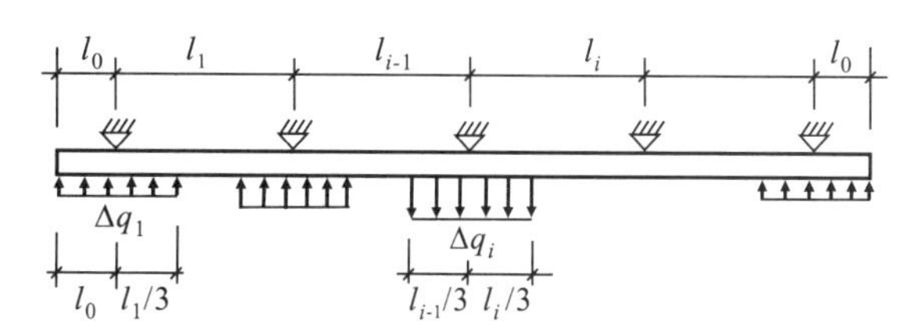

图 2-31　不平衡力分配示意图

对中间支座：　$\Delta q_i=\dfrac{\Delta P_i}{\dfrac{l_{i-1}}{3}+\dfrac{l_i}{3}}$ (kN/m)

按以上原则将不平衡力进行分配后，基底反力呈阶梯形分布，此时需对不平衡力引起的荷载端弯矩继续用弯矩分配法进行计算，求得各跨杆端弯矩、支座处剪力及跨中弯矩，将各次计算结果叠加，直至新的不平衡力不超过荷载的20%即可。一般调整1～2次即能达到要求。

当按均布反力计算基础梁内力后，考虑到上部结构与地基基础相互作用引起的“架桥”作用，在进行配筋计算时，可以将悬挑段、边跨跨中及第一内支座的弯矩值乘以1.2的系数。

上述介绍的静定分析法及倒梁法，是在地基反力呈直线分布的假定条件下进行的。即在地基土性状均匀、上部结构刚度较好、荷载分布也均匀、且基础梁高度不小于1/6柱距时，采用以上方法计算基础梁内力一般可满足设计要求，并应注意因“架桥”作用的影响，会使悬臂段及边跨地基反力增加(因只考虑了局部弯曲作用而未考虑整体弯曲)，所以对该区段基础梁进行配筋计算，应将地基反力提高15%～20%或将弯矩值乘以1.2系数，以增加受力筋配置量。

当地基强度及均匀性、上部结构刚度、荷载分布等情况与地基反力呈直线分布的假定条件相差很大时，则应采用弹性地基梁计算方法。在工程设计中较实用的弹性地基梁计算法主要是基床系数法。

(三)基床系数法(文克勒法)

基床系数法是在文克勒(Winkler)假定条件下提出的，所以也称文克勒地基上梁的计算方法，是弹性地基梁计算法中较典型的一种。

1.基本假定

文克勒地基模型假定地基单位面积上所受的压力 p 与该处竖向位移 y 成正比，如图2-32所示。

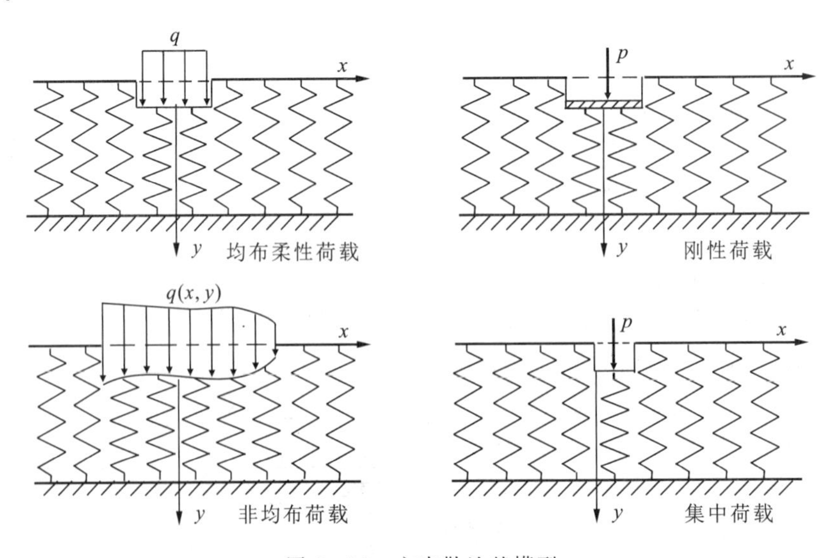

图2-32　文克勒地基模型

即　　$p=ky$　　(2-58)

式中：p——基底压力或基底反力(kPa)；

y——地基竖向位移(m)；

k——基床系数(kN/m^3)。

采用式(2－58)分析基础梁时，相当于将地基看作刚性底座上一系列互不相联的弹簧体系，各弹簧的竖向位移只与其上的压力大小有关，以此等效作用力面积下某一土柱的应力应变线性关系。因 k 值相当于单位面积的地基土产生单位竖向位移所需的力，所以基床系数的大小，不仅与地基土的变形性质有关，还与作用力面积的大小及形状、基础埋深、基础刚度等因素有关。可以认为，在基础与地基相互作用时，基床系数是反映地基土性质的基本参数。

在按基床系数法进行弹性地基梁计算时，首先确定基床系数 k 值。而要得到尽可能接近实际情况的 k 值，当地基压缩层范围内土质较均匀时，最好由现场载荷试验成果确定基床系数，即由载荷试验所得 $p-y$ 曲线的近直线段中相应的 p、y 值求得 k 值，如图 2－33 所示。

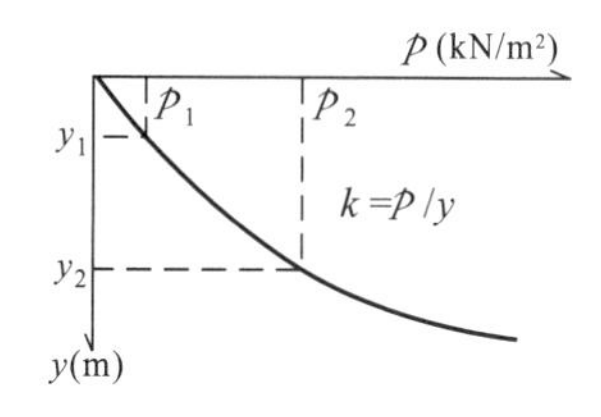

图 2－33　$p-y$ 曲线图

$$k_p=\frac{p_2-p_1}{y_2-y_1}$$

式中 p_1 取基底土自重压力，p_2 取基础底实际压力，所得 k_p 值为基床系数标准值。因载荷试验时承压板面积与基底面积不一致，故应对试验结果 k_p 值进行调整，得实际基础下的基床系数设计值 k：

对黏性土地基：　$$k=\frac{b_p k_p}{b}$$

对非黏性土地基：　$$k=\left(\frac{b+0.3}{2b}\right)^2 k_p$$

式中：k_p——试验值(kN/m^3)；

b_p——承压板宽度(m)；

b——基础宽度(m)。

当无载荷试验资料时，可按表 2－17 中数值采用(表中数值适用于基础面积大于 $10m^2$ 者)。

根据文克勒假定，地基的沉降范围均在基底范围之内(因该假定未考虑受荷载时地基中剪应力的存在)，而一般情况下，由于受荷载时地基中存在剪应力，地基中的附加应力才扩散至基底以外，使基底附近一定范围地表也发生沉降。所以对上部结构刚度较差的长形建筑物，基底反力图与基础梁的位移图相近似时，可近似地采用该法进行基础梁的内力计算。对压缩层厚度较薄(不超过基础宽度的 1/2)的地基(薄层竖直面的剪力很小)，对抗剪强度很低的高压缩软土地基，薄层破碎岩层或不均匀的土层，以及基底下塑性区相对较大时，也可采用基床系数法进行基础梁的内力计算，而且，上部结构刚度较差时，地基土性质越差，其计算结果越接近实际。

表 2－17　基床系数 k 的经验数据

地基土特征		$k(MN/m^3)$	地基土特征		$k(MN/m^3)$
淤泥质土、有机质土、新填土		1～5	砂土	松散	7～15
软弱黏性土		5～10		中密	15～25
黏土、粉质黏土	软塑	5～20		密实	25～40
	可塑	20～40	砾石	中密	25～40
	硬塑	40～100		密实	50～100

2. 文克勒地基上的梁挠曲微分方程及其解答

将条形基础视为弹性地基上的梁，取长为 dx 的一小段进行分析，如图 2-34 所示。依静力平衡条件，$\frac{dQ}{dx}=bp-q$。按材料力学可得：

$$EI\frac{d^4W}{dx^4}=q-bp \tag{2-59}$$

式中：W——基础梁的挠度(m)；

E——基础梁材料的弹性模量(kPa)；

I——基础梁截面惯性矩(m^4)；

q——基础梁上均布荷载(kN/m)；

p——基底反力(kPa)；

b——基础梁宽度(m)。

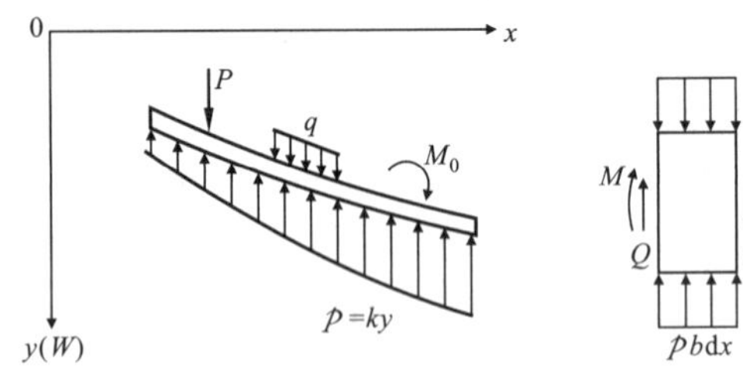

图 2-34　弹性地基上基础梁

设梁挠度与地基沉降相等，在无荷载区段($q=0$)，并设 $\lambda=\sqrt[4]{\frac{kb}{4EI}}(m^{-1})$，代入式(2-59)得：

$$\frac{d^4W}{dx^4}+4\lambda^4W=0 \tag{2-60}$$

式中，λ 为弹性地基梁的柔性指数，它反映了基础梁对地基相对刚度的大小，λ 值越小，则基础梁相对地基的刚度越大。该齐次四阶常系数微分方程的通解为：

$$W=e^{\lambda x}(c_1\cos\lambda x+c_2\sin\lambda x)+e^{-\lambda x}(c_3\cos\lambda x+c_4\sin\lambda x) \tag{2-61a}$$

式中待定积分常数 $c_1\sim c_4$ 可依荷载位置及边界条件确定。工程上根据基础梁上荷载作用位置及梁的相对刚度对计算位移和内力的影响，近似地按柔性指数的界限值将梁划分为：

短梁(刚性的)：　梁全长 $L\leqslant\pi/4\lambda$；

有限长梁(半刚半柔性的)：　梁全长为 $\pi/4\lambda<L<2\pi/\lambda$，集中荷载位置(距梁端为 x)距梁两端均为 $x<\pi/\lambda$；

半无限长梁(柔性的)：　梁全长 $L\geqslant\pi/\lambda$，集中荷载位置 x 仅距梁一端为 $x\geqslant\pi/\lambda$；

无限长梁(柔性的)：　梁全长 $L\geqslant2\pi/\lambda$，集中荷载位置 x 距梁两端均为 $x\geqslant\pi/\lambda$。

(1)无限长梁解(图 2-35)。设集中力 P_0 作用于无限长梁，以 P_0 作用点 O 为原点，此时

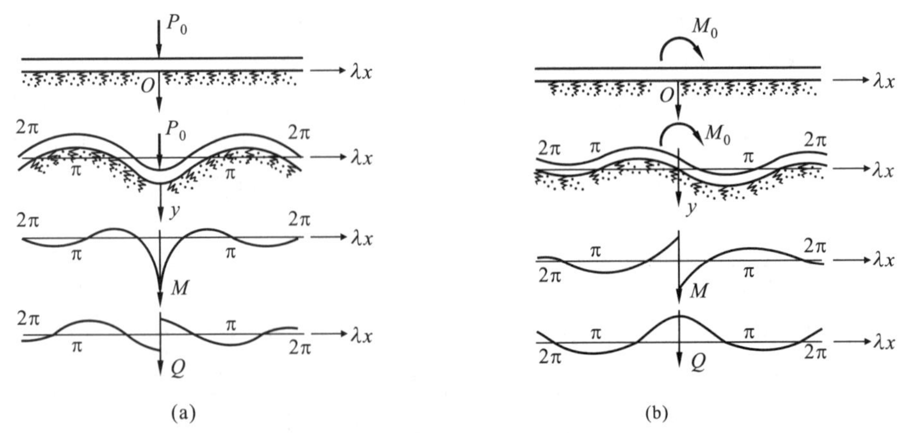

图 2-35　荷载作用下的无限长梁

(a)集中力作用；(b)力偶作用

原点两侧地基反力对称分布。当 $x\to\infty$，得 $W\to 0$，即离荷载作用点愈远，挠度 W 愈小直至趋于 0，则式(2-61a)中必须要求 $c_1=c_2=0$，式(2-61a)改写为：

$$W=e^{-\lambda x}(c_3\cos\lambda x+c_4\sin\lambda x) \tag{2-61b}$$

由图 2-35 可知，原点两侧梁挠曲曲线对称分布，在 O 点处 $x=0$，挠曲曲线斜率为零，此时 $\mathrm{d}W/\mathrm{d}x=0$，可得$-(c_3-c_4)=0$，令 $c_3=c_4=c$，则上式改写为：

$$W=e^{-\lambda x}c(\cos\lambda x+\sin\lambda x) \tag{2-61c}$$

在原点处取一微元体，由平衡条件可得微元体两侧截面剪力 $Q_{左}=\dfrac{P_0}{2}$，$Q_{右}=-\dfrac{P_0}{2}$。由材料力学公式：梁截面转角 $\theta\approx\dfrac{\mathrm{d}W}{\mathrm{d}x}$，弯矩 $M=-EI\dfrac{\mathrm{d}^2W}{\mathrm{d}x^2}$，剪力 $Q=-EI\dfrac{\mathrm{d}^3W}{\mathrm{d}x^3}$，可得 $Q_{右}=-EI\cdot\dfrac{\mathrm{d}^3W}{\mathrm{d}x^3}=-\dfrac{P_0}{2}$，代入式(2-61c)得 $c=\dfrac{P_0\lambda}{2kb}$，再将 W 对 x 按材料力学公式依次取一阶、二阶和三阶导数，可得出沿梁长度方向距荷载作用点 P_0 不同距离 $x\geqslant 0$ 处梁截面的转角 θ、弯矩 M 及剪力 Q 的表达式(2-62a)。

当一顺时针集中力偶 M_0 作用于无限长梁时，由 $x\to\infty$，得 $W=0$，同理，式(2-61a)中应 $c_1=c_2=0$，又因原点两侧弯矩分布曲线为反对称，当 $x=0$ 时，$W=0$，则式(2-61b)中 $c_3=0$。在原点处取一微元体，由微元体右截面弯矩 $M_{右}=-EI\dfrac{\mathrm{d}^2W}{\mathrm{d}x^2}=\dfrac{M_0}{2}$，得 $c_4=\dfrac{M_0\lambda^2}{kb}$，代入式(2-61b)可得 M_0 作用时 W 的表达式，再将 W 对 x 依次取一、二、三阶导数，可得出距荷载作用点不同距离 $x\geqslant 0$ 处梁截面的转角 θ、弯矩 M、剪力 Q 的表达式(2-62b)。

集中力作用时：

$$\left.\begin{aligned}W&=\frac{P_0\lambda}{2kb}A_x\\ \theta&=\frac{-P_0\lambda^2}{kb}B_x\\ M&=\frac{P_0}{4\lambda}C_x\\ Q&=\frac{-P_0}{2}D_x\end{aligned}\right\} \tag{2-62a}$$

力偶作用时：

$$\left.\begin{aligned}W&=\frac{M_0\lambda^2}{kb}B_x\\ \theta&=\frac{M_0\lambda^3}{kb}C_x\\ M&=\frac{M_0}{2}D_x\\ Q&=\frac{-M_0\lambda}{2}A_x\end{aligned}\right\} \tag{2-62b}$$

式中：$A_x=e^{-\lambda x}(\cos\lambda x+\sin\lambda x)$；　$B_x=e^{-\lambda x}\sin\lambda x$；　$C_x=e^{-\lambda x}(\cos\lambda x-\sin\lambda x)$；　$D_x=e^{-\lambda x}\cos\lambda x$。

系数 A_x、B_x、C_x、D_x 值见表 2-18。

表 2-18　文克勒地基上梁计算系数

λx	A_x	B_x	C_x	D_x	λx	A_x	B_x	C_x	D_x
0.0	1.000	0.000 0	1.000 0	1.000 0	4.0	-0.025 8	-0.013 9	0.001 9	-0.012 0
0.1	0.990 7	0.090 3	0.810 0	0.900 3	5.0	-0.004 5	-0.006 5	0.008 4	0.001 9
0.5	0.823 1	0.290 8	0.241 5	0.532 3	6.0	0.001 7	-0.000 7	0.003 1	0.002 4
1.0	0.508 3	0.309 6	-0.110 8	0.198 8	7.0	0.001 3	0.000 6	0.001 1	0.000 7
1.5	0.238 4	0.222 6	-0.206 8	0.015 8	8.0	0.000 3	0.000 3	-0.000 4	0.000 0
2.0	0.066 7	0.123 1	-0.179 4	-0.056 3	9.0	0.000 0	0.000 0	-0.000 1	-0.000 1
3.0	-0.042 3	0.007 0	-0.056 3	-0.049 3					

当多个荷载作用于无限长梁上时，可分别以各荷载作用点为原点，计算出各荷载对某一计算截面产生的 W、M 及 Q，之后叠加即可。在用式(2-62)计算时，若 W、M 及 Q 分布图不对称，则原点左侧的计算截面所产生的 W、M 及 Q 应反号。

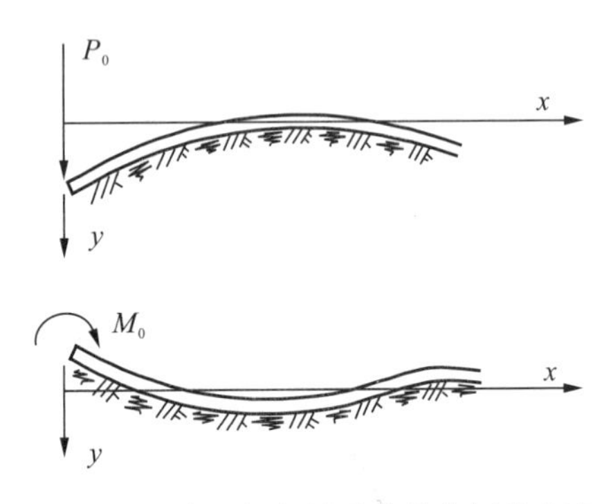

图 2-36　半无限长梁受荷载作用的变形

(2)半无限长梁解。当基础梁上集中荷载作用点离梁一端的距离较近($x<\pi/\lambda$)，而离另一端距离很远时($x\geqslant\pi/\lambda$)，此时荷载作用点一侧为有限长梁，而另一侧为无限长梁，该梁即称半无限长梁，边柱荷载作用下的条基即属此类，如图 2-36 所示。

当梁一端受集中力 P_0 或力偶 M_0 作用时，仍以荷载作用点为原点，按边界条件，可求解出：

$$\left.\begin{aligned} W&=\frac{2\lambda}{kb}(P_0D_x-M_0\lambda C_x)\\ \theta&=-\frac{2\lambda^2}{kb}(P_0A_x-2M_0\lambda D_x)\\ M&=-\frac{1}{\lambda}(P_0B_x-M_0\lambda A_x)\\ Q&=-(P_0C_x+2M_0\lambda B_x)\end{aligned}\right\}\qquad(2-63)$$

(3)有限长梁解。实际工程中为数较多的基础梁属有限长梁。计算时，可利用无限长梁的公式，用叠加原理来满足有限长梁两自由端的边界条件求解，如图 2-37所示。

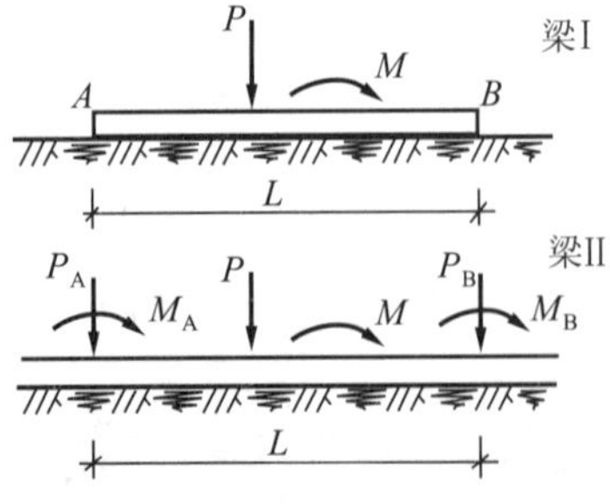

图 2-37　叠加法计算有限长梁

有限长梁Ⅰ作用有荷载 P、M，设想将梁Ⅰ从 A、B 两端无限延伸成无限长梁Ⅱ，按无限长梁解，在 A、B 处会产生挠度、转角、弯矩及剪力。注意梁Ⅰ的 AB 端实际上无弯矩和剪力。

设 A、B 两截面按无限长梁解得的弯矩和剪力为 M_a、M_b、Q_a、Q_b，要使梁Ⅱ利用无限长梁公式叠加法计算后能得出相应于实际有限长梁的解，应设法消除梁Ⅱ中 A、B 两截面的 M_a、M_b、Q_a、Q_b，这样就可满足实际有限长梁的边界条件。为此，可在梁Ⅱ紧靠 AB 段两端的外侧，各增加一对相反集中荷载 M_A、P_A 及 M_B、P_B，并要求两对附加荷载在 A、B 两截面中产生的弯矩和剪力分别等于 $-M_a$、$-Q_a$ 及 $-M_b$、$-Q_b$。

原荷载 P 及 M 在无限长梁Ⅱ上 A、B 截面产生的 M_a、Q_a、M_b、Q_b 与附加荷载 M_A、P_A、M_B、P_B 的关系，由式(2-62)及 $x=0$ 的条件，可列出方程式(2-64)及式(2-65)(当 $x=0$ 时，$A_x=C_x=D_x=1$)。

求解附加荷载 P_A、M_A、P_B、M_B 时，先按式(2-62)求出原荷载 P、M 作用在无限长梁上 A、B 截面处 Q_a、M_a、Q_b、M_b 值，再代入式(2-65)即可求出附加荷载 P_A、M_A、P_B、M_B。之后将原荷载及附加荷载同时作用在无限长梁上并计算梁内力，即可得出有限长梁解答。

$$\left.\begin{aligned}
&\frac{P_A}{4\lambda}+\frac{P_B}{4\lambda}C_L+\frac{M_A}{2}-\frac{M_B}{2}D_L=-M_a\\
&-\frac{P_A}{2}+\frac{P_B}{2}D_L-\frac{\lambda M_A}{2}-\frac{\lambda M_B}{2}A_L=-Q_a\\
&\frac{P_A}{4\lambda}C_L+\frac{P_B}{4\lambda}+\frac{M_A}{2}D_L+\frac{M_B}{2}=-M_b\\
&-\frac{P_A}{2}D_L-\frac{P_B}{2}-\frac{\lambda M_A}{2}A_L-\frac{\lambda M_B}{2}=-Q_b
\end{aligned}\right\}\tag{2-64}$$

式中：A_L、C_L、D_L——梁长为 L 时的 A_x、C_x、D_x 值，由计算或按表 2-18 查得。

解式(2-64)方程组可得出附加荷载值，即：

$$\left.\begin{aligned}
&P_A=(E_L+F_LD_L)Q_a+\lambda(E_L-F_LA_L)M_a-(F_L+E_LD_L)Q_b+\lambda(F_L-E_LA_L)M_b\\
&M_A=-(E_L+F_LC_L)\frac{Q_a}{2\lambda}-(E_L-F_LD_L)M_a+(F_L+E_LC_L)\frac{Q_b}{2\lambda}-(F_L-E_LD_L)M_b\\
&P_B=(F_L+E_LD_L)Q_a+\lambda(F_L-E_LA_L)M_a-(E_L+F_LD_L)Q_b+\lambda(E_L-F_LA_L)M_b\\
&M_B=(F_L+E_LC_L)\frac{Q_a}{2\lambda}+(F_L-E_LD_L)M_a-(E_L+F_LC_L)\frac{Q_b}{2\lambda}+(E_L-F_LD_L)M_b
\end{aligned}\right\}\tag{2-65}$$

式中：$E_L=\dfrac{2e^{\lambda L}\mathrm{sh}\lambda L}{\mathrm{sh}^2\lambda L-\sin^2\lambda L}$，　$F_L=\dfrac{2e^{\lambda L}\sin\lambda L}{\sin^2\lambda L-\mathrm{sh}^2\lambda L}$　(sh 为双曲线正弦函数)。

当有限长梁上作用有对称荷载时，即 $Q_a=-Q_b$，$M_a=-M_b$，此时式(2-65)简化为：

$$\left.\begin{aligned}
&P_A=P_B=(E_L+F_L)[(1+D_L)Q_a+\lambda(1-A_L)M_a]\\
&M_A=-M_B=-(E_L+F_L)[(1+C_L)\frac{Q_a}{2\lambda}+(1-D_L)M_a]
\end{aligned}\right\}\tag{2-66}$$

(4)短梁。因短梁属刚性基础梁，此时可假定地基反力呈直线分布，按倒梁法计算内力即可。

利用基床系数法计算基础梁内力时，实际条件应与公式适用条件相适应才能得出与实际情况接近的计算结果。由于该方法计算过程较繁，对内柱荷载及柱距较均匀的条形基础，悬臂长度在构造要求范围内，上部结构刚度较大，地基土较好且均匀时，还是用倒梁法计算更快捷。在荷载及柱距相等且 $k=10\sim50\mathrm{MN/m^3}$ 时，用基床系数法计算基础梁内力所得结果与倒梁法计算结果接近。

[例题 10]　设一无限长梁上作用有集中荷载(设计值)$P_1=P_2=P_3=150\mathrm{kN}$，梁宽 $b=$

1.0m，$EI=3.48\times10^5$kN·m²，$k=50$MN/m³，试求梁弯矩和剪力，如图 2-38 所示。

解：(1)求 λ 值：

$$\lambda=\sqrt[4]{\frac{kb}{4EI}}=0.435(\mathrm{m}^{-1})$$

(2)计算荷载作用点处截面弯矩及剪力，由式(2-62)得：

$$M=\frac{P}{4\lambda}C_x,\qquad Q=\mp\frac{P}{2}D_x$$

①在"B"截面，以该点为坐标原点，则 $x=0$，$\lambda x=0$，$C_{xB}=D_{xB}=1.0$。

当 P_1、P_3 作用时，$x=4.0$，$\lambda x=1.74$，计算出

$C_{xA}=C_{xC}=-0.2025$

$D_{xA}=D_{xC}=-0.02955$

$$M_B=\frac{P}{4\lambda}(C_{xB}+C_{xA}+C_{xC})$$
$$=51.30(\mathrm{kN\cdot m})$$

$$Q_B=\mp\frac{P}{2}D_{xB}-\frac{P}{2}D_{xA}+\frac{P}{2}D_{xC}$$
$$=\mp75(\mathrm{kN})$$

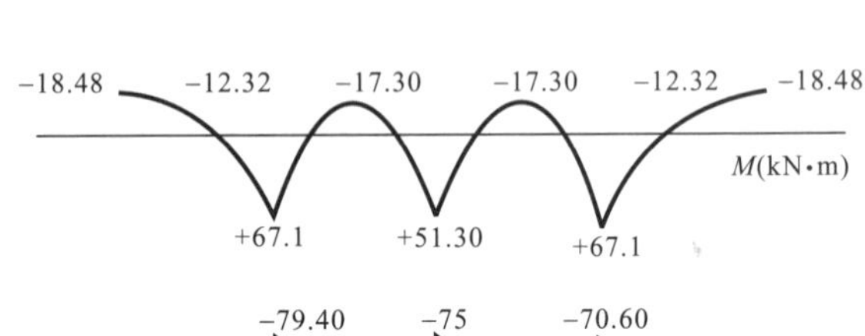

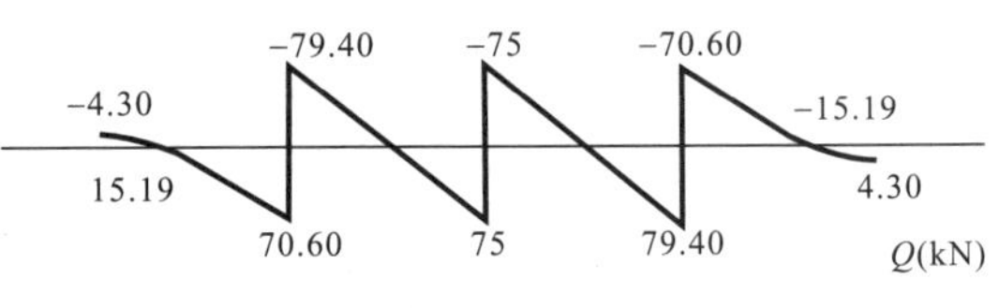

图 2-38　例题 10 附图

②在"A"截面，以该点为坐标原点（同"C"截面）

P_1 作用时，$x=0$，$\lambda x=0$，$C_x=1.0$，$D_x=1.0$

P_2 作用时，$x=4$，$\lambda x=1.74$，$C_x=-0.2025$，$D_x=-0.02955$

P_3 作用时，$x=8$，$\lambda x=3.48$，$C_x=-0.01883$，$D_x=-0.02905$

$$M_A=M_C=\frac{150}{4\times0.435}(1.0-0.2025-0.01883)=67.1(\mathrm{kN\cdot m})$$

$$Q_A=\mp\frac{150}{2}\times1.0+\frac{150}{2}(-0.02955)+\frac{150}{2}(-0.02905)=\begin{matrix}-79.40(\mathrm{kN})\\+70.60(\mathrm{kN})\end{matrix}$$

$$Q_C=\begin{matrix}-70.60(\mathrm{kN})\\+79.40(\mathrm{kN})\end{matrix}$$

③求跨中弯矩 M_1、M_2

P_1 作用时，$x=2$，$\lambda x=0.87$，$C_x=-0.0500$

P_2 的作用同 P_1，$C_x=-0.0500$

P_3 作用时，$x=6$，$\lambda x=2.61$，$C_x=-0.10066$

$$M_1=M_2=\frac{150}{4\times0.435}(-0.0500\times2-0.10066)=-17.30(\mathrm{kN\cdot m})$$

(3)求 P_1、P_2、P_3 对 A、C 截面外侧 $x_1=2$m，$x_2=4$m 处各截面弯矩及剪力，仍按此方法进行。计算结果如图 2-38 所示。

地基上梁的计算方法，还可用有限差分法、有限元等方法计算，它可适用于变截面梁及复杂的地基条件，具体计算方法参见有关文献。

三、柱下十字交叉基础

当柱网下地基土的强度或柱荷载在柱列的两个方向分布很不均匀时，若沿柱列的一个方向设置成单向条形基础，地基承载力及变形值往往不易满足上部结构的要求，此时，可沿柱列的两个方向设置成条形基础，形成十字交叉基础。由于基础底面积进一步扩大，基础的刚度增加，这对减小基底附加压力及基础不均匀沉降是有利的。此类基础是具有较大抗弯刚度的高次超静定体系，对地基的不均匀变形有较好的调节作用，所以是工业与民用建筑中广泛采用的基础形式。

十字交叉基础的交叉点位于柱荷载作用点处，该处所受柱子的竖向荷载，由纵横方向的基础梁共同承担。进行十字交叉基础设计时，必须解决结点处柱子的竖向荷载如何分配于纵横方向的基础梁上。当纵横向基础梁上所分配的荷载确定后，就可将纵横向基础梁按单向条形基础进行计算。

由图 2－39 可对 i 结点建立如下基本方程：

$$\left.\begin{aligned}F_i&=F_i^{\mathrm{L}}+F_i^{\mathrm{T}}\\M_{\mathrm{L}i}&=M_{i\mathrm{m}}^{\mathrm{L}}+M_{i\mathrm{a}}^{\mathrm{T}}\\M_{\mathrm{T}i}&=M_{i\mathrm{a}}^{\mathrm{L}}+M_{i\mathrm{m}}^{\mathrm{T}}\\W_i^{\mathrm{L}}&=W_i^{\mathrm{T}}\\\theta_{i\mathrm{m}}^{\mathrm{L}}&=\theta_{i\mathrm{a}}^{\mathrm{T}}\\\theta_{i\mathrm{a}}^{\mathrm{L}}&=\theta_{i\mathrm{m}}^{\mathrm{T}}\end{aligned}\right\}\tag{2-67}$$

式中：L——纵向；

T——横向；

m——弯曲；

a——扭转。

前三个方程属平衡方程，后三个方程属变形协调方程。若有 n 个结点，则可建立由 $6n$ 个未知数组成的 $6n$ 个联立方程，可见求解较困难，应设法简化才便于计算。

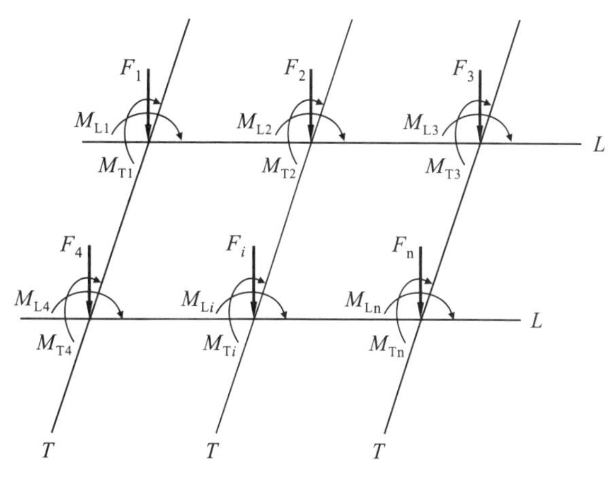

图 2－39　十字交叉基础结点受力图

实际计算时，可忽略基础扭转变形的影响，即 $M_{i\mathrm{a}}^{\mathrm{L}}=M_{i\mathrm{a}}^{\mathrm{T}}=0$，并假设纵梁承担纵向力矩 $M_{\mathrm{L}i}$，横梁承担横向力矩 $M_{\mathrm{T}i}$，此时方程可简化为：

$$\left.\begin{aligned}F_i&=F_i^{\mathrm{L}}+F_i^{\mathrm{T}}\\W_i^{\mathrm{L}}&=W_i^{\mathrm{T}}\end{aligned}\right\}\tag{2-68}$$

简化后，每个结点仅有 F_i^{L}、F_i^{T} 两个未知数，n 个结点时只有 $2n$ 个方程，使计算工作大为简化。

（一）结点荷载分配

设交叉结点处为铰接，并认为结点间距大于 $1.75L$（$L=1/\lambda$，即柔性指数的倒数，称基础梁特征长度），此时可忽略相邻结点处集中力对该结点的影响。对中柱，可将结点两方向梁视为

无限长梁;对角柱,则可将两方向梁视为半无限长梁,如图 2-40 所示。由梁挠度表达式:

$$\left.\begin{aligned}&\text{中柱[按式(2-62)]:}\quad W_{ix}=\frac{P_0\lambda}{2kb}A_x=\frac{F_{ix}}{8\lambda_x^3EI_x},\quad W_{iy}=\frac{F_{iy}}{8\lambda_y^3EI_y}\\&\text{角柱[按式(2-63)]:}\quad W_{ix}=\frac{2P_0\lambda}{kb}D_x=\frac{F_{ix}}{2\lambda_x^3EI_x},\quad W_{iy}=\frac{F_{iy}}{2\lambda_y^3EI_y}\end{aligned}\right\}\tag{2-69}$$

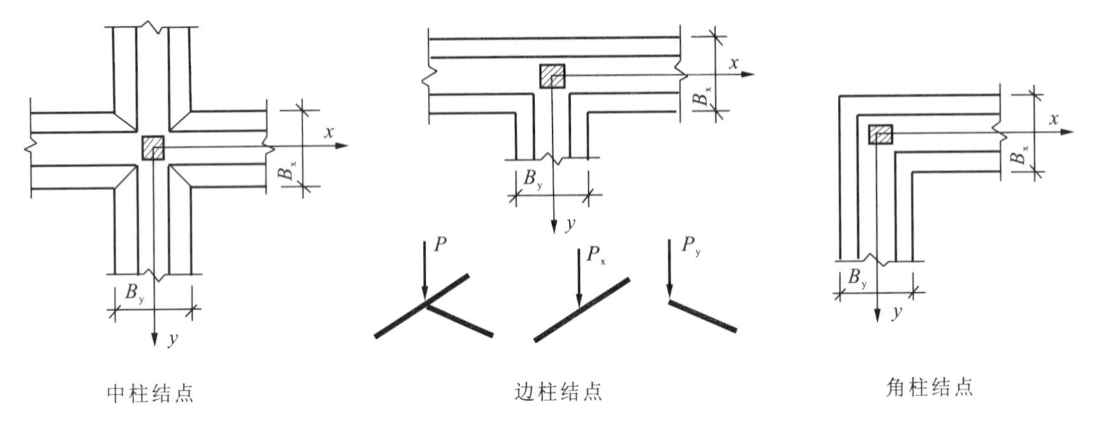

图 2-40　十字交叉基础结点位置

按变形协调条件,在柱距相等时,纵横向挠度应满足式(2-68),将式(2-69)代入式(2-68)可得出中柱、角柱结点在 x、y 方向的荷载分配值 F_{ix} 及 F_{iy}:

对中柱、角柱:

$$\left.\begin{aligned}F_{ix}&=\frac{\lambda_x^3I_xF_i}{I_x\lambda_x^3+I_y\lambda_y^3}\\F_{iy}&=\frac{\lambda_y^3I_yF_i}{I_x\lambda_x^3+I_y\lambda_y^3}\end{aligned}\right\}\tag{2-70}$$

式中:λ_x、λ_y——x、y 方向基础梁柔性指数(m^{-1});

I_x、I_y——x、y 方向基础梁惯性矩(m^4)。

用上式求算纵横向的荷载分配值时需已知 λ、I,若将 $\lambda_x^3I_x=\frac{kb_xL_x}{4E}$, $\lambda_y^3I_y=\frac{kb_yL_y}{4E}$ 代入式(2-70),可得:

$$\left.\begin{aligned}F_{ix}&=\frac{b_xL_xF_i}{b_xL_x+b_yL_y}\\F_{iy}&=\frac{b_yL_yF_i}{b_xL_x+b_yL_y}\end{aligned}\right\}\tag{2-71}$$

式中:b_x、b_y——x、y 方向基础梁宽度(m);

L_x、L_y——x、y 方向基础梁特征长度(m),$L=1/\lambda$。

对边柱:可将荷载 F_i 分解成作用于无限长梁上的荷载 F_{ix} 和作用于半无限长梁上的荷载 F_{iy},仍依静力平衡及变形协调条件可求得:

$$\left.\begin{aligned}F_{ix}&=\frac{4\lambda_x^3I_xF_i}{4\lambda_x^3I_x+\lambda_y^3I_y}=\frac{4b_xL_xF_i}{4b_xL_x+b_yL_y}\\F_{iy}&=\frac{\lambda_y^3I_yF_i}{4\lambda_x^3I_x+\lambda_y^3I_y}=\frac{b_yL_yF_i}{4b_xL_x+b_yL_y}\end{aligned}\right\}\tag{2-72}$$

计算边柱结点时，式中 x 方向相当于无限长梁方向，y 方向相当于半无限长梁方向。

（二）结点分配荷载的调整

当基础梁结点纵横方向分配荷载确定后，按理可由某一方向梁上所分配的荷载确定基底反力，但对整个十字交叉基础而言，在计算基底面积时，交叉点处的基底面积因重叠而重复计算了一次，一般交叉处重复计算的底面积可达十字交叉基础总面积的20%～30%，使整个基底面积明显增加且使基底平均反力减小，这对基底面宽度较大的十字交叉基础会造成偏不安全的后果。可见，按前述计算确定的各结点分配荷载 F_{ix}、F_{iy} 只能用来确定基底反力的初值。要使基底反力恢复至未计算重叠面积时的状况，可采用调整基础梁上荷载的方法，将各结点已计算出的分配荷载 F_{ix}、F_{iy} 相应增加，使得计算的基底反力也相应增加。

调整前的基底平均净反力为：

$$p_j=\frac{\sum F_i}{A+\sum\Delta A_i} \tag{2-73a}$$

式中：$\sum F_i$——各结点总竖向荷载(kN)；

A——基底实际面积(m^2)；

$\sum\Delta A_i$——各结点重叠部分的总面积(m^2)。

调整后的基底实际平均净反力应为：

$$p_j'=\frac{\sum F_i}{A} \tag{2-73b}$$

由式(2-73a)，$\sum F_i=p_j(A+\sum\Delta A_i)$，代入式(2-73b)得：

$$p_j'=\frac{p_j(A+\sum\Delta A_i)}{A}=p_j+p_j\ \frac{\sum\Delta A_i}{A}$$

设 $\Delta p_j=p_j\ \dfrac{\sum\Delta A_i}{A}$，上式改写为：$p_j'=p_j+\Delta p_j$（$\Delta p_j$ 为基底单位面积净反力增量）

对某一交叉点，重叠面积内反力增量应为：$\Delta P_{ji}=\Delta A_i\Delta p_j$　　(2-73c)

为使该交叉点反力增量达到 ΔP_{ji}，可使该结点荷载在理论上也相应增加，即该结点荷载理论增量应为：

$$\Delta F_i=\Delta P_{ji}=\Delta A_i\Delta p_j \tag{2-73d}$$

将该点荷载增量按分配系数往纵横向分配，则纵横梁上荷载增量分别为：

$$\left.\begin{aligned}\Delta F_{ix}&=\frac{F_{ix}}{F_i}\Delta A_i\Delta p_j\\ \Delta F_{iy}&=\frac{F_{iy}}{F_i}\Delta A_i\Delta p_j\end{aligned}\right\} \tag{2-73e}$$

式中：F_{ix}、F_{iy}——调整前该结点分配荷载，见式(2-70)至式(2-72)；

F_i——该结点总竖向荷载。

调整后的各结点分配荷载应为：

$$\left.\begin{aligned}F_{ix}'&=F_{ix}+\Delta F_{ix}\\ F_{iy}'&=F_{iy}+\Delta F_{iy}\end{aligned}\right\} \tag{2-74}$$

按调整后的分配荷载确定纵横向条形基础的地基净反力，更符合实际情况。

注意：对十字交叉基础的边柱及角柱结点，当梁端无悬臂伸出，重叠计算面积按1/2梁宽范围考虑，其他部位

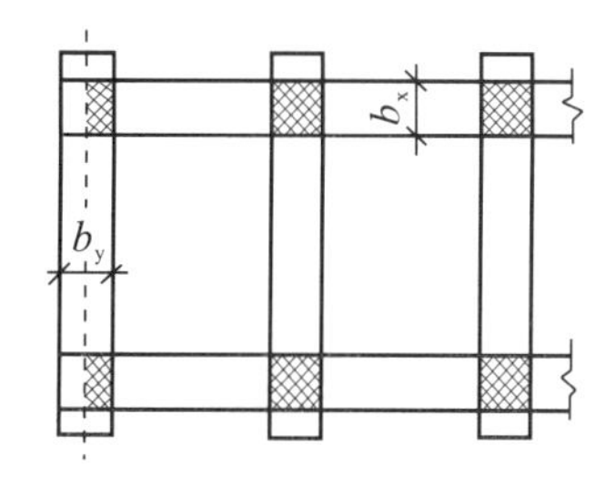

图2-41　重叠面积计算示意图

结点按全重叠面积考虑，如图 2－41 所示。

[例题 11] 如图 2－42 所示，十字交叉基础的各柱荷载：$P_1=1\ 500\text{kN}$，$P_2=2\ 100\text{kN}$，$P_3=2\ 400\text{kN}$，$P_4=1\ 700\text{kN}$，$E_c=2.6\times10^7\text{kPa}$，$I_{\text{I}}=0.029\text{m}^4$，$I_{\text{II}}=0.011\ 4\text{m}^4$，基床系数 $k=4\text{MN/m}^3$，试进行各结点荷载分配。

解：(1)求特征长度 L_x、L_y。

$$L_x=\frac{1}{\lambda_x}=\sqrt[4]{\frac{4E_cI_1}{kb_1}}$$

$$=\sqrt[4]{\frac{4\times2.6\times10^7\times2.9\times10^{-2}}{4\ 000\times1.4}}=4.82(\text{m})$$

$$L_y=\sqrt[4]{\frac{4\times2.6\times10^7\times1.14\times10^{-2}}{4\ 000\times0.85}}=4.32(\text{m})$$

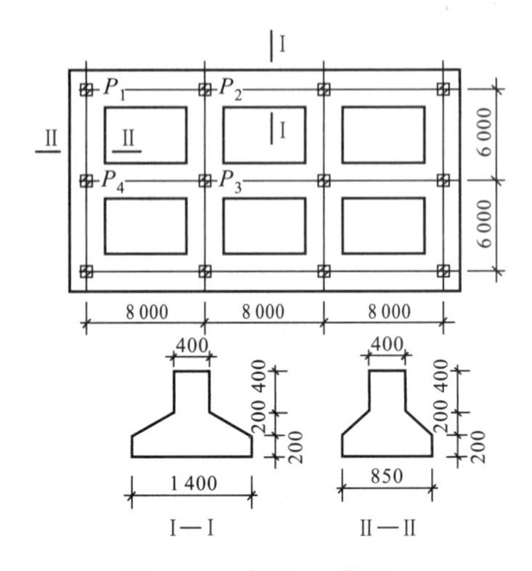

图 2－42　例题 11 附图

(2)荷载分配。

对角柱：由式(2－71)得：

$$P_{1x}=\frac{b_xL_xP_1}{b_xL_x+b_yL_y}=\frac{1.4\times4.82\times1\ 500}{1.4\times4.82+0.85\times4.32}$$

$$=971.4(\text{kN})$$

$$P_{1y}=\frac{b_yL_yP_1}{b_xL_x+b_yL_y}=\frac{0.85\times4.32\times1\ 500}{1.4\times4.82+0.85\times4.32}$$

$$=528.6(\text{kN})$$

$$P_{1x}+P_{1y}=P_1$$

对中柱，算式同上。

$$P_{3x}=\frac{1.4\times4.82\times2\ 400}{1.4\times4.82+0.85\times4.32}=1\ 554(\text{kN})$$

$$P_{3y}=\frac{0.85\times4.32\times2\ 400}{1.4\times4.82+0.85\times4.32}=846(\text{kN})$$

$$P_{3x}+P_{3y}=P_3$$

边柱：按式(2－72)得：

$$P_{2x}=\frac{4b_xL_xP_2}{4b_xL_x+b_yL_y}=\frac{4\times1.4\times4.82\times2\ 100}{4\times1.4\times4.82+0.85\times4.32}=1\ 848.5(\text{kN})$$

$$P_{2y}=\frac{b_yL_yP_2}{4b_xL_x+b_yL_y}=\frac{0.85\times4.32\times2\ 100}{4\times1.4\times4.82+0.85\times4.32}=251.5(\text{kN})$$

$$P_{2x}+P_{2y}=P_2$$

对 P_4 结点，基础整体 x 方向相当于半无限长梁方向，依式(2－72)可得：

$$P_{4x}=\frac{b_xL_xP_4}{4b_yL_y+b_xL_x}=\frac{1.4\times4.82\times1\ 700}{4\times0.85\times4.32+1.4\times4.82}=535.2(\text{kN})$$

$$P_{4y}=\frac{4b_yL_yP_4}{4b_yL_y+b_xL_x}=\frac{4\times0.85\times4.32\times1\ 700}{4\times0.85\times4.32+1.4\times4.82}=1\ 164.8(\text{kN})$$

$$P_{4x}+P_{4y}=P_4$$

将以上各结点分配荷载按式(2－73)、式(2－74)进行调整，得出各结点最终分配荷载。

在实际工程中，若一个方向的条形基础底面积已能满足地基土承载力要求，但为了减少基础间的沉降差，可设计成另一种交叉梁基础，即由一个方向的条形基础将上部荷载传递给地基，而另一方向设计为联系梁，联系梁不着地，但需要有一定的刚度和强度，否则作用不大。联系梁的设计通常带经验性，对这种形式的十字交叉基础，按一般条形基础设计即可。

第五节　筏板基础

一、概　述

当地基承载力较小，且强度不均时，若传给基础的荷载很大，以致采用柱下条基甚至十字交叉基础也不能满足地基承载力及变形要求时，则可将基础底面积进一步扩大，使基础面积等于甚至大于底层面积，形成连续的钢筋混凝土大板基础，简称筏板基础。

筏板基础的底面积大，能承受更大荷载，又因整体刚度加强，减小了结构物局部不均匀沉降。如受风荷载或地震荷载较大的多层或高层建筑，要求基础有足够的刚度和稳定性，采用筏板基础则较合适。筏板基础的大面积底板，为建筑物提供了宽敞的地下空间。如对有地下室的建筑物或大型水池、油库等贮液结构物，正需要可靠的防渗底板，而筏板基础就可作为较理想的底板结构。

按所支承的上部结构类型，可将筏板基础分为墙下筏基和柱下筏基两类，而根据筏基是否含有肋梁又可分为肋梁式（梁板式）筏基和平板式筏基。

墙下筏基通常做成无梁等厚的钢筋混凝土平板，即平板式筏基，墙下浅埋筏基适于承重横墙较密、不超过六层的民用建筑。柱下筏基属框架结构下的筏基，按需要可做成无梁式或有梁式，如图 2－43 所示。

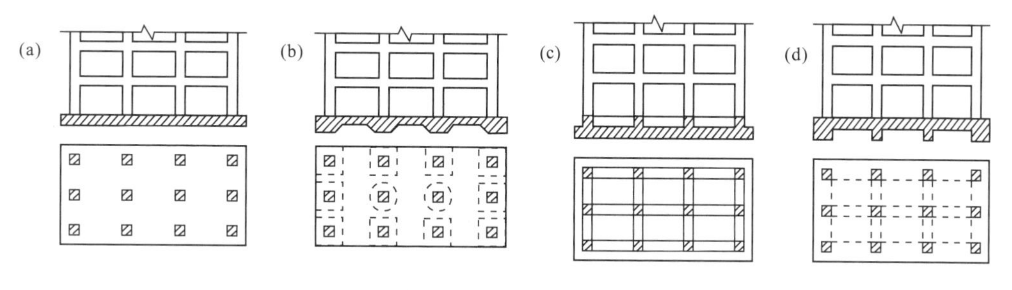

图 2－43　筏基的种类

（a）等厚；（b）局部加厚；（c）上部加肋梁；（d）下部加肋梁

平板式筏基有等厚筏板基础、局部加厚筏板基础及变厚度筏板基础（在核心筒及周边一定范围内加厚）等几种形式，具有基础刚度大、受力较均匀、筏板钢筋布置较简单等特点。超厚板筏基混凝土浇注时对温度控制要求高，给施工增加了难度，并且混凝土用量大，但平板式筏基总体施工难度较小。由于平板式筏基良好的受力特点及施工相对简单具有明显的优势，适合于复杂的柱网结构，在高层及超高层建筑中应用相当普遍。

肋梁式（梁板式）筏基由地基梁（肋梁）和基础筏板组成，地基梁一般沿柱网布置，使底板形成连续双向板（也可在柱网间增设次梁将底板划分为较小的矩形板块）。肋梁式筏基的结构刚度大，混凝土用量明显减小，但筏基高度相对较大，由于在核心筒或荷载较大的柱底部位受力及配筋相对集中，造成肋梁式筏基的钢筋布置相对复杂，施工难度加大，在技术及经济上的优势明显不如平板式筏基，使其应用范围相对减少，一般仅在柱网布置较规则、荷载分布较均匀的特定结构中使用。

当柱荷载不太大、柱网间距较小且较均匀时，柱下筏基一般采用平板式。例如，为开发利用地下空间，而使用功能要求不允许设密集的内墙，只能保留柱子的地下停车场就适合采用平板式筏基。

当柱网间距较大、柱荷载也很大时，为提高基础刚度，宜采用肋梁式筏基。

肋梁式筏基的纵横向肋梁，可位于底板上面或底板下面，柱子应位于纵横向肋梁的交点处。板下肋的断面可作成梯形，施工时利用土模即可浇筑混凝土，以节省模板且施工方便，但施工质量不易检查。

采用较多的是板上肋梁筏基，施工时，待肋梁形成后，可在肋梁间填筑强度等级较低的混凝土，当肋梁间距不大时还可铺设预制钢筋混凝土板，以使肋梁上部形成平整的室内地面。

二、筏基的设计及构造要求

以地基净反力作为筏基底板的荷载，则筏板基础就相当于一倒置的钢筋混凝土平面楼盖，其构造与钢筋混凝土楼盖结构相似，但筏基的受力状态在某些情况下有其特殊性。如有电梯井或剪力墙结构的建筑物，其筏基上的局部荷载相当大，所以，设计时应有所侧重。

(1)设计时应使柱荷载分布均匀，尽量使荷载合力与筏基形心重合。当不能重合时，在永久荷载与楼(屋)面活荷载长期效应组合下，偏心距宜符合 $e \leqslant 0.1W/A$(W 为偏心距方向的基础底面边缘抵抗矩；A 为基底面积)。否则应调整悬臂板尺寸，以使基底反力分布趋于均匀。

(2)筏基混凝土强度等级不应低于 C30，当有地下室时，应采用防水混凝土，防水混凝土抗渗等级不应小于 0.6MPa。

梁板式筏基底板除计算正截面受弯承载力外，其厚度应满足受冲切、受剪承载力要求。对 12 层以上建筑的梁板式筏基，其厚度与最大双向板格的短边净跨比不应小于 1/14，且板厚不应小于 400mm。平板式筏基的板厚应满足受冲切承载力的要求，当柱荷载较大时，可在筏板上面增设柱墩或在板下局部增加板厚，或采用抗冲切箍筋来提高抗冲切承载力，板厚不应小于 400mm。对平板式筏基尚应验算距内筒边或柱边缘 h_0 处筏板的受剪承载力。

(3)筏板基础的配筋由计算确定。对于平板式筏基，应按柱上板带和跨中板带分别计算配筋。柱上板带的弯矩(正弯矩)由柱上板带钢筋承担，受力筋位于板下面；跨中板带的弯矩(负弯矩)由跨中板带钢筋承担，受力筋位于板上面。

对于梁板式筏基，可对底板及肋梁的配筋分别进行计算。对底板，当筏基上柱网在两个方向的尺寸比不大于 2.0，且在柱网单元内不再布置小肋梁时，可将肋梁作为嵌固边，按双向板计算板跨中及板支座弯矩，因将肋梁对板的约束作用估计偏大，所以应适当将板弯矩值折减后再作为配筋依据。对肋梁，可将底板荷载(地基净反力)按照 45°分角线划分的范围，分配给对应的纵、横肋梁承担，按连续梁分析肋梁的内力，且将边跨跨中弯矩及第一内支座弯矩乘以1.2 的系数。

梁板式筏基底板及肋梁配筋除满足设计要求外，其纵横向底部钢筋以及平板式筏基的柱下板带和跨中板带的底部钢筋，均应有 1/2～1/3 贯通全跨，且其配筋率应不小于 0.15%，梁板式及平板式筏基顶部钢筋均按计算配筋全部连通。当板厚 $h>2\ 000$mm 时，除板顶、底部布置纵横向钢筋外，宜在板厚中间部位设置平行于板面的构造钢筋网片，其直径不宜小于

12mm，网片纵横筋间距不宜大于200mm。

(4)筏板悬挑长度的确定。为了满足地基承载力要求，需适当扩大基底面积；为了使建筑物倾斜变形值不超过允许范围，需尽量减小荷载合力的偏心距；还应设法减小边跨处过大的基底反力对基础弯矩的影响等，而选择合适的筏板悬挑长度则能达到相应效果。

对于边长比相差较大的筏基，按双向板弹性理论计算时，因板面荷载大部分沿短向传递，且主要在短跨方向发生弯曲，而长跨方向弯曲很小甚至可忽略不计。例如：设板单位面积总荷载 q 沿 x 方向和 y 方向的分配荷载分别为 q_x 和 q_y，按双向板的受力特点可算出，当长跨 l_y 与短跨 l_x 之比等于1时，$q_x=q_y=q/2$，而当 $l_y:l_x=2$ 时，$q_y=q/17$，$q_x=16q/17$。按此道理，为调整筏基形心并使其尽量与上部荷载合力重心重合，悬挑部分宜设于建筑物的宽度方向，或基础底板宽度方向（横向）的悬挑长度宜大于长度方向（纵向）的悬挑长度，并可做成坡形。

对于墙下筏基，按经济条件以及降低地基附加压力和沉降的实效，筏板悬挑墙外的长度从轴线起算，横向控制在1 000～1 500mm，纵向控制在600～1 000mm。对于肋梁式筏板，当肋梁不外伸时，挑出长度不宜大于2 000mm，边缘厚不小于200mm，可做成坡形，双向挑出，且应在板角底部布置放射状附加筋。

(5)筏基埋深及变形验算。对于荷载不很大的墙下筏基，如六层及六层以下横墙较密的民用建筑，当地基下部为软弱土层而上部为较均匀的硬壳层（包括人工处理形成的硬土层）时，为适应持力层埋深，往往埋深浅甚至采用不埋式筏基。

高层建筑筏基（及箱形基础）的埋置深度，应满足地基承载力、变形和稳定性要求。在抗震设防区，除岩石地基外，天然地基上的筏基（及箱形基础）埋置深度不宜小于建筑物高度的1/15。桩筏基础（及桩箱基础）的承台底面埋置深度（不计桩长）不宜小于建筑物高度的1/18。

由于筏基埋深较大，地下空间大，计算基底压力时，因开挖土方量大，可能出现基底压力值小于或接近基底处土的自重压力，使基底附加压力接近于零。若按补偿基础考虑时，此时可不计算沉降量。另外，因大量土方量卸除，地基土回弹变形，其回弹量较大，甚至可达地基总沉降量的50%以上。为了考虑回弹再压缩变形量，在沉降计算中，可将基底压力取代基底附加压力。

三、筏板基础内力计算——刚性板法

筏基的计算方法主要有以下几类：当平板式筏板较规则、柱距较均匀、板截面形状一致时，将筏板划分成条带（或称板带、截条），并忽略各条带间剪力产生的静力不平衡情况，将各条带近似地按基础梁计算其内力，此方法称为条带法。当梁板式筏基上柱网的长短跨比值不大时，可将筏基视为双向多跨连续板，用双向板法（倒楼盖法）计算筏基的内力。当筏板形态不规则、刚度不够大、柱距不等且荷载复杂时，应采用弹性板法。本节仅介绍工程实践中常用的简化计算方法，即条带法及双向板法，统称刚性板法，且侧重介绍筏基的受弯承载力计算。对梁板式及平板式筏基需要进行的受冲切、受剪切承载力计算可参照《建筑地基基础设计规范》(GB 50007—2011)。

当筏基上柱荷载及柱距较均匀（相邻柱荷载差值及相邻柱距变化不大于20%），梁板式筏基的高跨比或平板式筏基的厚跨比不小于1/6，地基土强度较均匀，上部结构刚度较好，此时可认为筏基是绝对刚性的，受荷载后柱位之间不产生相对竖向位移，基底产生沉降但仍保持为一平面，筏基可仅考虑局部弯曲作用，假定基底反力呈直线分布。

首先确定筏基上荷载合力作用点及筏板形心位置，必要时采用增设悬挑长度的方法使二者尽量重合，以板底形心作为筏板 x、y 坐标系原点。再按式(2－75)求出筏板底净反力 $p_j(x,y)$，如图 2－44 所示。

$$p_j(x,y)=\frac{\sum P}{A}\pm\frac{\sum Pe_y}{I_x}y\pm\frac{\sum Pe_x}{I_y}x \quad (2-75)$$

图 2－44　刚性板法

式中：$\sum P$——筏基上总荷载(kN)；

A——筏基底面积(m^2)；

e_x、e_y——$\sum P$ 的合力作用点在 x、y 轴方向的偏心距(m)；

I_x、I_y——基底对 x、y 轴的惯性矩(m^4)；

$p_j(x,y)$——计算点 (x,y) 处地基净反力(kPa)；

x、y——计算点对筏板形心坐标值。

［例题 12］　一刚性筏板基础，底面积为 $24.0\times9.6m^2$，板厚 0.8m，荷载分布如图 2－45 所示，按基底反力呈直线分布的假设求基底反力值。各柱荷载设计值：$P_1=3\ 000kN$，$P_2=2\ 000kN$，$P_3=1\ 800kN$，$P_4=2\ 200kN$，$P_5=1\ 000kN$，$P_6=1\ 200kN$，$P_7=1\ 400kN$。

解：(1)求筏板上荷载合力作用点(重心)位置，按下式计算：

$$x'=\frac{\sum P_ix_i+\sum M_{xi}}{\sum P_i},\ y'=\frac{\sum P_iy_i+\sum M_{yi}}{\sum P_i}$$

由题意可知，M_{xi}、M_{yi} 为零，且荷载分布以 x 方向中轴线对称，可见合力重心应在 x 方向中轴线上，设合力重心在 y 轴左侧，由各荷载对筏板左侧板边取力矩可求得合力重心在 x 中轴线上位置。

$$x'=\frac{2[(P_1+P_2)\times8+(P_3+P_4)\times16+(P_5+P_6)\times24]}{2(P_1+P_2+P_3+P_4+P_5+2P_6+P_7)}=11.36(m)$$

即合力重心距左侧板边 11.36m，该点离 y 轴距离 $e_x=0.64m$。

(2)求基底净反力 $p_j(x,y)$。

合力重心位于 x 轴，则 $y=0$，按式(2－75)计算：

$$p_j(x,0)=\frac{\sum P}{A}\pm\frac{\sum Pe_x}{I_y}x$$

$$I_y=\frac{9.6\times24^3}{12}=11\ 059.2(m^4)$$

$$p_j(x,0)=\frac{27\ 600}{9.6\times24}\pm\frac{27\ 600\times0.64}{11\ 059.2}x$$

$$=119.8\pm1.6x$$

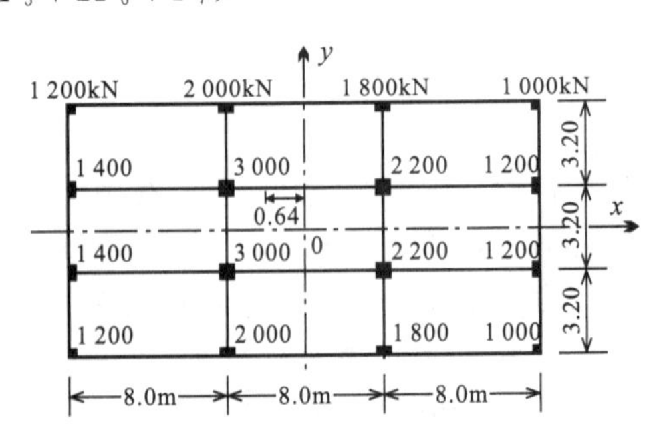

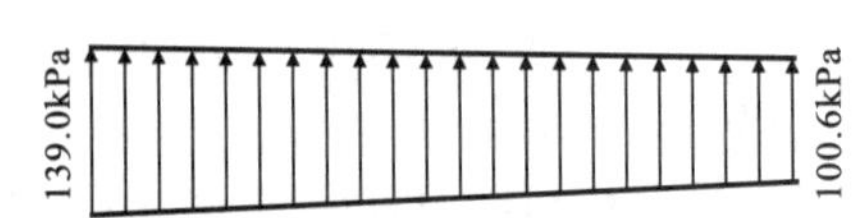

图 2－45　例题 12 附图

由荷载合力位置可知，基底反力最大值在左侧板边，该处距板形心 $x=12m$。

$$p_{jmax}=119.8+1.6\times12=139(kPa)$$

$$p_{j\min}=119.8-1.6\times12=100.6(\text{kPa})$$

为使荷载合力与筏基底板形心重合，可按柱下条形基础内力计算中介绍的调整基底形心位置的方法，将筏板两侧设计出相应的悬挑宽度即可。

按上述方法求出基底净反力后(不考虑整体弯曲，但需在端部1～2开间内将基底反力增加10%～20%)，按静力平衡条件，求出各控制截面上的剪力和弯矩值；但要确定该截面上的应力分布情况却很复杂，工程实践中常将反力视为分布荷载，按倒楼盖分析筏基由局部弯曲引起的内力，下面介绍两种计算内力的方法：

1. 条带法(图2-46)

当筏基上柱距及相邻柱荷载相差不大于20%时，可将平板式筏基按纵横两方向划分出若干条带(板带)，柱列间中线即条带分界线，并假定各条带为互不影响的基础梁。此时即可按柱下条形基础计算其内力。假设计算点处柱荷载为 P_0，该柱相邻柱荷载分别为 P_1、P_2，若 P_1、P_2 与 P_0 差值大于20%，则该点计算荷载 P 按下式取用：

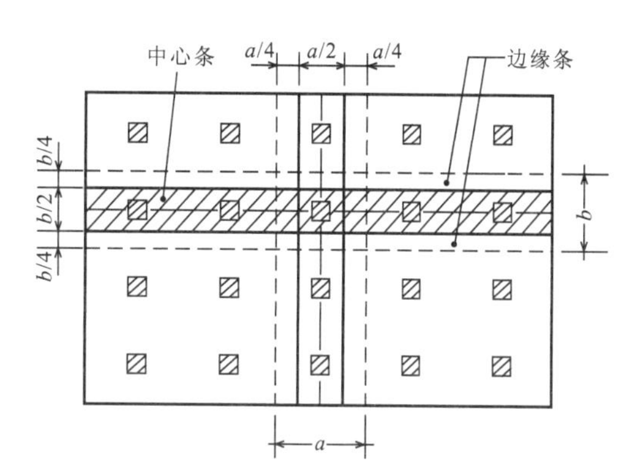

图2-46　筏基的条带法

$$P=\frac{\frac{1}{2}(P_1+P_2)+P_0}{2}$$

并将 P 分布于该条带宽度方向上，再按倒梁法计算各截面内力。

注意，以上假设并未考虑各条带之间的剪力影响，各条带地基梁上荷载与地基净反力不满足平衡条件，此时可通过调整反力的方法得近似解。

在计算各条带弯矩值时，应注意各条带横截面上的弯矩并非沿条带横截面均匀分配，而是比较集中于各条带的柱下中心区域，计算时可将条带横截面上总弯矩的2/3分配给该条带的中心条($b/2$宽的柱下板带)，而该条带两侧宽为 $b/4$ 的边缘条(跨中板带)则各承担1/6弯矩。为了保证板柱之间的弯矩传递，并使筏板在地震作用过程中处于弹性状态，保证柱根处能实现预期的塑性铰，在柱下板带中，柱宽及柱两侧各 $0.5h_0$ 且不大于1/4板跨的有效宽度范围内，其配筋量不应小于柱下板带钢筋数量的一半，且能承受部分不平衡弯矩。对横向条也如此对待。当用弯矩系数法计算各条带跨中弯矩时，弯矩取 $(1/10\sim1/12)p_jl^2$，计算柱下支座弯矩时，l 取相邻柱间距的平均值。

2. 双向板法

当梁板式筏基上柱网两个方向的尺寸比不大于2.0，且柱网单元内未布置小肋梁(次梁)时，可将筏基视为承受地基净反力分布荷载作用的双向多跨连续板(若柱网间设置有次梁，则会将底板划分为长短边长比大于2的矩形区格，此时底板可按单向连续板考虑)。确定基础梁上荷载，则按沿板角45°分角线划分的范围，将筏板上的荷载划分为按三角形或梯形分布，并分配给相邻的纵横梁承担，如图2-47所示。

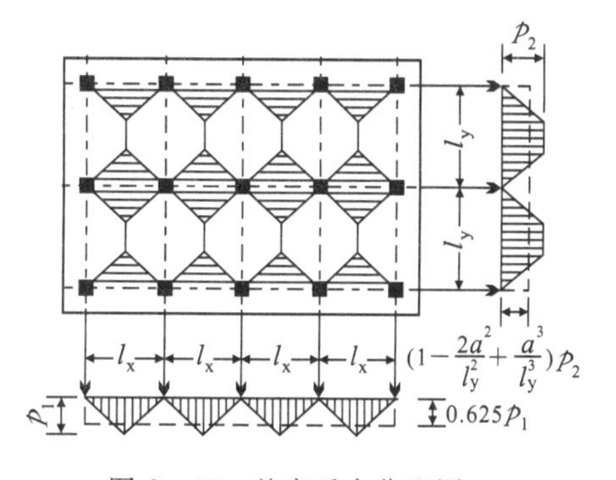

图2-47　基底反力分配图

(1)底板计算。将筏板视为单列或多列连续板,其支承情况可分为以下五种状况,如图 2-48 所示。

①三边简支,一边固定;

②两对边简支,两对边固定;

③两邻边简支,两邻边固定;

④三边固定,一边简支;

⑤四边固定。

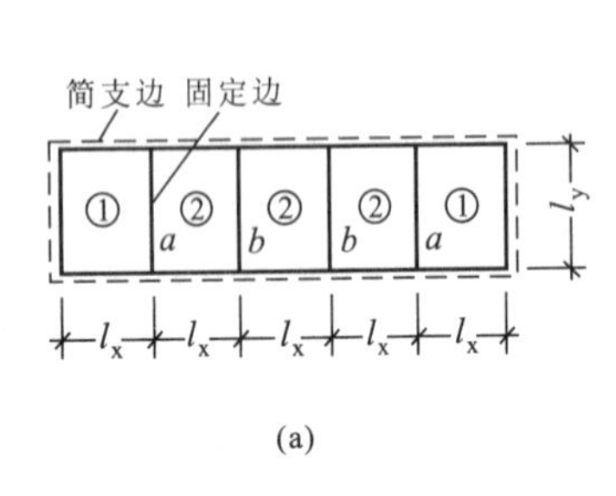

(a)

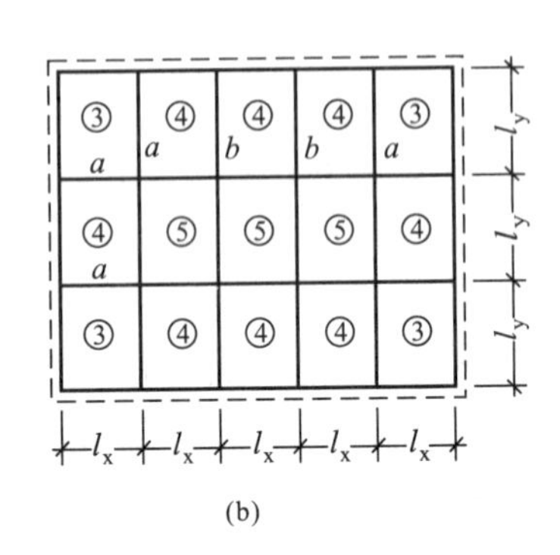

(b)

图 2-48　连续板支承情况和支座分类

(a)单列连续板;(b)多列连续板

连续板的中间支座可分为两种:

1)边跨中间支座(a 支座);

2)中间跨中间支座(b 支座)。

当按式(2-75)求算出地基净反力 p_j 后,即可根据连续板系数表查出不同支承情况下的有关系数,计算出筏板跨中及支座弯矩。

在 x、y 方向的板跨中最大弯矩 M_x、M_y 分别为:

$$\left.\begin{aligned} M_x &= -\varphi_{ix} p_j l_x^2 \\ M_y &= -\varphi_{iy} p_j l_y^2 \end{aligned}\right\} \tag{2-76}$$

式中:i——第 i 种支承情况,指情况①～⑤;

φ_{ix}、φ_{iy}——弯矩系数,按 $l_y/l_x=\lambda$ 的数值大小及不同支承情况(指情况①～⑤)由有关结构计算手册双向板系数表查得;

p_j——单位长度内的地基净反力,按式(2-75)求算。

边跨中间支座弯矩 M_a 为:

$$\left.\begin{aligned} &\text{支座平行于 } y \text{ 轴:} \quad M_a = \left(\frac{x_{ix}}{16} + \frac{x_{jx}}{24}\right) p_j l_x^2 \\ &\text{支座平行于 } x \text{ 轴:} \quad M_a = \left(\frac{1-x_{ix}}{16} + \frac{1-x_{jx}}{24}\right) p_j l_y^2 \end{aligned}\right\} \tag{2-77}$$

式中:i——边跨的板支承种类;

j——第二跨板支承种类;

x_{ix}、x_{jx}——分配系数,由双向板弯矩系数表查得。

中间跨中间支座弯矩 M_b 为:

$$\left.\begin{aligned}&\text{支座平行于 } y \text{ 轴：}\quad M_b=\frac{x_{ix}p_j l_x^2}{12}\\&\text{支座平行于 } x \text{ 轴：}\quad M_b=\frac{(1-x_{ix})p_j l_y^2}{12}\end{aligned}\right\}\tag{2-78}$$

式中：i——中间跨的板支承种类。

根据跨中弯矩 M_x、M_y，即可对底板跨中进行配筋。对底板支座处进行配筋时，若按 M_a、M_b 确定配筋量，当基础梁宽度 b 较大时，则配筋量过于保守。控制配筋的应是底板与基础梁连接处的计算支座弯矩 M'_a、M'_b。

$$\left.\begin{aligned}M'_a&=M_a-\Delta M_a\\M'_b&=M_b-\Delta M_b\end{aligned}\right\}\tag{2-79a}$$

ΔM 可按下式简化计算：

$$\left.\begin{aligned}&\text{支座平行于 } y \text{ 轴：}\quad \Delta M=\frac{1}{4}x_{ix}p_j l_x b\\&\text{支座平行于 } x \text{ 轴：}\quad \Delta M=\frac{1}{4}(1-x_{ix})p_j l_y b\end{aligned}\right\}\tag{2-79b}$$

式中：b——基础梁宽度，其他符号意义同前。

对板跨中及支座进行配筋时，还应符合有关构造要求。

(2)纵横基础梁的内力计算。由图 2-47 可知，当基础梁围成的底板为正方形时，梁上各跨所受荷载为三角形分布；若围成的底板为矩形，梁短跨上荷载为三角形分布，长跨上荷载则为梯形分布。若地基净反力为 p_j，当 $l_y>l_x$ 时：

$$\left.\begin{aligned}&l_x \text{ 方向每跨梁上荷载为：}\quad P_x=\frac{p_j l_x^2}{4}\\&l_y \text{ 方向每跨梁上荷载为：}\quad P_y=\frac{(2l_y-l_x)l_x p_j}{4}\end{aligned}\right\}\tag{2-80}$$

因为梁中央的荷载峰值 $p_1=p_2$(kN/m)，当梁只受一边荷载时，$p_1=p_j l_x/2$；当梁的两边有荷载时，$p_1=p_j l_x$（l_x 指较小跨度的长）。根据地基净反力 p_j 及荷载分布形式（三角形或梯形），即可求出梁的最大跨中弯矩。

在基础梁跨度相差不大于 10%的情况下，计算梁的支座弯矩时，通常可根据支座弯矩相等的原则，将三角形荷载或梯形荷载化为集度为 $\overline{p}_j$ 的均布等量荷载（详见《钢筋混凝土结构》双向板肋形楼盖中梁的计算），即

$$\left.\begin{aligned}&\text{三角形荷载时：}\quad \overline{p}_j=0.625p_1\\&\text{梯形荷载时：}\quad \overline{p}_j=\left(1-\frac{2a^2}{l_y^2}+\frac{a^3}{l_y^3}\right)p_1\end{aligned}\right\}\tag{2-81}$$

式中：a——较小跨长度之半，$a=l_x/2$。

此时，即可按均布荷载 $\overline{p}_j$，利用连续梁弯矩系数求出各肋梁支座弯矩。

思　考　题

1. 天然地基上的浅基础设计内容及步骤是什么？
2. 确定地基承载力的常用方法有哪几种？
3. 确定基础埋深时，应考虑哪几方面的因素？

4.说明建筑地基主要变形特征的形式,不同结构基础分别对应何种地基变形特征?

5.什么情况下应对地基进行稳定性验算?验算的基本方法有哪些?

6.如何确定基础的底面尺寸?如何确定无筋扩展基础的厚度及悬挑宽度?如何确定钢筋混凝土扩展基础的厚度及配筋?

7.在什么情况下适宜采用柱下钢筋混凝土条形基础?

8.在什么情况下适合用静定分析法计算柱下条形基础的内力?在什么条件下适合采用倒梁法进行柱下条形基础的内力计算?

9.在什么情况下适合采用基床系数法计算基础梁的内力?地基土的基床系数如何确定?

10.如何将十字交叉基础角柱、中柱、边柱各结点的荷载分配至结点的纵横基础梁上?

11.简述筏板基础的适用条件、特点及种类。

习　　题

1.场地土层分布及土性指标如下:①填土:厚度 0.8m,$\gamma=17.70\text{kN/m}^3$;②粉土:厚度 2.0m,黏粒含量 15%,$\gamma_{sat}=19.40\text{kN/m}^3$,$f_{ak}=160\text{kPa}$,$E_s=15\text{MPa}$;③淤泥质土:厚度 1.5m,$\gamma_{sat}=16.50\text{kN/m}^3$,$f_{ak}=90\text{kPa}$,$E_s=5\text{MPa}$;以下为中密砂土。墙下条形基础地面以上荷载 $F_k=188\text{kN/m}$,条形基础埋深 1.5m,地下水位 1.5m,基底宽度 1.4m,验算第二、三层地基土承载力是否满足荷载要求。(注:水下粉土取有效重度。)

(参考答案:第二层,$f_{a2}=187.74\text{kPa}$,$p_{k2}=164.3\text{kPa}$;第三层,$f_{a3}=122.8\text{kPa}$,$p_z+p_{cz}=116.4\text{kPa}$。)

2.场地土层分布及土性指标如下:①黏土:厚度 1.0m,$\gamma_{sat}=18.5\text{kN/m}^3$;②粉质黏土:厚度 1.5m,$\gamma_{sat}=19.6\text{kN/m}^3$;③粉土:厚度 5.0m,$\gamma_{sat}=20.0\text{kN/m}^3$,$f_{ak}=210\text{kPa}$,黏粒含量 18%;④中细砂:$\gamma_{sat}=20.3\text{kN/m}^3$,$f_{ak}=250\text{kPa}$。场地地下水位与地面平齐,现有一截面尺寸为 6m×2m 的桥墩,地面处荷载分别为 $F_k=5\ 340\text{kN}$,$M_x=650\text{kN}\cdot\text{m}$,$V_k=150\text{kN}$,桥墩基础埋深 4.0m。

(1)试按 $L/b=3.0$,$A_2=1.10A_1$ 设计桥墩基础底面尺寸。

(2)验算地基承载力是否满足荷载要求。

(提示:设 $b\leqslant3\text{m}$,水下地基土、基础及填土重均应考虑浮力。)

(参考答案:$b=3\text{m}$,$L=9\text{m}$。)

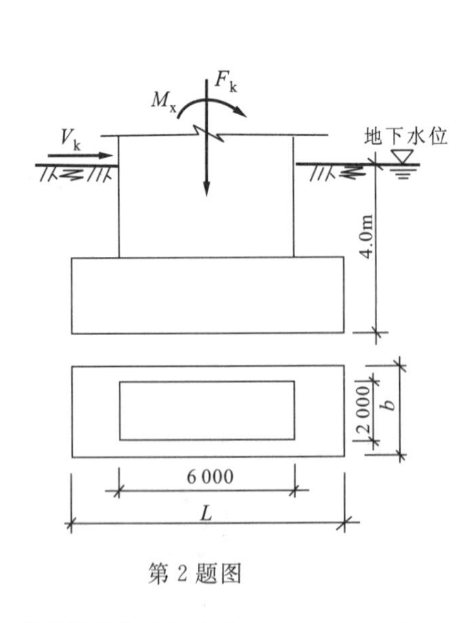

第 2 题图

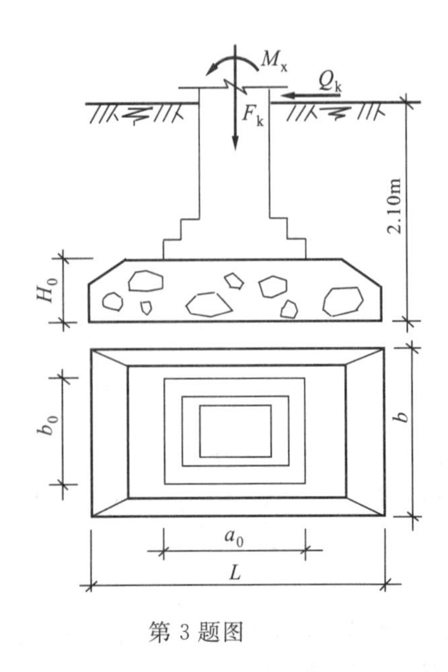

第 3 题图

3.某房屋的柱墩底尺寸 $a_0=1\ 200\text{mm}$,$b_0=1\ 000\text{mm}$,设计地面处荷载 $F_k=900\text{kN}$,$Q_k=50\text{kN}$,$M_x=$

140kN·m，柱基础埋深2.1m，地基土为粉质黏土，$\gamma=18.75\text{kN/m}^3$，$f_{ak}=235.0\text{kPa}$，$e=0.70$，$I_L=0.67$，地下水位位于基底以下3.0m，拟采用毛石混凝土基础。

(1)按 $L/b=1.5$，$A_2=1.3A_1$ 确定基底尺寸 L、b，并验算地基承载力(设 $b<3\text{m}$)。

(2)确定毛石混凝土基础厚度 H_0。

注：基础纵横两方向均应满足宽高比的要求。

(参考答案：$b=1.8\text{m}$，$L=2.7\text{m}$，$H_0=1.20\text{m}$。)

4.某办公楼室内地面标高为±0.00m，室外地面标高−0.50m，外墙条形钢筋混凝土基础底标高−2.50m，条基每延米荷载设计值 $F=335\text{kN/m}$（荷载标准值 $F_k=248\text{kN/m}$），墙体厚度360mm，地基承载力特征值 $f_{ak}=150\text{kPa}$，$\gamma=18.80\text{kN/m}^3$。

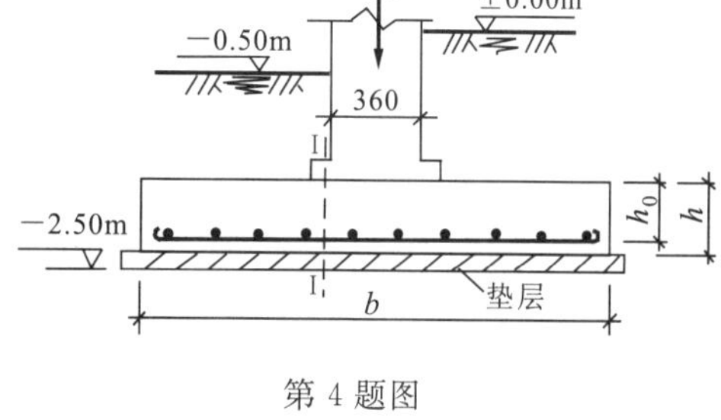

第4题图

(1)确定基础底面宽度 b，并验算地基承载力。设 $b<3\text{m}$，地基承载力修正系数 $\eta_d=1.6$。

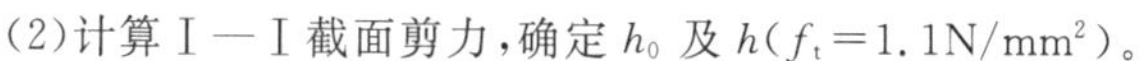

(2)计算Ⅰ—Ⅰ截面剪力，确定 h_0 及 h（$f_t=1.1\text{N/mm}^2$）。

(3)确定基础底板每延米内横向受力筋($\phi12$)的根数($f_y=270\text{N/mm}^2$)、纵向分布筋的规格及间距。

(参考答案：$b=1.7\text{m}$，$V_{\text{I-I}}=132.1\text{kN}$，$h$ 取250mm，$h_0=210\text{mm}$，$M_{\text{I-I}}=44.24\text{kN·m}$。)

5.厂房柱截面 $a_c\times b_c=0.6\text{m}\times0.4\text{m}$，基础台阶截面 $a_1\times b_1=1.2\text{m}\times1.0\text{m}$，台阶高度300mm，设计地面处柱荷载设计值 $F=1\,000\text{kN}$，$Q=60\text{kN}$，$M_x=180\text{kN·m}$，柱边梁荷载 $P=80\text{kN}$。各荷载标准值为：$F_k=740\text{kN}$，$Q_k=45\text{kN}$，$M_{xk}=135\text{kN·m}$，$P_k=60\text{kN}$。基础埋深2.0m，修正后的地基承载力特征值 $f_a=215\text{kPa}$，拟采用钢筋混凝土独立基础。

(1)按 $L/b=1.5$，$A_2\approx1.3A_1$ 确定基底面尺寸 L、b，并验算基底压力 p_k、p_{kmax} 是否满足地基承载力的要求。

(2)求基底净反力 p_{jmax}、p_{jmin} 及 $p_{j\text{I}}$、$p_{j\text{III}}$；按 p_{jmax} 求 h_0、h 及 h_{01}、h_1（$f_t=1.1\text{N/mm}^2$）。

(3)底板配置HPB300级钢筋，$f_y=270\text{N/mm}^2$，确定底板受力筋(纵向 $\phi14$，横向 $\phi10$)的根数。

(参考答案：$b=2\text{m}$，$L=3\text{m}$，$p_{jmax}=292\text{kPa}$，$p_{j\text{I}}=202.4\text{kPa}$，$p_{j\text{III}}=224.8\text{kPa}$，$h=700\text{mm}$，$h_0=660\text{mm}$，$h_1=400\text{mm}$，$h_{01}=360\text{mm}$。)

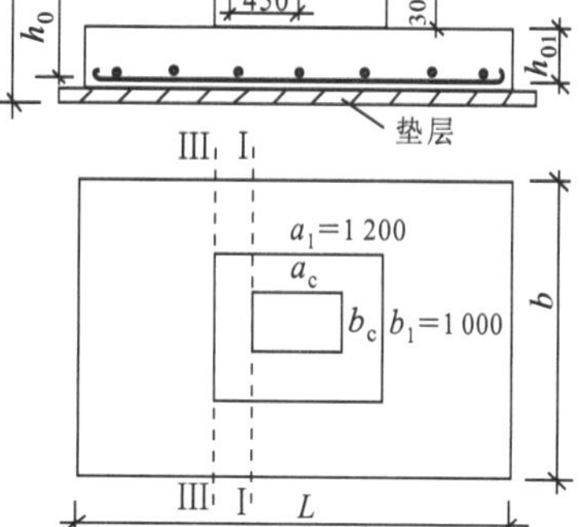

第5题图

6.柱下条形钢筋混凝土基础上各柱轴力设计值见图，柱总荷载标准值 $\sum N_k=5\,185\text{kN}$，基础梁底板宽2.5m，基础埋深1.2m，修正后的地基承载力特征值 $f_a=140\text{kPa}$，四跨连续梁弯矩系数：支座 $M_B=0.107$，$M_C=0.071$，跨中 $M_1=-0.077$，$M_2=-0.036$。

(1)验算地基承载力。

(2)用倒梁法计算各控制截面的内力。

注：悬挑段弯矩传递分配至各支座后，还应求出各跨中的分配弯矩值。

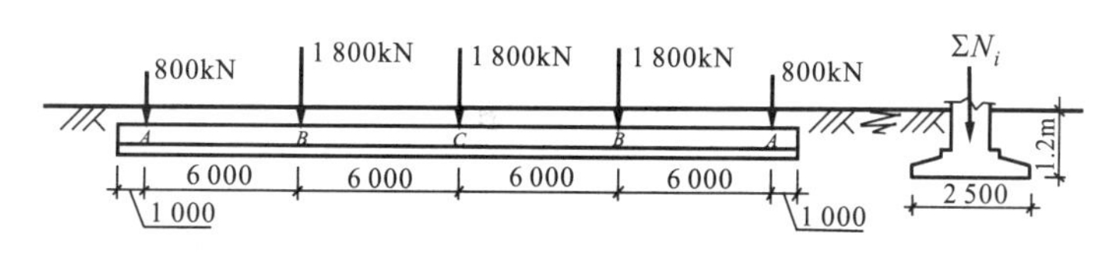

第6题图

7. 现有总长为 26m 的弹性地基梁，梁底宽 1.0m，梁截面刚度 $EI=3.48\times10^5 kN\cdot m^2$，地基土基床系数 $k=50MN/m^3$，地基梁上荷载设计值分别为：$P_1=P_5=400kN$，$P_2=P_3=P_4=800kN$，$M_1=-M_4=-20kN\cdot m$，$M_2=-M_3=-40kN\cdot m$。

(1)按半无限及无限长梁计算梁中点 O 处挠度 W_0 及弯矩 M_0［提示：P_3 作用时按无限长梁；P_2，M_2（P_4，M_3）作用时可近似按无限长梁；P_1，M_1（P_5，M_4）作用时按半无限长梁］。

(2)求 O 点处地基净反力 p_{j0}（计算 A_x、B_x…等系数时，小数点后有效数字不少于 4 位）。

（参考答案：$W_0=3.33mm$，$M_0=378.45kN\cdot m$，$p_{j0}=165kPa$。）

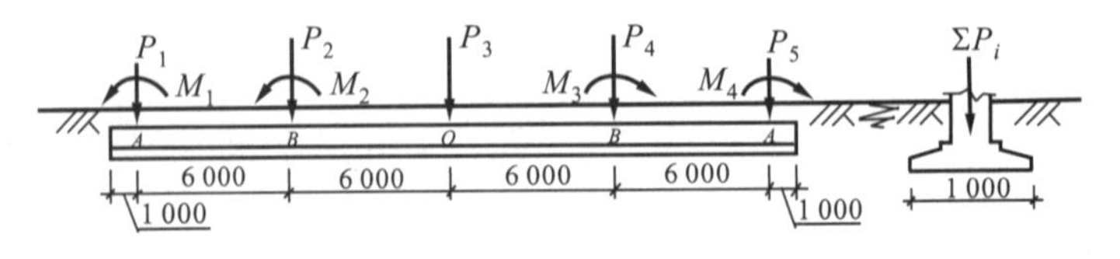

第 7 题图

8. 某十字交叉基础纵横向基础梁底宽度 $b_x=1.4m$，$b_y=0.8m$，纵横向基础梁截面刚度分别为 $E_cI_x=800MN\cdot m^2$，$E_cI_y=500MN\cdot m^2$，地基土基床系数 $k=5MN/m^3$，柱荷载分别为 $P_1=1.3MN$，$P_3=2.2MN$，$P_2=P_4=1.5MN$，试求各柱结点分配至纵横梁上的荷载值（各结点分配后的荷载不调整）。

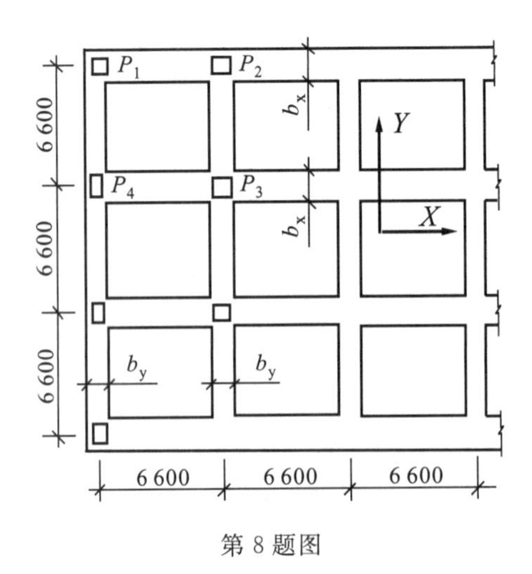

第 8 题图

第三章　箱形基础

箱形基础是由钢筋混凝土底板、顶板及内外纵横墙体组成的整体浇注的钢筋混凝土地下结构，简称箱基，如图 3－1 所示。在箱基内墙的适当部位开设门洞，即可将顶、底板间中空部位作为地下室使用。平面尺寸不太大且形状简单的箱基，则具有很大的抗弯刚度，当地基产生变形时，它只会产生大致均匀的沉降或整体倾斜，因此在上部结构中不会引起太大的附加应力，因地基变形使建筑物开裂的可能性也基本消除。由于基础刚度极大，即使地基局部软硬不均，它也能较好地调整基底压力，甚至可跨越不大的洞穴，使其处于安全稳定的状态。

由于箱基的地下空间被利用，施工时挖出的土方也不需回填，使地基附加应力减小很多，因此，它属较理想的补偿基础。因埋深大，使地基承载力相应提高，沉降量更小。

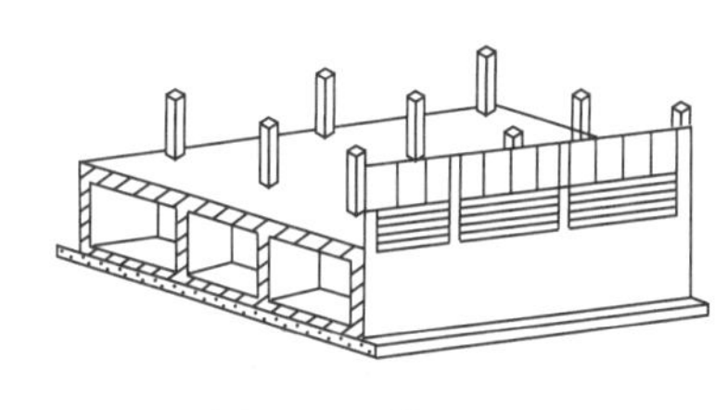

图 3－1　箱形基础

因为箱基的自身刚度大，其本身的挠曲变形远小于地基的变形，设计计算时，假定上部结构嵌固于基础顶板内，这也有利于增强上部结构的抗震效果。建筑物采用箱基后，因基础埋深加大，使建筑物重心降低，再加上箱基周围的土体会协同工作，使建筑物的整体稳定性大大提高。

所以，对地基强度不高、平面形状单一且面积不太大的重型建筑物，对不均匀沉降有严格要求的建(构)筑物，以及有抗震设防、人防要求及地下室的高层建筑均适宜采用箱基。

箱形基础施工时，需大量开挖土方，所以，对边坡支护和降低地下水位以及对邻近已有建筑物的影响等问题必须考虑；另外，箱基需耗费大量混凝土及钢筋，在基础选型时，要根据地基土性状、地下水及施工条件、周围环境等具体情况及建筑物的具体要求，并与其他形式的基础进行经济技术的比较后再决定选用。

第一节　箱形基础结构设计及构造要求

(1)箱基的高度(即基础底板底面至顶板顶面的外包尺寸)应满足结构强度、结构刚度和使用要求，一般为建筑物高度的 1/8～1/12，且不宜小于箱基长度的 1/20，其高度还应适合作为地下室使用的要求，且不宜小于 3m。在确定箱基埋深时，应考虑建筑物高度、体形、地基土强度、抗震设防烈度等因素，并应满足抗倾覆、抗滑移的要求。在抗震设防区，埋深不宜小于建筑物高度的 1/15。

(2)箱基的内外墙应沿上部结构的柱网和剪力墙纵横均匀布置。墙体的水平截面总面积不得小于基础外墙外包尺寸投影面积的 1/10。墙体的厚度由实际受力情况确定，并且外墙厚度不应小于 25cm，通常采用 25～40cm，内墙厚度不宜小于 20cm，通常采用 20～30cm。墙体一般采用双向双面配筋，横、竖向筋均不宜小于 $\phi10$@200。除上部为剪力墙外，内外墙的顶部处宜配置两根不小于 $\phi20$ 的通长构造钢筋。

(3)当考虑上部结构嵌固在箱基顶板或地下一层结构顶部时，箱基或地下一层结构顶板除满足正截面受弯承载力和斜截面受剪承载力要求外，其厚度应不小于 200mm。箱基底板厚度应按实际受力情况、整体刚度及防水要求确定。计算底板厚度时，应满足正截面受弯承载力、斜截面受剪承载力及受冲切承载力的要求，且板厚不应小于 300mm。

(4)在底层柱与箱形基础交接处，应验算箱基墙体的局部承压强度。当承压强度不能满足要求时，应增加墙体的承压面积。墙边与柱边或柱角 45°方向与八字角之间的净距不宜小于 5cm。

(5)箱基的混凝土强度等级不应低于 C20，底板及外墙采用防水混凝土时，混凝土抗渗等级根据最大水头高度与混凝土壁厚之比，按表 3-1 确定。

表 3-1　防水混凝土抗渗等级

最大计算水头(H)/混凝土厚度(h)	$\frac{H}{h}<10$	$10\leqslant\frac{H}{h}<15$	$15\leqslant\frac{H}{h}<25$	$25\leqslant\frac{H}{h}<35$	$\frac{H}{h}\geqslant35$
设计抗渗等级(MPa)	0.6	0.8	1.2	1.6	2.0

(6)当压缩层深度范围内土层在竖向与水平向分布较均匀，且上部结构为平、立面布置较规则的剪力墙、框架、框剪体系时，箱基的顶、底板可仅按局部弯曲计算，计算时底板反力应扣除底板自重。顶、底板配筋量除满足局部弯曲的计算要求外，为了考虑整体弯曲的影响，纵、横向的支座钢筋尚应有 1/2 至 1/3 贯通全跨，且贯通钢筋的配筋率分别不应小于 0.15%、0.10%；跨中钢筋应按实际配筋全部贯通。

(7)当压缩层的土层分布及上部结构的平、立面布置差异明显时，对箱基的顶、底板应同时考虑局部弯曲及整体弯曲，此时地基反力可按反力系数确定(参见表 3-2 至表 3-6)。计算整体弯曲时应考虑上部结构与箱基的共同作用；对框架结构，箱基的自重应按均布荷载处理。按局部弯曲和整体弯曲计算顶、底板配筋时，应综合考虑承受两种弯曲的钢筋配置部位，这样可充分发挥顶、底板各截面钢筋的作用。

由于对箱基进行内力分析是一难度很大、且尚未能取得统一认识的课题，所以，除少数特殊的工程外，工程实践中，往往以加强箱基的构造措施来适应箱基能安全使用的要求。下面将介绍工程设计中常用的设计方法。

第二节　箱形基础的内力分析

多层及高层建筑的箱基，其上部结构一般为框架、剪力墙、框剪及筒体等结构体系。由于建筑物所处地基土压缩性的均匀程度不同，上部结构的平、立面形态各异，上部结构的整体刚度也不同，在按地基、基础及上部结构三者共同作用的前提下进行箱基内力分析时，应采用不同的方法。

一、内力分析方法之一——按局部弯曲计算

当仅按局部弯曲分析箱基内力时(见设计及构造要求)，由于柱子及剪力墙与箱基的墙体

对正相连，箱基的外墙及相当数量的内墙已成为上部结构竖向承重构件的一部分，箱基的内外墙相当于顶底板的可靠支座，可认为箱基的抗弯刚度为无限大。根据实测资料判定，因整体弯曲所引起的箱基内力很小，可忽略不计。此时，顶、底板只需按局部弯曲计算。顶板如同支承在箱基内外墙上的钢筋混凝土楼盖，按顶板上的实际荷载即可计算出各跨板的跨中及支座弯矩。底板则相当于倒置的楼盖，倒楼盖所受荷载为地基反力，对底板的计算方法与顶板相同。顶、底板一般采用双向平板为宜。以顶、底板上荷载及支承条件，用筏板基础中介绍的双向板法分析顶、底板的内力，按计算出的各跨板的跨中和支座处的弯矩作为配筋依据。为使计算简化，基底反力按直线分布考虑。

1.顶板的计算

将顶板上的可变荷载及板自重作为顶板上的总荷载，根据各跨顶板的支承情况，即可求出各板跨的跨中弯矩及支座弯矩。注意其正负号。

2.底板的计算

将上部结构传来的可变荷载(包括顶板上可变荷载)，以及永久荷载（包括顶板及内外墙重)之和产生的地基反力，作为底板下地基平均净反力(不考虑底板自重)，按与顶板计算相同的方法求算出底板各板跨的跨中及支座弯矩。

3.墙板的计算

(1)外墙。所受荷载有侧向土压力、水压力及地面荷载对外墙的侧向压力。荷载分布情况如图 3-2 所示。

地面荷载：将地面荷载乘主动土压力系数后折算为侧向均布荷载，呈矩形分布。

土压力：根据箱基埋深及地下水位情况求算，呈三角形或梯形分布。

水压力：根据箱基外地下水位情况求算，呈三角形或梯形分布。

将外墙所受的以上荷载叠加后，分解成矩形及三角形两组荷载。按外墙板的跨度与其高度的比值来假定计算简图。一般当跨高比大于 1.5 时，认为顶板和底板的刚度较大，外墙可视作两端固定于顶板和底板的单跨板(图 3-2)；当跨高比小于 1.5 时，则可将外墙视作四边固定的连续板。

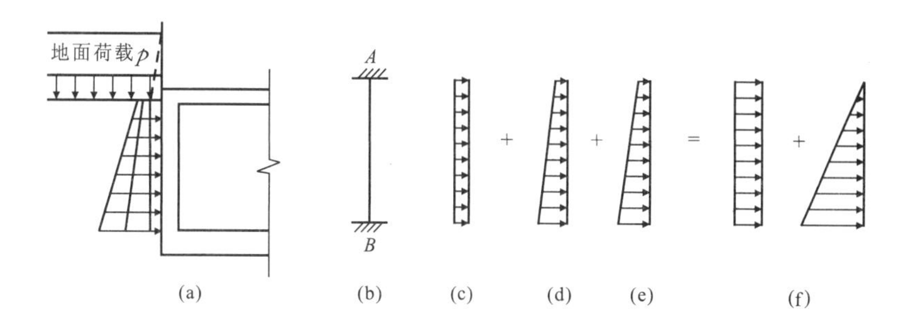

图 3-2　两端固定侧向荷载

(a)荷载；(b)简图；(c)地面荷载；(d)土压力；(e)水压力；(f)组合荷载

当外墙视作两端固定的单跨板时：

跨中弯距 M_{AB} 为：

$$M_{AB}=\frac{1}{24}p_1H^2+\frac{1}{48}p_2H^2 \tag{3-1}$$

式中：p_1——单位长度外墙上矩形荷载强度(kN/m)；

p_2——单位长度外墙上三角形底部荷载强度(kN/m)；

H——墙内空高度(m)。

支座弯矩为：

$$M_A=-\frac{1}{12}p_1H^2-\frac{1}{30}p_2H^2 \tag{3-2}$$

$$M_B=-\frac{1}{12}p_1H^2-\frac{1}{20}p_2H^2 \tag{3-3}$$

(2)内墙。内纵、横墙可视为连续梁，承担着内纵、横墙分隔出的箱基底板各区格范围内的分布荷载，该分布荷载为永久荷载 q 与可变荷载 p 产生的地基净反力之和，其中 q 为底板所受永久荷载产生的净反力(即上部结构及箱基顶板传来的永久荷载之和，不包括箱基底板及内外墙自重)，p 为底板所受可变荷载产生的净反力(即上部结构及箱基顶板传来的可变荷载之和)。

以纵向为五跨($l_x=6.0$m)、横向为两跨($l_y=9.0$m)的箱基内墙为例(图 3-3)，内纵墙为承受三角形分布荷载的连续梁，利用连续梁系数表即可求得跨中最大弯矩、支座弯矩及剪力。计算时，永久荷载 q 以满载、可变荷载 p 按最不利荷载组合选用相应系数；内横墙则为承受梯形分布荷载的双跨连续梁，由连续梁系数求得中间支座弯矩，按梯形分布荷载求得支座两侧剪力及跨中最大弯矩。

当内墙跨度均匀时，可将三角形荷载或梯形荷载替换成均布等量荷载计算支座弯矩，替换公式见第二章筏板基础中“纵横基础梁的内力计算”。

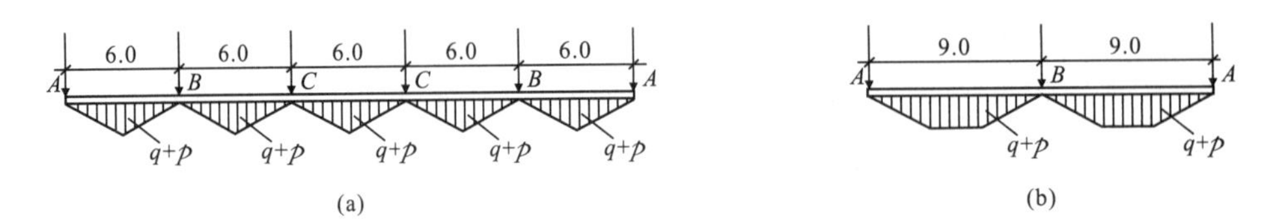

图 3-3　内纵墙及内横墙计算简图

(a)内纵墙计算简图；(b)内横墙计算简图

二、内力分析方法之二——同时考虑局部弯曲及整体弯曲的计算

当不符合仅按局部弯曲分析箱基内力的条件时，由于上部结构整体刚度不太大，特别是在填充墙还未砌筑、上部结构刚度尚未完全形成时，箱基在地基反力、水压力及上部结构传来的荷载作用下，会产生明显的整体弯曲应力，对箱基顶、底板的内力进行分析时，应同时考虑整体弯曲和局部弯曲作用。整体弯曲作用应按上部结构与箱基共同作用来计算。计算基底反力时，根据弹塑性地基上刚性基础的基底压力分布特点以及基底反力实测结果分析，基底压力可按马鞍形分布考虑。按此原则，工程实践中，常将基底面积(包括悬挑部分)均匀划分为若干区格，按基底不同的长宽比 L/B，根据实测资料制作出各区格的反力系数，如表 3-2 至表 3-6 所示。基底各部位的反力，可用基底平均反力乘以相应区格系数求得。

表 3-2　黏性土地基反力系数($L/B=1$)

1.381	1.179	1.128	1.108	1.108	1.128	1.179	1.381
1.179	0.952	0.898	0.879	0.879	0.898	0.952	1.179
1.128	0.898	0.841	0.821	0.821	0.841	0.898	1.128
1.108	0.879	0.821	0.800	0.800	0.821	0.879	1.108
1.108	0.879	0.821	0.800	0.800	0.821	0.879	1.108
1.128	0.898	0.841	0.821	0.821	0.841	0.898	1.128
1.179	0.952	0.898	0.879	0.879	0.898	0.952	1.179
1.381	1.179	1.128	1.108	1.108	1.128	1.179	1.381

表 3-3　黏性土地基反力系数($L/B=2\sim3$)

1.265	1.115	1.075	1.061	1.061	1.075	1.115	1.265
1.073	0.904	0.865	0.853	0.853	0.865	0.904	1.073
1.046	0.875	0.835	0.822	0.822	0.835	0.875	1.046
1.073	0.904	0.865	0.853	0.853	0.865	0.904	1.073
1.265	1.115	1.075	1.061	1.061	1.075	1.115	1.265

表 3-4　黏性土地基反力系数($L/B=4\sim5$)

1.229	1.042	1.014	1.003	1.003	1.014	1.042	1.229
1.096	0.929	0.904	0.895	0.895	0.904	0.929	1.096
1.081	0.918	0.893	0.884	0.884	0.893	0.918	1.081
1.096	0.929	0.904	0.895	0.895	0.904	0.929	1.096
1.229	1.042	1.014	1.003	1.003	1.014	1.042	1.229

表 3-5　黏性土地基反力系数($L/B=6\sim8$)

1.214	1.053	1.013	1.008	1.008	1.013	1.053	1.214
1.083	0.939	0.903	0.899	0.899	0.903	0.939	1.083
1.069	0.927	0.892	0.888	0.888	0.892	0.927	1.069
1.083	0.939	0.903	0.899	0.899	0.903	0.939	1.083
1.214	1.053	1.013	1.008	1.008	1.013	1.053	1.214

表 3-6　软土地基反力系数

0.906	0.966	0.814	0.738	0.738	0.814	0.966	0.906
1.124	1.197	1.009	0.914	0.914	1.009	1.197	1.124
1.235	1.314	1.109	1.006	1.006	1.109	1.314	1.235
1.124	1.197	1.009	0.914	0.914	1.009	1.197	1.124
0.906	0.966	0.814	0.738	0.738	0.814	0.966	0.906

使用表 3-2 至表 3-6 时，L 为箱基底板长度，B 为箱基底板宽度，底板各向悬挑部分（≤0.8m）均包括在内。

各区格中的基底反力$=\dfrac{\sum P}{LB}\times$相应区格系数（$kN/m^2$）；$\sum P$ 包括上部结构竖向荷载及箱基自重。以上各表适用于上部结构及荷载较匀称、地基土较均匀、底板悬挑部分不宜超过 0.8m、不考虑相邻建筑物的影响及满足规范构造要求的单幢建筑物箱基。当纵横向荷载略不均匀对称时，应求出荷载偏心产生的纵横向力矩引起的不均匀反力，此不均匀反力按直线变化计算，并将此不均匀反力与按表计算的反力进行叠加。

依实测资料分析，在纵横墙分出的各板格中，箱基基底反力有由中间向周围墙下递增的现象，设墙下基底平均反力为 1.0，则板格中部为 0.7～0.8。所以计算局部弯曲时，当采用反力系数或其他有效方法求算出基底各部位的反力后，局部弯曲引起的弯矩值应乘以 0.8 的折减系数，并与整体弯曲的弯矩叠加，以作为配筋依据。

计算整体弯曲时，应考虑上部结构与箱基的共同作用，即应考虑上部框架结构刚度对箱基的影响。设计时，一般采用迈耶霍夫（Meyerhof，1953）提出的等代刚度梁法来估算框架结构刚度对箱基弯矩的影响。设箱基的抗弯刚度为 $E_g I_g$（E_g 为混凝土弹性模量，I_g 为按工字截面计算的惯性矩，即箱基顶底板全宽相当于工字截面上下翼缘宽度，弯曲方向墙体总和厚度相当于工字截面的腹板厚度），量纲为 $N\cdot m^2$，上部 n 层框架结构的总折算刚度为 $E_B I_B$，则箱基承受的整体弯矩 M_g 可由下式计算：

$$M_g=\frac{E_g I_g}{E_g I_g+E_B I_B}M \tag{3-4}$$

$$E_B I_B=\sum_{i=1}^{n}\left[E_b I_{bi}\left(1+\frac{K_{ui}+K_{li}}{2K_{bi}+K_{ui}+K_{li}}m^2\right)\right]+E_w I_w \tag{3-5}$$

式中：M——不考虑上部结构刚度影响时，由基底反力及上部荷载按静定梁分析或其他有效方法计算的建筑物整体弯曲产生的弯矩（$kN\cdot m$）；

$E_B I_B$——上部结构的总折算刚度（$N\cdot m^2$）；

L、l、m——分别为上部结构在弯曲方向的总长、柱距及节间数；

E_b——梁、柱的混凝土弹性模量（kN/m^2）；

K_{ui}、K_{li}、K_{bi}——第 i 层上柱、下柱和梁的线刚度，分别为 I_{ui}/h_{ui}、I_{li}/h_{li}、I_{bi}/l（m^3）；

I_{ui}、I_{li}、I_{bi}——分别为第 i 层上柱、下柱和梁的截面惯性矩（m^4）；

h_{ui}、h_{li}——分别为第 i 层上柱及下柱的高度（m）；

E_w——在弯曲方向与箱基相连的连续钢筋混凝土墙的混凝土弹性模量（kN/m^2）；

I_w——在弯曲方向与箱基相连的连续钢筋混凝土墙的截面惯性矩（m^4），$I_w=bh^3/12$；

b、h——分别为在弯曲方向与箱基相连的连续钢筋混凝土墙厚度总和及墙高度（m）；

n——建筑物层数，不大于 8 层时 n 取实际层数，大于 8 层时 n 取 8。

上式各符号示意见图 3-4。

该式适用于等柱距框架结构，若柱距相差不超过 20%，取 $l=L/m$ 也可适用。

由于上部结构各层次对箱基整体弯曲作用的影响并不相同，据分析，多层框架体系中，下部一定数量的楼层结构明显地起着调整不均匀沉降、削减基础整体弯曲的作用，且层次位置愈低，其作用愈大，所以按该法计算时，层数 $n\leqslant 8$。

三、内力分析方法之三——简化计算法

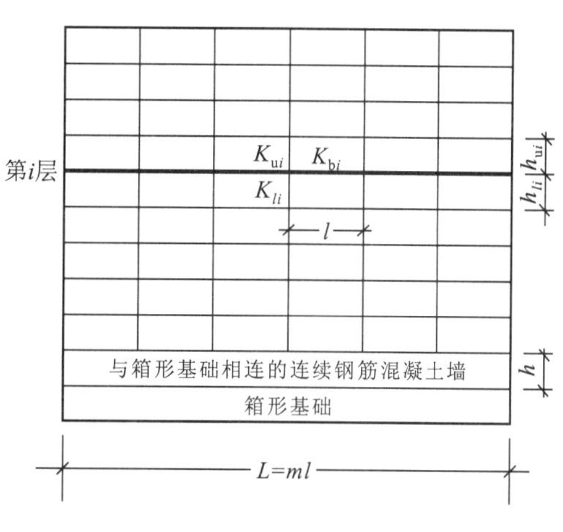

图 3-4　公式(3-5)中各符号示意图

当箱基上部框架结构层数不多，刚度不太大时，可不考虑上部结构刚度的影响，只考虑基底反力及上部结构荷载对箱基的作用，这样可使内力分析工作简化，是一种实用的简化计算方法。

按此假设，可将箱基视为弹性地基上的巨大刚性整体基础，该基础由足够的纵横隔墙将顶底板连成整体，其整体弯曲可按如同一空盒式的梁来计算顶底板的内力，局部弯曲可按前面介绍的方法计算内力。

具体计算步骤如下：

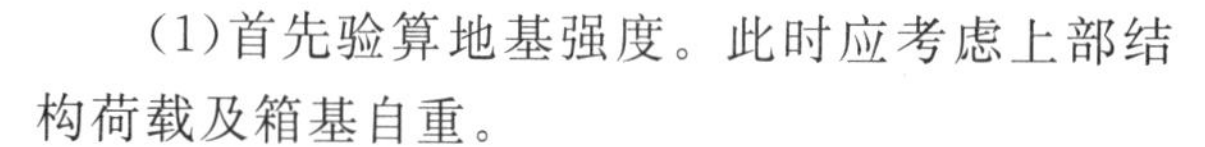

(1)首先验算地基强度。此时应考虑上部结构荷载及箱基自重。

(2)将底板均匀划分成正方形或矩形区格，整个基底的反力呈鞍形分布，各区格的平均反力值由地基反力系数求得。

(3)以求得的地基反力作为底板荷载，可将箱基墙板作为底板的支点，按连续板求算底板内力。若板的支座两边弯矩不相等，应以偏于安全的弯矩值作为配筋依据。

(4)在地基反力及外荷载作用下，如同一空盒式梁的箱基将产生双向弯曲应力。为了避免对板作复杂的双向受弯计算，分析顶、底板整体弯曲时，简化为在 x、y 两方向分别进行单向受弯计算，即先将基础视为沿长度方向的梁，用静定分析法算出任一截面上的总弯矩 M_x 和总剪力 Q_x，且假定 M_x、Q_x 在截面横向为均布。再将基础视为沿宽度方向的梁，算出 M_y、Q_y。弯矩 M_x、M_y 会在两个方向使顶、底板分别处于轴向受压和轴向受拉状态，而剪力 Q_x、Q_y 则分别由箱基的横向和纵向墙承担，以上箱基的整体受弯计算如图 3-5 所示。

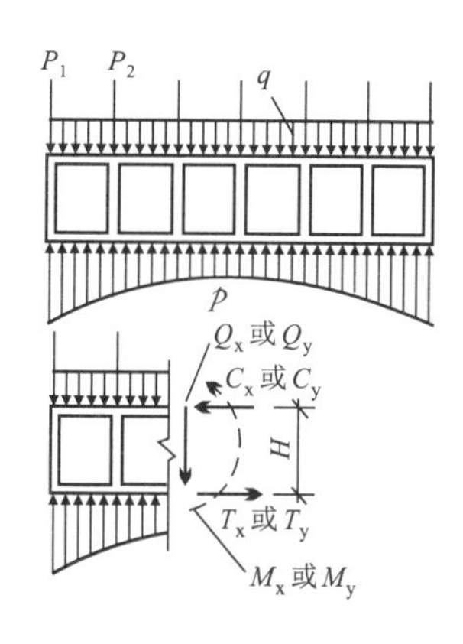

图 3-5　箱基整体弯曲

注意，上述计算是将荷载及地基反力在纵横方向重复使用，算得的整体弯曲应力必然被夸大，况且也没考虑与箱基不可截然分离的上部结构的分担作用(实际上上部结构与箱基的共同工作状态不应该完全忽略)，为了减少因设计造成的浪费，依上部结构相对刚度的大小，可将以上方法算得的整体弯曲弯矩按式(3-4)进行折减。

(5)根据整体弯曲的弯矩 M_x、M_y，按下式即可算出顶板和底板的轴向压力 C 和轴向拉力 T：

$$\left.\begin{aligned} x—x\text{ 轴向：}\quad T_x=C_x=\frac{M_x}{BH} \\ y—y\text{ 轴向：}\quad T_y=C_y=\frac{M_y}{LH} \end{aligned}\right\} \tag{3-6}$$

式中：T_x、T_y——x、y 轴向底板每米的拉力(kN/m)；

C_x、C_y——x、y 轴向顶板每米的压力(kN/m)；

M_x、M_y——整体弯曲时 x、y 方向的弯矩(kN·m)；

B、L——底板宽度及长度(m)；

H——箱基的计算高度，即顶板与底板的中距(m)。

(6)因顶、底板架空支承在箱基内外墙上，且直接承受着分布荷载，所以顶、底板又作为受弯构件产生局部弯曲应力，因此，顶、底板应按前述的局部受弯方法进行计算，且底板计算所得的局部弯曲产生的弯矩应乘以 0.8 的系数。

第三节　地基验算

一、地基强度验算

基底平均压力 p_k 及基础边缘的压力 p_{max} 应符合以下要求：

$$\left.\begin{array}{ll}\text{轴心荷载作用时：} & p_k \leqslant f_a \\ \text{偏心荷载作用时：} & p_{kmax} \leqslant 1.2 f_a \\ & p_{kmin} \geqslant 0\end{array}\right\} \tag{3-7}$$

对抗震设防的建筑，除满足上述要求外，还应进行地基土抗震承载力验算：

$$f_{aE} = \zeta_a f_a \tag{3-8}$$

式中：f_{aE}——调整后的地基抗震承载力(kPa)；

ζ_a——地基抗震承载力调整系数，详见《建筑抗震设计规范》(GB 50011—2011)；

f_a——修正后的地基承载力特征值(kPa)。

地基在地震作用下的竖向承载力应符合下列各式要求：

$$p_E \leqslant f_{aE} \tag{3-9}$$

$$p_{Emax} \leqslant 1.2 f_{aE} \tag{3-10}$$

式中：p_E——地震作用效应标准组合的基础底面平均压力(kPa)；

p_{Emax}——地震作用效应标准组合的基础边缘的最大压力(kPa)。

受地震荷载后，由于建筑物荷载合力位置改变，对高宽比大于 4 的高层建筑，在地震作用下基础底面不宜出现拉应力；其他建筑基础底面与地基土之间零应力区面积不应超过基础底面面积的 15%，如图 3－6 所示。当基底出现零应力区时，基底边缘最大压力为：

$$p'_{kmax} = \frac{2(F_k + G_k)}{3La} \tag{3-11}$$

式中：L——垂直于力矩作用方向的基底边长(m)；

a——合力作用点至基底最大压力边缘的距离(m)。

当地基中存在软弱下卧层时还应验算是否满足下卧层的强度要求。

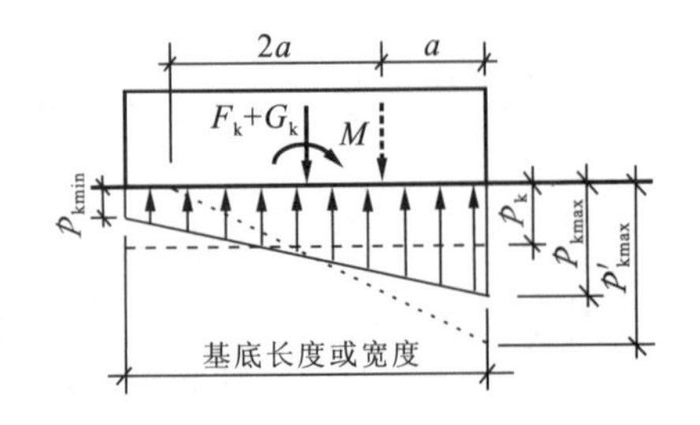

图 3－6　基底压力计算简图

二、地基稳定性验算

当地基土较软弱，建筑物高耸、偏心较大而埋深并不大时，若属强震、强台风区，就必须作稳定性分析。

1. 抗水平滑动稳定性验算

设风载、地震荷载及其他水平荷载之和为 Q，并作用于箱基顶部。基础侧壁填土能可靠地传递被动土压力和摩擦力的高度 $h_e \leqslant D$（埋深），如图3－7所示。

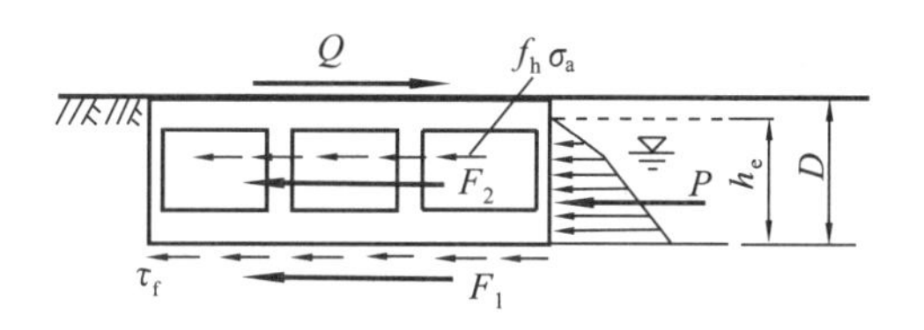

图 3－7　抗水平滑动验算简图

设垂直于 Q 方向的侧壁上被动土压力的合力为 P，基底摩擦力合力为 F_1，平行于 Q 方向的侧壁摩擦力合力为 F_2，由平衡条件可得：

$$KQ \leqslant F_1 + F_2 + P \tag{3-12}$$

$$F_1 = A_1 \tau_f$$

$$F_2 = A_2 \sigma_a f_h$$

式中：K——安全系数，取 $K=3.0$；

A_1——基底面积（m^2），一般不计悬挑部分；

τ_f——地基土抗剪强度（kPa）；

A_2——与剪力平行方向 h_e 高度内的两侧壁面积（m^2）；

f_h——填土与混凝土之间的摩擦系数；

σ_a——静止土压力（kPa）。

为了满足式（3－12）的要求，应保证箱基侧壁周围回填土的土质及其夯实质量。当采用静止土压力的合力替代 P，且不考虑 F_2 的作用时，计算结果将偏安全。

2. 整体倾斜稳定性验算

方法之一——滑动圆弧条分法

设滑动面圆弧通过基础边缘，按第二章图 2－7 的模式，将图中基础换成箱基，按条分法即可求出抗滑力矩与滑动力矩之比，并使 $K \geqslant 1.2 \sim 1.3$ 即可满足要求。使用该法时，需对通过基础边缘的多个滑动面的安全系数进行比较，才能求出最小 K 值。

方法之二——简化的圆弧滑动面法

设基础底边缘处为坐标原点，滑弧圆心 O 坐标为 (x, z)，将滑弧圆心与坐标原点连线，该线与水平向夹角为 θ，如图 3－8 所示，建筑物绕滑弧圆心 O 的倾覆力矩为：

$$M_A = P\left(x - \frac{B}{2} + e\right) + Q(Z - x\tan\theta) - \gamma \cdot BD\left(x - \frac{B}{2}\right) \tag{3-13}$$

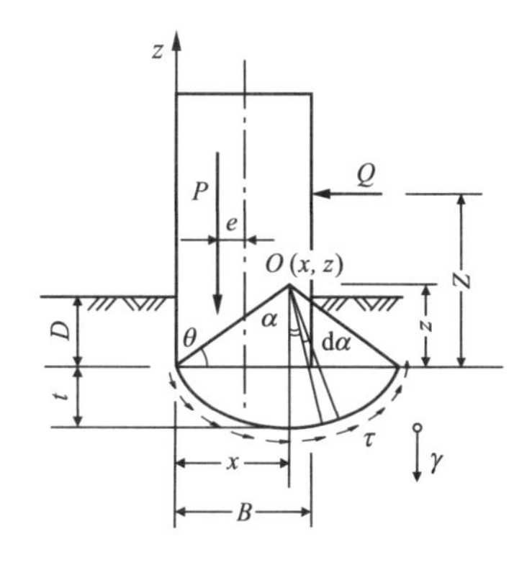

图 3－8　简化圆弧滑动面法

式中：e——竖向荷载 P 的偏心距（m）；

Q——单位长度的水平荷载（kN/m）；

Z——水平荷载距基底高度（m）；

B——基底宽度（m）；

γ——基底标高以上填土重度（kN/m^3），当 $x \leqslant B/2$ 或附近无超载时，取 $\gamma=0$；

P——建筑物单位长度内总重(kN/m);

D——基础埋深(m)。

只考虑由基底以下部分的地基土产生抗滑力矩,则抗滑力矩为:

$$M_B = 2\int_0^{\frac{\pi}{2}-\theta} \tau R^2 \mathrm{d}\alpha = \frac{2\tau x^2}{\cos^2\theta}\left(\frac{\pi}{2}-\theta\right) \tag{3-14}$$

式中:R——滑动圆弧半径(m);

τ——滑面地基土平均抗剪强度(kN/m^2);

α——弧度(rad)。

由此得安全系数 $K=M_B/M_A$ (3-15)

由$\frac{\partial K}{\partial x}=0,\frac{\partial K}{\partial \theta}=0$,可得最不利的滑弧位置为:

$$\left.\begin{aligned} x&=\frac{P(B-2e)-2QZ-\gamma B^2 D}{P-Q\tan\theta-\gamma BD} \\ (\pi-2\theta)\cdot\tan\theta&=1-\frac{QK}{2\tau x} \end{aligned}\right\} \tag{3-16}$$

上式中 x 及 θ 值不能直接求解,可用尝试法经迭代求解,比滑弧条分法简便。当基底以下深度 t 处为坚硬土层时,滑弧不会穿过硬土层,只可能与硬层面相切,此时 x 与 θ 的关系为:

$$x=\frac{t\cdot\cos\theta}{1-\sin\theta} \tag{3-17}$$

在进行稳定性验算时,对地基土强度指标的选取尤为重要。如:对饱和黏性土,其短期强度指标一般按无侧限抗压强度或者按天然上覆压力条件下固结不排水三轴试验强度来考虑;其长期强度按天然上覆土压力条件下固结排水三轴试验强度考虑。对瞬时周期荷载条件下的黏性土强度,一般认为比静载条件下的强度有不同程度的提高。若属非液化砂土,受瞬时周期荷载后,抗剪强度会保持不变或略有降低。对饱和砂土或饱和粉土液化的可能性,应遵照国家有关标准进行判别。

三、地基沉降分析

对于箱形基础,由于基础底面积大,在进行沉降分析时,与一般基础有所不同。

1. 地基变形的计算深度

按土力学的一般方法,沉降计算深度的界限定在基底以下附加应力与自重应力比为 0.2(一般土)或 0.1(软土)的位置,这对一般较小宽度的基础而言是可行的,对宽度大的箱基,若按此应力比法确定计算深度,则所确定的计算深度往往过大。

按有关部门对不同宽度的基础沉降观测结果与试验资料分析的结果进行归纳,表明在基础宽度 B 为 0.5~3.0m 时,沉降量与宽度的关系大体为弹性理论的线性关系,当 $B>10$m 时,沉降量与基础宽度的关系曲线已经开始向水平线过渡,如图 3-9 所示。根据某大型基础分层沉降观测的结果分析,荷载分级加至 200kPa,基底沉降由 0 增至 25mm,但压缩层深度几乎保持为 20m,证实了其计算深度并不随荷载增大而加深。按大量实测资料进行统计分析,有关规范给出以下确定压缩层深度的经验公式。

(1)《建筑地基基础设计规范》(GB 50007—2011)公式,即第二章第一节中式(2-24)。

(2)《高层建筑箱形与筏形基础技术规范》(JGJ 6—2011)公式。对基础宽度 $B=10$~30m

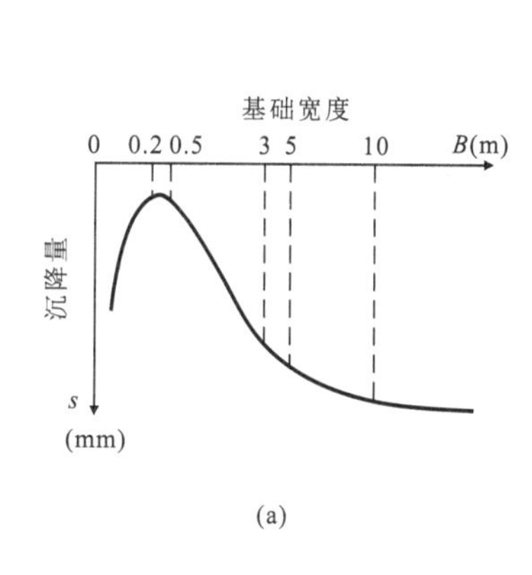

(a)

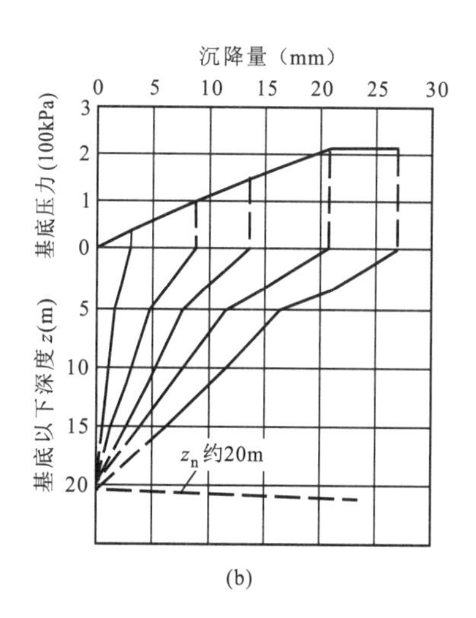

(b)

图 3-9　地基沉降量与基础宽度的关系及沉降观测结果

的方形或矩形基础：

$$z_n=(z_m+\xi B)\beta \tag{3-18}$$

式中：z_n——基础中点的地基沉降计算深度(m)；

z_m、ξ——分别为按基础长宽比 L/B 确定的经验值、折算系数，如表 3-7 所示；

β——土类别调整系数，淤泥土 $\beta=1.0$，黏性土 $\beta=0.75$，粉土 $\beta=0.6$，砂土 $\beta=0.5$，碎石土 $\beta=0.3$。

表 3-7　z_m与 ξ 取值表

L/B	≤1	2	3	4	≥5
z_m	11.6	12.4	12.5	12.7	13.2
ξ	0.42	0.49	0.53	0.60	1.0

2. 修正规范法计算变形量

目前使用的计算方法仍以分层总和法为主，但使用该方法时，对有关参数进行了修正，故称修正规范法，地基的最终变形量 s 按分层总和法表示为：

$$s=\sum_{i=1}^{n}\left(\psi'\frac{p_c}{E'_{si}}+\psi_s\frac{p_0}{E_{si}}\right)(z_i\bar{\alpha}_i-z_{i-1}\bar{\alpha}_{i-1}) \tag{3-19}$$

该式与式(2-22)相比仅增加了回弹再压缩量，其中，ψ' 为考虑回弹影响的变形计算经验系数，无经验时 ψ' 取 1；p_c 为基底处地基土自重压力值；E'_{si} 为基底第 i 层土的回弹再压缩模量，由回弹再压缩试验得出，试验时所施加的压力应模拟实际加卸荷的应力状态。其他符号意义见式(2-22)。

第四节　箱形基础设计应注意的其他问题

因箱基施工时大量挖除土方，卸荷比例大，对箱基的补偿性应有足够的认识，否则仍会给工程带来不良后果。

由于箱基的埋深 D 一般都大于其他浅基的埋深，在基坑开挖前，基底处土层自重应力 p_D 与地下水压力 p_w 之和为 p_c，如图 3-10 所示。因 p_c 相当大，往往足以补偿建筑物的基底压力，若基底压力 $p=p_c$，此时基底不产生附加压力 p_0，则地基不发生沉降，也不需考虑地基土承载力问题，但实际上并非如此，如施工时基底土因开挖回弹，加载后又再压缩；又如风载、地震力作用，使建筑物出现倾覆力矩，且在基础边缘出现超压力，此时，对沉降及承载力问题仍不能忽视。

目前，补偿性基础多处于基底压力 $p>p_c$ 的情况，即欠补偿型。当 $p<p_c$ 时，即超补偿型，建筑物会"浮起"，所以应合理有效地发挥补偿作用，精心设计，合理施工，才能避免出现意外。如：墨西哥一采用箱基的高层建筑，地基土为高压缩性土层，箱基埋深 10.3m，基底处 $p_D=118\text{kPa}$，$p_w=87\text{kPa}$，可用于补偿的总压力 $p_c=205\text{kPa}$，但建筑物基底压力 $p=107\text{kPa}$，属典型的超补偿式建筑，即超补偿量高达 98kPa，致使该建筑物"浮起"25cm。

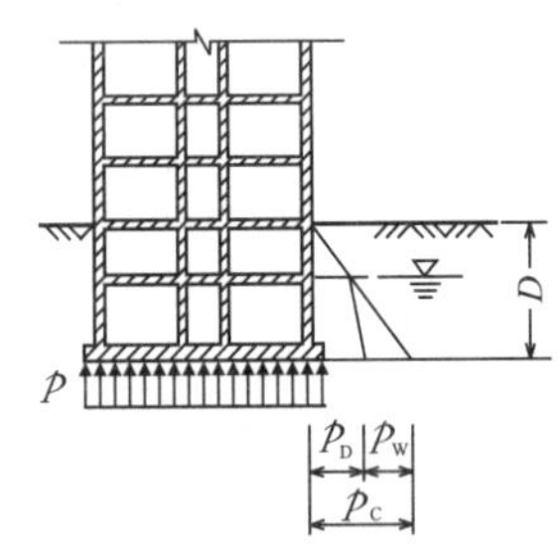

图 3-10　箱基补偿性示意图

由前面分析可知，基底处水压力 p_w 已参与补偿建筑物压力的计算，计算基底压力时，应将包括基础自重在内的基底压力扣除水浮力，即以 $p-p_w$ 作为基底压力参与验算，这是与一般浅基设计的最大区别。因为在箱基施工时，若地下水位高于基底标高时需降水，但箱基成型后水位仍会恢复至原标高，即地下水位应按稳定值考虑，地下水浮力可利用。另外，计算地基承载力时，采用的地基土重度 γ 值应为有效重度。因此，在地下水位较高的地区，特别是软土区，考虑 p_w 值并合理利用它，其经济价值是可观的。

基坑开挖时会使地基土中应力重新分布，当开挖至一定深度时，可能出现土体稳定性问题，如软土地基深基坑开挖可能产生基坑底部土体因塑性流动而隆起，对成层土地基，其可能的滑动面往往更接近坑底，坑壁土可能会失稳而向坑内滑移，这时就应提前采用相应的坑壁支护措施。支护设计及施工方法将在第五章中专门介绍。

具有很大刚度的箱基，在沉降过程中只会发生较小的相对挠曲变形，不需考虑基础自身的局部倾斜或沉降差，因此，箱基的地基变形允许值主要由整体倾斜度以及相邻建(构)筑之间的差异沉降来决定。

当箱基底面的竖向荷载偏心距 $e<B/100$（B 为底板宽度）时，可不必计算因荷载偏心引起的整体倾斜，但其他因素引起的倾斜仍应考虑。

高层建筑箱基横向整体倾斜值 α，一般情况下宜符合下式要求：

$$
\left.\begin{aligned}
&\text{在非震区，无特殊要求的高层建筑箱基：} && \alpha\leqslant\frac{B}{100H}\\
&\text{在地震区：} && \alpha=\frac{B}{200H}\sim\frac{B}{150H}
\end{aligned}\right\}\qquad(3-20)
$$

式中：B、H——分别为箱基宽度及建筑物室外地面至檐口的高度（m）。

随着建筑物的层数增多，地基承受的竖直荷载及水平荷载也愈来愈大，为了提高地基承受高层建筑大荷载的能力，减少因荷载引起的沉降，目前采用箱形基础加桩基的复合基础工程也愈来愈多。

箱-桩复合基础的受力情况及地基变形与无桩箱形基础不一样，复合基础中的箱基底板相当于底板下群桩的桩帽，整个箱基相当于群桩上的一个刚度很大的空心承台，箱基的整体弯曲受到群桩的约束，使整个基础体系的刚度大增，可认为箱基底板在平面内的刚度为无限大。此时，箱基对各桩的受力及沉降情况能有效地调整，因有桩基，箱基底板传递剪力的能力也相应提高。高层建筑的竖直荷载及水平荷载通过箱基有效地传递给桩基及土体，使地基承受高层建筑大荷载的能力增大，因荷载引起的沉降量也减小，如上海新锦江大酒店、上海静安希尔顿饭店、厦门海滨大厦、杭州友好饭店等建筑采用的都是箱-桩复合基础，且均建造在深厚软土地基上，建筑物高度均在70m以上，从上海地区采用此类复合基础的情况看，复合基础的沉降值为90～100mm，比单纯采用箱基的沉降小得多。

采用复合基础时，其工程造价比单纯采用箱基或单纯采用桩基高，特别是桩-箱基础，是各类桩基工程中最贵的，必须全面地进行经济技术比较后再作出合理的选择。

第五节　施工要求

由于箱基施工的难度及工程量均大于一般浅基础，施工时有比一般浅基础更特殊的要求，为了使基坑开挖工程能安全顺利的进行，应认真研究建筑场地的工程地质和水文地质资料，编制科学的施工组织设计，严格遵照有关规范进行施工。

在可能产生流砂现象的地区进行深基坑开挖，应采用井点降水措施，并宜设置水位观测孔。基坑开挖时，应将地下水位降至设计坑底标高以下并不小于0.5m。停止降水时，应对箱基的抗浮稳定性进行验算，计算浮力时不考虑折减，抗浮安全系数宜取1.2。停止降水阶段的抗浮力，包括已建箱基的自重、已建上部结构的自重及箱基上施工材料堆重。水浮力应按相应施工期间的最高地下水位考虑，当不能满足要求时，必须采取有效措施。

基坑开挖前应验算边坡稳定性。验算时，坡顶堆载、地表积水及邻近建筑物的影响等不利因素均应考虑，必要时应采用挡土支护措施，如板桩、锚杆挡土墙等。当采用机械挖土时，注意坑底设计标高以上保留30cm厚土层使之不被扰动，之后用人工挖除，当坑底设计标高处土层已暴露，不得浸泡，经验收后立即进行基础施工。

箱基的底板、内外墙及顶板混凝土宜连续浇筑完毕。箱基属大体积混凝土结构，其混凝土体积达几千至上万立方米，这类混凝土结构因外荷载引起裂缝的可能性较小，主要是由于水泥水化过程中释放的水化热使混凝土内温度变化及混凝土收缩，产生温度应力和收缩应力而产生裂缝，给工程带来危害。所以进行大体积混凝土连续浇筑时，应有防止产生温度裂缝的技术措施，如控制混凝土内温度上升、延续混凝土降温速率、改善混凝土配比及施工工艺、提高混凝土极限抗拉强度、合理分段施工等。为了减少水泥水化热，可采用水化热较低的矿渣水泥，并掺加减水剂木质素磺酸钙以减少水泥用量；采用级配良好的骨料，并使砂石中的含泥量尽可能降低，以提高混凝土的抗拉强度；精心施工确保混凝土捣实质量，以提高混凝土的极限拉伸值；为防备气温骤降造成混凝土表面散热过快使内外温差过大，应采取保温措施；对厚大基础底板，可在混凝土表面砌成浅水池采用积水养护的方法，可起到保温和养护的双重作用。

当箱基施工完毕后，应抓紧进行箱基四周基坑的回填工作，不得长期暴露箱基。回填时必须清除回填土中及坑内杂物，在基础的对边或四周同时均匀进行回填并分层夯实。

若采用钢板桩作为支护措施，箱基施工完毕后，应采取有效办法尽量减少拔钢板桩时对地基土的破坏。

随着施工时建筑物层数的增加，高层建筑的沉降开始显现，应根据规范规定及设计要求，及时设置观测点，以便对高层建筑进行准确的沉降观测。

思　考　题

1. 箱形基础有何特点？在什么情况下适宜采用箱形基础？

2. 对箱形基础的顶、底板进行内力分析时，什么情况下主要考虑局部弯曲作用？什么情况下应同时考虑局部弯曲及整体弯曲作用？

3. 对箱形基础进行设计计算时，箱形基础的顶、底板及内、外墙的荷载如何确定？

4. 什么情况下应对箱形基础的地基稳定性进行验算？常用的验算方法有哪几种？

第四章　桩基础

第一节　桩基础及其适用范围

桩基础是一种使用范围很广的深基础。它是采用不同材料及不同的施工方法将桩设置在岩土层中，多数情况在桩顶设置承台，上部结构的荷载经承台再通过桩传递至岩土层。由设置于岩土中的桩和与桩顶连接的承台共同组成的基础或由柱与桩直接连接的单桩基础称为桩基础，如图 4－1 所示。

我国在明、清时代，已经将桩基础广泛地应用到桥梁、水利、海塘、房屋等各类土木建筑中。近代，特别是 20 世纪中后期，我国在工程建设中已相当普遍地采用了各种类型的桩基础。由于桩基础能较好地适应各种地质条件、工程要求及荷载情况，又具有承载力大、稳定性好、绝对变形和相对变形值小，特别是变形速率小、收敛快等特点，一般情况下，如果采用浅基础而地基承载力、沉降及稳定性不能满足要求时，常采用桩基础。

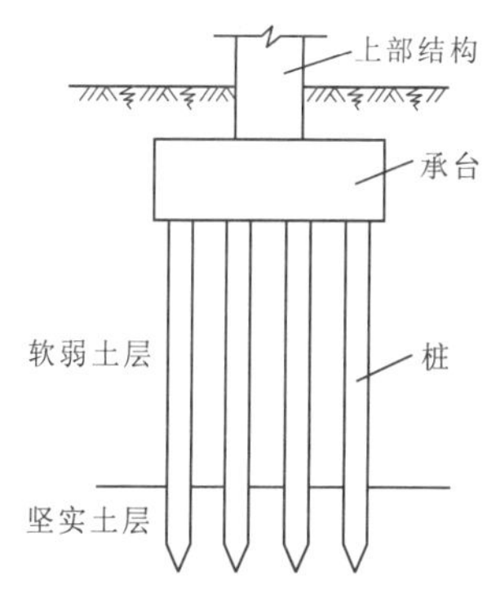

图 4－1　桩基础示意图

建(构)筑物的基础是否采用桩基础，应由建筑场地的地质条件，上部结构对地基基础承载力、沉降及稳定性的要求，经济上是否合理等诸因素决定。根据工程实践经验，通常在以下情况时采用桩基础：

(1)地下水位较高的软弱地基上建筑荷载较大或较重要的建筑物时，若采用浅基础可能会产生过量沉降，为了将建筑物的地基变形控制在允许范围内，常常采用桩基础。

(2)对地面有大面积堆载的单层厂房、仓库等，可能因大量堆载使较软弱的地基产生过量的变形，基础出现不均匀沉降，或者因堆载使厂房柱基产生转动而导致开裂，如图 4－2 所示。

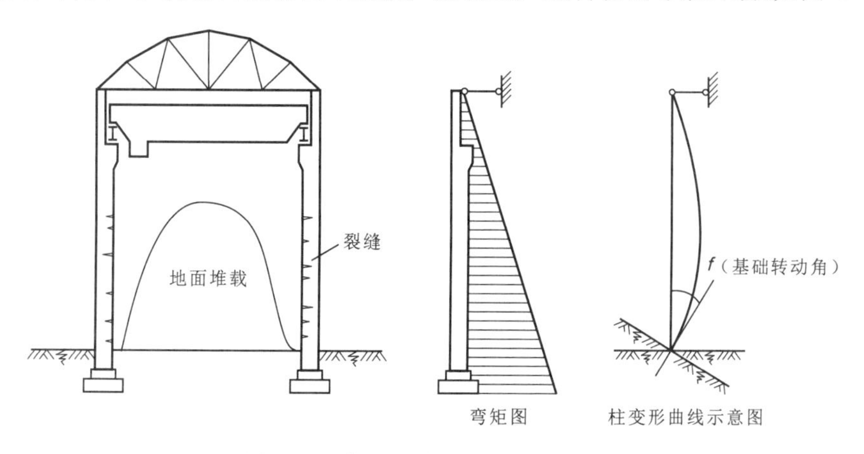

图 4－2　大面积堆载引起的柱基转动

当采用长度较大的桩基时，桩基一般不易转动，这样，因堆载引起的危害就可减轻或避免。

(3)高层房屋或高耸建筑物，因具有很大的竖向荷载及水平荷载，并且对倾斜有严格要求，在软弱地基上建高层房屋及高耸构筑物，若采用浅基础，可能因地基土质不均、荷载偏心或受相邻建筑的影响使建(构)筑物产生不同程度的倾斜。例如，经有关部门估计，上海地区建在天然地基上的烟囱，一般都有不大于千分之五的倾斜。当采用桩基础后，因桩能穿过软土层进入相对较好的持力层，使基础的承载力及稳定性大为改善，特别对采用桩基础的高耸构筑物，效果更明显。

(4)大吨位重级工作制吊车的重型单层厂房和露天吊车的柱基，由于吊车载重量大，荷载变化频繁，再加上基础密集，使地基变形大且不均匀，当采用桩基后，虽然沉降量仍较大，但不均匀沉降量明显减小。

(5)对地基沉降及沉降速率有严格要求的精密设备基础，在工作过程中需控制振幅的动力设备基础，除活塞式压缩机基础外，采用桩基础是行之有效的办法。

(6)当相邻建(构)筑物间距较小时，由于相邻荷载影响，会使地基土所受附加应力增加，随之会产生地基土压缩变形量及变形范围增大，造成两建筑物产生相对倾斜或开裂，若采用桩基础，即使其中之一采用了桩基，也会使危害减轻或者避免出现危害。

(7)当地基上部软弱土层较厚不宜作为持力层，而在桩基能达到的深度范围内有较合适的持力层时，采用桩基是适宜的。当建筑区局部遇到暗浜、深坑、古河道等情况时，也需考虑采用桩基。

(8)在覆盖层厚度悬殊的山区、丘陵地带，为了防止出现沉降不均，也常常采用桩基础。

(9)在抗震设防区，将桩穿过可液化的土层并进入稳定土层足够深度，可防止建筑物因上部土层液化而发生震陷，使震害减轻。实际资料表明，地震区的工业与民用建筑，凡是采用了桩基的建筑物，都提高了抗震能力，受严重损害的上部结构所占比例大为减小，可见采用桩基是在可液化地基中防震减灾的良好办法。

(10)桩既可作为建(构)筑物的基础，又可用于地基处理，还可作为挡土支护结构。

从以上情况可看出，桩基础提高建(构)筑物基础的承载力及稳定性的效果明显。但是，当地基的承载力、沉降及稳定性不能满足要求时，以为只要采用了桩基础即能使问题得到解决的看法并不一定正确。例如，在上部为硬塑的黏土层(其厚度能满足要求)而其下为软弱黏土的地基中，若不利用上部硬塑土层将桩穿过硬塑土层进入软弱下卧层，则会使上部土层的结构被破坏，桩基沉降增大，基础的承载力降低。所以，在采用桩基础时，既要使采用的桩型及施工方法与地质条件相适应，又要尽可能地利用地基条件让桩基承载力得到充分发挥。

第二节 桩的分类

工程中，各种类型的桩可以从不同的角度对其进行分类。目前，主要按桩的不同功能、桩与土相互作用的特点、桩的材料、桩的承台位置、桩的挤土作用及不同的成桩方法进行分类。

(一)按桩的功能分类

1. 承受轴向压力的桩

各类建(构)筑物的桩基础绝大多数是以承受竖向荷载为主，桩顶荷载以轴向压力为主，如图 4-3(a)所示。

2. 承受轴向拔力的桩

输电塔、微波发射塔、海洋石油平台等高耸结构及系泊系统等结构物的桩基、水下建筑抗浮桩基(水上栈桥桩基)等均属此类，其功能主要是抵抗上拔力，故桩基荷载以轴向拔力为主，如图 4-3(b)所示。

3. 承受横向荷载的桩

当外荷载(力、力矩)的作用方向与桩纵轴线垂直，使桩身横向受剪、受弯，这种桩即属受横向荷载的桩，如承受较大剪力的桩、挡土桩等均属此类，如图 4-3(c)、(d)所示。

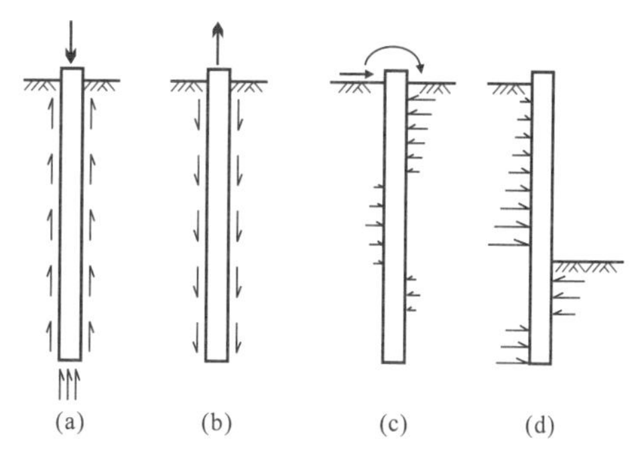

图 4-3　不同功能的桩

(a)受压桩；(b)抗拔桩；(c)横向荷载主动桩；(d)横向荷载被动桩

(二)按桩与土相互作用的特点分类

1. 受竖向荷载的桩

(1)摩擦型桩。在承载能力极限状态下，桩顶竖向荷载由桩侧阻力承受，桩端阻力小到可忽略不计时称为摩擦桩；在承载能力极限状态下，桩顶竖向荷载主要由桩侧阻力承受时称为端承摩擦桩。处于以下情况的桩可视为摩擦型桩。

1)桩端无坚实持力层且不扩底的桩，因桩端阻力不大，主要靠摩阻力支承。

2)长径比很大的桩，即使桩端置于坚实持力层上，当受荷载后，因桩自身压缩量所占比例过大，以致传递到桩端的荷载已较小。

3)灌注桩施工成孔后，孔底沉渣超过一定厚度，较厚的沉渣覆盖于坚实的持力层上，使持力层的承载力难以充分发挥，桩端阻力减小很多。

4)在进行打入桩施工过程中，若因桩距小、桩数多、施打顺序不合理且沉桩速度较快时，会使土层中产生的超孔隙水压力来不及消散，致使先打入土体的桩被抬起，对已经进入持力层而后被抬起的桩，其桩端阻力明显降低，只能视作摩擦型桩。

(2)端承型桩。在承载能力极限状态下，桩顶竖向荷载由桩端阻力承受，桩侧阻力小到可忽略不计时称为端承桩；在承载能力极限状态下，桩顶竖向荷载主要由桩端阻力承受时称为摩擦端承桩。处于以下情况的桩属端承型桩。

1)桩的长径比不太大，并且桩端置于坚硬黏土层、砂砾石层等坚实的土层或岩层中，这类桩的端阻力所占比例较大，属端承型桩。

2)桩端持力层的承载力虽不是很大，但桩端直径被扩大较多，使桩端总阻力所占比例较大时，也应视为端承型桩。

2. 受横向荷载的桩

(1)主动桩。建筑物的桩基础受风载、地震水平荷载、车辆制动力等作用时，桩顶承受横向荷载，这时桩身(主要是桩上半段)轴线偏离初始位置，桩侧所受的土压力是因为桩主动变位而产生，将这类桩视为主动桩，如图 4-3(c)所示。

(2)被动桩。位于深基坑四周的支挡桩、堤岸边的支护桩及斜坡体中的抗滑桩，都需承受横向荷载，即沿桩身一定范围内承受着桩侧土压力，使桩身轴线因土压力作用而偏离初始位置，将这类桩视为被动桩，如图 4-3(d)所示。

（三）按制桩材料分类（图 4－4）

1. 木桩

适合在地下水位以下的土层中使用，且耐久性好，但在地下水位变化大的地区不宜使用。因我国木材资源不足，除个别工程作为应急措施局部采用木桩外，已不批量采用。

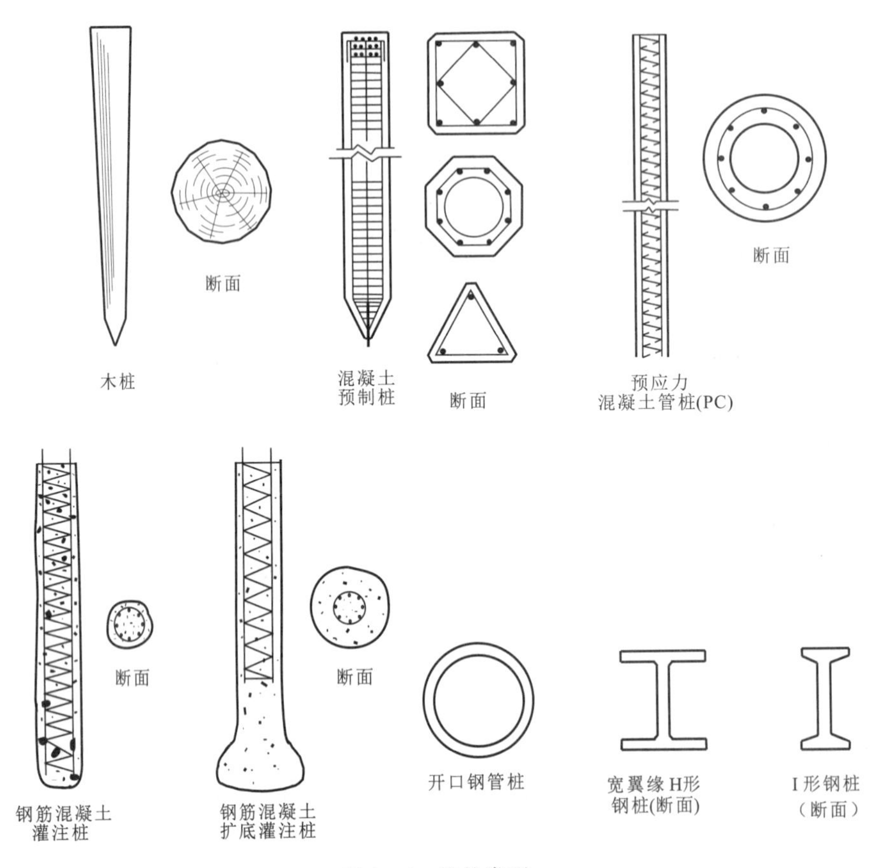

图 4－4　桩的类型

2. 钢桩

它可根据荷载要求选择各种有利于提高承载力的断面。使用较多的是管形和 H 形钢桩。采用钢管桩时，为了减小施工时的挤土效应，常常不封闭管底形成敞口式，沉桩时因土体进入管内形成土塞，沉桩完毕后，管内空间按设计要求决定是否填充。钢管桩直径一般为 ϕ400～1 000mm。H 形桩的比表面积大，为提高摩阻力而采用 H 形桩是较为理想的，当在 H 形钢桩的翼缘或腹板上加焊钢板或型钢后，可使摩阻力提高更多。对于承受侧向荷载的钢桩，可根据弯矩沿桩身的分布情况，对桩身的刚度和强度进行局部加强。钢桩施工时，质量易于保证，运输方便，接桩较容易。但钢桩的造价相当于钢筋混凝土桩的几倍，国内主要是在重大工程中采用它，如上海宝钢的工程建设中采用了为数较多的钢桩，对个别处于深厚软土层的高重建筑物或海洋平台的基础也需采用钢桩。

3. 混凝土桩及钢筋混凝土桩

用不同的施工方法先就地成孔，然后在孔内灌注混凝土，即成混凝土桩。混凝土桩作为只承受竖向荷载的基础是可行的。钢筋混凝土桩既可预制，又可就地成孔灌注而成，还可采用预制与现浇组合的形式成桩。钢筋混凝土桩可根据工程需要选用相应的截面形状及长度，几何尺寸可变范围大，适合在各种地层中采用，桩的配筋率不高，一般为0.2%～1.5%，造价低，耐久性好，桩基工程中所采用的绝大多数桩即属此类。因此，钢筋混凝土桩也是桩基工程的主要发展方向及主要研究对象。

4.灰土桩、砂桩、碎石桩

这类桩是以灰土、砂石等材料置换或挤密地基土，使桩与地基土组成复合地基，在软弱地基土中采用这类桩，可达到加固地基的目的。

(四)按桩承台位置分类

不同功能的建(构)筑物，当采用桩基础时，桩顶承台的位置需适应建(构)筑物功能的需要。例如，桥梁、码头的构筑物桩基，其承台一般均位于地面或水面以上，称为高承台桩基，也称高桩。工业与民用建筑采用的桩基础，承台一般位于地面以下，即桩身全部埋于土中，承台底面与土体接触，称为低承台桩基，又称低桩。

(五)按施工时桩的挤土作用分类

1.挤土桩

打入桩在沉桩过程中桩周土被压密或挤开，使桩周土受到严重扰动，土的原始结构被破坏，土的工程性质明显改变。在液化土、松散土层中施工挤土桩，因桩侧土、桩端土被相应挤密，可使桩的承载力相应提高；但在饱和土或密实土层中因挤土桩对桩周土层的破坏，会使桩的承载力降低，桩基变形增大。如在施打钢筋混凝土预制实心桩时，桩身会排挤土体。若在饱和软土层中施工较密集的预制桩，会产生很大的超孔隙压力，若打桩顺序不当还会使桩周土体出现隆起及水平位移，使附近已打设的桩被抬起或产生水平位移，甚至使邻近建筑物或设施出现开裂或破坏。

可见，打入(静压)预制桩属典型的挤土桩。其他如闭口预应力混凝土空心桩和闭口钢管桩、灌注桩中的沉管灌注桩、沉管夯(挤)扩灌注桩也属挤土桩。

2.部分挤土桩

在成桩过程中桩周土受到扰动，但土的原始结构和工程性质变化不明显，桩侧、桩端土提供的阻力较非挤土桩高。如在施打开口钢管桩时，沉桩初期土体会在钢管桩下沉过程中进入管内，此时，桩对土的排挤作用并不明显，当沉桩至一定深度后，钢管桩内下段已形成土塞，此时钢管桩已相当于实心桩体，并产生明显的挤土作用，因此，一般将打入(静压)式敞口钢管桩、敞口预应力混凝土空心桩作为较典型的部分挤土桩。H形钢桩以及搅拌劲芯桩(水泥土搅拌桩初凝之前在其间插入钢筋混凝土预制桩，搅拌桩与预制桩复合共同承担荷载，其承载力比同直径灌注桩提高1/3～1/2)，冲击成孔灌注桩、钻孔挤扩灌注桩也属部分挤土桩。

3.非挤土桩

在成桩过程中桩孔内的土被排出，桩周土较少受扰动，但因桩孔壁土体应力松弛，与部分挤土桩比，桩侧、桩端土提供的阻力降低，桩径越大降低幅度越明显。如在进行成孔灌注桩施工时，根据土层地质情况可采用多种成孔工艺将桩孔内土体排出孔外，然后在孔内灌注成钢筋混凝土桩，施工时，无挤土作用，如干作业法钻(挖)孔灌注桩、泥浆护壁法钻(挖)孔灌注桩、套管护壁法钻(挖)孔灌注桩等均属非挤土桩。

（六）按桩径（设计直径 d）大小分类

（1）小直径桩：$d \leqslant 250\text{mm}$；

（2）中等直径桩：$250\text{mm} < d < 800\text{mm}$；

（3）大直径桩：$d \geqslant 800\text{mm}$。

（七）按成桩方法分类

1. 预制桩

已经预制成型的桩体并采用锤击、振动冲击或静压等方法将桩体沉入地基土体中，能适合这种方法成桩的，如木桩、钢桩、钢筋混凝土预制桩、预应力钢筋混凝土桩等，均属预制桩。通常所称的预制桩往往指钢筋混凝土预制桩。

（1）预制桩的特点及适用范围。在建筑行业中，钢筋混凝土预制桩是主要的传统桩型。一般采用锤击法沉桩，施工时，将强度达到设计要求的预制桩对准桩位，利用打桩机上配置的柴油锤（其冲击部分重 2.0～7.2t）自由下落时的瞬时冲击力锤击桩头，使桩尖土体压缩和侧移，随着反复锤击桩头，桩身不断下沉直至设计标高处。当预制桩被打入松散的粉土、砂砾土层中时，由于桩周围及桩端的土体被挤密，桩侧摩阻力也因土体挤密及桩侧法向应力的增大而提高，桩端阻力也相应增大。地基土愈松散，采用预制桩成桩后，地基土承载力提高幅度愈大。若建筑场地存在较厚的中密以上的砂、砾土层时，为了提高桩基的承载力，一般宜将该砂、砾土层作为持力层，且桩应进入砂、砾土层一定深度。当预制桩被打入饱和黏土层中时，土体原结构会遭破坏并产生超孔隙水压力，而桩的承载力只能随土体中超孔隙水压力的消散才能相应恢复，工程中称这一现象为时间效应。桩承载力因时间效应能相应恢复所需的休止时间，则随土体的成分和结构的不同而不同。

由于预制桩沉桩过程并不复杂，一般来讲，施工质量较稳定。因受桩截面面积、桩长及沉桩机械设备能力的限制，一般单桩承载力可达 3 000kN，在采用大功率打桩设备的海洋工程中，由于桩的几何尺寸大，单桩承载力可达 100 000kN。

预制桩的适用范围也有其局限性。例如，当需穿过较厚的硬夹层（硬塑黏性土层，中密以上砂土层）时，除非采用植桩、射水等辅助沉桩措施，否则难以穿过。因此，进入硬黏土层、砂砾土层及强风化基岩的深度不大，并往往将以上硬土层作为桩端持力层。由于沉桩过程中产生的挤土效应，特别是在饱和软黏土地区沉桩，可能导致邻近建筑物、道路、地下管线等受损。当施打顺序安排不当，会造成部分桩的端部达不到设计标高，以致需截去设计桩顶标高以上的桩体，造成浪费。由于预制桩需承受运输、起吊及锤击过程中的应力，混凝土的强度等级较高，含钢量也较大，所以每立方米桩体的造价往往高于灌注桩。由于采用锤击法沉桩过程中所产生的振动及噪声会影响周围环境，所以，在城市中采用无噪声、无振动、无冲击力的静压法施工预制桩已越来越普遍。

（2）常用的预制桩类型。预制桩的横截面形状通常为方形、圆形，在特殊情况下也采用异形断面（图 4-4），如多边形、三角形等，但制作较麻烦。有时截面还可做成空心的。实心桩制作、运输及堆放都比较方便，但自重大，含钢量高。空心桩自重轻、省料，但制作工艺要求高。

1）普通钢筋混凝土预制桩，即实心方桩。这是使用最多的一种桩型，截面边长多为 250mm×250mm～550mm×550mm，由于受到打桩机架高度的限制，现场制作时一般每节未超过 30m，在异地预制时，因受运输条件的限制，每节不超过 12m。在沉桩过程中接桩时，接桩方法有焊接（对两节桩接头部位已预埋的钢板及角钢进行焊接）、法兰连接（将两节桩接头部位的法兰盘用螺栓连接并加焊)。

2)预应力钢筋混凝土空心桩。单节桩长一般为 11～15m,多采用离心成形以高压蒸气养护法生产。截面形式有空心管桩和空心方桩两类,混凝土强度等级为 C60、C80。空心管桩外径 300～1 000mm,壁厚 70～130mm,空心方桩截面边长 300～600mm,内径 160～380mm。制桩时对桩身的主筋施加预拉应力,且混凝土受预压应力,使桩身的抗弯能力和锤击沉桩时抗拉能力显著提高,既节约钢材,又改善了抗裂性能。

2. 灌注桩

灌注桩的成桩方法是采用钻、挖、冲击或沉管等方法就地成孔,并在孔内放置钢筋笼,然后灌注混凝土而成桩。由于桩身含钢量较低,又不需要预制,造价相对较低。施工时可根据不同的工程地质及水文地质条件选用不同的成桩工艺,在钻孔过程中能了解土层情况,使桩端较准确地支承在持力层上,并可根据持力层的起伏情况调整桩长。采用钻、挖等方式成孔,可避免因挤土效应对邻近建筑物及设施的不良影响,而且也无振动、锤击噪音。灌注桩的施工工艺较复杂,特别是在地质条件较差的情况下施工截面及桩长较大的钻孔灌注桩时,成孔及灌注工艺难度大,质量要求高,若处理不当容易出现质量事故。在采用泥浆护壁成孔时,泥浆的制备及排放往往受环境的制约,若管理不善,容易造成污染。

目前,灌注桩的成桩方式已达 20 多种,按成桩过程及桩土的相互影响,仍可分为非挤土灌注桩、部分挤土灌注桩及挤土灌注桩三大类,现将国内常用的几种桩型介绍如下:

(1)非挤土灌注桩。凡是采用各种钻、挖等方法成孔而后灌注成的混凝土桩或钢筋混凝土桩均属非挤土灌注桩。施工时,根据不同的地质条件,可分别采用干作业法成孔及泥浆护壁成孔,然后灌注混凝土而成桩。

1)干作业成孔灌注桩。干作业成孔一般只适合在地下水位以上的砂土、粉土、黏性土及人工填土层中进行,且不需任何护壁措施,孔侧土体受机械扰动较小。成孔时不产生挤土效应,但孔壁由于钻孔除土使径向应力释放而产生微量变形,使桩侧摩阻力稍有降低。由于受到作业机具设备能力的限制,在粗粒土层与风化基岩中难以成孔,故干作业成孔灌注桩常将砂砾石土层及强风化基岩作为持力层。施工时成孔质量及灌注质量易于控制,因而成桩质量比泥浆护壁成孔桩更稳定可靠,但成孔完毕后,孔底虚土应尽量清除干净,若灌注混凝土之前孔底虚土厚度超过规定要求,则桩端承载力难以达到设计要求。

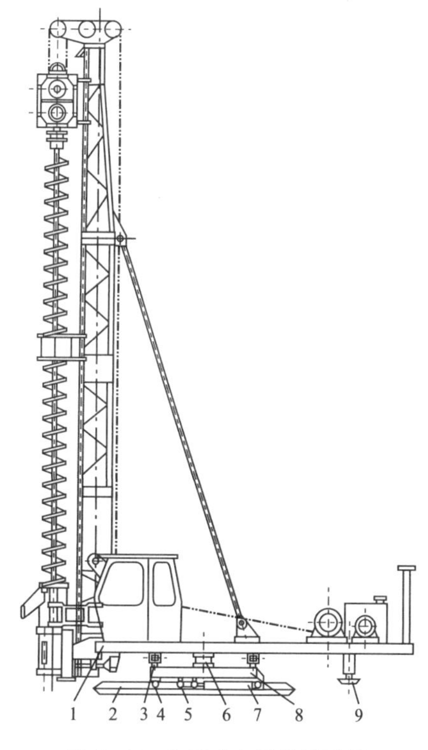

图 4－5　步履式全螺旋钻孔机

1—上盘;2—下盘;3—回转滚轮;4—行走滚轮;5—钢丝滑轮;6—回转中心轴;7—行走油缸;8—中盘;9—支腿

①螺旋钻孔灌注桩。由螺旋钻机进行成孔作业,钻孔机具由螺旋钻杆及适合不同土层的钻头组成,如图 4－5 所示。螺旋钻杆由壁厚 5mm、直径 102～127mm 的无缝钢管并加焊 4～10mm 厚

的螺旋钢叶片组成,叶片外围直径即钻杆外径,一般为300mm。钻机工作时,钻杆以120r/min的转速旋转切削土层,切削下的土块沿螺旋叶片自动上升至地面的出土装置中。成孔清孔完毕后,向孔内放入钢筋笼,再灌注混凝土即形成桩体。螺旋钻孔灌注桩宜用于地下水位以上的一般黏性土、砂土及人工填土地基中,在地下水位以下的上述各类土及碎石土、淤泥、淤泥质土地基中则不宜采用。

②人工挖孔灌注桩。这种灌注桩的桩孔由人工挖掘而成。成孔完毕后,进行清孔及混凝土封底工作,再将钢筋笼吊放入孔内,并根据孔内积水情况进行常规混凝土灌注或水下混凝土灌注。在地下水位以上的稳定土层中挖掘较浅的桩孔时,可不支护孔壁直接成孔。当桩孔直径较大、桩孔较深时,在保证孔内挖土人员安全的前提下,应根据土层稳定情况分别采用红砖、混凝土或钢筋混凝土支护孔壁。人工挖孔桩适合在无水及少水的较稳定土层中施工,若施工时桩孔内渗水量稍大,只要排水及支护措施得当及时,不影响孔内施工人员的安全,且孔壁土层的稳定性不遭破坏,仍可使成孔工作完成。若桩端土层较稳定,可将桩孔下端挖掘成扩大头,使单桩承载力大幅度提高。目前,人工挖孔灌注桩的桩孔直径一般为ϕ900～3 000mm,考虑到挖掘人员的安全及施工手段的局限性,桩深一般未超过30m。

由于人工挖孔灌注桩的桩径及桩长较大,而且成孔过程中可对所穿过的土层及持力层性状直接验证,所以,单桩承载力很大而且可靠,当以基岩作为持力层时,其单桩承载力相当可观。

必须注意的是,所设计的桩径桩长以及场地的地质条件必须适合人工挖掘成孔。在地下水位较高、厚度较大的砂土层(特别是粉、细砂层)和软-流塑软土层中挖孔时,由于土层不稳定,孔壁支护工作难度很大甚至不能成孔。在成孔过程中必须能够确保人身安全,否则不宜采用人工挖孔桩。

2)泥浆护壁成孔灌注桩。泥浆护壁成孔灌注桩适用范围很广,施工时除在地下水位较高的一般土层中能顺利进行成孔外,还可在淤泥层、砂卵石层及风化基岩中成孔,甚至在含承压水的地层中也能施工。由于成孔时孔内采用泥浆护壁,通过调整泥浆水头高度及泥浆性能,以孔内泥浆静压力抵抗孔壁径向土压力及水压力,能防止孔壁变形和坍塌,维护了孔壁的稳定。成孔过程中因泥浆处于循环流动状态,既可冷却钻头防止钻具产生高温而变形,又可使孔内沉渣悬浮并随同泥浆返出孔外。在黏土层中成孔,只需向孔内送入清水,钻进时随着钻头的旋转及切削土体,孔内自成泥浆,即原土造浆就能起到护壁效果。在杂填土、粉土、砂土及砾石层中成孔,则必须制备泥浆,而且对泥浆的性能要求较高。泥浆一般由膨润土加黏土及适量纯碱按比例配制,效果较理想,并根据地质条件可采用正循环或反循环方式排渣。灌注混凝土时,为了不破坏孔壁内外的压力平衡状态,需采用水下灌注的方法,将混凝土从导管内送入孔底,以混凝土顶托孔内泥浆使混凝土逐步从下向上浇注直至设计桩顶标高。

由于泥浆护壁成孔时所遇地质条件往往复杂多变,施工难度较大,影响成孔及水下灌注质量的因素很多,各施工环节若操作不当,就可能出现塌孔、埋钻、漏浆、断桩、缩颈、露筋等事故或缺陷,给工程带来损失。现介绍几种常见的泥浆护壁成孔灌注桩。

①潜水钻成孔灌注桩。即由潜水钻机进行成孔。潜水钻机由电动机、变速箱及密封装置组成(图4-6)。钻进时,钻机主轴连接钻头(图4-7),由钻杆将潜水钻送入孔内进行潜水成孔,工作时,由机架上卷扬机控制钻进速度及钻机提升。潜水钻机的电动轴为一中空轴,钻进过程中泥浆由送水管通过中空轴不断地送至钻头处,起到排渣、冷却钻具及护壁作用。送水胶

管及钻机电源电缆随钻机自动下潜，提钻时由人工或机械卷取。

潜水钻机构造简单，造价低，易操作，特别适合在软土及地下水位较高的土层中成孔，如一般黏性土、淤泥及淤泥质土、砂土地基，均可采用。当采用镶焊硬质合金刀头的钻头后，能穿过厚度不大的砂卵石层并能在强风化基岩中钻进。

钻机的成孔深度不超过 50m，成孔直径不超过 1 200mm。

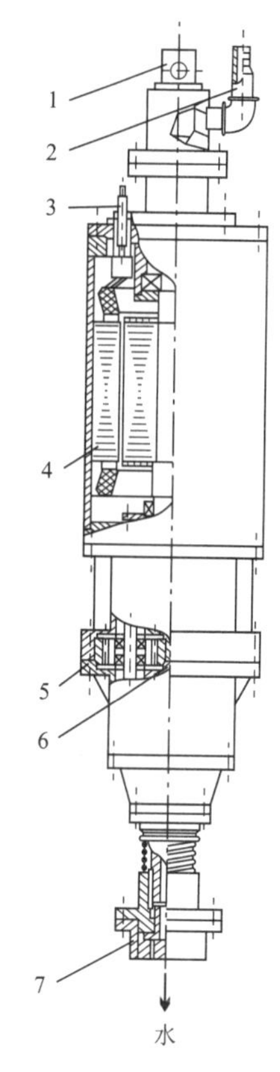

图 4-6　潜水钻构造示意图

1—提升盖；2—进水管；3—电缆；4—潜水电机；5—行星减速箱；6—中间进水管；7—钻头接箍

②回转钻成孔灌注桩。即采用转盘钻机成孔的灌注桩，钻进时由钻杆带动钻头切削土体成孔，由于成孔时无挤土效应，又无振动、无噪音，而且成孔直径一般可达 ϕ600～1 800mm，使桩的横向刚度及承载力大大提高。例如，广州、深圳地区采用的钻孔灌注桩，桩径 1m，持力层为泥质页岩和砂岩，单桩允许承载力达 3 500～5 000kN。由于回转钻成孔深度较大，在软土地区施工摩擦桩也是可行的。

目前，高层及重型建筑工程中已广泛采用回转钻孔灌注桩。施工时，根据地质条件、技术要求及施工经验，可分别采用正循环回转钻孔和反循环回转钻孔。前者是将泥浆从空心钻杆中泵入孔底，使被切削的孔底、孔壁的钻渣随泥浆悬浮溢出孔外，泥浆循环系统简单，但对泥浆的性能要求较高。反循环回转钻孔时，钻渣随泥浆由钻头底部的排渣管进入钻杆，靠砂石泵或压缩空气吸至孔外泥浆池内，钻进时要保持孔内泥浆的水头高度，反循环清渣效果好，钻进速度比正循环钻孔快 2～3 倍，产生的废浆只有正循环钻孔时的 1/4～1/3，对泥浆的性能要求不高，而且能较准确地判断钻头所钻取的地层岩性。但是，当孔壁可能出现漏浆情况时不宜采用反循环钻孔，若孔内泥浆的抽排量大于补给量，使泥浆水头高度降低时，则易造成孔壁坍塌。

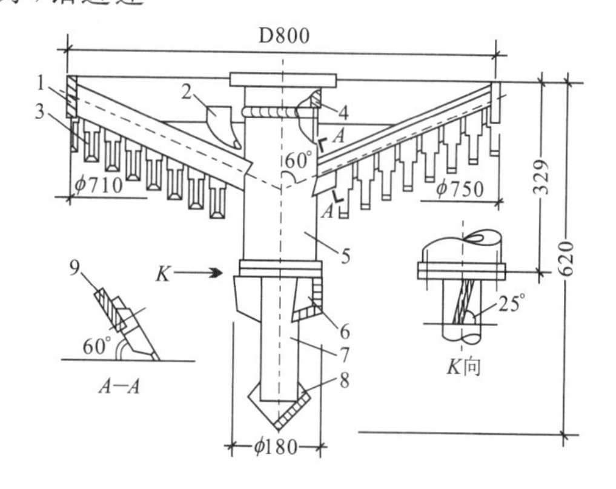

图 4-7　笼式钻头(潜水钻用 D800)

1—圈；2—钩爪；3—腋爪；4—钻头接箍；5、7—岩心管；6—小爪；8—钻尖；9—翼片

③钻孔扩底灌注桩。即在泥浆护壁条件下，采用钻扩成孔工艺施工的灌注桩，施工时可先用一般钻头钻成桩身孔，再换入扩孔器进行扩大端成孔；也可用能钻能扩的钻具钻成桩身孔后用同一钻具直接扩孔。扩底时一般采用反循环法排渣。若干作业钻孔扩底灌注桩的持力层为砂砾石层时，为了使扩大端孔壁尽快成型不出现坍塌，也常用泥浆护壁进行扩孔，并用反循环法排渣。目前，国内桩基工程中采用泥浆护壁钻扩桩还不太普遍，日本的反循环钻扩工法已有十几种，扩底直径 D=900～4 200mm，扩大率(扩大端横

截面面积与桩身横截面面积之比)最大为 3.2。由于作为持力层的砂砾石层稳定性差,扩底直径愈大愈容易塌孔,所以扩底直径不宜太大,桩身直径 d 与所能对应的最大扩底直径 D_{max} 的关系式一般为:$D_{max}=1.79d+0.1$。

④旋挖钻成孔灌注桩。旋挖钻机钻进时既可在钻杆柱下端接一个底部带耙齿的筒状钻头(又称旋挖钻斗),也可配短螺旋钻头钻进。在钻具自重和钻机压力作用下耙齿切入土层,在回转力矩作用下钻头回转钻进切削土层,切削的土块进入钻斗内,每回次进尺小于 1m,待斗内土装至相当数量后将钻斗提出,打开钻斗卸渣,之后将钻斗下入孔内再次钻进,随着多回次钻进提斗卸渣,桩孔不断加深直至设计标高。

旋挖钻机可在填土、黏土、粉土、砂砾石、卵石及强风化基岩等地层中钻进,即使在地下水位高、大粒径卵石层中采用长螺旋钻及正、反循环工艺难以施工的地层中也能成孔。依土层情况可采用干孔钻进或泥浆不循环静态护壁钻进,成孔直径 ϕ 600～3 000mm,成孔深度可达 80m。

旋挖钻机成孔由全油压驱动,电脑控制,自动化程度高,低噪声,低振动,成孔质量好,因具有大扭矩,成孔速度快,其效率是一般反循环钻机效率的数倍。

由于采用泥浆不循环静态护壁工艺成孔,既减少泥浆污染,又可按斗内土屑较直观地判断地层变化情况。采用捞砂斗清理孔底沉渣,清底效果明显优于泥浆反循环钻进工艺,使桩端持力层承载力得到充分发挥,基础沉降减小。

(2)部分挤土灌注桩。凡是在成孔或灌注混凝土的过程中,对桩周土产生部分排挤作用的桩均可称为部分挤土灌注桩。其主要特点是:可使桩周非饱和土因排挤而产生一定加密效果,桩侧摩阻力会比采用钻、挖等方法成孔的非挤土灌注桩有所提高;当在饱和黏性土中成桩时,桩周土所受的扰动比挤土桩成桩时小得多,对环境的影响也较小。

1)冲击成孔灌注桩。其成孔作业由配有冲击钻头的冲击钻机进行,冲击钻头上焊接有钻刃,钻头重 500～3 000kg,由与卷扬机连接的钢丝绳控制钻头提升,工作时将钻头(也称冲锤)提升 1～4m,自由下落切削土体,冲击破碎岩层而成孔,仍采用泥浆护壁排渣,并配有专门的抽渣筒进行清底。成孔直径 ϕ800～1 200mm,冲击钻机的设计成孔深度相当大,一般工业与民用建筑桩基工程成孔深度均为几十米(图 4-8)。对所处地层较复杂、荷载较大的桩基,适于采用冲击成孔灌注桩,一般黏性土、淤泥、砂土、碎石土等各种土层,冲击钻都能穿透,特别是冲击破碎基岩的能力相当强,能形成嵌岩桩。

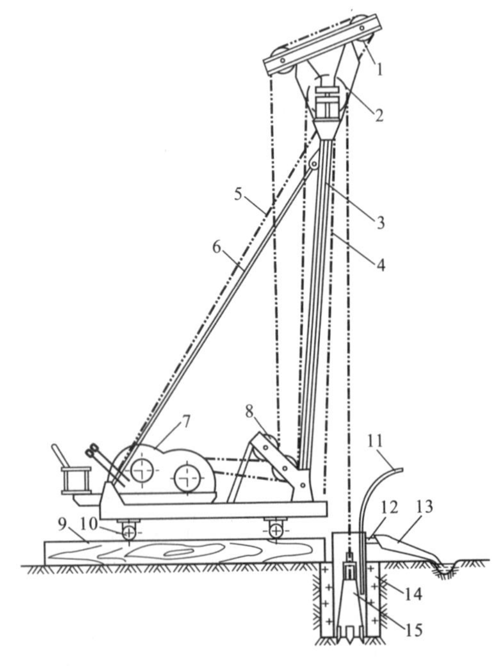

图 4-8　简易冲击钻孔机示意图

1—副滑轮;2—主滑轮;3—主杆;4—前拉索;5—后拉索;6—斜撑;7—双滚筒卷扬机;8—导向轮;9—垫木;10—钢管;11—供浆管;12—溢流口;13—泥浆渡槽;14—护筒回填土;15—钻头

2)钻孔压浆桩。施工时以长臂螺旋钻机成孔至设计深度后,将水泥浆从钻杆底部泵入孔内,随着水泥浆升高,提升钻杆至地下水位以上或无塌孔危险处,即停止注浆,提出钻具,放入钢筋笼(钢筋笼上绑有再次注浆用的注浆管),然后向孔内投放骨料直至孔口,再通过注浆管向孔底二次高压注浆直至孔口满溢为止,使骨料与水泥浆混合更均匀。这种工艺既利用了螺旋钻成孔效率高的优越性,又采用水泥浆维护孔壁,而且因两次压浆,桩周土渗入一定量水泥浆液使土体被相应加固,单桩承载力提高。在地下水位以下及流砂层等复杂的地质条件下也能采用该工艺成桩,施工时无振动、无噪音、无挤土、不排污,施工速度快,质量可靠。

依目前的设备能力,成桩直径为 ϕ300～1 000mm,深度不超过 30m,其单桩承载力与同规格钻孔灌注桩相比约提高 1 倍以上。因采用的是纯水泥浆,桩身为无砂混凝土桩,水泥用量大,所以造价相对较高。

(3)挤土灌注桩。该工艺采用沉管方式成孔,而后将钢筋笼放入管内并灌注混凝土,再拔出钢管即成桩完毕。施工时可采用锤击、振动冲击或静压等方法进行沉管。因沉管时产生挤土效应,对非饱和土能起到加密作用,使桩的承载力提高。在饱和软土中沉管,若设计和施工不当,因产生明显的挤土效应,会导致未初凝的灌注桩桩身缩小,或者引起桩身断裂、桩上涌和移位、地面隆起等,从而使桩的承载力降低,有时还会损坏邻近建筑物;施工完后,饱和软土层可能因孔隙水压力消散产生再固结沉降,对桩产生负摩阻力,使桩基承载力降低,桩基沉降增大。若设计及施工得当,则可收到良好的技术经济效果。沉管时,如同施打预制桩,会产生振动及噪音,对环境不利。由于施工时无须排浆,无弃土,施工现场较整洁,施工效率也高,工程造价低,是建筑工程中常用的桩型。由于受到设备能力的限制,桩长一般不超过 20m。

1)沉管灌注桩。施工时先在桩位处放置钢筋混凝土预制桩尖,将钢管套在桩尖上,用锤击或振动冲击等方法将钢管及预制桩尖打入土层直至设计标高,然后在管内放入钢筋笼并浇灌混凝土,之后拔出钢管,形成桩体,如图 4－9 所示。

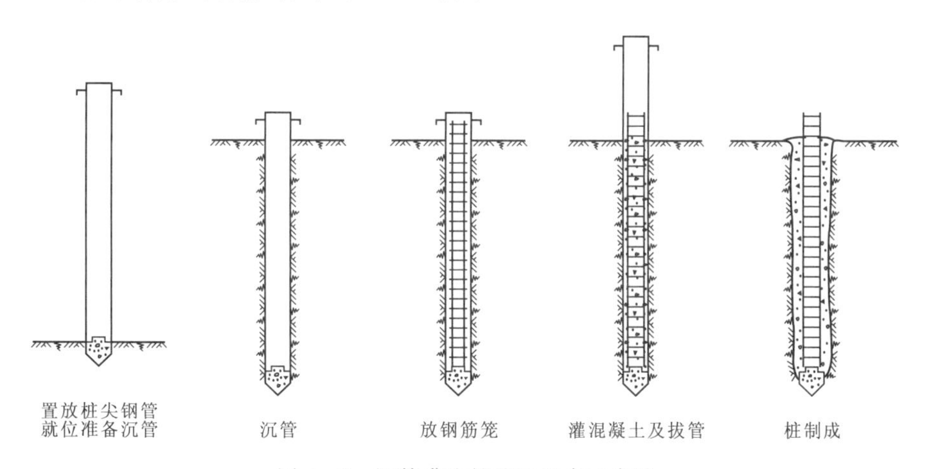

图 4－9　沉管灌注桩施工程序示意图

若不采用预制桩尖,则可采用带活瓣桩尖的钢管进行沉管,混凝土浇灌完毕拔管时,活瓣张开,混凝土留存于桩孔内。

2)夯扩灌注桩。其工艺流程如图 4－10 所示。

在进行夯扩桩施工时,因为以干硬性混凝土封闭双管下端而未采用预制桩尖,降低了工程造价。在中密、稍密粉砂土持力层中进行夯扩时,扩大率为 1.6～3.5,使桩端承载力大增。扩大端成型后,桩身混凝土可一次灌注,之后将内管及桩锤压在混凝土面上并匀速拔出外管,不

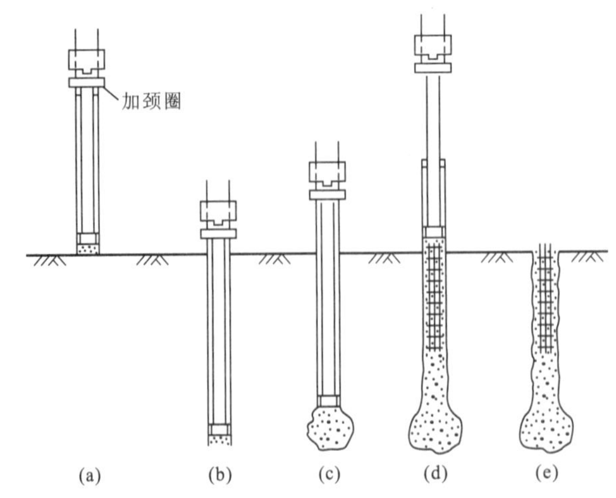

图 4-10　无桩靴夯扩桩成桩流程示意图

(a)桩位处放干硬性混凝土；(b)锤击内外管沉入设计深度；
(c)抽出内管，灌入部分混凝土，稍提外管，击内管挤出外管中混凝土形成大头；
(d)拔出内管，放入钢筋笼，灌满桩身混凝土，将桩锤及内管压在混凝土面上，拔外管；(e)成桩

需分次灌注夯捣分次拔管，使操作程序更简便。

目前，夯扩桩常以 ϕ325、ϕ377、ϕ426 三种规格的成品钢管作为沉管，限于设备能力，沉管深度为 20m 左右。

第三节　竖向荷载下单桩的承载力

一、单桩承载力

单桩承载力包括土对桩的阻力及桩结构自身的承载力两部分。一般情况下，当桩身强度足够时，单桩承载力则取决于土对桩的阻力，即地基土对桩的支承力，它由桩侧表面摩擦力 q_s 及桩端土层的端阻力 q_p 两部分组成。当地基对桩的支承力足够大，且桩所受荷载也相当大时，不仅要考虑地基对桩的支承力，还必须考虑桩身结构强度所能提供的承载能力。

(一)桩、土体系的荷载传递

1.荷载传递机理

当桩顶受到逐步加大的竖直轴向荷载时，桩身横截面产生了轴向内力及因受到压缩而产生的相对于土的向下位移，同时，桩侧表面受到土的向上摩阻力。桩身荷载即通过桩侧摩阻力传到桩周土层中。桩身受荷载时，桩身顶部承受的荷载及产生的压缩变形量最大，随着桩身长度的增加，桩身承受的荷载及压缩变形量相应递减，在桩土无相对位移处，则桩侧摩阻力还未产生。随着荷载的增加，桩身压缩量及位移量也相应增大，使桩身下段也逐步产生摩阻力，当荷载增加至一定量时，桩端土也开始被压缩，此时桩端也产生竖向位移及桩端反力，使桩身各截面位移量增加，而且使桩侧摩阻力进一步发挥出来。可见，桩身上部土层的摩阻力发挥先于桩身下部土层，而摩阻力的发挥又先于端阻力。当摩阻力继续发挥至极限值后，若桩顶荷载仍在增加，则由端阻力承担摩阻力达极限值后的荷载增量。若再继续加载，桩端持力层被过量压

缩，会出现塑性挤出，此时桩端下土体已产生剪切破坏，使桩位移速率明显增大，直至桩端阻力达到极限状态。桩在位移迅速增大且使桩端下土体失稳时所承受的荷载即为桩的极限荷载。

为了进一步了解桩的工作性状，现以有关试验成果对桩身荷载（轴力）Q、桩侧摩阻力 q_s 及桩身截面位移 s 之间的关系进行说明。

如果在成桩过程中，在桩身的相应区段埋设多个应力或位移测试元件，当桩顶受荷载时，桩顶作用有轴向压力 Q_0，按量测结果，可得出桩身荷载（轴力）的分布曲线，如图 4-11(c)所示，该曲线说明桩身荷载随桩深度增加而减少。桩身截面位移 s 及桩侧摩阻力 q_s 分布曲线如图 4-11(b)、(d)所示，各曲线都可用随桩深度 z 变化的函数式表示，即 $Q(z)$，$q_s(z)$，$s(z)$。其中 $q_s(z)$ 是桩侧单位面积上的荷载传递量。若在桩身深度 z 处取出长度为 dz 的微段桩体进行分析，该微段桩体上下截面及侧面的受力如图 4-11(a)所示，由力的平衡条件：

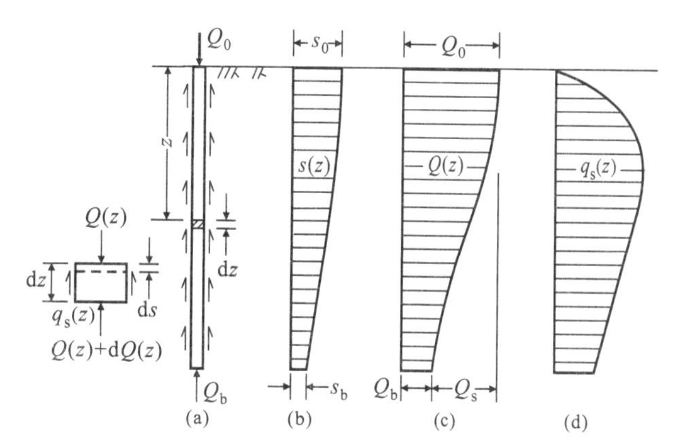

图 4-11　桩土体系的荷载传递

$$q_s(z)U\mathrm{d}z+Q(z)+\mathrm{d}Q(z)=Q(z)$$

由此得

$$q_s(z)=-\frac{1}{U}\frac{\mathrm{d}Q(z)}{\mathrm{d}z} \tag{4-1}$$

式中：U——桩身周长(m)。

上式表示摩阻力与轴力的基本关系，当摩阻力 $q_s(z)$ 向上时，为正号，轴力 $Q(z)$ 随桩深度 z 的增加而减小，故 $\mathrm{d}Q(z)$ 为负值；当 $\mathrm{d}Q(z)$ 为正值时，说明桩身轴力 $Q(z)$ 随桩深度 z 的增加而增加，则 $q_s(z)$ 为负值，即摩阻力方向朝下，为负摩阻力。

设桩横截面面积 A 及桩身弹性模量 E_p 为常数，用量测出的 $Q(z)$ 曲线，按材料力学理论，可得出桩的荷载传递基本微分方程，即：

$$q_s(z)=\frac{AE_p}{U}\cdot\frac{\mathrm{d}^2s(z)}{\mathrm{d}z^2} \tag{4-2}$$

桩的荷载传递及桩身压缩变形情况受诸多因素的制约，如桩的长度、材料性质、截面形状及大小、桩周土及桩端持力层的性质、土的天然应力状态、施工引起的土结构和密度及土应力状态的变化等，都会影响摩阻力的分布及摩阻力与截面位移的关系。

要想建立桩顶荷载与桩顶沉降（包括桩身弹性压缩及桩体对土层的位移两部位）的理论关系，又必须知道摩阻力的分布图形以及摩阻力与截面位移的关系，这在实际工程中难以办到，所以一般工程中未进行这类工作。

2. 荷载传递规律

根据国内外对试桩及桩模型的研究，按弹性理论分析表明，桩的荷载传递规律主要是：

(1)桩在竖向荷载下发生压缩及沉降的同时，一方面在桩身侧面引起土体的剪切变形（紧贴桩身界面的土随着桩一起位移），该剪应变服从土体的剪应力-剪切位移关系，如图 4-12(a)所示，剪应力随剪切位移的增大而增大，当剪切位移达一定值后，剪应力达到极限值，此时，剪应力不再随剪切位移的增大而继续增大，即桩体的沉降量需足够大时，剪应力（摩阻力）才达到极限值；另一方面在桩底面引起土体压缩变形，它服从土体的压应力-竖向位移关系，如图 4－12(b)所示。荷载就是这样通过桩侧及桩端的桩土界面向土中传递，并在变形协调过程中达到静力平衡。

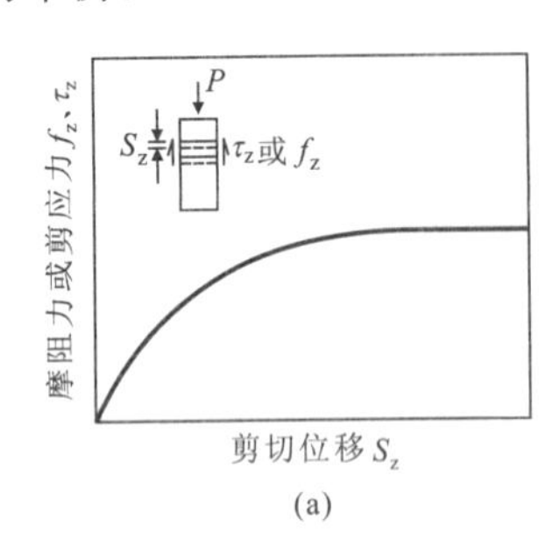

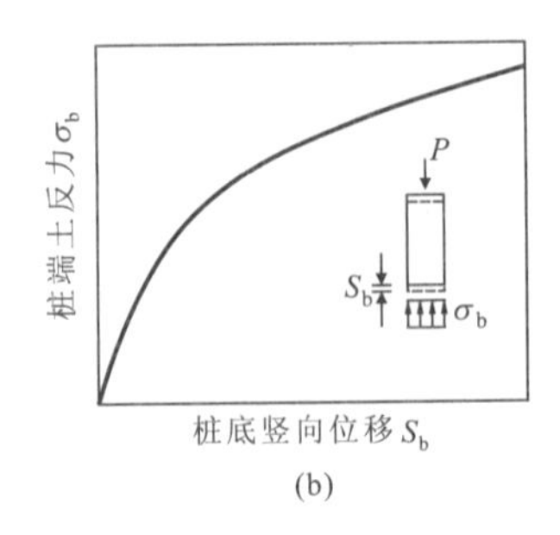

图 4－12　桩侧摩阻力和桩端土反力与位移的关系

(2)桩端土与桩周土的刚度比 E_b/E_s 大小及桩的长径比 L/d 大小也影响桩土体系的荷载传递，该比值越大，由桩端传递给土层的荷载越多。例如：$E_b/E_s=1$，$L/d=25$ 时，即均匀土层中的中长桩，桩端阻力占总荷载仅 5%左右，接近摩擦桩；当 $E_b/E_s=100$，$L/d=25$ 时，其端阻力占总荷载约 60%，即属端承型桩，此时桩身下段侧阻力的发挥值已相应降低；当 E_b/E_s 再增大，则对端阻力分担荷载比影响不大。

(3)桩、土的刚度比 E_p/E_s（即桩身相对刚度）愈大，桩端阻力所分担的荷载比例也愈大，侧阻力发挥值也相应增大；对于 $E_p/E_s\leqslant 10$ 的中长桩（$L/d\approx 25$），其桩端阻力接近于零。例如，砂桩、碎石桩、灰土桩等桩身相对刚度均不大，其桩端阻力很小，所以在设计时需按复合地基工作原理考虑。

(4)扩大端直径与桩身直径比 D/d 愈大，桩端阻力分担的荷载比例也愈大。

(5)桩的长径比 L/d 对荷载传递的影响也较大。在均匀土层中的钢筋混凝土桩，其荷载传递性状主要受 L/d 的影响。例如：$L/d\geqslant 100$ 时，由于桩侧表面积远远超过桩底截面积，荷载全部由桩身侧面传递，此时，桩底土再硬，桩的刚度再大或者桩端直径再粗，都不会对荷载传递产生任何影响。可见，L/d 很大的桩都属摩擦桩，即 L/d 很大时无须采用扩底桩。

（二）单桩的破坏模式与极限承载力

若对桩不断增加荷载，致使地基土强度被破坏或者桩身材料强度被破坏，处于这种状态下的桩，其承载能力已丧失，即桩已破坏。单桩在竖向荷载作用下到达破坏状态前或出现不适于继续承载的变形时所对应的最大荷载即为单桩竖向极限承载力，它取决于土对桩的支承阻力和桩身承载力。通常桩的破坏是由地基土强度破坏造成的，只有在桩侧土及桩端土能提供的承载力超过桩身强度所能承受的荷载时，才会出现由桩身材料强度破坏而引起的桩的破坏。例如，嵌入坚硬基岩中的短桩，出现桩身折曲；薄壁钢管超长摩擦桩，出现桩顶压屈等均属桩体材料强度被破坏。

桩的破坏模式因受诸多因素的影响，会产生不同的破坏模式，各种破坏模式可通过试桩曲线反映出来。工程中，可以根据不同的破坏模式确定相应的单桩极限承载力取值准则，例如：

(1)在桩端无坚硬持力层的黏性土层中，采用打入法施工的摩擦型桩，由于端阻力所占比例较小，在荷载不断增加的情况下，当摩阻力达到极限值后，端阻力也很快进入极限状态，桩端一般呈刺入破坏，使荷载 Q 与沉降 s 关系曲线呈陡降型，曲线陡降部位处所对应的拐点，即极限承载力 Q_u 特征点，如图 4－13(a)所示。

(2)对孔底有较厚沉渣的钻孔桩，由于沉渣强度低、压缩性高，使桩端持力层端阻力不易发挥，当摩阻力达到极限值后桩立即产生明显沉降，桩端一般也呈刺入破坏，其破坏状态接近摩擦桩，故 $Q-s$ 曲线也呈陡降型。极限承载力 Q_u 特征点明显，如图 4－13(d)所示。

(3)对于桩端嵌入坚硬基岩中的灌注桩，当清底效果好、桩不太长时，由于端阻力很大，持力层坚硬，使桩身压缩及沉降量很小，当荷载足够大时，甚至在摩阻力尚未充分发挥的情况下，便由于桩身材料强度的破坏而破坏，此时 $Q-s$ 曲线也出现陡降，极限特征点明显，如图 4－13(f)所示。

(4)对于桩端持力层为砂土或粉土的打入桩，虽然桩端阻力所占比例较大，但桩端阻力达到极限状态时桩端土位移量也较大，使 $Q-s$ 曲线后半段呈缓变型，而极限特征拐点并不明显，此时，桩端阻力虽仍有潜力，可由于桩沉降量已很大，使上部结构难以适应而失去利用价值，为此，常常以某一位移值作为极限位移 s_u（一般取 s_u＝40mm），并以 s_u 对应的荷载作为极限承载力，如图 4－13(b)所示。

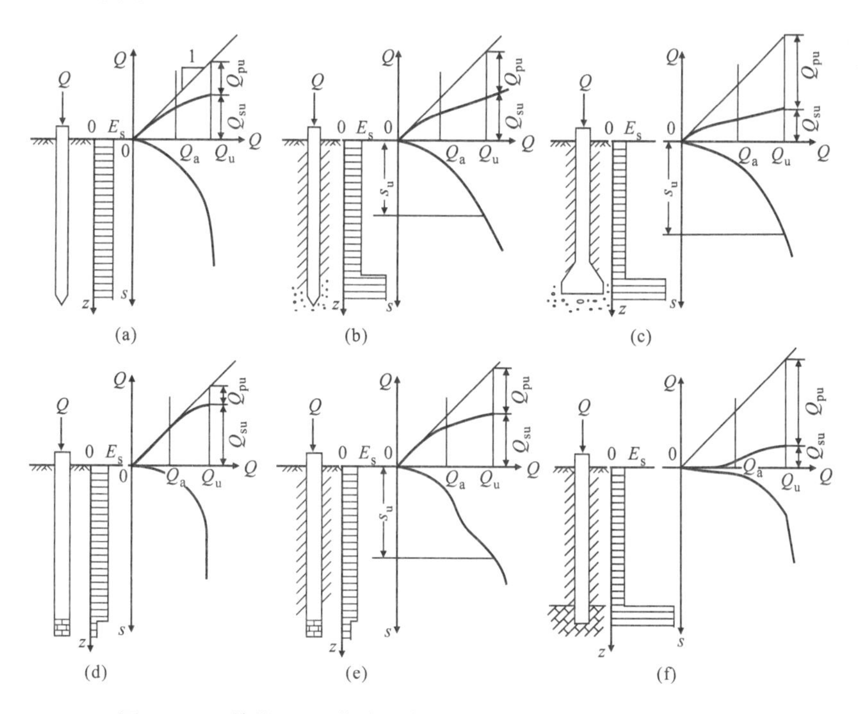

图 4－13　单桩 $Q-s$ 曲线型态和极限荷载下侧阻、端阻的性状

(a)均匀土中的摩擦桩；(b)端承于砂层中的磨擦桩；(c)扩底端承桩；

(d)孔底有沉淤的磨擦桩；(e)孔底有虚土的磨擦桩；(f)嵌入坚实基岩的端承桩

(5)对于支承在黏性土、砂、砾土层上的扩底端承桩，因端阻力占承载力的比例较大，至端阻力破坏时所需位移量很大，$Q-s$ 曲线也呈缓变形，极限承载力一般取 s_u＝(3%～6%)D 对应的荷载，如图 4－13(c)所示。

(6)对采用干作业法施工的钻孔桩，当孔底有一定厚度的虚土时，由于桩端虚土被压缩，使端阻力提高，随着荷载的增加，桩端阻力才呈局部剪切破坏使桩产生较大沉降，这一状态变化

导致 $Q-s$ 曲线呈台阶形，如图 4－13(e)所示，此时极限承载力多以位移控制取值。

从以上几种工程中常见的桩破坏模式可看出，各种模式反映出的 $Q-s$ 曲线可分为突变陡降型和渐变缓降型两类。工程中称前者为急进型破坏，后者为渐进型破坏，其各种形态的 $Q-s$ 曲线，都是桩破坏机理及破坏模式的宏观反映。对于急进型破坏，可按 $Q-s$ 曲线的陡降特征点(拐点)并结合试桩过程中的其他参数分析确定极限承载力；对渐进型破坏，一般以桩沉降量控制确定其极限承载力为宜。

经对试验及实测资料的分析，桩侧摩阻力达到极限值 q_{su} 所需的桩与土相对极限位移 s_u，只与桩周土的类别有关，与桩径大小无关。当桩周土为黏性土层时，s_u 为 5～7mm；为砂类土时，s_u 为 6～10mm。而桩端阻力达到极限值 q_{pu} 所需的桩端位移则比 q_{su} 所需位移大得多，根据已有的小直径试桩结果，达到 q_{pu} 所需桩端位移，在一般黏性土中约为 $d/4$，在硬黏土中约为 $d/10$，在砂土中为 $d/12 \sim d/10$。对孔底存在较厚虚土、沉渣的钻孔桩，则发挥端阻力极限值所需位移量更大。按沉降量确定单桩极限承载力的标准，见单桩静载试验成果分析。

(三)单桩允许承载力

按照传统的桩基设计方法，单桩允许承载力 Q_a 按以下关系式求得：

$$Q_a = Q_u / K \tag{4-3}$$

式中：K——安全系数，各国对 K 值的确定依国情及习惯不同而不同，我国一般取 $K=2$，日本规范取 $K=3$，德国规范则按试桩数量及荷载性质取 $K=1.5 \sim 2$。

由桩土体系的荷载传递特征可知，桩侧摩阻力的发挥与桩端阻力的发挥并不同步，桩在正常工作状态时(荷载不大于允许承载力)，可能桩侧阻力已发挥出相当大部分，而端阻力可能只发挥出很小一部分，此时，摩阻力与端阻力的实际安全系数并不相等，只有待端阻力已充分发挥至极限状态时，桩的承载力才真正处于极限状态。因此，在确定单桩允许承载力时以 $K=2$ 求算 Q_a 值，在某些情况下有其不合理性。

考虑到只有端阻力达到极限值 q_{pu} 时(摩阻力极限值 q_{su} 已提前出现)桩的承载力才真正处于极限状态(q_{pu} 与 q_{su} 之间的相互影响一般可忽略)，则单桩极限承载力 Q_u 可由极限侧阻力(摩阻力)Q_{su} 与极限端阻力 Q_{pu} 之和表示，即：

$$Q_u = Q_{su} + Q_{pu} \tag{4-4}$$

考虑到侧阻力与端阻力的发挥并不同步这一特征，则单桩允许承载力 Q_a 可采用分项形式表达，即：

$$Q_a = \frac{Q_{su}}{K_s} + \frac{Q_{pu}}{K_p} \tag{4-5}$$

在一般情况下，由于摩阻力的发挥先于端阻力，在工作荷载作用下，$K_s < K_p$，对于支承在基岩上的短桩，则 $K_s > K_p$。

在图 4－13 所反映的破坏情况中，已将单桩承载力 Q 与摩阻力 Q_s、端阻力 Q_p 的关系由曲线 Q_s-Q 及 Q_p-Q 反映出，当取 $K=2$ 时，可看出所对应的 K_s(即 Q_{su}/Q_{sa})以及 K_p(即 Q_{pu}/Q_{pa})各不相同，按以上各种破坏模式的 Q_s-Q、Q_p-Q 关系曲线，大致可确定出相应的 K_s、K_p 值，可供桩基设计计算参考。

(1)图 4－13(a)中，$K_s=1.4 \sim 1.6$，$K_p=3 \sim 4$。

(2)图 4－13(d)中，K_s＝1.5～1.8，K_p＝3～4。

(3)图 4－13(f)中，K_s＝2.5～3.0，K_p＝1.5～1.8。

(4)图 4－13(b)中，K_s＝1.4～1.6，K_p＝3.0～4.5。

(5)图 4－13(c)中，K_s＝1.1～1.3，K_p＝2.5～3.0。

(6)图 4－13(e)中，K_s＝1.2～1.3，K_p＝3～4。

采用分项安全系数确定单桩允许承载力，比单一采用同一安全系数更符合桩的实际工作性状，但 K_s 及 K_p 的大小与桩型、桩材料、桩周土及桩端土的性质、桩的长径比、施工工艺及其质量等多种因素有关，只有待积累了大量有代表性的资料后才宜推广。

二、单桩竖向承载力的确定

(一)确定单桩竖向极限承载力标准值的有关规定

根据建筑规模、功能特征、对差异变形的适应性、场地地基和建筑物体形的复杂性以及由于桩基问题可能造成建筑破坏或影响正常使用的程度，《建筑桩基技术规范》(JGJ 94—2008)将建筑桩基设计分为三个设计等级，如表 4－1 所示。

表 4－1　建筑桩基设计等级

设计等级	建筑类型
甲　级	(1)重要的建筑； (2)30 层以上或高度超过 100m 的高层建筑； (3)体形复杂且层数相差超过 10 层的高低层(含纯地下室)连体建筑； (4)20 层以上框架-核心筒结构及其他对差异沉降有特殊要求的建筑； (5)场地和地基条件复杂的 7 层以上的一般建筑及坡地、岸边建筑； (6)对相邻既有工程影响较大的建筑
乙　级	除甲级、丙级以外的建筑
丙　级	场地和地基条件简单、荷载分布均匀的 7 层及 7 层以下的一般建筑

单桩竖向极限承载力标准值应按下列规定确定：

(1)设计等级为甲级的建筑桩基，应通过单桩静载试验确定。

(2)设计等级为乙级的建筑桩基，当地质条件简单时，可参照地质条件相同的试桩资料，结合静力触探等原位测试和经验参数综合确定；其余均应通过单桩静载试验确定。

(3)设计等级为丙级的建筑桩基，可根据原位测试和经验参数确定。

确定单桩竖向极限承载力标准值除采用单桩静载试验及静力触探等原位测试方法外，对于大直径端承型桩，也可通过深层平板(平板直径应与孔径一致)载荷试验确定极限端阻力。

对于嵌岩桩，可通过直径为 0.3m 岩基平板载荷试验确定极限端阻力标准值，也可通过直径为 0.3m 的嵌岩短墩载荷试验确定极限侧阻力标准值和极限端阻力标准值。

桩的极限侧阻力标准值和端阻力标准值宜通过埋设桩身轴力测试元件由静载试验确定，并通过测试结果建立极限侧阻力标准值和极限端阻力标准值与土层物理指标、岩石饱和单轴抗压强度以及与静力触探等土的原位测试指标的经验关系，以经验参数法确定单桩竖向极限承载力。

(二)单桩竖向极限承载力标准值的确定方法

确定单桩承载力的方法有计算法、静载荷试验法、原位测试法及经验参数法等。计算法是以刚塑体理论为基础，按计算模型假定出不同的土破坏滑动面形态，导出不同的极限桩端阻力理论表达式，用以计算桩端阻力；而以土的抗剪强度及侧压力系数得出桩侧阻力。各种理论表达式由于假定的滑动面形态不同，致使各理论表达式中的承载力系数相差很大，工程设计中一般均未采用此类方式确定单桩承载力。以原位测试所得出的相关指标确定单桩承载力，以及根据土的物理指标与承载力参数之间的经验关系确定单桩承载力这两种方法，在各国的工程设计中均有采用，而对桩进行静载荷试验确定单桩竖向承载力则是最为可靠的方法。

1. 静载荷试验法

在桩身结构强度足够时，桩的竖向承载力取决于土对桩的支承能力。土的强度及变形性质又直接影响受荷载时桩的沉降量，桩的竖向承载力应该是在保证桩不发生过大沉降（在允许范围内）时土对桩的最大支承力。对工程现场的实体桩进行静载荷试验，以试验结果测算单桩承载力，应该说是最为可靠的方法。由于试桩所处的地质条件，所采用的施工工艺，以及桩型、几何尺寸、入土深度、荷载性质等都可以与工程桩的实际工作条件尽可能地接近，将静载荷试验成果作为设计依据是最稳妥的方法。

（1）试验装置。试验装置的布置如图 4－14 所示。试验前，要注意试桩的成桩工艺及质量控制标准应与工程桩一致，并应对试验桩的桩顶预先进行加强，如在桩顶部位埋设 2～3 层加密钢筋网，或者在桩顶部设置钢板加劲箍与混凝土浇注成一体，并用高强度砂浆抹平桩顶。在试桩周围开挖出试坑，坑底标高应与桩承台设计底标高一致，并使桩头露出坑底面 60cm 以上。试桩顶放置油压千斤顶作为试验加载装置，千斤顶的反力装置可采用图中的锚桩横梁反力装置，也可在试桩顶设置压重平台作为反力装置，即在平台上均匀稳固地放置不少于试桩预估破坏荷载 1.2 倍的压重量作为反力。当采用锚桩横梁反力装置时，千斤顶所加的竖向荷载使试桩产生向下位移，而千斤顶的反力则由以次梁、主梁连成整体的各锚桩承担，此时锚桩产生向上位移，即相当于抗拔桩。为了使试验能顺利进行，锚桩及反力装置所能提供的反力应不小于预估最大试验荷载的 1.2～1.5 倍。工程中，为了减少试验费用，常常以工程桩作为锚桩。为了使作为锚桩的工程桩不至于产生过大的向上位移而影响继续使用，锚桩数量不得少于 4 根，并应对试验过程中锚桩的上拔量进行检测。

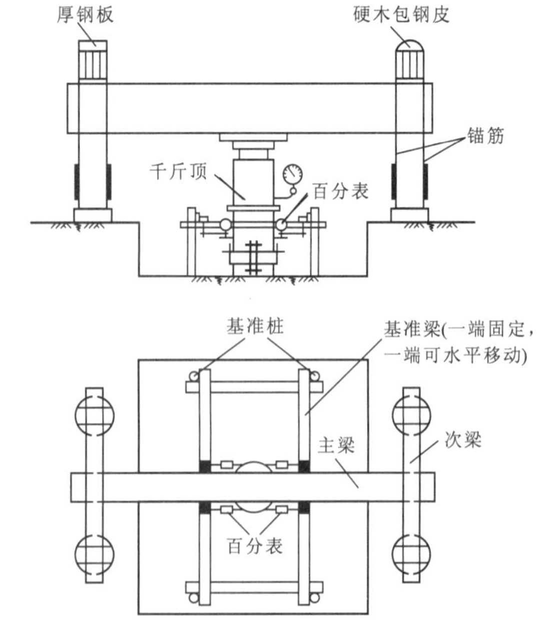

图 4－14　竖向静载试验装置示意图

千斤顶对试桩所加荷载由千斤顶油压表读数换算得出，试桩的沉降由均匀设置于桩周的百分表量测。百分表由安置于试坑内的基准梁支承固定，基准梁固定在不受试桩及锚桩影响的基准桩（可用钢钎代替）上，为了避免试桩、锚桩（或压重平台支墩）和基准桩之间产生相互影响，其中心距离应符合表 4－2 的规定。

（2）试验方法及要求。为了使试验成果能反映出真实的单桩承载力值，灌注桩应在桩身强度达到设计强度后才能进行试验。对预制桩，必须使从桩入土到开始试验的间隔时间得到保证，当地基土为砂类土时，间歇时间不应少于 7 天；对粉土和一般黏性土中的桩，不应少于 15 天；对于淤泥或淤泥质土中的桩，不应少于 25 天。

表 4－2　试桩、锚桩和基准桩之间的中心距离

反力系统	试桩与锚桩（或压重平台支墩边）	试桩与基准桩	基准桩与锚桩（或压重平台支墩边）
锚桩横梁反力装置、压重平台反力装置	≥4d 且>2.0m	≥4d 且>2.0m	≥4d 且>2.0m

注：d 为试桩或锚桩的设计直径，取其较大者，如试桩或锚桩为扩底桩时，试桩与锚桩的中心距不应小于 2 倍扩大端直径。

试验时的加载方式可采用慢速维持荷载法，即逐级加载，当每级荷载达到相对稳定后，再加下一级荷载直至桩破坏，之后分级卸载至零。也可采用多循环加、卸载法，即每级荷载达到相对稳定后即卸载到零，再加下一级荷载，如此循环直至桩破坏。还可采用快速连续加载法，即采用每小时加一级荷载的方法。试验时应使加载方式尽可能地与桩的实际工作状态相接近，并以此原则选择加载方法。

分级荷载以最大加载量或预估极限荷载的 1/10 为宜。慢速维持荷载法每级荷载施加后按第 5min、15min、30min、45min、60min 测读桩顶沉降量，以后每隔 30min 测读一次。

当每一小时内桩顶沉降量不超过 0.1mm，并连续出现两次（从分级荷载施加后第 30min 开始，按 1.5h 连续三次每 30min 的沉降观测值计算），则可认为桩顶沉降速率达到相对稳定，再施加下一级荷载。

当出现下列情况之一时可终止加载：

1）某级荷载作用下，桩顶沉降量大于前一级荷载作用下沉降量的 5 倍（注：当桩顶沉降能相对稳定且总沉降量小于 40mm 时，宜加载至桩顶总沉降量超过 40mm）；

2）某级荷载作用下，桩顶沉降量大于前一级荷载作用下沉降量的 2 倍，且 24h 尚未达到相对稳定标准；

3）已达到设计要求的最大加载量；

4）当工程桩作锚桩时，锚桩上拔量已达到允许值；

5）当荷载-沉降曲线呈缓变型时，可加载至桩顶总沉降量 60～80mm。在特殊情况下，可根据具体要求加载到桩顶累计沉降量超过 80mm。

对支承在坚硬岩土上沉降量很小的桩，最大加载量应不小于设计荷载的两倍。

对符合可终止加载情况的桩按加载分级荷载的 2 倍分级等量卸载，每级荷载维持 1h，按第 15min、30min、60min 测读桩顶沉降量后，即可卸下一级荷载。卸载至零后，应测读桩顶残余沉降量，测读时间为第 15min、30min，之后每隔 30min 测读一次，维持时间为 3h。

（3）按试验成果确定单桩承载力。将试验成果整理绘制成 $Q-s$ 曲线，如前所述，当 $Q-s$ 曲线为突变陡降型时，如图 4－15 所示，则只要找出由曲线段变为直线段的起点所对应的荷载，即可确定为桩的极限承载力。当绘制的 $Q-s$ 曲线呈渐变缓降型，就应绘制其他类型的相关曲线以进行辅助分析，才能确定出相应的极限荷载。

1）按沉降随荷载的变化特征确定极限承载力。所绘 $Q-s$ 曲线为陡降型时，则曲线中的陡降起始点位置明显，如图 4－15 中第二拐点，该点以后在各级荷载下桩位移大增，使曲线变为直线形，故该点所对应的荷载即可作为桩的极限荷载。

当 $Q-s$ 曲线呈缓降型不易判定突变点时，如对摩擦型灌注桩，可绘制出 $s-\lg Q$ 曲线，如图 4-16 所示，该曲线出现陡降直线段的起始点所对应的荷载值，即可作为极限承载力。

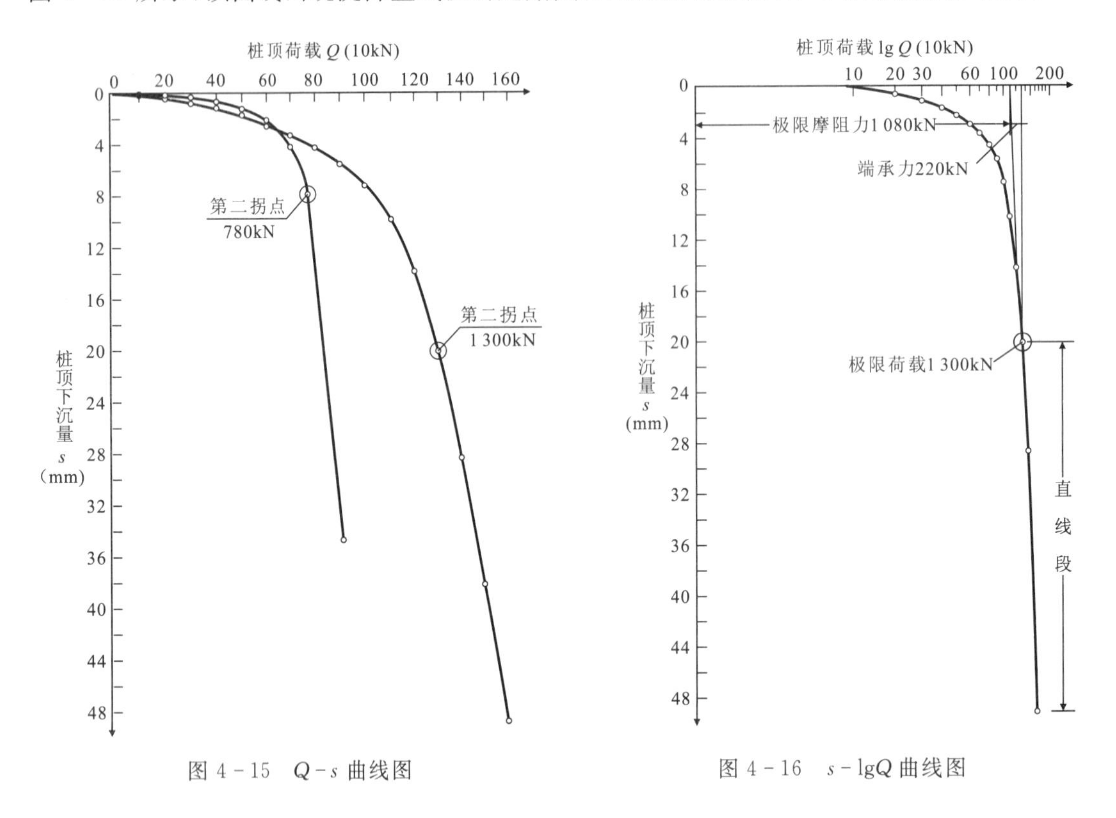

图 4-15　$Q-s$ 曲线图　　　图 4-16　$s-\lg Q$ 曲线图

2)按沉降随时间的变化特征确定极限承载力。当以 $Q-s$ 曲线不易判定突变点时，还可绘制 $s-\lg t$ 曲线。该曲线有多条，每级荷载下均有一条 $s-\lg t$ 曲线，如图4-17所示。在达到极限荷载之前的每级荷载下，各级曲线保持为直线型，说明各级荷载下桩的沉降速率在某种程度上可由直线的斜率反映出来，当桩达到破坏时，曲线急剧变陡，且向下出现转折，说明沉降速率大增，即桩端土已被破坏，支承力已失效。因此，当比前一级荷载曲线的斜率显著增大时，而且曲线向下转折变为双折线甚至三折线，曲线尾部斜率呈增大趋势，即可将该条曲线所对应的荷载作为极限承载力，如图 4-17 中，极限承载力可确定为 1 300kN。

采用 $s-\lg t$ 曲线进行判定时，应与该试桩的 $Q-s$ 曲线对照并综合分析，才能使判定结果更合理。

3)按桩的沉降量确定极限承载力。对于缓变型 $Q-s$ 曲线，宜取沉降量 $s=40$mm 对应的荷载；对于大直径桩($d\geqslant800$mm)，可取 $s=(0.03\sim0.06)d$(大桩径取低值，小桩径取高值)所对应的荷载值。当桩长大于 40m 时，宜考虑桩身的弹性压缩对沉降值的影响。

以现场静载荷试验确定单桩竖向承载力时，同一条件下的试桩数不宜少于总桩数的 1%，且不少于 3 根，工程桩不超过 50 根时，试桩数不少于 2 根。对于较大工程则往往有多组试桩，为了使设计参数更具科学性，需要对多组试桩结果进行统计分析。当参加统计的试桩结果满足其极差不超过平均值的 30%时，取其平均值为单桩竖向抗压极限承载力。

当极差超过平均值的 30%时，应分析极差过大的原因，结合工程具体情况综合确定，必要时可增加试桩数量。

对桩数为 3 根或 3 根以下的柱下承台，或工程桩抽检量少于 3 根时，应取低值（对工程桩抽样监测时，加载量不应小于设计要求的单桩承载力特征值的 2 倍）。

2. 原位测试法

利用现场勘察所提供的原位测试资料来估算桩的承载力，是工程中较常用的方法。

静力触探是采用静力匀速地将标准规格的圆锥形金属探头压入土中，同时借助探头的传感器，量测探头阻力，测定土的力学特征，其具有勘探和测试双重功能。静力触探的探头在土中贯入的机理与桩打入土中的成桩过程基本相似，可以看成是小尺寸打入桩的现场模拟试验。由于该测试方法具有设备简单、自动化程度高等优点，被认为是一种很有前途的原位测试方法。

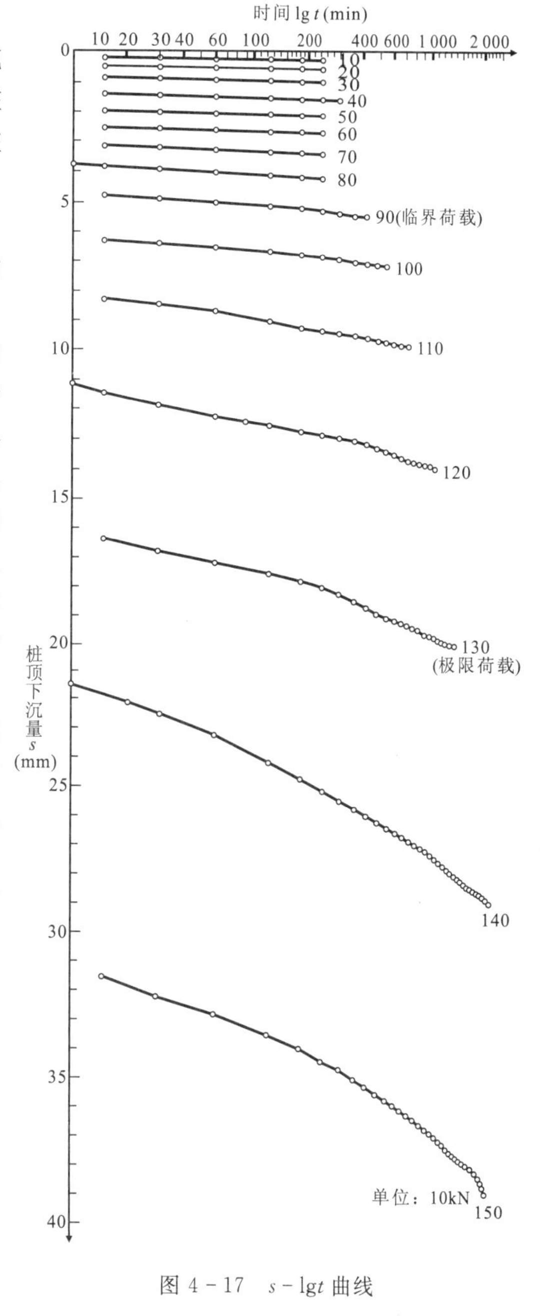

图 4-17　$s-\lg t$ 曲线

静力触探可根据工程需要采用单桥探头或双桥探头。单桥探头所测定的主要参数为比贯入阻力 p_s，双桥探头测定的主要参数为锥尖阻力 q_c 和侧壁摩阻力 f_s。

(1)《铁路桥涵设计规范》公式（双桥）。该公式是采用综合修正系数法确定单桩极限承载力 Q_u，表达式为：

$$Q_u = U\sum l_i \cdot \beta_i \overline{f}_{si} + \beta \cdot \overline{q}_c \cdot A_p \qquad (4-6)$$

式中：U——桩身周长(m)；

l_i——第 i 层土中桩的长度(m)；

A_p——桩端截面积(m^2)；

$\overline{f}_{si}$——第 i 层土的平均静探侧阻力(kPa)，当其小于 5kPa 时可采用 5kPa；

$\overline{q}_c$——桩端上、下各 $4d$（d 为桩径或边长）范围内土的平均静探端阻(kPa)，若桩端以上 $4d$ 范围内的 $\overline{q}_c$ 值大于桩端以下 $4d$ 范围内的 $\overline{q}_c$ 值，则取桩端以下 $4d$ 范围内 $\overline{q}_c$；

β_i、β——均为综合修正系数，按下述判别标准选用计算公式：

当 $\overline{q}_c > 2\,000$kPa 且 $\overline{f}_{si}/\overline{q}_c \leqslant 0.014$ 时

$$\left.\begin{aligned}\beta_i &= 1.798(10^{-1}\overline{f}_{si})^{-0.45}\\ \beta &= 1.257(100^{-1}\overline{q}_c)^{-0.25}\end{aligned}\right\} \qquad (4-7)$$

当不满足上述 $\overline{q}_c$ 及 $\overline{f}_{si}/\overline{q}_c$ 条件时

$$\left.\begin{aligned}\beta_i&=2.831(10^{-1}\overline{f}_{si})^{-0.55}\\ \beta&=2.407(100^{-1}\overline{q}_c)^{-0.35}\end{aligned}\right\}\tag{4-8}$$

(2)《建筑桩基技术规范》公式。

1)按单桥探头静力触探资料确定混凝土预制桩单桩竖向极限承载力标准值 Q_{uk} 时，如无当地经验，可按下式计算：

$$Q_{uk}=Q_{sk}+Q_{pk}=u\sum q_{sik}l_i+\alpha p_{sk}A_p\tag{4-9}$$

式中：Q_{sk}、Q_{pk}——分别为总极限侧阻力标准值、总极限端阻力标准值(kN)；

q_{sik}——按静力触探比贯入阻力 p_s 值估算的桩周第 i 层土的极限侧阻力标准值(kPa)；

l_i——桩穿越第 i 层土的厚度(m)；

u——桩身周长(m)；

α——桩端阻力修正系数，按表 4-3 取值；

p_{sk}——桩端附近的静力触探比贯入阻力标准值(平均值)(kPa)；

其他符号意义同前。

表 4-3 桩端阻力修正系数 α 值

桩长(m)	$l<15$	$15\leqslant l\leqslant30$	$30<l\leqslant60$
α	0.75	0.75～0.90	0.90

注：桩长 15m≤l≤30m 时，α 值按 l 值直线内插；l 为桩长(不包括桩尖高度)。

按 p_s 值确定各层土的极限侧阻力标准值 q_{sik} 时，应结合土工试验资料、土的类别、埋深、排列次序，分别按 q_{sk}-p_{sk} 曲线取值，如图 4-18 所示。直线Ⓐ(线段 gh)适用于地表下 6m 范围内的土层；折线Ⓑ(线段 $oabc$)适用于粉土及砂土土层以上(或无粉土及砂土层地区)的黏性土；折线Ⓒ(线段 $odef$)适用于粉土及砂土土层以下的黏性土；折线Ⓓ(线段 oef)适用于粉土、粉砂、细砂及中砂。

当桩端穿越粉土、粉砂、细砂及中砂层底面而进入黏土层时，按折线 D 估算的 q_{sik} 值尚应乘以表 4-4 中系数 η_s 值。

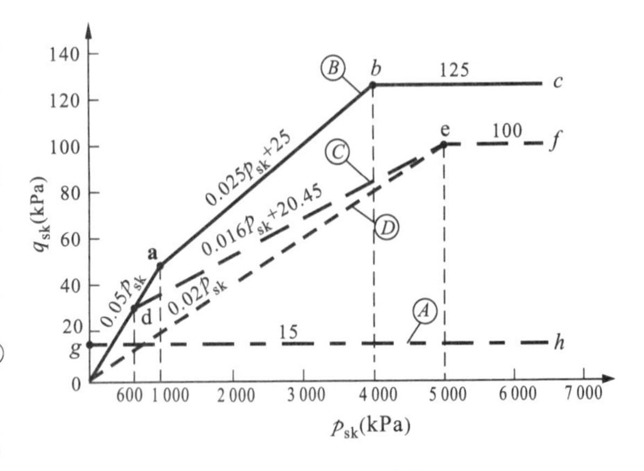

图 4-18 q_{sk}-p_{sk} 曲线

表 4-4 系数 η_s 值

p_{sk}/p_{sl}	≤5	7.5	≥10
η_s	1.00	0.50	0.33

注：①p_{sk} 为桩端穿越的中密～密实砂土、粉土的比贯入阻力平均值；p_{sl} 为砂土、粉土的下卧软土层的比贯入阻力平均值；

②采用单桥探头，圆锥底面积为 15cm²，底部带 7cm 高的滑套，锥角 60°。

p_{sk}可按下式计算：

当 $p_{sk1} \leqslant p_{sk2}$ 时，　　$p_{sk} = (p_{sk1} + \beta p_{sk2})/2$　　(4－10)

当 $p_{sk1} > p_{sk2}$ 时，　　取 $p_{sk} = p_{sk2}$　　(4－11)

式中：p_{sk1}——桩端全截面以上 8 倍桩径范围内的比贯入阻力平均值(kPa)；

p_{sk2}——桩端全截面以下 4 倍桩径范围内的比贯入阻力平均值(kPa)，若桩端持力层为密实的砂土层，其比贯入阻力平均值 $p_{sk} > 20$MPa 时，则需乘以表 4－5 中折减系数 C，再计算 p_{sk} 值；

β——折减系数，按 p_{sk2}/p_{sk1} 值从表 4－6 中取值。

表 4－5　系数 C（可内插取值）

p_{sk}(MPa)	20～30	35	>40
C	5/6	2/3	1/2

表 4－6　折减系数 β（可内插取值）

p_{sk2}/p_{sk1}	≤5	7.5	12.5	≥15
β	1	5/6	2/3	1/2

2)按双桥探头静力触探资料确定混凝土预制桩单桩竖向极限承载力标准值 Q_{uk}时，对黏性土、粉土和砂类土，如无当地经验，可按下式计算：

$$Q_{uk} = u\sum l_i \beta_i f_{si} + \alpha q_c A_p \tag{4-12}$$

式中：f_{si}——第 i 层土的探头平均侧阻力(kPa)；

q_c——桩端平面上、下探头阻力，取桩端平面以上 $4d$(d 为桩直径或边长)范围内按土层厚度的探头阻力加权平均值，然后再与桩端平面以下 $1d$ 范围内的探头阻力进行平均(kPa)；

α——桩端阻力修正系数，对黏性土、粉土取 2/3，饱和砂土取 1/2；

β_i——第 i 层土桩侧阻力综合修正系数，粉土、黏性土：$\beta_i = 10.04(f_{si})^{-0.55}$，砂土：$\beta_i = 5.05(f_{si})^{-0.45}$。

注：双桥探头的圆锥底面积为 15cm²，锥角为 60°，摩擦套筒高为 21.85cm，侧面积为 300cm²。

3.经验参数法

由于桩侧摩阻力及桩端阻力与土层的物理状态指标具有相关关系，有关部门通过对大量工程实践及试桩资料统计分析，得出了土的物理指标与各类桩型的摩阻力及端阻力的对应关系经验值，即经验参数，并按各种桩型分别采用相应的经验公式以确定单桩竖向极限承载力标准值。

(1)常规桩的单桩极限竖向承载力标准值 Q_{uk}。以土的物理指标与承载力参数之间的经验关系确定单桩的 Q_{uk}值时，宜按下式估算：

$$Q_{uk} = Q_{sk} + Q_{pk} = u\sum q_{sik} l_i + q_{pk} A_p \tag{4-13}$$

式中：q_{sik}——桩侧第 i 层土的极限侧阻力标准值(kPa)，如无当地经验时可按表 4－7 取值；

q_{pk}——桩的极限端阻力标准值(kPa)，无当地经验时可按表 4－8 取值。

目前，各地区按静载荷试验结果并结合土层物理指标，经统计分析求得的桩侧及桩端阻力经验值，已列入各地区的相关技术规范中，这既给当地的设计工作带来方便，又减少了全国采用同一表格带来的误差。

(2)大直径桩($d \geqslant 800$mm)的单桩竖向极限承载力标准值 Q_{uk}。根据土的物理指标与承载力参数之间的经验关系，确定大直径桩单桩极限承载力标准值时，可按下式计算：

$$Q_{uk}=Q_{sk}+Q_{pk}=u\sum\psi_{si}q_{sik}l_i+\psi_p q_{pk}A_p \quad (4-14)$$

式中：q_{sik}——桩侧第 i 层土极限侧阻力标准值(kPa)，如无当地经验值时，可按表 4－7 取值，对于扩底桩变截面以上 $2d$ 长度范围不计侧阻力；

q_{pk}——桩径为 800mm 的极限端阻力标准值(kPa)，对于干作业挖孔(清底干净)可采用深层载荷板试验确定，当不能进行深层载荷板试验时，可按表 4－9 取值；

ψ_{si}、ψ_p——大直径桩侧阻力、端阻力尺寸效应系数，按表 4－10 取值；

u——桩身周长(m)，当人工挖孔桩桩周护壁为振捣密实的混凝土时，桩身周长可按护壁外直径计算。

表 4－7　桩的极限侧阻力标准值 q_{sik}　　(单位：kPa)

土的名称	土的状态		混凝土预制桩	泥浆护壁钻(冲)孔桩	干作业钻孔桩
填土	—		22～30	20～28	20～28
淤泥	—		14～20	12～18	12～18
淤泥质土	—		22～30	20～28	20～28
黏性土	流塑	$I_L>1$	24～40	21～38	21～38
	软塑	$0.75<I_L\leqslant 1$	40～55	38～53	38～53
	可塑	$0.50<I_L\leqslant 0.75$	55～70	53～68	53～66
	硬可塑	$0.25<I_L\leqslant 0.50$	70～86	68～84	66～82
	硬塑	$0<I_L\leqslant 0.25$	86～98	84～96	82～94
	坚硬	$I_L\leqslant 0$	98～105	96～102	94～104
红黏土	$0.7<a_w\leqslant 1$		13～32	12～30	12～30
	$0.5<a_w\leqslant 0.7$		32～74	30～70	30～70
粉土	稍密	$e>0.9$	26～46	24～42	24～42
	中密	$0.75\leqslant e\leqslant 0.9$	46～66	42～62	42～62
	密实	$e<0.75$	66～88	62～82	62～82
粉细砂	稍密	$10<N\leqslant 15$	24～48	22～46	22～46
	中密	$15<N\leqslant 30$	48～66	46～64	46～64
	密实	$N>30$	66～88	64～86	64～86
中砂	中密	$15<N\leqslant 30$	54～74	53～72	53～72
	密实	$N>30$	74～95	72～94	72～94
粗砂	中密	$15<N\leqslant 30$	74～95	74～95	76～98
	密实	$N>30$	95～116	95～116	98～120
砾砂	稍密	$5<N_{63.5}\leqslant 15$	70～110	50～90	60～100
	中密、密实	$N_{63.5}>15$	116～138	116～130	112～130
圆砾、角砾	中密、密实	$N_{63.5}>10$	160～200	135～150	135～150
碎石、卵石	中密、密实	$N_{63.5}>10$	200～300	140～170	150～170
全风化软质岩	—	$30<N\leqslant 50$	100～120	80～100	80～100
全风化硬质岩	—	$30<N\leqslant 50$	140～160	120～140	120～150
强风化软质岩	—	$N_{63.5}>10$	160～240	140～200	140～220
强风化硬质岩	—	$N_{63.5}>10$	220～300	160～240	160～260

注：①对于尚未完成自重固结的填土和以生活垃圾为主的杂填土，不计算其侧阻力；

② a_w 为含水比，$a_w=w/w_L$，w 为土的天然含水量，w_L 为土的液限；

③N 为标准贯入击数；$N_{63.5}$ 为重型圆锥动力触探击数；

④全风化、强风化软质岩和全风化、强风化硬质岩系指其母岩分别为 $f_{rk}\leqslant 15$MPa、$f_{rk}>30$MPa 的岩石。

表 4-8 桩的极限端阻力标准值 q_{pk}

（单位：kPa）

土名称	土的状态	桩型	混凝土预制桩桩长 l(m)				泥浆护壁钻(冲)孔桩桩长 l(m)				干作业钻孔桩桩长 l(m)		
			$l\leqslant9$	$9<l\leqslant16$	$16<l\leqslant30$	$l>30$	$5\leqslant l<10$	$10\leqslant l<15$	$15\leqslant l<30$	$l\geqslant30$	$5\leqslant l<10$	$10\leqslant l<15$	$l\geqslant15$
黏性土	软塑	$0.75<I_L\leqslant1$	210～850	650～1400	1200～1800	1300～1900	150～250	250～300	300～450	300～450	200～400	400～700	700～950
	可塑	$0.50<I_L\leqslant0.75$	850～1700	1400～2200	1900～2800	2300～3600	350～450	450～600	600～750	750～800	500～700	800～1100	1000～1600
	硬可塑	$0.25<I_L\leqslant0.50$	1500～2300	2300～3300	2700～3600	3600～4400	800～900	900～1000	1000～1200	1200～1400	850～1100	1500～1700	1700～1900
	硬塑	$0<I_L\leqslant25$	2500～3800	3800～5500	5500～6000	6000～6800	1100～1200	1200～1400	1400～1600	1600～1800	1600～1800	2200～2400	2600～2800
粉土	中密	$0.75\leqslant e\leqslant0.9$	950～1700	1400～2100	1900～2700	2500～3400	300～500	500～650	650～750	750～850	800～1200	1200～1400	1400～1600
	密实	$e<0.75$	1500～2600	2100～3000	2700～3600	3600～4400	650～900	750～950	900～1100	1100～1200	1200～1700	1400～1900	1600～2100
粉砂	稍密	$10<N\leqslant15$	1000～1600	1500～2300	1900～2700	2100～3000	350～500	450～600	600～700	650～750	500～950	1300～1600	1500～1700
	中密、密实	$N>15$	1400～2200	2100～3000	3000～4500	3800～5500	600～750	750～900	900～1100	1100～1200	900～1000	1700～1900	1700～1900
细砂	中密、密实	$N>15$	2500～4000	3600～5000	4400～6000	5300～7000	650～850	900～1200	1200～1500	1500～1800	1200～1600	2000～2400	2400～2700
中砂			4000～6000	5500～7000	6500～8000	7500～9000	850～1050	1100～1500	1500～1900	1900～2100	1800～2400	2800～3800	3600～4400
粗砂			5700～7500	7500～8500	8500～10000	9500～11000	1500～1800	2100～2400	2400～2600	2600～2800	2900～3600	4000～4600	4600～5200
砾砂	中密、密实	$N>15$	6000～9500		9000～10500		1400～2000		2000～3200		3500～5000		
角砾、圆砾		$N_{63.5}>10$	7000～10000		9500～11500		1800～2200		2200～3600		4000～5500		
碎石、卵石		$N_{63.5}>10$	8000～11000		10500～13000		2000～3000		3000～4000		4500～6500		
全风化软质岩		$30<N\leqslant50$	4000～6000				1000～1600				1200～2000		
全风化硬质岩		$30<N\leqslant50$	5000～8000				1200～2000				1400～2400		
强风化软质岩		$N_{63.5}>10$	6000～9000				1400～2200				1600～2600		
强风化硬质岩		$N_{63.5}>10$	7000～11000				1800～2800				2000～3000		

注：①砂土和碎石类土中桩的极限端阻力取值，宜综合考虑土的密实度、桩端进入持力层的深径比 h_b/d，土愈密实，h_b/d 愈大，取值愈大；

②预制桩的岩石极限端阻力指桩端支承于中、微风化基岩表面或进入强风化岩、软质岩一定深度条件下的极限端阻力；

③全风化、强风化软质岩和全风化、强风化硬质岩指其母岩分别为 $f_{rk}\leqslant15$MPa、$f_{rk}>30$MPa 的岩石。

表 4-9　干作业挖孔桩(清底干净,D=800mm)极限端阻力标准值 q_{pk}　（单位：kPa）

土名称		状态		
黏性土		$0.25<I_L\leqslant 0.75$	$0<I_L\leqslant 0.25$	$I_L\leqslant 0$
		800～1 800	1 800～2 400	2 400～3 000
粉土		—	$0.75<e\leqslant 0.9$	$e\leqslant 0.75$
		—	1 000～1 500	1 500～2 000
砂土、碎石类土		稍密	中密	密实
	粉砂	500～700	800～1 100	1 200～2 000
	细砂	700～1 100	1 200～1 800	2 000～2 500
	中砂	1 000～2 000	2 200～3 200	3 500～5 000
	粗砂	1 200～2 200	2 500～3 500	4 000～5 500
	砾砂	1 400～2 400	2 600～4 000	5 000～7 000
	圆砾、角砾	1 600～3 000	3 200～5 000	6 000～9 000
	卵石、碎石	2 000～3 000	3 300～5 000	7 000～11 000

注：①当进入持力层深度 h_b 为：$h_b\leqslant D$，$D<h_b\leqslant 4D$，$h_b>4D$ 时，q_{pk} 可相应取低、中、高值，D 为桩端直径；

②砂土密实度可按标贯击数 N 判定，$N\leqslant 10$ 为松散；$10<N\leqslant 15$ 为稍密；$15<N\leqslant 30$ 为中密；$N>30$ 为密实；

③当桩的长径比 $l/d\leqslant 8$ 时，q_{pk} 宜取较低值；

④当对沉降要求不严时，q_{pk} 可取高值。

表 4-10　大直径灌注桩侧阻力尺寸效应系数 ψ_{si}、端阻力尺寸效应系数 ψ_p

土类别	黏性土、粉土	砂土、碎石类土
ψ_{si}	$(0.8/d)^{1/5}$	$(0.8/d)^{1/3}$
ψ_p	$(0.8/D)^{1/4}$	$(0.8/D)^{1/3}$

注：表中 D 为桩端直径，当为等直径桩时，表中 $D=d$。

(3)嵌岩桩单桩竖向极限承载力标准值 Q_{uk}。桩端置于完整、较完整基岩的嵌岩桩单桩竖向极限承载力，由桩周土总极限侧阻力和嵌岩段总极限阻力组成。当根据岩石单轴抗压强度确定单桩竖向极限承载力标准值时，可按下列公式计算：

$$Q_{uk}=Q_{sk}+Q_{rk} \tag{4-15a}$$

$$Q_{sk}=u\sum q_{sik}l_i \tag{4-15b}$$

$$Q_{rk}=\zeta_r f_{rk}A_p \tag{4-15c}$$

式中：Q_{sk}、Q_{rk}——分别为土的总极限侧阻力标准值、嵌岩段总极限阻力标准值(kN)；

Q_{sik}——桩周第 i 层土的极限侧阻力(kN)，无当地经验时，可按表 4-7 取值；

f_{rk}——岩石饱和单轴抗压强度标准值(kPa)，黏土岩取天然湿度单轴抗压强度标准值；

ζ_r——桩嵌岩段侧阻力和端阻力综合系数，与嵌岩深径比 h_r/d、岩石软硬程度和成桩工艺有关，可按表 4-11 采用；表中数值适用于泥浆护壁成桩，对于干作业成桩（清底干净）和泥浆护壁成桩后注浆，ζ_r 应取表列数值的 1.2 倍。

上式中嵌岩段总极限阻力由总极限侧阻力和总极限端阻力组成：

即　$$Q_{rk}=Q_{rs}+Q_{rp}$$

$$= \zeta_s f_{rk} \pi d h_r + \zeta_p f_{rk} \pi d^2/4$$

$$= [\zeta_s 4h_r/d + \zeta_p] f_{rk} \pi d^2/4 \qquad (4-15d)$$

式中：Q_{rs}、Q_{rp}——桩嵌岩段总极限侧阻力、总极限端阻力(kN)；

ζ_s、ζ_p——嵌岩段侧阻力系数、端阻力系数(详见《建筑桩基技术规范》)；

h_r、d——嵌岩深度(m)、桩径(m)。

令桩嵌岩段侧阻力和端阻力综合系数 $\zeta_r=\zeta_s 4h_r/d+\zeta_p$，即可将式(4-15c)作为嵌岩段总极限阻力标准值的表达式。

表 4-11 桩嵌岩段侧阻力和端阻力综合系数 ζ_r

嵌岩深径比(h_r/d)	0	0.5	1.0	2.0	3.0	4.0	5.0	6.0	7.0	8.0
极软岩、软岩	0.6	0.80	0.95	1.18	1.35	1.48	1.57	1.63	1.66	1.70
较硬岩、坚硬岩	0.45	0.65	0.81	0.90	1.00	1.04	—	—	—	—

注：①极软岩、软岩指 $f_{rk}\leqslant 15$MPa，较硬岩、坚硬岩指 $f_{rk}>30$MPa，介于二者之间可内插取值；

②h_r 为桩身嵌岩深度，当岩面倾斜时，以坡下方嵌岩深度为准；当 h_r/d 为非表列值时，ζ_r 可内插取值。

注意：并非所有的嵌岩桩均属端承型桩，只有短粗的嵌岩桩(端阻力先于侧阻力发挥)或受流水冲刷的桥梁嵌岩桩基(侧阻力所占比例不大)，才可按端承型桩考虑，在保证桩基稳定性的前提下，嵌岩深度不必过大。

经试验表明，桩端嵌入坚硬基岩一定深度后，传递至桩端的应力将随着嵌岩深度的继续增大而减小，如持力层为坚硬或较坚硬基岩，嵌岩深度与桩径之比 $h_r/d>5$ 时，传递至桩端的应力接近于零；而持力层为泥质软岩，$h_r/d=5\sim7$ 时，桩端阻力则可达总荷载的 5%～16%。

(4)混凝土空心桩单桩竖向极限承载力标准值 Q_{uk}。当根据土的物理指标与承载力参数之间的经验关系确定敞口预应力混凝土空心桩单桩竖向极限承载力标准值时，可按下列公式计算：

$$Q_{uk}=Q_{sk}+Q_{pk}=u\sum q_{sik} l_i+q_{pk}(A_j+\lambda_p A_{p1}) \qquad (4-16a)$$

当 $h_b/d<5$ 时，$\lambda_p=0.16h_b/d$ (4-16b)

当 $h_b/d\geqslant 5$ 时，$\lambda_p=0.8$ (4-16c)

式中：q_{sik}、q_{pk}——分别按表 4-7、表 4-8 取与混凝土预制桩相同值；

A_j——空心桩桩端净面积(m²)，管桩：$A_j=\pi(d^2-d_1^2)/4$；空心方桩：$A_j=b^2-\pi d_1^2/4$；

A_{p1}——空心桩敞口面积(m²)，$A_{p1}=\pi d_1^2/4$；

h_b——桩端进入持力层深度(m)；

d、d_1、b——混凝土空心桩外径(m)、内径(m)、边长(m)；

λ_p——桩端土塞效应系数。

(5)考虑液化效应确定单桩极限承载力标准值。饱和砂土、粉土等易液化土层受地震荷载后，其粒间有效应力丧失，使桩侧摩阻力降低甚至完全失效，土层液化产生喷水冒砂、地基承载力失效、地基土侧向扩展与流滑、上浮或水平位移等，其侧向扩展与流滑还对桩产生水平力，可见液化效应对单桩承载力的影响必须考虑。

由振动台试验和工程地震液化实际观测表明，土层的地震液化严重程度与土层的标贯击数 N 及液化临界标贯击数 N_{cr} 有关，当两者之比 λ_N($\lambda_N=N/N_{cr}$)愈小，则土层液化愈严重；另外，土层的液化并非随地震同步而是滞后出现，即地震过后若干小时乃至一两天后地基土才出现喷水冒砂现象，这说明桩的极限侧阻力并非瞬时丧失且并非全部损失，而地基土上部有无一定厚度的非液化覆盖层对液化程度也有很大影响。因此，《建筑桩基技术规范》(JGJ 94—2008)规定：对于桩身周围有液化土层的低承台桩基，当承台底面上、下分别有厚度不小于1.5m、1.0m的非液化土或非软弱土层时，可将液化土层的极限侧阻力乘以土层液化影响折减系数计算单桩极限承载力标准值。土层液化影响折减系数 ψ_l 可按表4-12确定。

表4-12 土层液化影响折减系数 ψ_l

$\lambda_N=N/N_{cr}$	自地面算起的液化土层深度 d_L(m)	ψ_l
$\lambda_N\leqslant0.6$	$d_L\leqslant10$	0
	$10<d_L\leqslant20$	1/3
$0.6<\lambda_N\leqslant0.8$	$d_L\leqslant10$	1/3
	$10<d_L\leqslant20$	2/3
$0.8<\lambda_N\leqslant1.0$	$d_L\leqslant10$	2/3
	$10<d_L\leqslant20$	1.0

注：①N为饱和土标贯击数实测值；N_{cr}为液化判别标贯击数临界值；

②对于挤土桩当桩距不大于4d，且桩的排数不少于5排、总桩数不少于25根时，土层液化影响折减系数可按列表值提高一档取值；桩间土标贯击数达到N_{cr}时，取$\psi_l=1$。

当承台底面上、下非液化土层厚度小于以上规定时，土层液化影响折减系数 ψ_l 取0。

三、单桩竖向抗拔承载力

工程中的海洋石油平台及系泊系统、高压输电塔、电视塔等高耸结构物桩基；受巨大浮托力作用的地下油罐、船坞底板、地下室等地下建筑物桩基；码头、桥台、挡土墙上的斜桩；承受地震荷载的桩基以及膨胀土及冻胀土区建筑物桩基，均不同程度地承受上拔荷载。处于这类情况下的桩基，必须验算其抗拔承载力。

桩的抗拔承载力取决于桩身材料(包括桩在承台中的嵌固)强度及桩土间的抗拔侧阻力。

桩的抗拔承载力由桩侧阻力、桩身重力及上拔形成的桩端真空吸力组成。由于后者所占比例不大，且可靠性不高，所以可不考虑。

桩基在上拔力作用下，桩截面对土体产生向上的位移，土体对桩身侧面产生向下的摩阻力，当摩阻力发挥至极限状态时，抗拔桩即处于破坏状态，此时地面土产生隆起现象。

抗拔桩极限承载力的计算方法一般可分为两类。一类是先假定不同的桩基破坏模式，以土的抗剪强度及侧压力系数等主要参数按理论公式计算出桩的抗拔极限承载力。由于抗拔剪切破坏面的假定各有不同，以及设置桩的方法对桩周土强度指标的影响，给抗拔极限承载力的确定带来不确定性及复杂性，使用起来较困难。工程中一般不采用此方法。另一类方法是以试桩资料为基础，建立起桩的抗拔侧阻力与抗压侧阻力之间的关系及抗拔破坏模式，并得出相应的经验公式，以该经验公式确定抗拔极限承载力。目前，工程实践中多采用此方法。

由于经验公式中的计算参数仍有其局限性，为慎重起见，对设计等级为甲级和乙级的建(构)筑物抗拔桩基，应通过现场单桩上拔静载试验确定基桩抗拔极限承载力标准值。对设计等级为丙级的建(构)筑物的抗拔桩基，当单桩或群桩呈非整体破坏时，基桩抗拔承载力的计算如无当地经验，可按以下经验公式计算：

$$T_{uk}=\sum\lambda_i q_{sik}u_i l_i \tag{4-17a}$$

式中：T_{uk}——基桩抗拔极限承载力标准值(kN)；

q_{sik}——可按表4-7取值；

u_i——破坏表面周长(m)，等直径桩 $u=\pi d$；扩底桩按表4-13取值；

λ——抗拔系数，按表4-14取值。

表4-13 扩底桩破坏表面周长 u_i(单位：m)

自桩底起算的长度 l_i	$\leqslant(4\sim10)d$	$>(4\sim10)d$
u_i	πD	πd

注：l_i 对于软土取低值，对于卵石、砾石取高值；l_i 取值按内摩擦角增大而增加。

表4-14 抗拔系数 λ

土类	λ 值
砂土	0.50～0.70
黏性土、粉土	0.70～0.80

注：桩长 l 与桩径 d 之比小于20时，λ 取小值。

式(4-17a)是利用桩抗压时的极限摩阻力求抗拔极限承载力的经验公式，虽然桩的抗拔侧阻力与抗压侧阻力有相似之处，但当桩承受上拔荷载后，随着上拔量的增加，桩周土层会松动，桩受侧阻力的面积相应减少，使抗拔侧阻力低于抗压侧阻力，故经验公式中引入拔压限侧阻力比例系数，即抗拔系数 λ。

当群桩呈整体破坏时(详见本章第四节)，基桩的抗拔极限承载力标准值可按下式计算：

$$T_{gk}=\frac{1}{n}u_l\sum\lambda_i q_{sik}l_i \tag{4-17b}$$

式中：T_{gk}——群桩呈整体破坏时基桩的抗拔极限承载力标准值(kN)；

u_l——群桩外围周长(m)；

n——桩数。

对于承受拔力的桩基，还应按式(4-17c、d)同时验算群桩基础呈整体破坏和非整体破坏时基桩的抗拔承载力，并按现行《混凝土结构设计规范》验算基桩材料的受拉承载力。即

$$N_k\leqslant T_{gk}/2+G_{gp} \tag{4-17c}$$

$$N_k\leqslant T_{uk}/2+G_p \tag{4-17d}$$

式中：N_k——按荷载效应标准组合计算的基桩拔力(kN)；

G_{gp}——群桩基础所包围体积的桩土总自重(kN)除以总桩数，地下水位以下取浮重度；

G_p——基桩自重(kN)，地下水位以下取浮重度，对扩底桩，按表4-13确定桩、土柱体周长，计算桩土自重。

对于膨胀土及冻胀土区建筑物桩基的抗拔承载力计算，请参考有关规范。

第四节 竖向荷载下的群桩基础承载力及沉降计算

桩基础除一柱一桩的独立基础是以单桩承受和传递上部结构荷载外，常常是以群桩基础的形式在工作。

工程中，将桩基础中的单桩称为基桩。多数情况下，承台下地基土也分担一部分荷载，将单桩及其对应面积的承台下地基土组成的复合承载基桩称为复合基桩。由基桩和承台下地基土共同承担荷载的桩基础称为复合桩基。

工程中绝大多数桩基础均属复合桩基(当不应考虑承台底土反力时及承台与地基土脱开时除外)。群桩或群桩基础与单独工作的单桩或单桩基础比较,其工作性状、承载力及沉降等特征更为复杂。

一、群桩的工作性状

在受到竖向荷载作用时,群桩的工作性状与单独工作的单桩明显不同,而端承型群桩的工作性状与摩擦型群桩也有明显差异,现分别进行介绍。

(一)端承型群桩

当基桩为端承型桩,群桩基础受荷载时,通过承台分配到各桩顶的荷载大部分或全部由桩身直接传递到桩端,由于桩端持力层较刚硬,压缩性低,各桩的贯入变形小,即桩基沉降量小,承台底土反力也较小,此时可以不考虑承台分担荷载的作用。

由于大部分或全部靠桩端阻力的发挥来提供桩承载力,桩侧阻力的发挥值很小,即通过桩侧摩阻力传递到土层中的应力不大,桩群中各桩的相互影响也较小,应力重叠只发生在持力层深部,即桩端以下深度大于 t 处,如图 4－19 所示。因持力层坚硬,由应力重叠产生的附加变形并不明显,可以认为,此时各桩的工作性状与单独工作时的单桩相似,在桩端持力层下无软弱下卧层时,端承型群桩的承载力可近似地取各单桩承载力之和,即

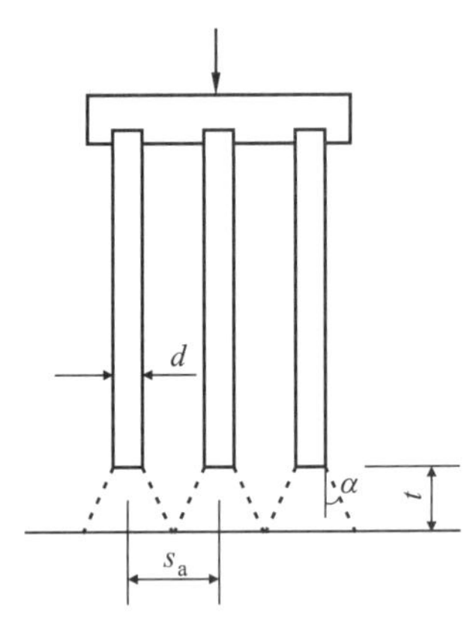

图 4－19　端承型桩

$$nQ_u \approx P_u \tag{4-18a}$$

$$P_u/nQ_u = \eta \approx 1 \tag{4-18b}$$

式中:n——群桩中的桩数;

Q_u、P_u——分别为单桩及群桩的极限承载力(kN);

η——群桩效率系数。

按端承型群桩的工作性状,可认为当各桩荷载相同时,各桩的沉降量也近似相等,即在桩距 s_a 不很小($s_a \geqslant 3d$)的情况下,群桩的沉降约等于单桩的沉降。因持力层刚度大,端承型群桩的沉降不致因桩端应力的重叠效应而明显增大。所以,当有可靠地区经验时,地质条件不复杂、荷载均匀、对沉降无特殊要求的端承桩基,可不进行沉降验算。

但是,当硬持力层下存在软弱下卧层时,则需验算单桩对下卧层的冲剪、群桩对下卧层的整体冲剪及群桩的沉降量。

(二)摩擦型群桩

当基桩为摩擦型桩,在桩基础的整个工作过程中承台与桩间土不脱开,桩基础受竖向荷载时,承台底面地基土、桩间土及桩端以下地基土都得参与工作,承台、桩、土会相互影响共同作用,使摩擦型群桩的工作性状变得复杂。

因受荷载的基桩主要通过桩侧阻力将桩顶荷载传布到桩周及桩端土层中,又由于应力的扩散作用,各桩传布的应力会产生重叠现象,群桩桩尖处土受的压力比单独工作的单桩大,应力传布范围也比单桩深,应力影响深度及压缩层厚度会成倍增加,如图 4－20 所示。因此,群桩的承载力已不是各单桩承载力之和,即 $nQ_u \neq P_u$。根据地基土性质及成桩工艺的不同,群桩

效率系数 η 可能小于 1，也可能大于 1，群桩沉降量也明显超过独立工作的单桩。

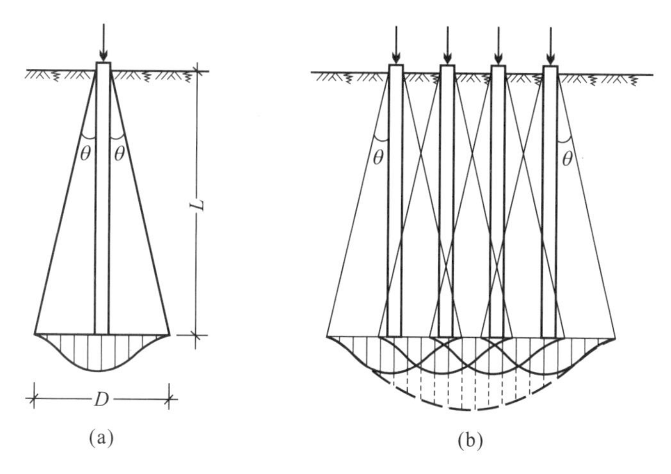

图 4-20　桩侧摩阻力的扩散作用与桩端平面上的压力分布
(a)单桩；(b)群桩

当承台底面与地基土保持接触状态时，承台底面土所受压力也传布到承台以下一定范围的土层中，从而使桩侧阻力及端阻力受到干扰，可见摩擦型群桩中的单桩工作性状与独立工作的单桩明显不同。

群桩基础受竖向荷载后，由于承台、桩、土的相互作用使各基桩侧阻力、桩端阻力、沉降等性状发生变化而与单桩明显不同，群桩承载力往往不等于各单桩承载力之和，工程中称这一特征为群桩效应。可见，群桩效应只是摩擦型群桩才具有的特征。

工程实践揭示的摩擦型群桩基础中侧阻力和端阻力的群桩效应总的变化规律如下：

(1)非挤土桩在黏性土中及常用桩距条件下，侧阻力因群桩效应而削弱，在非密实的粉土、砂土中侧阻力因群桩效应产生沉降硬化而增强。

(2)在黏性土和非黏性土中，端阻力均因相邻桩的桩端土互逆的侧向变形而增强。

(3)在非单一黏性土中，侧阻力、端阻力的综合群桩效应系数大于 1；在单一黏性土中(桩距为 $3d\sim4d$ 时)，侧阻力、端阻力的综合群桩效应系数略小于 1。

(4)当计入承台底土抗力，侧阻力、端阻力的综合群桩效应系数略大于 1，且非黏性土中群桩的综合系数大于黏性土中群桩的综合系数。

由于多数情况下群桩的最小桩距均不小于 $3d$(排数少于 3 排且桩数少于 9 根的非挤土端承型群桩除外)。为了方便设计，现行规范忽略了群桩基础侧阻力和端阻力的群桩效应，使多数情况下的工程留有更多的安全储备。对于单一黏性土中的小桩距低承台桩基则不应另行计入承台效应，但其他情况下承台效应对桩基承载力的影响必须考虑。

(三)群桩基础的荷载分配特征及群桩的破坏模式

1. 群桩基础的荷载分配特征

实测资料表明，当处于常用桩距($s_a=3d\sim4d$)时，在中心荷载作用下，刚性承台群桩的桩顶荷载分配规律一般是中心桩承担荷载最小，边桩次之，角桩最大，这与线弹性理论分析结果的总趋势是一致的。当桩距增大至超过常用桩距后，群桩桩顶的荷载分配差异随桩距增大而减小。荷载分配还与承台及上部结构的综合刚度有关，如桩筏基础、桩箱基础等，桩顶荷载差会随承台及上部结构综合刚度的增大而增大；若承台为柔性的，则桩顶荷载会趋于均匀分配。在非密实的粉土、砂土地基土中的打入桩，在常用桩距条件下，群桩侧阻力因桩沉降过程中桩土相互作用而提高，而提高幅度最大的则是中间桩，边桩、角桩次之，从而使荷载差异相应减小。

2. 群桩的破坏模式

群桩的破坏模式可分为桩土整体破坏和非整体破坏两种。前者是指桩土形成整体，如同实体基础那样工作，破坏时，桩侧阻力的破坏面发生在桩群的外围，而桩端下地基土发生整体剪切；后者也称单独破坏，是指各桩的桩土之间产生相对剪切位移，侧阻的破坏面发生在各桩的侧面，桩端下地基土发生局部剪切或冲剪破坏。

群桩的破坏模式可从端阻力破坏及摩阻力破坏两方面具体体现出来。群桩端阻力的破坏可分为整体剪切、局部剪切、冲剪三种模式，由于桩的埋深较大，地基土具有压缩性，多数情况下，群桩受荷载作用时各桩与桩周土之间发生剪切变形，桩端贯入土中，此时桩端下土层压缩变形，呈局部剪切和冲剪破坏。只有在密实土层中的短桩，或者是密实土层上覆盖超软土层的小桩距群桩，才可能因群桩贯入地基土中而产生整体剪切破坏，但这种情况很少出现。即使群桩侧阻力呈整体破坏时，群桩的桩端地基土也不一定呈整体剪切破坏，需具体分析，否则会出现计算结果远大于实际情况的现象。群桩的侧阻力破坏模式主要受土性、桩距、承台设置方式的影响。如砂土、粉土中的打入式群桩，在桩距较小、低承台的条件下，一般呈整体破坏；对无挤土效应的群桩，一般呈非整体破坏。

二、承台效应

（一）承台底土反力产生的原因

经对低承台摩擦型群桩的原型试验表明，桩基础受竖向荷载时，承台所承担的荷载可达20%～60%，可见承台分担荷载的作用是不可忽视的。承台底土反力主要因桩端产生贯入变形、桩土间出现相对位移而产生，其次是因桩身弹性压缩所引起的桩土微量相对位移而产生，后者所产生的反力只占承台底土总反力的很小一部分。

（二）影响承台底土反力大小的因素

试验结果表明，当桩端持力层较硬时，桩的贯入变形小，承台土反力也较小。当承台底面土层软弱时，即使桩的贯入变形较大，承台底土也不会产生较大的反力，若承台底土为欠固结土，在地基土固结的过程中，会使承台底土反力减小甚至消失。又如，饱和软土中的打入式群桩，当桩距小桩数多时，可能在成桩过程中产生超孔隙水压、土体上涌等现象。浇注承台后，欠固结状态的重塑土体逐渐固结，此时地基土会与承台底脱离，原来承台所分担的一部分荷载会全部传递给基桩。桩受荷载时，桩侧土受桩侧摩阻力的牵连作用会产生剪切变形，其变形程度是随与桩侧表面的距离增大而减小，当桩距较小时，桩间土受相邻桩的影响所产生的“牵连变形”较大，导致承台土的反力减小，如图 4－21 所示。

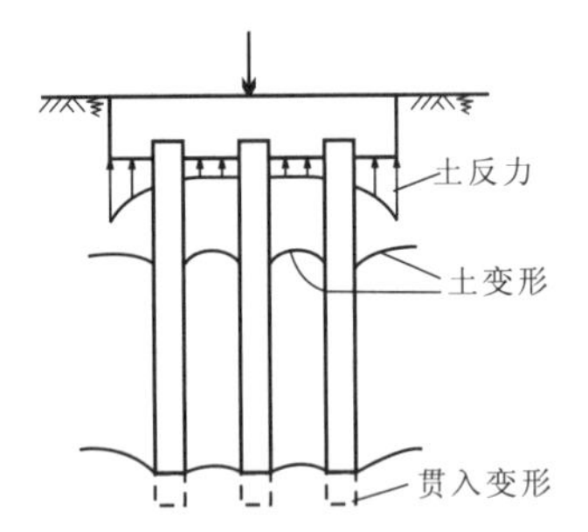

图 4－21　承台土反力与桩间土变形

（三）承台效应和承台效应系数的影响因素

摩擦型群桩在竖向荷载作用下，由于桩土相对位移，桩间土对承台产生一定的竖向抗力，该抗力成为桩基竖向承载力的一部分而分担荷载，称此种效应为承台效应。承台底地基土承载力特征值发挥率称为承台效应系数。

工程实测资料及模型试验表明，承台效应和承台效应系数随下列因素影响而变化：

(1)桩距大小。当桩受竖向荷载下沉时，桩周土受桩侧剪应力作用而产生竖向位移。该位移随桩侧剪应力及桩径(d)的增大而线性增加，随桩中心距离的增大，与桩中心距呈自然对数关系减小。显然，桩间土竖向位移愈小，承台底土反力愈大，可见承台效应随桩中心距与桩径的比值 s_a/d 的增大而增大，即桩间距越大，桩间土承载力发挥值越高。

(2)承台宽度与桩长之比 B_c/l。在相同桩数、桩距条件下，当承台宽度与桩长之比 B_c/l 较大时，承台底土反力形成的压力泡包围整个桩群，导致桩侧阻力、桩端阻力发挥值降低，而承台底土抗力及承台分担荷载比随之增大。

(3)承台底区位和桩的排列。承台底土分区如图 4－22 所示。承台内区(A_c^i)因桩土相互影响明显使桩间土竖向位移加大，导致承台内区土反力明显小于外区(A_c^e)，即呈马鞍形分布。随着桩数的增多，承台内、外区面积比增大，导致承台分担荷载占整个桩基荷载的比例随之降低。例如，单排桩的条形承台桩基，由于承台外区面积占整个承台面积的比例大，故其底土抗力显著大于多排桩的桩基。

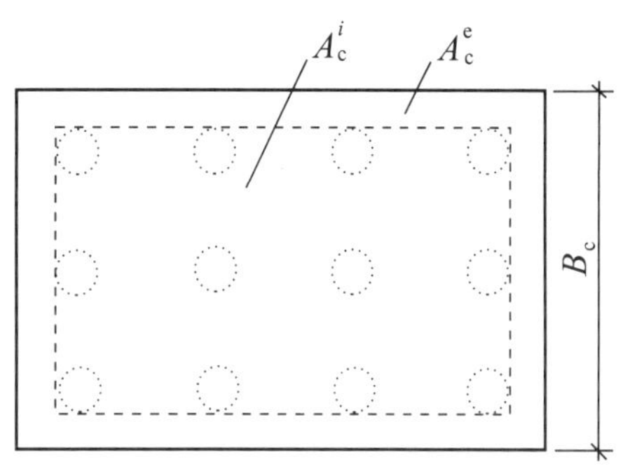

图 4－22　承台底分区图

(4)承台底土抗力随荷载变化。随着荷载的增加，承台底土抗力及其荷载分担比的变化呈现两种模式。一种模式是，当处于 $B_c/l \leqslant 1$ 和多排桩的情况下，达到工作荷载($P_u/2$)时，承台的荷载分担比趋于稳定值，即承台底土抗力与荷载增速同步。另一种模式是，当处于 $B_c/l > 1$ 和单排桩的情况下，荷载达到 $P_u/2$ 后，承台的荷载分担比仍随荷载水平增大而持续增长。由以上两种模式可说明桩基承台底土抗力增速持续大于荷载增速。

三、基桩、复合基桩及群桩基础承载力

(一)基桩竖向承载力特征值的确定

《建筑桩基技术规范》(JGJ 94—2008)规定，单桩竖向承载力特征值 R_a 应按下式确定：

$$R_a = Q_{uk}/K \tag{4-19}$$

式中：Q_{uk}——单桩竖向极限承载力标准值(kN)；

K——安全系数，取 $K=2$。

在确定基桩承载力特征值时，对于端承型桩基，根据其工作性状，基桩的承载力可视为与独立工作的单桩相等；对于桩数少的摩擦型桩基，由于忽略了侧阻力、端阻力的群桩效应及承台效应以作安全储备，所以，规范规定：对于端承型桩基、桩数少于 4 根的摩擦型柱下独立桩基，或由于地层土性、使用条件等因素不宜考虑承台效应时，基桩竖向承载力特征值 R 应取单桩竖向承载力特征值 R_a，即 $R=R_a$。

(二)复合基桩竖向承载力特征值的确定

由于复合基桩工作时，承台下地基土也分担部分荷载，计算复合基桩竖向承载力时则应考

虑承台底土抗力。

考虑承台底土抗力的摩擦型桩基主要有以下几种情况：

(1)上部结构刚度较大、体形简单的建(构)筑物桩基(由于其可适应较大的变形且利于抵抗差异沉降，承台分担的荷载份额往往也较大)；

(2)对于差异变形适应性较强的排架结构和柔性构筑物桩基(因对变形适应性强，能承受变形产生的不利影响，当采用的是考虑承台效应的复合基桩也不致降低其安全度)；

(3)按变刚度调平原则设计的核心筒外围框架柱桩基(该部位适当增加沉降、降低基桩支承刚度，可达到减小差异沉降、降低承台外围基桩反力、减小承台整体弯矩的目标)(注：变刚度调平设计指考虑上部结构形式、荷载和地层分布以及相互作用效应，通过调整桩径、桩长、桩距等改变基桩支承刚度分布，以使建筑物沉降趋于均匀、承台内力降低的设计方法)；

(4)软土地区减沉复合疏桩基础(减沉复合疏桩基础指软土地基天然地基承载力基本满足要求的情况下，为减小沉降采用疏布摩擦型桩的复合桩基，因大部分荷载由承台承担，必须考虑承台效应)。

对于符合以上四种情况之一的摩擦型桩基，宜考虑承台效应确定其复合基桩的竖向承载力特征值，复合基桩竖向承载力特征值可按下列公式确定：

不考虑地震作用时

$$R=R_a+\eta_c f_{ak} A_c \tag{4-20a}$$

考虑地震作用时

$$R=R_a+\frac{\zeta_a}{1.25}\eta_c f_{ak} A_c \tag{4-20b}$$

$$A_c=(A-nA_{ps})/n \tag{4-20c}$$

式中：η_c——承台效应系数，可按表 4-15 取值；

f_{ak}——承台下 1/2 承台宽度且不超过 5m 深度范围内各层土的地基承载力特征值按厚度加权的平均值(kPa)；

A_c、A_{ps}——计算基桩所对应的承台底净面积(m^2)、桩身截面面积(m^2)；

表 4-15　承台效应系数 η_c

B_c/l \ s_a/d	3	4	5	6	>6
≤0.4	0.06～0.08	0.14～0.17	0.22～0.26	0.32～0.38	0.50～0.80
0.4～0.8	0.08～0.10	0.17～0.20	0.26～0.30	0.38～0.44	
>0.8	0.10～0.12	0.20～0.22	0.30～0.34	0.44～0.50	
单排桩条形承台	0.15～0.18	0.25～0.30	0.38～0.45	0.50～0.60	

注：①表中 s_a/d 为桩中心距与桩径之比；B_c/l 为承台宽度与桩长之比。当计算基桩为非正方形排列时，$s_a=(A/n)^{1/2}$，A 为承台计算域面积，n 为总桩数；

②对于桩布置于墙下的箱、筏承台，η_c 可按单排桩条形承台取值；

③对于单排桩条形承台，当承台宽度小于 1.5d 时，η_c 按非条形承台取值；

④对于采用后注浆灌注桩的承台，η_c 宜取低值；

⑤对于饱和黏性土中的挤土桩、软土地基上的桩基承台，η_c 宜取低值的 0.8 倍。

A ——承台计算域面积(m^2),对于桩下独立桩基,A 为承台总面积;对于桩筏基础,A 为柱、墙筏板的 1/2 跨距和悬臂边 2.5 倍筏板厚度所围成的面积;桩集中布置于单片墙下的桩筏基础,取墙两边各 1/2 跨距围成的面积,按条形承台计算 η_c;

ζ_a ——地基土抗震承载力调整系数,见《建筑抗震设计规范》(GB 50011—2011)。

当承台底为可液化土、湿陷性土、高灵敏度软土、欠固结土、新填土时,沉桩引起超孔隙水压和土体隆起时,由于承台底土抗力随时可能消失,则不考虑承台效应,取 $\eta_c=0$。又如因降水施工使承台底土固结与承台底脱开,或承受经常出现的动力作用桩基以及承受反复加卸载作用的铁路桥梁桩基等,也不考虑承台效应。

(三)群桩基础竖向承载力的确定

工程中对端承型桩基、桩数少于 9 根的摩擦型桩基及条形承台下的桩不超过两排的摩擦型桩基,将各基桩或复合基桩竖向承载力特征值的总和作为群桩基础的承载力。不属以上情况的群桩基础,则不宜按简单叠加法求算群桩基础承载力。现将工程中确定群桩基础承载力的几种方法介绍如下。

1. 等代墩基法(计算模式一)

太沙基(Terzaghi)和皮克(Peck)建议,对于桩、土呈整体破坏的群桩,采用等代墩基法计算群桩基础的极限承载力,如图 4-23 所示。群桩基础承载力仍由两部分组成,即群桩"墩"底平面处地基极限承载力及墩侧各土层范围内极限侧阻力。此时,群桩的整体破坏如同深埋实体基础,并建议按安全系数 $K\geqslant 2$ 求算群桩基础允许承载力。其表达式为:

$$P_u=a\cdot b\cdot p_u+2(a+b)\cdot\sum l_i\cdot q_{sik} \tag{4-21}$$

式中:P_u——群桩基础极限承载力(kN);

p_u——墩底平面处地基极限承载力(kPa);

q_{sik}——墩侧 l_i 层土范围内极限侧阻力标准值(kPa),可按表 4-7 确定;

a、b——分别为墩底截面长度和宽度(m)。

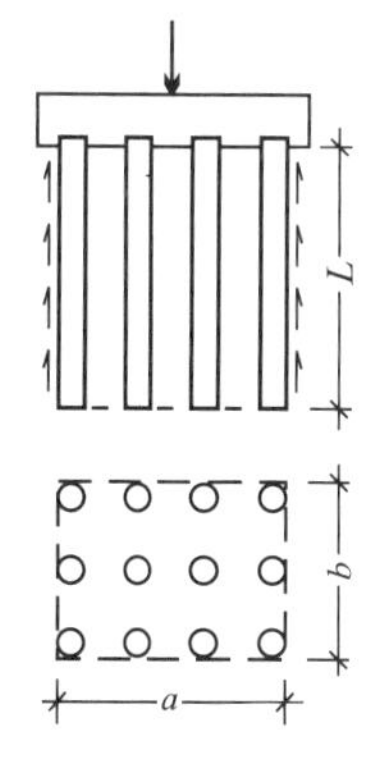

图 4-23　等代墩基法计算图形

使用该法确定群桩基础承载力时,必须明确群桩的理论破坏模式应属桩、土整体破坏,若为单独破坏则不宜采用该式计算。对侧阻呈整体破坏的群桩,尽管桩土形成实体基础,但桩端地基土既可能产生整体剪切破坏,也可能产生局部剪切和冲剪破坏,若一律按整体剪切模式计算端阻,则计算结果可能比实际偏大很多。实践中,当桩侧及桩尖均处于高、中压缩性土层时,需同时考虑群桩的侧阻力及墩底地基承载力;当桩侧为高压缩土层,桩尖为低压缩性土层时,若不考虑实体基础侧面与土的摩阻力则偏安全。

2. 实体深基础法(计算模式二)

对于桩的中心距小于 $6d$ 的摩擦型群桩,桩数超过 9 根(含 9 根)且多于 2 排的桩基,也可视作一假想的实体基础,并假定由侧阻力传递的荷载从桩顶开始沿群桩外围按 $\varphi_0/4$ 的夹角向下扩散至桩端平面处,如图 4-24 所示。图中基底受荷的桩端平面面积为 $A'\times B'$,此时,上部结构竖向荷载、$A'\times B'$ 平面范围内承台及承台上土重、桩及桩间土总重,均由桩端平面地基土承担,即:

$$K(N+G)\leqslant p_u A'B' \tag{4-22}$$

$$A'=A+2L\tan\frac{\varphi_0}{4}$$

$$B'=B+2L\tan\frac{\varphi_0}{4}$$

式中：K——安全系数，取 2～3；

N——作用于桩基上的竖向荷载(kN)；

G——实体基础自重(kN)，包括承台及承台上土重，$A'\times B'$面积内实体基础桩重及土重；

p_u——桩端处土层极限承载力 (kPa)；

A'、B'——扩散传布实体基础底面的长度(m)及宽度(m)；

φ_0——桩侧各土层内摩擦角的加权平均值(°)，$\varphi_0=\sum\varphi_i l_i/L$。

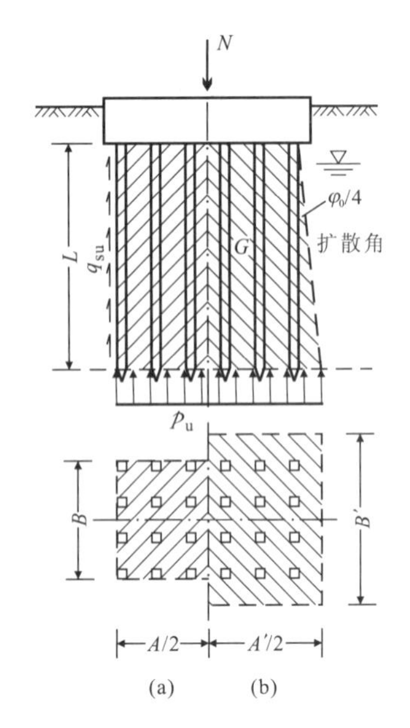

图 4－24　实体深基础的计算方法

(a)计算模式一；(b)计算模式二

该方法只考虑实体基础扩散后的底面地基土承载力，未考虑基础侧面阻力，计算时，若与其他方法的计算结果进行对比后再确定群桩基础承载力则效果更好。注意：常年在地下水位以下部位的承台、桩及土，应取有效重度。

四、桩基础的沉降计算

(一)桩基沉降计算范围

由于桩基础的稳定性好，沉降小且均匀，并且收敛也快，以往对采用桩基础的建筑物，因上部结构荷载不很大，很少进行沉降计算。近几十年来，随着高层、超高层建筑物的兴建，所遇地质情况日趋复杂，建筑物与周围环境的关系日益密切，更显示出沉降计算工作的重要性。

按《建筑桩基技术规范》(JGJ 94—2008)规定，下列建筑桩基应进行沉降计算：

(1)设计等级为甲级的非嵌岩桩和非深厚坚硬持力层的建筑桩基；

(2)设计等级为乙级的体形复杂、荷载分布显著不均匀或桩端平面以下存在软弱土层的建筑桩基；

(3)软土地基多层建筑减沉复合疏桩基础。

对以上应进行沉降计算的建筑桩基，在其施工过程及建成后使用期间，应进行系统的沉降观测，直至沉降稳定。

(二)桩基沉降变形控制指标

桩基沉降变形可用以下指标表示：①沉降量；②沉降差；③整体倾斜(建筑物桩基础倾斜方向两端点的沉降差与其距离之比值)；④局部倾斜(墙下条形承台沿纵向某一长度范围内桩基础两点的沉降差与其距离之比值)。

在计算桩基沉降变形时，桩基变形指标应按下列规定选用：由于土层厚度与性质不均匀、荷载差异、体形复杂、相互影响等因素引起的地基沉降变形，对于砌体承重结构应由局部倾斜控制；对于多层或高层建筑和高耸结构应由整体倾斜控制；当其结构为框架、框架-剪力墙、框架-核心筒结构时，尚应控制柱(墙)之间的差异沉降。

（三）桩基沉降变形允许值

建筑桩基沉降变形允许值应按表 4－16 规定采用。对于该表未包括的建筑桩基沉降变形允许值，应根据上部结构对桩基沉降变形的适应能力和使用要求确定。

表 4－16　建筑桩基沉降变形允许值

变形特征		允许值
砌体承重结构基础的局部倾斜		0.002
各类建筑相邻柱（墙）基的沉降差		
框架、框架-剪力墙、框架-核心筒结构		$0.002l_0$
砌体墙填充的边排柱		$0.0007l_0$
当基础不均匀沉降时不产生附加应力的结构		$0.005l_0$
单层排架结构（柱距 6m）桩基的沉降量（mm）		120
桥式吊车轨面的倾斜（按不调整轨道考虑）		
纵向		0.004
横向		0.003
多层和高层建筑的整体倾斜	$H_g\leqslant 24$	0.004
	$24<H_g\leqslant 60$	0.003
	$60<H_g\leqslant 100$	0.0025
	$H_g>100$	0.002
高耸结构桩基的整体倾斜	$H_g\leqslant 20$	0.008
	$20<H_g\leqslant 50$	0.006
	$50<H_g\leqslant 100$	0.005
	$100<H_g\leqslant 150$	0.004
	$150<H_g\leqslant 200$	0.003
	$200<H_g\leqslant 250$	0.002
高耸结构基础的沉降量（mm）	$H_g\leqslant 100$	350
	$100<H_g\leqslant 200$	250
	$200<H_g\leqslant 250$	150
体形简单的剪力墙结构高层建筑桩基最大沉降量（mm）	—	200

注：l_0 为相邻柱（墙）两测点间距离（m），H_g 为自室外地面算起的建筑物高度（m）。

（四）桩基沉降计算方法

1. 按简化方法估算单桩沉降 s

对承受竖向荷载长径比较大的单桩，桩顶沉降 s 由桩身压缩 s_s 和桩端沉降 s_b 组成：

$$s=s_s+s_b \tag{4-23}$$

设桩端荷载 Q_b 与桩顶荷载 Q 之比为 α，则桩侧荷载 $Q_s=(1-\alpha)Q$。上式中：

$$s_s=[\Delta+\alpha(1-\Delta)]\frac{Ql}{E_pA_p}\qquad 设系数\ \zeta=\Delta+\alpha(1-\Delta)，则\ s_s=\zeta\frac{Ql}{E_pA_p}$$

$$s_b=\frac{(1-\nu_s^2)}{E_s}\left(\frac{\alpha I_b}{A_p}+\frac{1-\alpha}{ul}I_s\right)Qd$$

式中：α——桩端荷载与桩顶荷载之比，α 与桩长径比 l/d 的经验关系如表 4－17 所示；

Δ——桩侧摩阻力分布系数，如均匀分布取 $\Delta=1/2$，如三角形分布取 $\Delta=2/3$，Δ 与 l/d 的经验关系如表 4-17 所示；

E_p、A_p——桩身弹性模量(MPa)、桩截面面积(m^2)；

E_s、ν_s——桩端土压缩模量(MPa)及泊松比，经验值如表 4-18 所示；

I_b、I_s——沉降影响系数，取 $I_b=0.88$，$I_s=2+0.35\sqrt{l/d}$。

表 4-17　沉降计算系数 α、Δ、ζ 与 l/d 的经验关系

桩长径比 l/d		10	20	30	40	50	60	70	80	90
桩侧摩阻力分布系数 Δ	钢筋混凝土预制桩	0.72	0.72	0.72	0.647	0.537	0.50	0.50	0.50	0.50
	钢管桩	0.60	0.60	0.60	0.567	0.533	0.50	0.50	0.50	0.50
	钻孔灌注桩	0.52	0.52	0.52	0.487	0.453	0.42	0.42	0.42	0.42
桩端荷载与桩顶荷载之比 α		0.27	0.18	0.13	0.10	0.07	0.06	0.045	0.04	0.025
系数 ζ	钢筋混凝土预制桩	0.80	0.77	0.76	0.68	0.60	0.53	0.53	0.52	0.51
	钢管桩	0.71	0.67	0.65	0.61	0.57	0.53	0.53	0.52	0.51
	钻孔灌注桩	0.65	0.61	0.58	0.54	0.49	0.46	0.45	0.44	0.43

表 4-18　各类土的经验参数

土的种类	压缩模量 E_s(MPa)	泊松比 ν_s
松砂	10.35～24.15	0.20～0.40
中密砂	17.25～27.60	0.25～0.40
密砂	34.50～55.20	0.30～0.45
粉质砂土	10.35～17.25	0.20～0.40
砂砾石	69.00～172.50	0.15～0.35
软黏土	2.07～5.18	—
一般黏土	5.18～10.35	0.15～0.35
硬黏土	10.35～24.15	—

2. 按原位测试资料估算群桩沉降量 s

根据静力触探试验值 q_c 及标准贯入击数 N 值，梅耶霍夫(1974)建议按以下经验公式估算非黏性土中的群桩沉降量：

$$\left.\begin{aligned} s&=\frac{1.5\sigma_0 BI}{q_c} \\ s&=\frac{\sigma_0\sqrt{B}}{10N} \end{aligned}\right\} \tag{4-24}$$

式中：σ_0——等代墩基底面附加压力(kPa)；

B——等代墩基底宽度(m)；

I——系数，$I=1-\dfrac{D'}{8B}\geqslant 0.5$，$D'$ 为群桩有效埋深(m)；

q_c——静探阻力(kPa)；

N——在桩端平面以下相当于群桩宽度的范围内标贯击数平均值。

3.《建筑桩基技术规范》(JGJ 94—2008)公式

(1)桩中心距不大于6倍桩径的桩基沉降计算。对于桩中心距不大于6倍桩径的桩基，其最终沉降量计算可采用等效作用分层总和法。

采用该法计算群桩沉降时，将等效作用荷载面规定为桩端平面。等效作用面积不考虑荷载的扩散作用而采用承台投影面积。考虑到基桩自重所产生的附加应力较小(对于非挤土桩、部分挤土桩而言，其附加应力只相当于桩内混凝土与土的重度差)，可忽略不计，因此，等效作用面的附加应力近似取承台底平均附加压力。等效作用面以下的应力分布采用各向同性均质直线变形体理论，计算沉降时，除考虑等效沉降系数 ψ_e 外，其余计算与天然地基的沉降计算完全一致。

规范推荐的这种方法，具有等代墩基法使用简便的特点，同时引入等效沉降系数 ψ_e，并按分层总和法计算桩基沉降，规范中称其为等效作用分层总和法。桩基内任意点的最终沉降量可用角点法按下式计算：

$$s = \psi \cdot \psi_e \cdot s' = \psi \cdot \psi_e \cdot \sum_{j=1}^{m} p_{0j} \sum_{i=1}^{n} \frac{z_{ij}\bar{\alpha}_{ij} - z_{(i-1)j}\bar{\alpha}_{(i-1)j}}{E_{si}} \tag{4-25a}$$

式中：s——桩基最终沉降量(mm)；

s'——采用布辛奈斯克(Boussinesq)解，按实体深基础分层总和法计算出的桩基沉降量(mm)；

ψ——桩基沉降计算经验系数，无当地可靠经验时可按表4-19选用。对采用后注浆工艺的灌注桩，该系数应根据桩端持力层类别，乘以0.7(砂、砾、卵石)～0.8(黏性土、粉土)折减系数；饱和土中采用预制桩(不含复打、复压、引孔沉桩)时，应根据桩距、土质、沉桩速率和顺序等因素，乘以1.3～1.8挤土效应系数，土的渗透性低，桩距小，桩数多，沉桩速率快时取大值。

ψ_e——桩基等效沉降系数，$\psi_e = C_0 + \dfrac{n_b - 1}{C_1(n_b - 1) + C_2}$，其中，$n_b$ 为矩形布桩时的短边布桩数，当布桩不规则时，$n_b = \sqrt{n \cdot B_c / L_c}$，详见《建筑桩基技术规范》(JGJ 94—2008)；

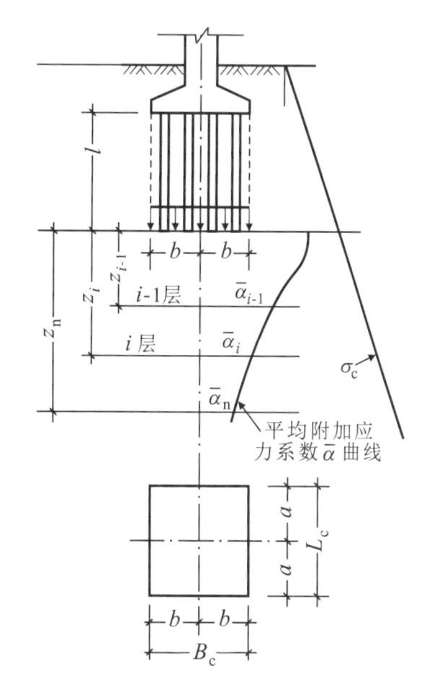

图4-25　桩基沉降量计算示意图

m——角点法计算点对应的矩形荷载分块数；

p_{0j}——第 j 块矩形底面在荷载效应准永久组合下的附加压力(kPa)；

n——桩基沉降计算深度范围内所划分的土层数，如图4-25所示；

E_{si}——等效作用底面以下第 i 层土的压缩模量(MPa)，用地基土在自重压力至自重压力加附加压力作用时的压缩模量；

z_{ij}、$z_{(i-1)j}$——分别为桩端平面第 j 块荷载作用面至第 i 层土、第 $i-1$ 层土底面的距离(m)；

$\bar{\alpha}_{ij}$、$\bar{\alpha}_{(i-1)j}$——分别为桩端平面第 j 块荷载计算点至第 i 层土、第 $i-1$ 层土底面深度范围内的平均附加应力系数，查相应表格即可。

表 4-19　桩基沉降计算经验系数 ψ

$\bar{E}_s$(MPa)	≤10	15	20	35	≥50
ψ	1.2	0.9	0.65	0.50	0.40

注：①$\bar{E}_s$为沉降计算深度范围内压缩模量的当量值，可按下式计算：$\bar{E}_s = \sum A_i / \sum \frac{A_i}{E_{si}}$，式中 A_i 为第 i 层土附加压力系数沿土层厚度的积分值，可近似按分块面积计算；

②ψ 可根据 $\bar{E}_s$内插取值。

由于采用的等效沉降系数是按桩的长径比、距径比、排列方式及桩数等诸因素变化规律得出的计算参数，反映了群桩效应对群桩沉降量的影响，按此法计算比以前只考虑经验系数的方法更加科学合理。

计算时，按应力比法确定地基沉降深度，即计算深度 z_n 处附加应力 σ_z 与土的自重应力 σ_c 应符合下式要求：

$$\left.\begin{aligned} \sigma_z &= 0.2\sigma_c \\ \sigma_z &= \sum_{j=1}^{m} \alpha_j p_{0j} \end{aligned}\right\} \tag{4-25b}$$

式中：α_j——附加应力系数，按角点法划分的矩形长宽比及深宽比，查附加应力系数表求得。

对于矩形桩基，则可将式(4-25a)相应简化，如矩形桩基础角点沉降为：

$$s = \psi \cdot \psi_e \cdot s' = \psi \cdot \psi_e \cdot p_0 \sum_{i=1}^{n} \frac{z_i \bar{\alpha}_i - z_{i-1}\bar{\alpha}_{i-1}}{E_{si}} \tag{4-26a}$$

矩形桩基础中点沉降为：

$$s = 4\psi \cdot \psi_e \cdot p_0 \sum_{i=1}^{n} \frac{z_i \bar{\alpha}_i - z_{i-1}\bar{\alpha}_{i-1}}{E_{si}} \tag{5-26b}$$

式中：p_0——在荷载效应准永久组合下承台底的平均附加压力(kPa)；

$\bar{\alpha}_i$、$\bar{\alpha}_{i-1}$——平均附加应力系数。

当受相邻基础影响时，应采用应力叠加原理计算沉降。

按等效作用分层总和法计算结果与现场模型试验及部分工程实测资料对比，在非软土地区和软土地区桩端具有良好持力层的情况下，计算值略大于实测值，在软土地区尤其是上海地区，当桩端无良好持力层时，计算值小于实测值。尽管如此，将它作为验算桩基沉降量的一种计算方法，仍是合理的。

(2)单桩、单排桩、桩中心距大于 6 倍桩径的疏桩基础沉降计算。工程实际中有部分桩基不能采用前述的等效作用分层总和法计算基础的最终沉降，如变刚度调平设计的框架-核心筒结构中刚度相对弱化的外围基桩，柱下布置 1～3 桩者居多；剪力墙结构中常采取墙下布置单排桩；框架和排架结构中按一柱一桩或一柱二桩布置也常见；有的工程采用桩距大于 $6d$ 的疏桩基础或仅在柱下、墙下单独设置承台等。按《建筑桩基技术规范》(JGJ 94—2008)，对于单桩、单排桩、桩中心距大于 6 倍桩径的疏桩基础的沉降计算应符合下列规定：

1)承台底地基土不分担荷载的桩基，桩端平面以下地基中由基桩引起的附加应力，按考虑桩径影响的明德林(Mindlin)解计算确定。将沉降计算点水平面影响范围内各基桩对应力计算点产生的附加应力叠加，采用单向压缩分层总和法计算土层的沉降，并计入桩身压缩。

2)承台底地基土分担荷载的复合桩基，将承台底土压力对地基土中某点产生的附加应力按布辛奈斯克(Boussinesq)解计算，并与基桩产生的附加应力叠加，再采用与规定 1)相同的方法计算沉降。

以上计算方法详见《建筑桩基技术规范》(JGJ 94—2008)。

五、软弱下卧层承载力验算

在土层竖向分布不均时，为了降低工程造价，使桩长减少，或者由于采用挤土桩但穿透硬土层会造成沉桩困难时，则可考虑将群桩桩端设置于软土层以上有足够厚度的硬土层中。该硬土层是否可作为群桩的可靠持力层，则需验算硬土层下的软弱土层承载力是否满足设计需要。因为当桩端持力层以下软弱下卧层承载力与持力层承载力相差过大，且荷载引起的局部压力超出软弱下卧层承载力过多时，将引起软弱下卧层因塑性变形而侧向挤出，使桩基产生偏沉甚至引起整体失稳。

对于桩距 $s_a \leqslant 6d$ 的群桩基础，桩端持力层下存在承载力低于桩端持力层承载力 1/3 的软弱下卧层时，可将桩群、桩间土及硬持力层冲剪体视为实体基础，破坏时呈整体冲剪破坏，并假设剪切破坏面发生在桩群外围表面(图 4－26)，冲剪土体如同锥体，锥体锥面与竖直线夹角为 θ(即压力扩散角)，持力层与软层的压缩模量比 E_{s1}/E_{s2} 的大小、桩端下持力层的相对厚度大小都将直接影响 θ 值。

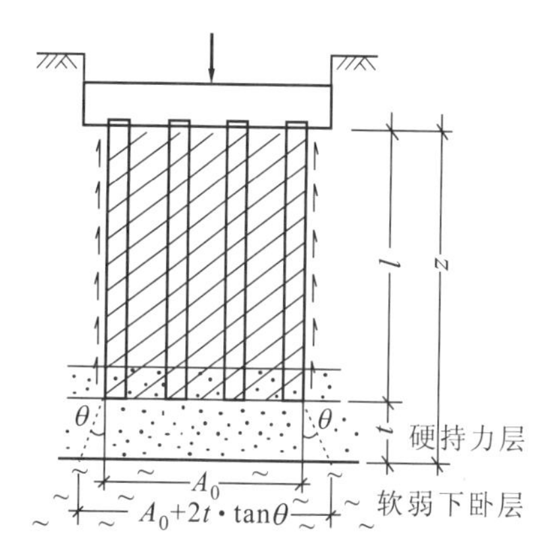

图 4－26　软弱下卧层承载力验算

按软弱下卧层的承载力不能小于其上部冲剪锥体底面压应力值的条件，软弱下卧层承载力可按下列公式验算：

$$\sigma_z + \gamma_m z \leqslant f_{az} \tag{4-27}$$

式中：σ_z ——作用于软弱下卧层顶面的附加应力(kPa)；

γ_m ——软弱层顶面以上各土层重度(地下水位以下取浮重度)按厚度加权平均值(kN/m^3)；

f_{az}——软弱下卧层经深度 z 修正的地基承载力特征值(kPa)。

在确定下卧层顶面附加应力 σ_z 时，考虑到实体基础侧面摩阻力发挥较充分，传递至桩端平面的荷载按扣除实体基础侧面总极限侧阻力的 3/4 考虑(因为在软弱下卧层进入临界状态前，虽然基桩的侧阻力平均值已接近于极限，但该极限侧阻力不可能同时沿实体基础外表面发生，而是从上到下逐渐发挥)，该摩阻力取桩侧极限摩阻力标准值，由此可得 σ_z 表达式：

$$\sigma_z = \frac{(F_k + G_k) - \frac{3}{2}(A_0 + B_0) \cdot \sum q_{sik} l_i}{(A_0 + 2t \cdot \tan\theta)(B_0 + 2t \cdot \tan\theta)} \tag{4-28}$$

式中：q_{sik}——桩周第 i 层土的极限侧阻力标准值(kPa)，无当地经验时，可按表 4－7 取值；

A_0、B_0 ——分别为桩群外缘矩形底面的长、短边边长(m)；

t ——硬持力层厚度(m)；

θ ——桩端硬持力层压力扩散角(°)，按表 4－20 取值。

实际工程中，出现群桩基础桩距 $s_a > 6d$ 的可能性很小，所以规范未推荐该情况下的软弱下卧层承载力验算。

表 4-20　桩端硬持力层压力扩散角 θ

E_{s1}/E_{s2}	$t=0.25B_0$	$t\geqslant 0.50B_0$
1	4°	12°
3	6°	23°
5	10°	25°
10	20°	30°

注：①E_{s1}、E_{s2}为硬持力层、软弱下卧层的压缩模量；

②当 $t<0.25B_0$ 时，取 $\theta=0°$，必要时宜通过试验确定；当 $0.25B_0<t<0.50B_0$ 时，可内插取值。

第五节　桩的负摩阻力问题

在多数情况下，桩受竖向荷载作用后相对于桩周土产生向下的位移，此时，桩周土对桩的摩阻力方向朝上，并分担由桩顶传来的荷载，这时的摩阻力即正摩阻力。若在某些情况下，如桩周土由于自重固结、湿陷、地面荷载作用等原因而产生大于基桩的沉降，此时桩周土对桩表面产生向下的摩阻力，称之为负摩阻力。负摩阻力分布于桩侧表面，对桩形成下拉荷载，它不但不能分担桩顶传来的荷载，而且成了桩的附加荷载。可见，负摩阻力对受竖向压力荷载的桩基是相当不利的。

一、产生负摩阻力的条件

由负摩阻力的定义可知，只有当桩周地基土对桩而言产生向下位移时，才可能出现负摩阻力，产生负摩阻力的条件主要有以下几种：

(1)当桩穿越较厚的松散填土或欠固结土层而进入相对较硬土层时，如果桩侧土在自重作用下的固结沉降量大于桩的沉降量，该土层会对桩产生负摩阻力。

(2)当桩穿越较厚的自重湿陷性黄土、季节性冻土层或者可液化土层而支承于较坚硬或较稳定的土层中时，由于黄土浸水会导致土体结构破坏，强度降低而产生湿陷，冻土会因温度升高产生融沉，可液化土层受到地震或其他动荷载时则产生液化而重新固结，当桩基处于以上地基土中时，都会因地基土产生大量沉降而使桩侧出现负摩阻力。

(3)若因人工降水或其他原因造成大面积地下水位下降，桩侧土中的有效应力必然增加，若此时桩侧土产生显著的压缩沉降(如出现地面下沉)，也会产生负摩阻力。

(4)当桩周存在软弱土层，而邻近桩侧的地面承受局部较大的长期荷载，或者桩侧地面因大面积堆载(包括土石方)而引起地面大量下沉时，也会产生负摩阻力。

(5)在饱和软土中进行桩距较密的打入桩施工，会产生超孔隙水压力及土体大量上涌现象，在超孔隙水压力消散的过程中及重塑土重新固结时也会产生负摩阻力。

当存在产生负摩阻力的条件时，一旦桩侧土对桩身产生明显的向下位移即会产生负摩阻力。由于这一附加荷载的出现会引起摩擦桩产生附加沉降，当建筑物的部分桩基出现负摩阻力，则会引起建筑物不均匀沉降，使上部结构损坏。对于端承桩，则可能因附加荷载的出现使桩身强度破坏或持力层被破坏。工程中已出现因负摩阻力问题引起的建筑地基不均匀沉降，造成建筑物倾斜、开裂以致无法使用而拆除，或者需花费大量资金对基础进行加固等情况。负摩阻力问题已成为我国工程实践中所关注的热点问题，若在设计工作中予以充分考虑并采取相应措施，则完全可以避免问题的发生，这已被工程实践所证实。

二、负摩阻力的计算

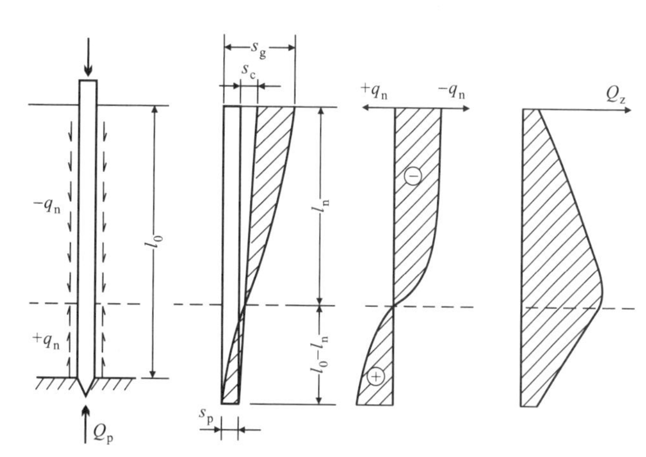

图 4－27　桩的负摩阻力中性点示意图

s_g—地表沉降量；s_p—桩端沉降量；l_0—压缩土层厚度；l_n—中性点深度；s_c—桩顶沉降量；Q_z—桩身轴向力

由桩、土体系的荷载传递特征及桩的工作性状可知，在桩周土不产生负摩阻力的情况下，桩身截面位移及桩的轴向压力从桩顶开始随深度增加而递减。当桩周土产生负摩阻力时，在某深度 l_n 以上，桩侧土的沉降大于桩的沉降，当桩的沉降曲线与桩侧土的沉降曲线相交时，交点处桩土无相对位移，如图 4－27 所示，工程中称该点为中性点。中性点以上，因桩侧土的位移量大于桩身截面位移，桩侧土呈现负摩阻力，即产生附加荷载，中性点以上桩的轴向压力随深度递增。中性点以下，由于桩侧土的位移小于桩截面位移，桩侧土开始出现正摩阻力，此时桩身已无附加荷载，故桩的轴向压力从中性点开始随深度递减。由图可知，中性点处正、负摩阻力均不存在，该处附近桩身截面的轴力最大。

一般来说，中性点的位置在成桩后的初期是变化的，它会随着桩的沉降增加而向上移动，当桩沉降趋于稳定时，中性点也将稳定在某一固定深度处。只有确定了中性点的位置，才可确定负摩阻力的作用长度 l_n。实测资料表明，中性点的稳定深度 l_n 是随持力层的强度和刚度的增加而增加的，计算时中性点深度 l_n 应按桩周土层沉降与桩沉降相等的条件计算确定，也可参照表 4－21 确定。

表 4－21　中性点深度 l_n

持力层性质	黏性土、粉土	中密以上砂	砾石、卵石	基岩
中性点深度比 l_n/l_0	0.5～0.6	0.7～0.8	0.9	1.0

注：①l_n、l_0 分别为自桩顶算起的中性点深度、桩周软弱土层下限深度(m)；

②桩穿过自重湿陷性黄土层时，l_n 可按表列值增大 10%(持力层为基岩除外)；

③当桩周土层固结与桩基沉降同时完成时，取 $l_n=0$；

④当桩周土层计算沉降量小于 20mm 时，l_n 应按表列值乘以 0.4～0.8 折减。

负摩阻力的产生受诸多因素的影响，计算时不可能一一考虑，而计算出负摩阻力及其引起的下拉荷载则是可行的。当无实测资料时可按以下方式计算。

1. 按有效应力法计算负摩阻力

中性点以上单桩桩周第 i 层土负摩阻力标准值，可按下列公式计算：

$$q_{si}^{n}=\xi_{ni}\sigma'_i \tag{4-29a}$$

当填土、自重湿陷性黄土湿陷、欠固结土层产生固结和地下水降低时：$\sigma'_i=\sigma'_{\gamma i}$

当地面分布大面积荷载时：$\sigma'_i=p+\sigma'_{\gamma i}$

$$\sigma'_{\gamma i}=\sum_{e=1}^{i-1}\gamma_e\Delta z_e+\frac{1}{2}\gamma_i\Delta z_i \tag{4-29b}$$

式中：q_{si}^{n}——第 i 层土桩侧负摩阻力标准值(kPa)；当按式(4-29a)计算值大于正摩阻力标准值时，取正摩阻力标准值进行设计；

ξ_{ni}——桩周第 i 层土负摩阻力系数，$\xi_n=k\cdot\tan\varphi'$，k 为土的侧压力系数，可近似取静止土压力系数值，φ'为土的有效内摩擦角，ξ_n可按表4-22取值；

$\sigma'_{\gamma i}$——由土自重引起的桩周第 i 层土平均竖向有效应力(kPa)，桩群外围桩自地面算起，桩群内部桩自承台底算起；

σ'_i——桩周第 i 层土平均竖向有效应力(kPa)；

γ_i、γ_e——分别为第 i 计算土层和其上第 e 土层的重度(kN/m^3)，地下水位以下取浮重度；

Δz_i、Δz_e——分别为第 i 层土、第 e 层土的厚度(m)；

p——地面均布荷载(kPa)。

表4-22　负摩阻力系数 ξ_n

土类	饱和软土	黏性土、粉土	砂土	自重湿陷性黄土
ξ_n	0.15～0.25	0.25～0.40	0.35～0.50	0.20～0.35

注：①同一类土中，对于挤土桩取较大值，对于非挤土桩取较小值；
②填土按其组成取表中同类土的较大值。

2. 按土的力学参数确定负摩阻力

对于黏性土，可按下式估算负摩阻力标准值：

$$q_{si}^{n}=q_{iu}/2 \tag{4-30a}$$

或

$$q_{si}^{n}=c_{iu} \tag{4-30b}$$

式中：q_{iu}——第 i 层土的无侧限抗压强度(kPa)；

c_{iu}——第 i 层土的不排水抗剪强度(kPa)，可用十字板法测定。

对于砂类土，可按下式估算负摩阻力标准值：

$$q_{si}^{n}=\frac{N_i}{5}+3 \tag{4-30c}$$

式中：N_i——第 i 层土经钻杆长度修正的平均标贯击数。

3. 下拉荷载的计算

对于单桩基础，负摩阻力产生的下拉荷载即为作用于单桩中性点以上的负摩阻力之和，即：

$$Q_g=u\sum_{i=1}^{n}q_{si}^{n}l_i \tag{4-31}$$

因负摩阻力是由于桩侧土体沉降而引起，对于桩距较小的群桩，若各基桩单位侧面积所分担的土体重量小于单桩的负摩阻力极限值，此时基桩实际受到的负摩阻力将比独立工作时的单桩负摩阻力小(即群桩效应)。可见，基桩的负摩阻力会因群桩效应而降低。计算群桩中基桩的下拉荷载时，应乘以群桩效应系数 η_n(η_n<1)。

将独立单桩单位长度内的负摩阻力等效为相应长度范围内半径为 r_e 形成的土体重量，则：

$$\pi d q_s^n = (\pi r_e^2 - \frac{\pi d^2}{4})\gamma_m \tag{4-32a}$$

由上式得：$$r_e = \sqrt{\frac{d q_s^n}{\gamma_m} + \frac{d^2}{4}} \tag{4-32b}$$

式中：r_e——等效圆半径(m)；

d——桩身直径(m)；

q_s^n——中性点以上桩周土层厚度加权平均极限负摩阻力标准值(kPa)；

γ_m——中性点以上桩周土层厚度加权平均重度(kN/m³)，地下水位以下取浮重度。

若以 r_e 为半径，以各基桩中心为圆心作圆，等效圆面积 $A_{ei} = \pi r_e^2$，以各基桩的纵横向中心距为边长的矩形面积 $A_r = s_{ax} \cdot s_{ay}$，矩形面积与等效圆面积之比即为负摩阻力群桩效应系数 η_n，即：

$$\eta_n = \frac{s_{ax} \cdot s_{ay}}{\pi r_e^2}$$

将式(4-32b)代入，$$\eta_n = \frac{s_{ax} \cdot s_{ay}}{\pi d\left(\frac{q_s^n}{\gamma_m} + \frac{d}{4}\right)} \tag{4-32c}$$

由于考虑了群桩效应，群桩中任一基桩的下拉荷载标准值可按下式计算：

$$Q_g^n = \eta_n u \sum_{i=1}^{n} q_{si}^n l_i \tag{4-32d}$$

式中：n——中性点以上土层数；

l_i——中性点以上各土层厚度(m)；

η_n——负摩阻力群桩效应系数[对于单桩基础取 $\eta_n = 1$，当按式(4-32c)计算 $\eta_n > 1$ 时，取 $\eta_n = 1$]；

s_{ax}、s_{ay}——分别为纵横向桩的中心距(m)。

三、考虑负摩阻力的桩基承载力及沉降

负摩阻力对于桩基承载力和沉降的影响，随侧阻与端阻分担荷载比、桩周土沉降的均匀性及建筑物对不均匀沉降的敏感程度而异。

对于摩擦型桩基，当出现负摩阻力并对基桩施加下拉荷载时，由于持力层压缩性较大，使基桩产生附加沉降；一旦桩基出现沉降，则土对桩的相对位移减小，负摩阻力随之降低直至转化为零。因此，确定摩擦型基桩的承载力时，桩身中性点以上取侧阻力为零。此时，桩承受的竖向荷载(不考虑下拉荷载)不能超过由桩身中性点以下的侧阻力及桩端阻力提供的承载力。按《建筑桩基技术规范》(JGJ 94—2008)，基桩承载力应满足下式要求：

$$N_k \leqslant R_a \tag{4-33}$$

式中：N_k——荷载效应标准组合轴心竖向力作用下复合基桩或基桩的平均竖向力(kN)；

R_a——单桩竖向承载力特征值(kN)。

对于端承型桩基，由于持力层较坚硬，受下拉荷载后产生的附加沉降很小甚至不引起附加沉降，此时，负摩阻力会长期作用于中性点以上的桩侧表面，因此必须考虑中性点以上负摩阻

力产生的下拉荷载 Q_g^n，并将其作为外荷载的一部分来验算基桩承载力。基桩竖向承载力仍只考虑中性点以下摩阻力及端阻力。端承型基桩承载力除应满足式(4－33)外，还应满足下式要求：

$$N_k + Q_g^n \leqslant R_a \tag{4-34}$$

式(4－33)、式(4－34)中单桩竖向承载力特征值 R_a 只考虑中性点以下部分侧阻值及端阻值。

当产生负摩阻力的土层不均匀、各桩基周围受到不均匀堆载或不均匀降水时，各桩基则会出现不均匀的下拉荷载及沉降，这对不均匀沉降敏感的建筑物是相当不利的，所以，当土层不均匀或建筑物对不均匀沉降较敏感时，尚应将负摩阻力引起的下拉荷载计入附加荷载验算桩基沉降。

第六节　桩基的水平承载力

对承受土压力及地下水压力的挡土桩，承受火车、汽车的制动力产生的水平力及弯矩荷载的桥梁桩基以及承受吊车荷载、风载及地震水平荷载的工业与民用建筑桩基，因受水平荷载作用，都必须考虑其水平向承载力。对于一般建筑物，所承受的水平荷载较小，而对于高层建筑，特别是位于高设防烈度区的高层建筑桩基，需承受巨大的风载及地震荷载，由于高层建筑自重大，使短期水平荷载在数值上相当可观，此时，验算桩基的水平承载力及位移就显得尤为重要。

一、水平荷载下单桩的破坏性状

当单桩桩顶受到水平荷载和弯矩的作用后，桩顶会产生水平向位移及转角，桩身产生弯曲应力，桩侧土受到挤压。当横向荷载继续增大，对桩身抗弯强度较低的桩，如配筋率低的灌注桩，则会引起桩身断裂；对抗弯强度很高的桩，如预制桩、钢桩，虽然桩身未断裂，但桩的水平位移已经很大，桩侧土被挤出，处于以上状态的单桩，其水平承载力已达极限值，单桩已被破坏。桩的几何尺寸、桩顶约束条件、桩身材料强度及地基土的性质，都会影响受水平向荷载的桩及地基土的破坏性状。

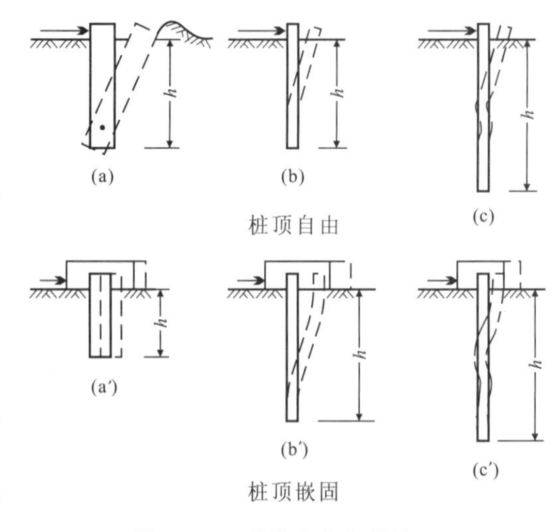

图 4－28　受横向荷载的桩

1. 刚性桩(短桩)的破坏

对于桩顶无约束的短桩，因桩的相对刚度(对地基土而言)很大，桩顶受横向荷载直至达极限状态出现破坏时，桩身并未产生挠曲变形，如图 4－28(a)所示，而是围绕桩端附近的某一点作刚体转动，此时，全桩长范围内的桩侧土均达屈服状态，对处于以上受力及破坏状态的桩，可称为刚性桩。

对于桩顶被嵌固的短桩，由于承台受地基土反力作用，当横向荷载增加至桩已破坏时，桩及承台均未出现明显的转动，而是以桩与承台呈整体平移为主要特征，桩侧土也已达屈服状态，如图 4－28(a′)所示。

2. 半刚性桩(中长桩)的破坏

半刚性桩或者中长桩的桩顶受横向荷载后，桩身会发生挠曲变形，因桩身相对刚度的减弱及桩长的增加，不会出现整体转动现象。在桩身的位移曲线上，只出现一个位移零点，如图 4－28(b)所示。即该点以上桩身水平位移明显，且从下往上逐渐增大，而该点以下桩身无水平向位移。随着横向荷载的增加，位移零点会沿桩身下移，桩侧土的屈服也向下发展，由于上部土抗力的减少，桩身最大弯矩截面位置也向下转移。当横向荷载继续增大，对低配筋率的桩，会因抗弯强度不高而发生桩身断裂，此时桩已破坏；对桩身抗弯强度很高的高配筋率桩，如预制桩及钢桩，则会产生过大的水平位移及桩侧土被塑性挤出，此时桩已被破坏。

对于被承台嵌固的中长桩，如图 4－28(b′)所示，桩顶将出现较大的反向固端弯矩，而桩身弯矩相应减小并向下部转移，并且桩顶水平位移比无嵌固时大大减小。当横向荷载继续增加，会使桩顶最大弯矩处和桩身最大弯矩处相继屈服，此时桩的承载力处极限状态，桩及承台均已产生较大水平位移。由于桩顶被嵌固，与桩顶处自由状态相比，在相同荷载作用下，桩身抗弯强度较低的桩出现桩身断裂的可能性减小。当桩身抗弯强度较高时，可按允许水平位移量对应的荷载确定其承载力。

3. 柔性桩(无限长桩)的破坏

当桩的长度足够大时，不管桩顶是否处于自由状态，受荷载后桩身位移曲线上可出现两个以上的位移零点和弯矩零点，并且位移量及弯矩值随桩深衰减很快，处于这种受力状态下的桩称为柔性桩或无限长桩，如图 4－28(c)、图 4－28(c′)所示。其破坏性状与半刚性桩类似。

二、单桩水平承载力及水平位移的确定

受横向荷载的桩，其水平承载力受诸多因素的影响，要确定单桩水平承载力，则比确定其竖向承载力更为复杂。由于单桩的水平承载力取决于桩的材料强度、截面刚度、入土深度、桩侧土质条件、桩顶水平位移允许值和桩顶嵌固情况等因素，而且不同抗弯性能的桩，其破坏性状也不同，所以应按不同的标准来确定它们的承载力大小。例如，抗弯性能明显不同的两种桩，在地质条件、桩的几何尺寸、桩顶嵌固条件及入土深度均相同时，当施加水平荷载后，对于低配筋率的桩，其桩身首先开裂，此时，桩顶水平位移并不大，桩侧被挤压的土也未产生明显的塑性变形，若继续加载，则会产生桩身断裂，对这种桩则可取桩身受拉区混凝土明显退出工作前的最大荷载(此时桩身会产生细微裂缝，但不影响其使用功能)作为单桩水平承载力特征值；而对于抗弯性能好的预制桩及钢桩，在水平向荷载很大时也不易产生桩身折断现象，而此时桩顶水平位移量已很大，且超过允许范围，对于这类桩则应取地面处桩的允许位移量(一般为10mm，对于水平位移敏感的建筑物取 6mm)所对应的荷载作为单桩水平承载力特征值。

确定单桩水平承载力的方法大体上有水平静载试验法和计算分析法两类，水平静载试验最能反映实际情况，所以《建筑桩基技术规范》(JGJ 94—2008)规定："对于受水平荷载较大的设计等级为甲级、乙级的建筑桩基，单桩的水平承载力特征值应通过单桩水平静载试验确定。"而采用计算分析方法确定单桩水平承载力，只能得出近似结果。

(一)单桩水平静载试验法

按桩的实际工作条件(荷载性质、荷载大小及地质条件)，对桩施加水平荷载，可确定出单桩的水平承载力及地基土的水平抗力系数；对工程桩进行水平静载试验，则可检验和评价其水

平承载力；在试桩的成桩过程中，若将应力测量元件埋设于桩身，试验时则可测出桩身应力变化，得出桩身弯矩的分布情况。

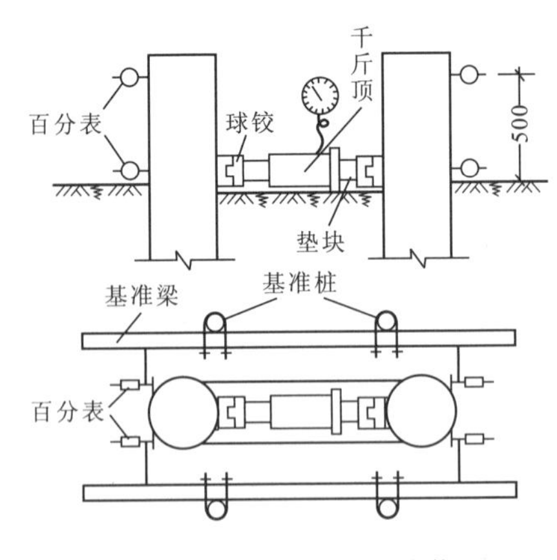

图 4-29　水平静载试验装置

1.试验装置及方法(图 4-29)

试验时，在两根桩之间设置千斤顶，由千斤顶对两根桩施加水平力，水平力作用线位置应与实际工程桩基承台底标高一致。在千斤顶与试桩接触处宜安置一球形铰座，以保证作用力能水平通过桩身轴线。

在水平力作用线平面上及其上 50cm 处各安装一或二只大量程百分表(下表可读测出地面处桩身位移，上表可读测出桩顶位移，按两表位移差及两表距离可求得地面以上桩身的转角)。固定百分表的基准桩宜打设在试桩位移方向的外侧面，且与试桩的净距不少于 1 倍的试桩直径。

单桩水平静载试验可根据桩的实际工作条件采用相应的试验加载方法。若桩的实际工作条件是承受风载、地震荷载、制动力等循环性荷载，则采用单向多循环加卸载法，对于长期承受水平荷载的桩基则可采用慢速维持加载法(该法稳定标准可参照竖向静载试验)，以下介绍单向多循环加卸载法。

单向多循环加卸载法的分级荷载应小于预估水平极限承载力或最大试验荷载的 1/10。对于直径为 300～1 000mm 的桩，每级加载增量可取 2.5～20kN；每级加载后，恒载 4min；测读出水平位移，然后卸载至零；停 2min 测读残余水平位移，至此完成一个加载循环。5 次循环后便完成该级荷载的试验观测，之后开始加下一级荷载，仍循环 5 次，测试结果如图 4-30 所示。试验时应尽量缩短加载时间，读测位移的间隔时间应严格、准确，试验不得中途停歇。

当某级加载时出现桩身折断或水平位移超过 30～40mm(软土取 40mm)，或水平位移达到设计要求的水平位移允许值时可终止试验。

2.按试验成果确定单桩水平承载力

根据各级荷载下每次循环加卸载所读测的位移值，可绘制出水平力-时间-位移(H_0-t-x_0)曲线、水平力-位移梯度($H_0-\dfrac{\Delta x_0}{\Delta H_0}$)曲线或者水平力-位移双对数($\lg H_0-\lg x_0$)曲线，当已测量桩身应力时，尚应绘制应力沿桩身分布和水平力-最大弯矩截面钢筋应力($H_0-\sigma_g$)等曲线，各曲线如图 4-30 所示。其中，绘制 $H_0-\dfrac{\Delta x_0}{\Delta H_0}$曲线时，$x_0$ 取各级荷载下第 5 次循环荷载下的位移，再算出相对于前一级的位移增量 Δx_0 及荷载增量 ΔH_0。根据以上曲线，综合判定出单桩的水平临界荷载 H_{cr}及极限荷载 H_u。

水平临界荷载系指桩身受拉区混凝土开裂退出工作前的最大荷载，当受拉区混凝土产生裂缝时，桩身截面抵抗矩会明显降低，此时，桩的水平位移 x_0 及受拉区钢筋应力 σ_g 增大明显，在曲线上出现突变点。如：H_0-t-x_0 曲线中，当在相同荷载增量的条件下，出现比前一级明显增大的位移增量突变点，则该点的前一级荷载定为水平临界荷载；$H_0-\dfrac{\Delta x_0}{\Delta H_0}$曲线中的第一直线段的终点、$\lg H_0-\lg x_0$ 曲线的拐点及 $H_0-\sigma_g$ 曲线的第一突变点所对应的荷载，均定为水

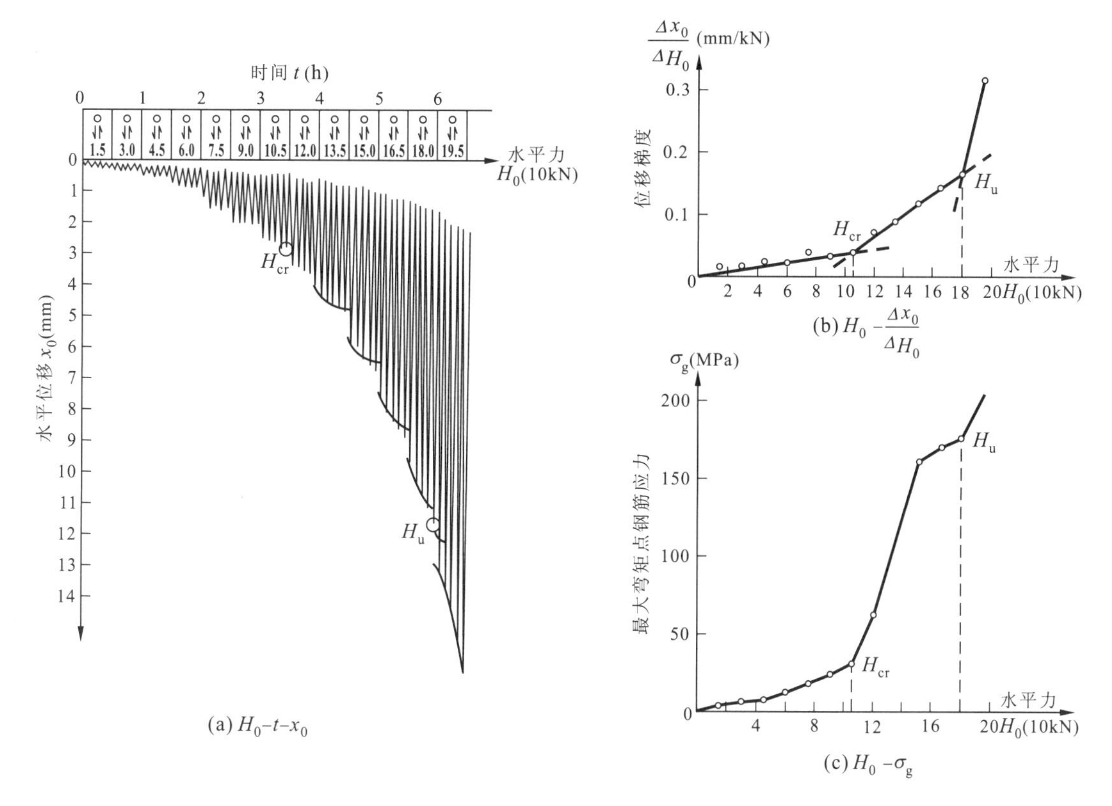

图 4－30　单桩水平静载试验成果曲线

平临界荷载。水平临界荷载是单桩允许荷载的最大值。按《建筑桩基技术规范》(JGJ 94—2008)规定:"对于桩身配筋率小于 0.65%的灌注桩,可取单桩水平静载试验的临界荷载的75%为单桩水平承载力特征值。"而对于抗弯强度较大的桩,则应由水平位移量控制取值标准,所以,《建筑桩基技术规范》(JGJ 94—2008)规定:"对于钢筋混凝土预制桩、钢桩、桩身全截面配筋率不小于 0.65%的灌注桩,可根据静载试验结果取地面处桩水平位移为 10mm(对于水平位移敏感的建筑物取水平位移 6mm)所对应的荷载的 75%为单桩水平承载力特征值。"对于位移控制较严的其他结构及桥基,也可取 6mm。

水平极限荷载是指桩已完全破坏前的最大荷载,也应由各曲线综合判定。如:H_0-t-x_0 曲线明显陡降的前一级荷载,定为极限荷载;$H_0-\frac{\Delta x_0}{\Delta H_0}$曲线第二直线段的终点所对应的荷载、桩身折断时所对应的荷载及钢筋应力达到流限的前一级荷载,都定为极限荷载 H_u。

3. 确定地基土水平抗力系数的比例系数 m 值

对受水平荷载的桩进行计算分析时,需采用地基土水平抗力系数的比例系数 m 值(详见本节"计算分析法"确定单桩水平承载力),其表达式为:

$$m=\frac{\left(\frac{H_{cr}}{x_{cr}}\nu_x\right)^{\frac{5}{3}}}{b_0(EI)^{\frac{2}{3}}} \tag{4-35}$$

式中:m——地基土水平抗力系数的比例系数(MN/m^4),该数值为地面以下 2(d+1)m 深度内各土层的综合值；

H_{cr}——单桩水平临界荷载(kN)，对预制桩取 $x_0=10$mm 所对应的 H_0 值；

x_{cr}——单桩水平临界荷载对应的位移(mm)，对预制桩取 $x_{cr}=10$mm；

ν_x——桩顶位移系数，见本节“计算分析法”；

b_0——桩身计算宽度(m)，对圆形桩：当 $d\leqslant 1$m 时 $b_0=0.9(1.5d+0.5)$，当 $d>1$m 时 $b_0=0.9(d+1)$；对方桩：当边宽 $b\leqslant 1$m 时 $b_0=1.5b+0.5$，当边宽 $b>1$m 时 $b_0=b+1$。

注意：m 值对于同一根桩并非定值，它与荷载呈非线性关系，当荷载低时 m 值较高；随着荷载的增加，桩侧土的塑性区逐渐扩展，m 值也随之降低。因此，确定 m 值应与实际荷载及允许位移相适应。

（二）计算分析法

采用线弹性地基反力法计算单桩水平承载力，是工程设计中常用的方法。该方法假定桩侧地基土反力随水平位移成正比线性增加，桩在工作荷载下，因桩侧土产生的塑性区较小，用线弹性地基反力法计算桩在工作荷载下的内力及变位是可行的。如果将承受水平荷载的单桩视为弹性地基上的竖直梁，并假定桩侧土为文克勒离散线性弹簧，不考虑桩土之间的黏着力及摩阻力，假定弹簧只承受压力不承受拉力(土的抗拉强度为零)，且桩上任一深度 z 处单位桩长上反力为深度 z 及该点挠度 x 的函数，即 $p(z,x)$。按线弹性地基反力法(基床系数法)，可导出桩顶在水平荷载(剪力、弯矩)下的基本挠曲微分方程，即：

$$EI\frac{d^4x}{dz^4}+p(z,x)=0 \tag{4-36a}$$

按文克勒假定，任一深度桩侧土反力与该点的水平位移成正比，即：

$$p(z,x)=k(z)\cdot x\cdot b_0 \tag{4-36b}$$

式中：$k(z)$——地基土水平抗力系数(基床系数)；

x——桩身水平位移(m)；

b_0——桩截面计算宽度(m)。

由于地基土水平抗力系数(基床系数)随深度变化，其大小及分布直接影响着微分方程的求解及桩身截面内力的变化。对 $k(z)$ 的分布图式的假设不同，微分方程也会得出不同的解。目前，对 $k(z)$ 的分布图式有以下几种假定：

(1)常数法。假定地基水平抗力系数 $k(z)$ 沿深度均匀分布，即定为常数，$k(z)=k_0$，这是我国张有龄(1936)提出的，故也称张氏法。日本等国常按此法计算。

(2) C 值法。假定 $k(z)$ 是随深度 z 按 $k(z)=Cz^{1/2}$ 呈抛物线分布，C 为随土类不同而采用的比例常数，这是我国交通部门 20 世纪 70 年代提出的方法。

(3)“K”法。假定 $k(z)$ 在桩轴第一位移零点以上为凹形抛物线分布，以下即为常数，也称安格尔斯基法。

(4)“m”法。假定 $k(z)$ 随深度成正比增加，地面处为零，即 $k(z)=mz$，在我国铁道桥梁工程设计中首先采用，目前建筑工程及公路桥涵的桩基设计中也采用此法。

工程设计中应根据土性特征选择恰当的计算方法。例如：对超固结黏性土及地面为硬壳层的情况，可选用常数法；当桩径大、允许位移小时宜选 C 值法；对于其他土质一般可选“m”法或 C 值法。以下的有关计算分析，均按“m”法的假定进行。m 称为地基土水平抗力系数 $k(z)$ 的比例系数(MN/m^4)。

由“m”法 $k(z)=mz$，竖直梁的挠曲微分方程可表示为：

$$EI\frac{d^4x}{dz^4}+mz\cdot x\cdot b_0=0 \tag{4-36c}$$

令 $\alpha=\sqrt[5]{\frac{mb_0}{EI}}$，则上式变为：

$$\frac{dx^4}{dz^4}+\alpha^5 z\cdot x=0 \tag{4-36d}$$

式中，α 称为桩的特征值(或称水平变形系数)，单位为 1/m。地基土水平抗力系数的比例系数 m 值宜通过桩的水平静载试验按式(4-35)确定，而某些设计等级为乙级、丙级的建筑物桩基不一定进行水平静载试验，则可采用《建筑桩基技术规范》(JGJ 94—2008)推荐的经验值，如表 4-23 所示。

表 4-23 地基土水平抗力系数的比例系数 m 值

序号	地基土类别	预制桩、钢桩		灌注桩	
		m(MN/m^4)	相应单桩在地面处水平位移(mm)	m(MN/m^4)	相应单桩在地面处水平位移(mm)
1	淤泥、淤泥质土、饱和湿陷性黄土	2～4.5	10	2.5～6	6～12
2	流塑($I_L>1$)、软塑($0.75<I_L\leqslant1$)状黏性土，$e>0.9$ 粉土，松散粉细砂，松散、稍密填土	4.5～6.0	10	6～14	4～8
3	可塑($0.25<I_L\leqslant0.75$)状黏性土，$e=0.75\sim0.9$ 粉土，湿陷性黄土，中密填土，稍密细砂	6.0～10	10	14～35	3～6
4	硬塑($0<I_L<0.25$)、坚硬($I_L\leqslant0$)状黏性土，湿陷性黄土，$e<0.75$ 粉土，中密的中粗砂，密实老填土	10～22	10	35～100	2～5
5	中密、密实的砾砂、碎石类土	—	—	100～300	1.5～3

注：①当桩顶水平位移大于表列数值或灌注桩配筋率大于或等于 0.65%时，m 值应适当降低；当预制桩的水平位移小于 10mm 时，m 值可适当提高；

②当水平荷载为长期或经常出现的荷载时，应将表列数值乘以 0.4 降低采用；

③当地基为可液化土层时，应将表列数值乘以折减系数 ψ_l，见表 4-12。

由式(4-36d)，利用幂级数积分法，可得出桩身各截面的内力弯矩 M、剪力 V、位移(挠度) x 及土的水平抗力 σ_x，计算时可查用相应的系数表格。单桩的 x、M、V 及 σ_x 的分布情况如图 4-31所示。

对受水平荷载的单桩进行设计时，需确定桩身最大弯矩及其截面位置，从而确定桩身配筋，计算时设桩顶荷载 $V_0=H_0$，$M=M_0$，可采用以下简化方法：

先确定最大弯矩位置系数 $C_{\rm I}$：

$$C_{\rm I}=\alpha\frac{M_0}{H_0} \tag{4-37a}$$

最大弯矩位置系数 $C_{\rm I}$ 与最大弯矩系数 $C_{\rm II}$ 如表 4-24 所示。表中 $C_{\rm I}$、$C_{\rm II}$ 值与不同的换算深度 $\bar{h}$ 值对应，$\bar{h}=\alpha z$，α 为桩的水平变形系数[见式(4-36)]，z 为计算截面的深度。

当按式(4-37a)求算出 $C_{\rm I}$，查表即可得出换算深度，则最大弯矩位置为：

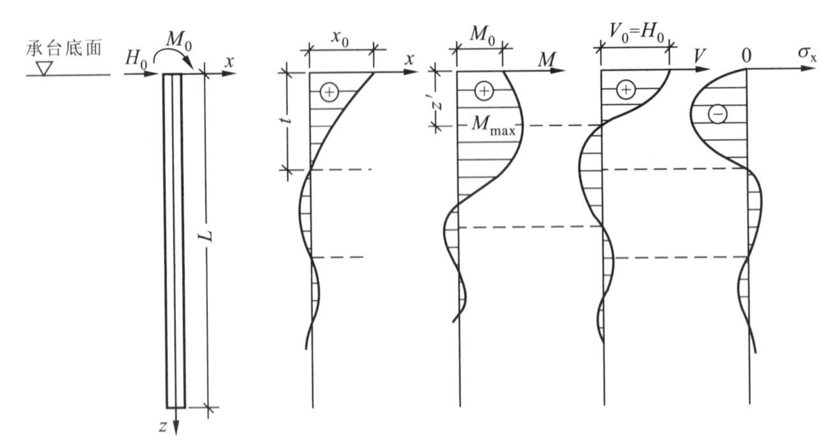

图 4-31　单桩的挠度 x、弯矩 M、剪力 V 和水平抗力 σ_x 的分布曲线

$$z=\overline{h}/\alpha \tag{4-37b}$$

由对应的 $\overline{h}$，可查表得出最大弯矩系数 $C_{\text{Ⅱ}}$，由下式即可计算出桩身最大弯矩值：

$$M_{max}=C_{\text{Ⅱ}}M_0 \tag{4-37c}$$

表 4-24　计算桩身最大弯矩位置和最大弯矩的系数 $C_{\text{Ⅰ}}$ 和 $C_{\text{Ⅱ}}$

$\overline{h}=\alpha z$	$C_{\text{Ⅰ}}$	$C_{\text{Ⅱ}}$	$\overline{h}=\alpha z$	$C_{\text{Ⅰ}}$	$C_{\text{Ⅱ}}$
0.0	∞	1.000	1.4	−0.145	−4.596
0.1	131.252	1.001	1.5	−0.299	−1.876
0.2	34.186	1.004	1.6	−0.434	−1.128
0.3	15.544	1.012	1.7	−0.555	−0.740
0.4	8.781	1.029	1.8	−0.665	−0.530
0.5	5.539	1.057	1.9	−0.768	−0.396
0.6	3.710	1.101	2.0	−0.865	−0.304
0.7	2.566	1.169	2.2	−1.048	−0.187
0.8	1.791	1.274	2.4	−1.230	−0.118
0.9	1.238	1.441	2.6	−1.420	−0.074
1.0	0.824	1.728	2.8	−1.635	−0.045
1.1	0.503	2.299	3.0	−1.893	−0.026
1.2	0.246	3.876	3.5	−2.994	−0.003
1.3	0.034	23.408	4.0	−0.045	−0.011

上表按桩长 $L=4.0/\alpha$ 编制，即使用该表要求桩长大于 $4.0/\alpha$，在房屋建筑工程中一般均满足该条件。当 $L<4.0/\alpha$ 时，可视为刚性桩，对应的系数 $C_{\text{Ⅰ}}$、$C_{\text{Ⅱ}}$ 可查有关规范。桩顶刚接于承台的桩，受水平荷载时桩身产生的弯矩及剪力的有效深度为 $z=4.0/\alpha$，如直径 ϕ400 桩，桩周土为中等强度，$z=4.5\sim5$m。在有效深度以下，桩身内力 M、V 可忽略不计，可不配筋或按构造配筋。

（三）半经验公式法

工程中只承受水平荷载的桩基并不多见，多数桩基是以承受竖向荷载为主并承受一定量的水平荷载。对于抗弯性能差的灌注桩，由于竖向荷载作用时产生的压应力抵消很大一部分受横向荷载时产生的弯曲拉应力，使桩身由受弯状态转变为偏心受压状态，相当于桩的横向临界荷载和横向极限荷载都得到提高。试验表明：当竖向荷载达到设计值的 60%～90%时，其桩的水平承载力 H_{cr}及 H_u 可提高 40%以上（据北京桩基研究小组 1976 年在中等压缩性黏土、粉土中的灌注桩试验资料）。根据黄河洛口桩基试验研究组(1983)的试验分析，当竖向荷载达设计荷载的 80%时，对伏地承台的群桩，其 H_{cr}及 H_u 提高 20%～30%。由此可见，对配筋率不高的灌注桩，竖向荷载对其水平承载力的影响是明显的，处于竖向下压荷载及水平荷载的联合作用下，桩身相当于偏压状态，此时，可按临界开裂强度来确定其承载力。对于桩身配筋率小于 0.65%的灌注桩，当缺少单桩水平静载试验资料时，《建筑桩基技术规范》(JGJ 94—2008)按"m"法提出以下半经验公式估算单桩水平承载力特征值：

$$R_{ha}=\frac{0.75\alpha\gamma_m f_t W_0}{\nu_M}(1.25+22\rho_g)\left(1\pm\frac{\zeta_N N_k}{\gamma_m f_t A_n}\right) \tag{4-38a}$$

式中：R_{ha}——单桩水平承载力特征值，±号根据桩顶竖向力性质确定，压力取"+"，拉力取"−"；

α——桩的水平变形系数；

γ_m——桩截面模量塑性系数，圆形截面 $\gamma_m=2$，矩形截面 $\gamma_m=1.75$；

f_t——桩身混凝土抗拉强度设计值(N/mm^2)；

W_0——桩身换算截面受拉边缘的截面模量(m^3)，圆形截面 $W_0=\frac{\pi d}{32}[d^2+2(\alpha_E-1)\rho_g d_0^2]$，方形截面 $W_0=\frac{b}{6}[b^2+2(\alpha_E-1)\rho_g b_0^2]$，其中 d 为桩直径，d_0 为扣除保护层厚度的桩直径，b 为方形截面边长，b_0 为扣除保护层厚度的桩截面宽度，α_E 为钢筋弹性模量与混凝土弹性模量的比值；

ν_M——桩身最大弯距系数，按表 4-25 取值，当单桩基础和单排桩基纵向轴线与水平力方向相垂直时，按桩顶铰接考虑；

ρ_g——桩身配筋率；

ζ_N——桩顶竖向力影响系数，竖向压力取 0.5，竖向拉力取 1.0；

N_k——在荷载效应标准组合下桩顶的竖向力(kN)；

A_n——桩身换算截面积(m^2)，圆形截面 $A_n=\frac{\pi d^2}{4}[1+(\alpha_E-1)\rho_g]$；方形截面 $A_n=b^2[1+(\alpha_E-1)\rho_g]$。

对于桩身抗弯性能好的桩基，由于其水平承载力是按位移控制，当受竖向及横向荷载联合作用时，则可忽略竖向荷载对桩水平承载力的影响，仍按水平位移控制其水平承载力。所以，对预制桩、钢桩及桩身配筋率不小于 0.65%的灌注桩，当缺少单桩水平静载试验资料时，《建筑桩基技术规范》(JGJ 94—2008)推荐按以下经验公式估算单桩水平承载力特征值：

$$R_{ha}=\frac{0.75\alpha^3 EI}{\nu_x}X_{0a} \tag{4-38b}$$

式中：EI——桩身抗弯刚度，对于钢筋混凝土桩，$EI=0.85E_cI_0$，其中 E_c 为混凝土弹性模量，I_0 为桩身换算截面惯性矩，圆形截面为 $I_0=W_0d_0/2$，矩形截面为 $I_0=W_0b_0/2$；

X_{0a}——桩顶允许水平位移(mm)；

ν_x——桩顶水平位移系数，按表 4-25 取值，取值方法同 ν_M。

表 4-25 桩顶(身)最大弯矩系数 ν_M 和桩顶水平位移系数 ν_x

桩顶约束情况	桩的换算埋深 αh	ν_M	ν_x
铰接、自由	4.0	0.768	2.441
	3.5	0.750	2.502
	3.0	0.703	2.727
	2.8	0.675	2.905
	2.6	0.639	3.163
	2.4	0.601	3.526
固接	4.0	0.926	0.940
	3.5	0.934	0.970
	3.0	0.967	1.028
	2.8	0.990	1.055
	2.6	1.018	1.079
	2.4	1.045	1.095

注:①铰接(自由)的ν_M系桩身的最大弯矩系数,固接的ν_M系桩顶的最大弯矩系数;

②h 为桩入土深度,当 $\alpha h>4$ 时取 $\alpha h=4.0$。

在验算永久荷载控制的桩基水平承载力时,应将水平静载试验方法(包括按水平临界荷载方法取值以及按桩水平位移方法取值)确定的单桩水平承载力特征值或按式(4-38a)估算的单桩水平承载力特征值乘以调整系数 0.8;在验算地震作用桩基的水平承载力时,应将按上述方法确定的单桩水平承载力特征值乘以调整系数 1.25。

三、水平荷载作用下的群桩承载力

受水平向荷载的群桩,会因桩的相互影响、嵌固影响、承台底面及侧面地基土的影响,使群桩的水平承载力往往与各单桩的水平承载力之和不相等,这即为水平荷载作用下的群桩效应。

因群桩效应的影响,受荷载时的群桩,其水平承载力具有以下特征:水平力在桩群中呈现分配不均匀性,由试验证实,在受荷方向的最前一排桩(离作用力最远的一排)受地基反力最大,也最先断裂破坏(因此,对受荷最大的首排桩及受风载、地震荷载等变向水平荷载桩基的所有边桩,设计时加大配筋率是合理的)。受水平荷载的群桩,其破坏模式也可大体分为整体破坏和非整体破坏。对于整体破坏,其模式是桩与桩间土无相对位移,承台、桩、土呈整体平移和偏转,桩身的破坏表现在位移的反方向桩身配筋的末端断裂或者在桩底处桩土间被拉裂,此时,桩身上部并未出现裂缝。对于非整体破坏,则表现为桩土间产生相对位移,桩身上部出现裂缝,之后在承台以下一定深度处即最大弯矩处断裂。无论哪种破坏模式,因位移量有限,位移方向一侧的地基土一般无明显挤出现象。由于工程桩的桩距均大于 2.5d 以上,桩径较大,桩净距也大,因此,实际工程中一般不必考虑整体破坏问题。

设计时,对承受水平荷载较大的带地下室的高大建筑物桩基,可考虑承台、桩群、土共同作用。考虑承台(包括地下墙体)、基桩协同工作和土的弹性抗力作用的计算公式及方法,是以线弹性地基反力法为基础的计算方法,所涉及的参数多,表达式较繁杂,具体内容请参阅有关文献。对承受弯矩荷载不大的群桩基础(不含水平力垂直于单排桩基纵向轴线和力矩较大的情况)的基桩,同样应考虑由承台、桩群、土相互作用产生的群桩效应,此时可采用《建筑桩基技术规范》(JGJ 94—2008)推荐的"分项综合效应系数法",群桩基础的基桩水平承载力特征值按下式确定：

$$R_h = \eta_h R_{ha} \tag{4-39a}$$

$$\eta_h = \eta_i \eta_r + \eta_l + \eta_b \tag{4-39b}$$

$$\eta_i = \frac{\left(\dfrac{s_a}{d}\right)^{0.015n_2+0.45}}{0.15n_1 + 0.10n_2 + 1.9} \tag{4-39c}$$

$$\eta_l = \frac{mX_{0a}B_c' h_c^2}{2n_1 n_2 R_{ha}} \tag{4-39d}$$

$$X_{0a} = \frac{R_{ha}\nu_x}{\alpha^3 EI} \tag{4-39e}$$

$$\eta_b = \frac{\mu P_c}{n_1 n_2 R_h} \tag{4-39f}$$

式中：η_h——群桩效应综合系数；

η_i——桩的相互影响效应系数；

η_r——桩顶约束效应系数(桩顶嵌入承台长度 50～100mm 时)，按表 4-26 取值；

η_l——承台侧向土抗力效应系数(承台外围回填土为松散状态时取 $\eta_l=0$)；

η_b——承台底摩阻效应系数，考虑地震作用且 $s_a/d \leqslant 6$ 时，取 $\eta_b=0$；

s_a/d——沿水平荷载方向的距径比；

n_1、n_2——分别为沿水平荷载方向与垂直于水平荷载方向每排桩的桩数；

m——承台侧向土水平抗力系数的比例系数，无试验资料时可按表 4-23 取值；

X_{0a}——桩顶(承台)的水平位移允许值(mm)，以位移控制时可取 $X_{0a}=10$mm(对水平位移敏感的结构物取 $X_{0a}=6$mm)，以桩身强度控制(低配筋率灌注桩)时可近似按式(4-39e)计算；

B_c'——承台受侧向土抗力一边的计算宽度(m)，$B_c'=B_c+1$(m)，B_c 为承台宽度(m)；

h_c——承台高度(m)；

μ——承台底与地基土间的摩擦系数，可按表 4-27 取值；

P_c——承台底地基土分担的竖向总荷载标准值(kN)，$P_c=\eta_c f_{ak}(A-nA_{ps})$，$\eta_c$ 见表(4-15)。

表 4-26 桩顶约束效应系数 η_r

换算深度 αh	2.4	2.6	2.8	3.0	3.5	≥4.0
位移控制	2.58	2.34	2.20	2.13	2.07	2.05
强度控制	1.44	1.57	1.71	1.82	2.00	2.07

注：$\alpha=\sqrt[5]{\dfrac{mb_0}{EI}}$，$h$ 为桩的入土长度。

当承台底面地基土为可液化土、湿陷性黄土、高灵敏度软土、欠固结土、新填土或者由于震陷、降水、沉桩过程中产生高孔隙水压和土体隆起，会造成承台与底土脱开时，则不应考虑承台底地基土分担竖向荷载，此时，$\eta_c=0$，即 $P_c=0$，$\eta_b=0$；当承台侧面为可液化土时，则不应考虑承台侧向土抗力，即 $\eta_l=0$。

表 4-27　承台底与地基土间的摩擦系数 μ

土的类别		摩擦系数 μ
黏性土	可塑 硬塑 坚硬	0.25～0.30 0.30～0.35 0.35～0.45
粉土	密实、中密(稍湿)	0.30～0.40
中砂、粗砂、砾砂 碎石土 软岩、软质岩 表面粗糙的较硬岩、坚硬岩		0.40～0.50 0.40～0.60 0.40～0.60 0.65～0.75

第七节　桩身承载力验算

在进行桩基础设计时，还应对桩身材料进行强度验算。通常，桩基以承受竖向荷载为主，它如同处于轴向受压状态的细长压杆，但由于桩、土的相互作用，使得压屈变形条件变得复杂。例如：①桩侧土的约束。桩在压屈失稳前因桩的侧向挠曲受到土的侧向抗力约束，从而大大提高了压屈临界荷载。而且侧向土抗力系数的大小及其随深度变化的方式又影响着压屈临界荷载的大小。②桩顶及桩端的约束条件。桩顶自由(铰接)时与桩顶刚接时，其基桩的压屈计算长度各不相同。刚接使得压屈计算长度减小，临界荷载提高，桩端嵌入基岩时也会起到类似的作用。③群桩基础与单桩基础的压屈条件也不一样。群桩基础由于承台将各基桩相连，当某一基桩接近压屈临界荷载时，承台会对荷载重分配，使其他桩承担较多的荷载，此时，受力较大的基桩则不至被压屈，相当于整个桩基的压屈临界荷载值被提高，而独立工作的单桩则无此优越性。

有的桩基不仅承受竖向荷载，还需承受弯矩和水平力。在轴向压力、弯矩(包括水平力产生的弯矩)的联合作用下，桩身已产生附加弯矩。此时，不仅应验算弯矩作用面外的压屈稳定，还要考虑弯矩作用面内因纵向弯曲而使荷载偏心距增大的情况下的桩身强度。

对于受长期或经常出现的水平力或拔力的建筑桩基，应验算桩身裂缝宽度，其最大裂缝宽度不得超过 0.2mm。

一、桩身受压承载力验算

在计算桩身受压承载力设计值时，当桩顶以下 $5d$ 范围的桩身螺旋式箍筋间距不大于 100mm，且灌注桩的配筋符合构造要求，可考虑桩身纵向主筋的承载力，钢筋混凝土轴心受压桩正截面受压承载力按下式验算：

$$N \leqslant \psi_c f_c A_{ps} + 0.9 f'_y A'_s \tag{4-40a}$$

当桩身配筋不符合上述规定时，只考虑混凝土的受压承载力：

$$N \leqslant \psi_c f_c A_{ps} \tag{4-40b}$$

式中：N ——荷载效应基本组合下的桩顶轴向压力设计值(kN)；

ψ_c——基桩成桩工艺系数，取 0.6～0.9；

f_c ——混凝土轴心抗压强度设计值(N/mm^2)；

A_{ps}——桩身截面积(m^2)；

f'_y——纵向主筋抗压强度设计值（N/mm^2）；

A'_s——纵向主筋截面面积（m^2）。

因各类型桩的成桩条件及工艺各异，这对桩身混凝土的实际承载力必然造成不同程度的影响。因此，在验算过程中，混凝土的轴心抗压强度设计值 f_c 应乘以随桩类别而定的成桩工艺系数 ψ_c 值，其取值分别为：混凝土预制桩及预应力混凝土空心桩 $\psi_c=0.85$；干作业非挤土灌注桩 $\psi_c=0.90$；泥浆护壁和套管护壁非挤土灌注桩、部分挤土灌注桩及挤土灌注桩 $\psi_c=0.7\sim0.8$；软土地区挤土灌注桩 $\psi_c=0.6$。

由于多数建筑桩基为低承台桩，桩的自由长度不大甚至为零，加上桩周受侧向土抗力的约束，一般情况下，不必考虑压屈问题，即此时桩身的抗压强度不会因长径比较大而使承载力降低，故此时稳定系数 $\varphi=1.0$，尽管因桩周土对桩的约束使桩的压屈破坏不易发生（到目前为止，国内外均无基桩在地面以下发生压屈破坏的记录），为了避免桩在轴心受压状态下或弯矩作用平面以外因压屈而失稳，为了安全起见，对于自由长度较大的高承台桩基、桩周为可液化土或者不排水抗剪强度小于10kPa的软弱土层的基桩以及长径比大于50的桩，应考虑压屈影响。此时，按式（4－40）计算所得桩身正截面受压承载力应乘以桩的稳定系数 φ，φ 值应根据桩身计算长度 l_c 及桩的设计直径 d（或矩形桩短边尺寸 b）确定，如表4－28所示。桩身压屈计算长度 l_c 值按桩顶的约束情况、桩身露出地面的自由长度、桩端约束条件以及桩的水平变形系数 α 值确定，如表4－29所示。

表4－28　桩身稳定系数 φ

l_c/d	≤7	8.5	10.5	12	14	15.5	17	19	21	22.5	24
l_c/b	≤8	10	12	14	16	18	20	22	24	26	28
φ	1.00	0.98	0.95	0.92	0.87	0.81	0.75	0.70	0.65	0.60	0.56
l_c/d	26	28	29.5	31	33	34.5	36.5	38	40	41.5	43
l_c/b	30	32	34	36	38	40	42	44	46	48	50
φ	0.52	0.48	0.44	0.40	0.36	0.32	0.29	0.26	0.23	0.21	0.19

注：l_c 为桩身压屈计算长度，d 为桩直径，b 为矩形桩短边尺寸。

表4－29　桩身压屈计算长度 l_c

桩顶铰接				桩顶嵌固			
桩底支承于非岩石土中		桩底嵌于岩石内		桩底支承于非岩石土中		桩底嵌于岩石内	
$h<\frac{4}{\alpha}$	$h\geq\frac{4}{\alpha}$	$h<\frac{4}{\alpha}$	$h\geq\frac{4}{\alpha}$	$h<\frac{4}{\alpha}$	$h\geq\frac{4}{\alpha}$	$h<\frac{4}{\alpha}$	$h\geq\frac{4}{\alpha}$
(1)		(2)		(3)		(4)	
$l_c=1.0\times(l_0+h)$	$l_c=0.7\times(l_0+\frac{4}{\alpha})$	$l_c=0.7\times(l_0+h)$	$l_c=0.7\times(l_0+\frac{4}{\alpha})$	$l_c=0.7\times(l_0+h)$	$l_c=0.5\times(l_0+\frac{4}{\alpha})$	$l_c=0.5\times(l_0+h)$	$l_c=0.5\times(l_0+\frac{4}{\alpha})$

注：①表中 $\alpha=\sqrt[5]{\frac{mb_0}{EI}}$；

② l_0 为高承台基桩露出地面的长度，对于低承台桩基，$l_0=0$；

③h 为桩的入土长度，当桩侧有厚度为 d_l 的液化土层时，桩露出地面长度 l_0 和桩的入土长度 h 分别调整为 $l'_0=l_0+\psi_l d_l$，$h'=h-\psi_l d_l$，ψ_l 按表4－12取值。

二、轴力、弯矩和水平力联合作用下弯矩、水平力作用平面内桩身强度的验算

由于桩侧土的约束，当桩基受偏心荷载时，桩身的受力变形程度已不像空气、液体等介质中的长柱体，桩挠曲时已受到土的侧向抗力约束而使挠曲变形减小。另外，受水平剪力和弯矩等水平荷载的桩，因其最大允许变形只有 6～10mm，这对轴向压力偏心距的增幅很小，因此，一般情况下对受偏心荷载的桩，不考虑偏心距增大的问题，直接按偏心受压构件的承载力验算桩身承载力。但对于高承台基桩、桩身穿越可液化土或不排水抗剪强度小于 10kPa 的软弱土层的基桩，在桩顶同时作用有轴向压力和弯矩的情况下，桩身轴线会因弯矩作用而发生偏移，此时竖向压力又会产生附加弯矩，使偏心距增大，因此应考虑桩身在弯矩作用平面内的挠曲对轴向力偏心距的影响。验算时，应将轴向力对截面重心的初始偏心距 e_i 乘以偏心距增大系数 η。按《混凝土结构设计规范》(GB 50010—2010)：

$$\eta=1+\frac{1}{1400\frac{e_i}{h_0}}\left(\frac{l_c}{h}\right)^2\zeta_1\zeta_2 \tag{4-41a}$$

$$\zeta_1=\frac{0.5f_cA}{N} \tag{4-41b}$$

$$\zeta_2=1.15-0.01\frac{l_c}{h} \tag{4-41c}$$

式中：e_i——荷载初始偏心距(m)；

l_c——桩的计算长度(m)，按表 4-29 取值；

h——桩的截面高度(m)，圆截面取桩身直径(环形桩取外径)；

h_0——桩身截面的有效高度(m)，圆截面取 $h_0=r+r_s$，其中 r 为圆截面半径(m)，r_s 为纵向筋所在圆周的半径(m)，环形截面取 $h_0=r_2+r_s$，其中 r_2 为环形截面外半径(m)；

A——桩截面面积(m^2)；

f_c——混凝土轴心抗压强度设计值(N/mm^2)；

ζ_1——偏心受压桩的截面曲率修正系数，当 $\zeta_1>1$ 时，取 $\zeta_1=1.0$；

ζ_2——考虑桩的长细比对截面曲率的影响系数，当 $l_c/h<15$ 时，取 $\zeta_2=1.0$。

当桩的长细比 $l_c/d\leqslant 8$ 时，可不考虑挠度对偏心距的影响，即 $\eta=1$。当桩基受轴向压力和双向弯矩共同作用时(即双向偏心受压)，其正截面受压承载力可按下式计算：

$$N\leqslant\frac{1}{\frac{1}{N_{ux}}+\frac{1}{N_{uy}}+\frac{1}{N_{u0}}} \tag{4-42}$$

式中：N_{u0}——桩身轴心受压承载力设计值(kN)，按全部纵向筋计算，但不考虑稳定系数 φ 值；

N_{ux}、N_{uy}——分别为轴向压力作用于 x 轴、y 轴在考虑相应的计算偏心距及偏心距增大系数后，按全部纵向筋计算的偏心受压承载力设计值(kN)。

当桩顶在轴向压力和横向力共同作用下，桩身截面也会处于偏压状态，此时，同样要考虑由于纵向弯曲而使弯矩增大的效应。验算时，需求得桩身最大弯矩，再按式(4-41)、式(4-42)验算桩身承载力。

第八节　桩基结构设计

一、资料准备

（一）岩土工程勘察资料

因为地质条件是特定荷载条件下制约桩径、桩长的主要因素，也是选择桩型及成桩工艺的主要依据，所以，岩土工程勘察资料必须完善。其主要内容包括：

（1）对桩型、桩尖持力层、桩长及桩径提出最佳方案；按室内及原位测试参数和地区经验提出的摩阻力、端阻力，以及预估的单桩极限承载力值；沉降计算参数、对单桩及群桩的估算沉降量以及软弱下卧层的强度验算；负摩阻力对桩基承载力的影响；分析桩侧堆载、桩侧开挖引起地基土的水平移动对桩基础的影响，以及沉桩及挤土效应对已有工程的影响，并提出保护措施的建议。

（2）岩土埋藏条件及设计所需的岩土物理力学性能指标值，持力层及软弱下卧层的埋深、厚度、性状及其变化情况。当采用基岩作为桩的持力层时，应对基岩的岩性、构造、岩面变化、风化程度、强度、完整性、基本质量等级以及有无洞穴、临空面、破碎岩体及软弱岩层等作出判定。

（3）对建筑场地的不良地质作用、可液化土层和特殊性岩土的分布及其对桩基的危害程度，有明确的判断及结论，并提出建议性的防治措施。

（4）水文地质条件及地下水对桩基设计和施工的影响，以及水质对建筑材料的腐蚀性判定。

（5）有关地基土冻胀性、湿陷性、膨胀性评价的资料，抗震设防区按设防烈度提供的液化土层资料。

（6）桩基的详细勘察除应满足现行国家标准《岩土工程勘察规范》有关要求外，尚应满足下列要求：

1）勘探点间距。

①对于端承型桩（含嵌岩桩）：主要根据桩端持力层顶面坡度决定，宜为12～24m。当相邻两个勘察点揭露出的桩端持力层层面坡度大于10%或持力层起伏较大、地层分布复杂时，应根据具体工程条件适当加密勘探点。

②对于摩擦型桩：宜按20～35m布置勘探孔，但遇到土层的性质或状态在水平方向分布变化较大，或存在可能影响成桩的土层时，应适当加密勘探点。

③复杂地质条件下的柱下单桩基础应按柱列线布置勘探点，并宜每桩设一勘探点。

2）勘探深度。

①宜布置1/3～1/2的勘探孔为控制性孔。对于设计等级为甲级的建筑桩基，至少应布置3个控制性孔，对于设计等级为乙级的建筑桩基至少应布置2个控制性孔。

控制性孔应穿透桩端平面以下压缩层厚度；一般性勘探孔应深入预计桩端平面以下3～5倍桩身设计直径，且不得小于3m；对于大直径桩，不得小于5m。

②嵌岩桩的控制性钻孔应深入预计桩端平面以下不小于3～5倍桩身设计直径，一般性钻孔应深入预计桩端平面以下不小于1～3倍桩身设计直径。

当持力层较薄时，应有部分钻孔钻穿持力岩层。在岩溶、断层破碎带地区，应查明溶洞、溶沟、溶槽、石笋等的分布情况，钻孔应钻穿溶洞或断层破碎带进入稳定土层，进入深度应满足上述控制性钻孔和一般性钻孔的要求。

3）提供土层物理力学参数。在勘探深度范围内的每一地层，均应采取不扰动试样进行室内试验或根据土质情况选用有效的原位测试方法进行原位测试，提供设计所需的土层物理力学参数。

（二）场地、环境及施工技术条件的有关资料

设计时，必须结合当地环境条件及施工技术条件选择成桩工艺及方法，否则，设计意图难以实施甚至造成负效应。有关资料应包括：

（1）反映交通设施、高压架空线、地下管线、地下障碍物及地下构筑物等分布情况的建筑场地平面图。

（2）相邻建筑物的安全等级、基础形式及埋深，周围建筑物的防震、防噪音要求。

（3）现场试桩资料以及附近类似工程地质条件场地的桩基工程试桩资料。

（4）泥浆排放，弃土堆放及外运条件。

（5）成桩机具设备条件、制桩条件、动力条件以及对场地地质条件的适应性，各施工技术的成熟性。

（6）施工机械设备的进出场及现场运行条件。

（三）建筑物的有关资料

（1）建筑物的总平面布置图。

（2）建筑物的结构类型、荷载及对基础竖向、水平向承载力及位移的要求。

（3）建筑物的安全等级、抗震设防烈度和建筑抗震类别。

二、设计原则

桩基础应按下列两类极限状态设计：①承载能力极限状态：对应于桩基达到最大承载能力、整体失稳或发生不适于继续承载的变形；②正常使用极限状态：对应于桩基达到建筑物正常使用所规定的变形限值或达到耐久性要求的某项限值。

按《建筑桩基技术规范》(JGJ 94—2008)，桩基设计时，所采用的作用效应组合与相应的抗力应符合下列规定：

（1）确定桩数和布桩时，应采用传至承台底面的荷载效应标准组合；相应的抗力应采用基桩或复合基桩承载力特征值(《建筑地基基础设计规范》(GB 50007—2011)规定：相应的抗力应采用单桩承载力特征值)。

（2）计算荷载作用下的桩基沉降和水平位移时，应采用荷载效应准永久组合；计算水平地震作用、风载作用下的桩基水平位移时，应采用水平地震作用、风载效应标准组合。

（3）验算坡地、岸边建筑桩基的整体稳定性时，应采用荷载效应标准组合；抗震设防区，应采用地震作用效应和荷载效应的标准组合。

（4）在计算桩基结构承载力、确定尺寸和配筋时，应采用传至承台顶面的荷载效应基本组合(按《建筑地基基础设计规范》(GB 50007—2011)，可采用以下简化规则确定由永久荷载控制的荷载效应基本组合设计值：将由永久荷载控制的荷载效应的标准组合值乘以综合荷载分项系数 1.35)。当进行承台和桩身裂缝控制验算时，应分别采用荷载效应标准组合和荷载效

应准永久组合。

(5)桩基结构设计安全等级、结构设计使用年限和结构重要性系数 γ_0 应按现行有关建筑结构规范的规定采用，除临时性建筑外，重要性系数 γ_0 不应小于 1.0。

(6)对桩基结构进行抗震验算时，其承载力调整系数 γ_{RE} 应按现行国家标准《建筑抗震设计规范》的规定采用。

对软土地基、湿陷性黄土地区、季节性冻土和膨胀土地基、岩溶地区、岸坡地带及抗震设防区等特殊条件下的桩基设计，国家规范还分别给出了相应的设计原则(详见有关规范)，设计时须遵照执行。

三、桩基构造要求

(一)基桩构造

1. 灌注桩

(1)配筋率。当桩径为 300～2 000mm 时，截面最小配筋率可取 0.20%～0.65% 。大桩径配筋率取低值，小桩径取高值。对受水平力的一般建筑物以及受水平力较小(如七度和七度以下的水平地震力)的高大建筑物低承台桩基，配筋率在以上范围时，除能满足竖向承载力要求外，一般也能满足水平承载力要求。当水平荷载较大且水平位移限制不很严(不超过 10mm)时，配筋率可依计算结果适当增大，而当水平位移和开裂限制较严时，则只能用增大桩径、承台底设置碎石垫层、承台侧向回填灰土夯实等措施来提高桩基侧向抗力。对受荷载特别大的桩、抗拔桩、嵌岩端承桩、扩底端承桩等均应通过计算确定其配筋率，且不应小于上述配筋率。

(2)配筋长度。一般情况下，对桩径大于 600mm 的钻孔灌注桩，构造钢筋的长度不宜小于桩长的 2/3。对于端承型桩，由于其竖向力沿深度递减很小，且桩长一般不大，宜沿桩身通长配筋。对受水平荷载的摩擦型桩，因桩较长，按其受力情况不需通长配筋，但配筋长度不宜小于 $4.0/\alpha$。对于竖向承载力较高的摩擦端承桩，由于传递到桩端的轴向压力较大，可沿深度分段变截面配通长筋。对于受负摩阻力的桩，因中性点截面的轴向压力大于桩顶，使全桩长的轴向压力都较大，应通长配筋。对岸坡地带的桩基，因承受抗滑力且需保持整体稳定，也应通长配筋。

对专用抗拔桩，应通长配筋。对于以竖向下压荷载为主，使用过程中可能承受因地震、风力、土的膨胀力作用等引起拔力的桩，应按计算配置变截面通长或等截面通长的抗拉筋。

(3)主筋。在满足配筋率要求的同时，对受水平荷载的桩，主筋不宜少于 8ϕ12，对于抗压和抗拔桩，不应少于 6ϕ10，纵向主筋应沿桩身周边均匀布置，其净距不应小于 60mm，并尽量减少钢筋接头(在 0.5m 长度范围内接头必须错开，且接头数量不得大于主筋根数的 50%)。

(4)箍筋。一般采用 ϕ6～12@200～300mm，宜采用螺旋箍；受水平荷载较大的桩基和抗震桩基，在桩顶以下 $5d$ 范围内箍筋应适当加密，间距不应大于 100mm；对于长度超过 4m 的钢筋笼，应在主筋外侧每隔 2m 左右加焊 ϕ12～18 的加劲箍以提高钢筋笼刚度。

(5)混凝土。灌注桩混凝土强度等级不得低于 C25，沉管桩使用的预制混凝土桩尖不得低于 C30，主筋的混凝土保护层厚度不应小于 35mm，水下灌注时不得小于 50mm。

(6)扩底端尺寸。当持力层承载力低于桩身混凝土受压承载力时，为了提高桩端承载力，可采用扩底方式成桩。扩底端直径 D 与桩身直径 d 之比，应依承载力要求及扩底端侧面和持力层土性确定，挖孔桩的 D/d 最大不超过 3.0，钻孔桩的 D/d 不应大于 2.5。扩底端侧面的斜率应根据实际成孔及土体自立条件确定，a/h_c一般取 1/4～1/2，在砂土中取1/4，在粉土、黏性土中取 1/3～1/2，如图 4－32 所示；扩底端底面一般呈锅底形，矢高 h_b一般为(0.15～0.20)D。

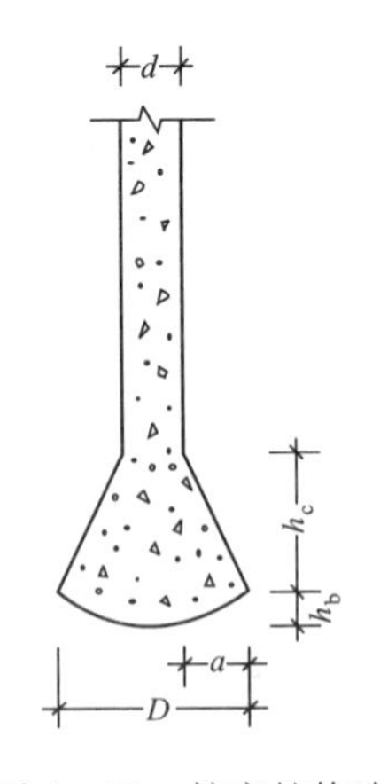

图 4－32　扩底桩构造

2. 混凝土预制桩

(1)截面尺寸。预制桩的截面边长不应小于 200mm，预应力混凝土实心桩的截面边长不宜小于 350mm。

(2)配筋要求。桩身配筋应按吊运、打桩及桩在建筑物中的受力情况经计算确定。采用锤击法沉桩时，预制桩的最小配筋率不宜小于 0.80%，一般为 0.8%～1.5%；主筋一般采用 ϕ14～28，箍筋一般为 ϕ6～8@150～200mm，打入桩桩顶以下(4～5)d 长度范围内箍筋应加密。为使桩顶能均匀传递锤击应力，提高抗冲击强度，在桩顶需配置 3～4 层钢筋网片，如图 4－33 所示。对于静压预制桩，其最小配筋率不宜小于 0.6%，主筋直径不宜小于 ϕ14。预制桩吊点(堆放时支点)钢筋埋设位置应根据跨中正弯矩与支点负弯矩绝对值相等的条件计算确定。

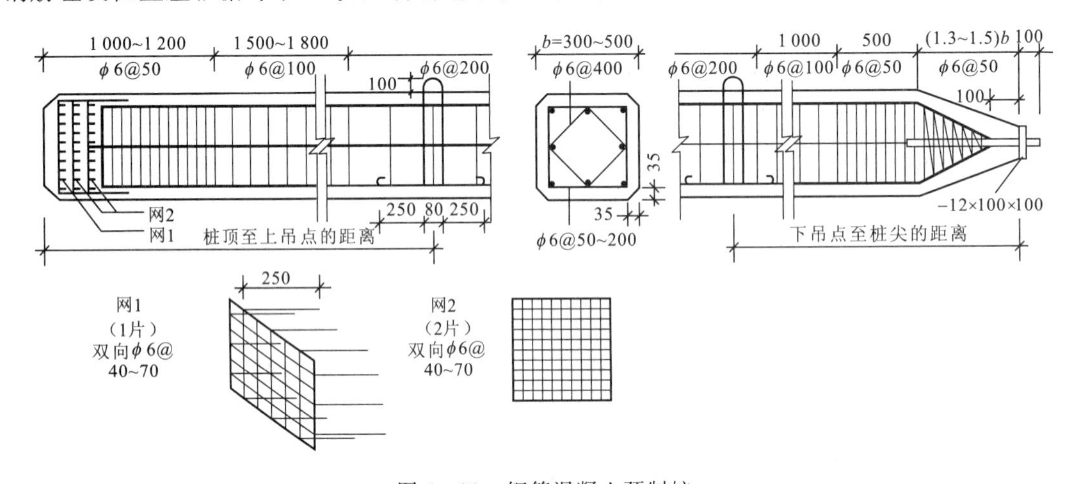

图 4－33　钢筋混凝土预制桩

(3)混凝土。预制桩混凝土强度等级不宜低于 C30，预应力实心桩不宜低于 C40；预制桩纵向筋混凝土保护层厚度不宜小于 30mm。

(4)桩分节数。桩分节长度按施工条件及运输条件确定，但预制桩接头数不宜超过 3 个。

(5)桩尖要求。预制桩的桩尖可将主筋合拢焊在桩尖辅助钢筋上，当桩尖需打入较硬土层(如密实砂土、碎石类土)时，可加强桩尖，如在桩尖处包以钢靴。

(二)承台构造

桩基础常常以各种复合基础的形式出现，如桩-柱基础、桩-梁基础、桩-筏基础及桩-箱基础等。桩柱基础即柱下独立桩基础，可以由单桩或多桩与承台联合组成；桩梁基础是沿墙或柱网轴线布置单排或多排桩，由刚度大的基础梁嵌固桩顶而连成整体，使柱网荷载较均匀地分配给每根桩；当单桩的承载力不很高，而需满堂布桩或局部满堂布桩才足以满足建筑物荷载要求时，常常通过筏形承台(梁板式或平板式)将柱、墙(筒)的集中荷载分配给桩，即形成桩筏基础；当上部结构荷载通过具有顶底板、外墙及纵横内隔墙的空箱结构箱形承台分配给桩时，即形成桩箱基础，它既具有极大刚度，又有调整各桩受力和沉降的良好性能，软弱地基上各种结构形式的高层建筑适宜采用这种基础。

承台除应根据计算满足抗冲切、抗剪切、抗弯承载力和上部结构要求外，尚需满足以下构造要求才能保证承台的安全使用。

(1)承台的构造尺寸。为了满足桩顶嵌固及抗冲切、抗剪切的需要，柱下独立桩基承台最小宽度不应小于 500mm，承台边缘至边桩中心距离不宜小于桩的直径或边长，且边缘挑出部分不应小于 150mm。对于墙下条形承台梁，由于墙体与承台梁共同工作可增强承台梁的整体刚度，为了不致于产生桩顶对承台梁的冲切破坏，对于条形承台梁边缘挑出部分，应不小于 75mm。为了满足承台的基本刚度、桩与承台的连接等构造需要，条形承台和柱下独立桩基承台的厚度不应小于 300mm。平板式和梁板式筏形承台的最小厚度不应小于 400mm，墙下布桩的剪力墙结构筏形承台的最小厚度不应小于 200mm。

(2)混凝土。承台混凝土强度等级不应低于 C25。承台底无垫层时，钢筋的混凝土保护层厚度不应小于 70mm，当设素混凝土垫层时，保护层厚度不应小于 50mm；此外，承台底面的混凝土保护层厚度尚不应小于桩头嵌入承台内的长度。

(3)钢筋配置。柱下独立桩基承台钢筋配置除满足计算要求外，最小配筋率不应小于 0.15%，主筋直径不宜小于 $\phi 12$，架立筋的直径不宜小于 $\phi 10$，箍筋直径不宜小于 $\phi 6$。对于柱下独立桩基承台的受力筋应通长配置，矩形承台板配筋宜按双向均匀布置，钢筋间距 100～200mm。对于三桩承台，应按三向板均匀配置，最里面 3 根钢筋围成的三角形应位于柱截面范围之内，如图 4－34 所示。对于筏形及箱形承台，应参照筏基及箱基底板的构造要求统筹考虑配筋。

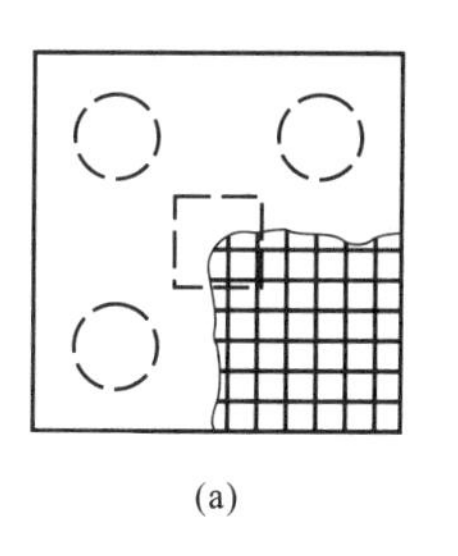

(a)

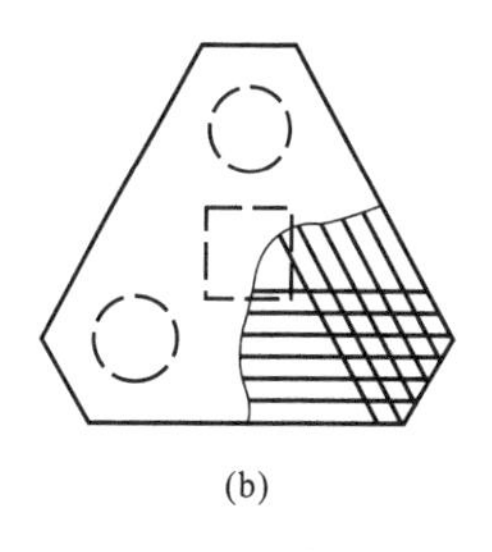

(b)

图 4－34　柱下独立桩基承台配筋

(a)矩形承台；(b)三桩承台

(4)桩与承台的连接。为了使桩与承台的连接部位能有效地传递剪力和部分弯矩，桩顶应嵌入承台一定长度，对于大直径或主要承受水平荷载的桩，不宜小于 100mm，对于中等直径的桩不宜小于 50mm；但嵌入承台深度不宜过大，否则使承台有效高度降低，且不利于承台的抗弯、抗冲切及抗剪切性能。桩顶主筋伸入承台内的锚固长度不宜小于 35 倍纵向主筋直径。对于抗拔桩，为了增加锚入承台部分的钢筋握裹力而不致从承台中拔出，其锚固长度应按现行《混凝土结构设计规范》确定。对于大直径灌注桩，当采用一柱一桩时可设承台或将桩与柱直接连接。

(5)承台之间的连接。对于一柱一桩基础，为了更好地传递、分配柱底剪力及弯矩，增强整个建筑物桩基的协同工作能力，应在桩顶两个主轴方向上设置联系梁；当桩、柱截面直径比大于 2 且柱底剪力和弯矩不很大时，由于此时桩的抗弯刚度相当于柱抗弯刚度的十多倍，则可不设联系梁。对于两桩桩基础承台，由于其长边方向的抗弯、抗剪能力较强，所以宜在其短边方向设置联系梁，当短边方向的柱底剪力和弯矩较小时则可不设联系梁。对有抗震要求的柱下独立桩基承台，由于地震作用时各桩基承台所受的地震剪力及弯矩不同步，为了利用联系梁传递及分配水平荷载，应在纵横方向均设置联系梁。

为了利于直接传递柱底剪力和弯矩，联系梁顶面标高宜与承台顶标高一致，联系梁宽度不宜小于 250mm，其高度可取两承台中心距的 1/10～1/15，且不宜小于 400mm。联系梁的截面尺寸及配筋按以下方法确定：以柱剪力作用于梁端，按轴心受压构件确定其截面尺寸，取与轴心受压相同的轴力绝对值，按轴心受拉构件确定梁的配筋。梁内上下纵向钢筋均不应少于 2 根，直径不应小于 12mm，同一轴线上相邻跨联系梁的纵向筋应连通。在抗震设防区也可取柱轴力的 1/10 为梁端拉、压力的粗略方法确定梁的截面及配筋。

(6)承台埋深。承台埋深应不小于 600mm，桩筏或桩箱基础承台底埋置深度不宜小于建筑物高度的 1/18。在季节性冻土及膨胀土地区，其埋深及处理措施应按现行有关规范实施。

四、桩型、成桩工艺、桩基形式的选择及桩的布置

所选择的桩基形式是否合理，将直接影响建筑物的安全、功能及工程造价，而桩的合理布置对发挥桩的承载力，减少建筑物的沉降，特别是不均匀沉降是至关重要的。

(一)桩型及成桩工艺选择时应考虑的主要因素

1. 持力层与桩型

凡是性能良好的具有足够厚度的硬塑黏性土、中密以上的砂土、砂卵石层及基岩，只要其承载力及稳定性满足要求，都可作为理想的持力层。

当持力层埋深较浅时，可选择桩长较短的端承桩以及扩底桩；在施工能力可达到的深度范围内存在较坚硬的持力层时，对大荷载高层建筑物，可选择单桩承载力足够大的桩型，如大直径桩或嵌岩桩；当持力层埋深很大甚至近百米时，只能考虑采用摩擦型桩，但应选择合适的长径比。

2. 探明土层中异常情况

如土层中有古墓、土洞，基岩中有溶洞或破碎带，当不了解情况而采用预制桩则可能出现掉桩，当采用泥浆护壁钻孔桩则可能出现泥浆大量漏失引起塌孔、跑钻事故。

当土层中有大体积块石、旧基础时，在桩位不能变更的情况下只能采用钻(配特制钻头)、冲击甚至爆破的办法成孔。

探明并避开地下涵管及其他管线位置，为避免地下设施受损，尽量不采用挤土桩。

3. 土层是否具有可液化、沉陷的性质

在抗震设防区存在饱水粉细砂、粉土及含砂粒量较大的砂砾层时，受地震荷载后地基土会液化，软土层则会出现沉陷(甚至对桩基产生负摩阻力)，使桩基承载力大减甚至丧失。

因此在选择桩型及成桩工艺时，应使桩穿过可液化土层或软土层，使桩端进入稳定土层一定深度。为了消除地基液化和沉陷对桩基的影响，《建筑抗震设计规范》要求：桩端伸入液化深度以下稳定土层中的长度(不包括桩尖部分)，应按计算确定，且对碎石土，砾、粗、中砂，坚硬黏性土和密实粉土尚不应小于 0.5m，对其他非岩石土尚不应小于 1.5m。

4. 采用挤土桩时应充分考虑成桩过程中产生的挤土效应

因施工能力的限制，挤土桩难以穿过厚度较大的硬塑土层、中密以上的粉细砂或砂砾石层，而往往以它们作为桩基持力层，所以挤土桩的单桩承载力不可能很大。当持力层以上为必须穿过的饱和黏性土层，打桩所产生的挤土效应必然给工程带来负面影响，如采用沉管灌注桩可能出现断桩、缩颈等质量事故；采用预制桩和钢桩，可能导致已施工的相邻桩体上浮、位移，使桩的沉降增大，承载力降低。

当距离相邻建筑物、道路、地下管线及设施较近时，一定要设法避免给相邻建(构)筑物及

设施造成损害。例如:因未设防而施打预制桩使邻近建筑物受损,造成赔偿费用超过桩基工程造价的事例;因施工打入桩而挤断煤气管道引起爆炸;因打桩产生的挤土、振动引起土体产生超孔隙水压力致使坝体、斜坡失稳的情况都曾发生过。

5.在地下水位高的砂土、软土层中不宜采用人工挖孔桩

在低水位非饱和土中施工人工挖孔桩,能直观检查桩孔所穿过土层的性状,且能彻底清孔,施工质量稳定。但在高水位条件下进行人工挖孔,需要边抽水边挖孔,可能使桩侧细粒土随地下水抽排而大量流失,引起地面下沉,甚至导致护壁垮塌造成人身事故;也会使相邻刚灌注的桩孔中水泥颗粒被带走造成混凝土离析;在流塑淤泥层中强制性挖孔,会引起大量淤泥侧向流动引起土体滑移,造成桩体被推歪、推断。因此,对这些可能产生的潜在隐患必须有足够的认识。

6.使工程造价合理

选择桩型时,不能仅考虑单桩的成本,原材料、人工、设备、能源消耗及施工对环境的维护费用等都应综合考虑,折算成综合造价,并与其他方案的综合指标进行对比后选其优,才能使工程造价更合理。

(二)桩基形式的选择

1.按上部结构荷载大致确定桩型及桩径

首先,可根据上部结构类型及荷载要求确定大致的桩型。例如:对不超过10层的建筑物,可选ϕ500～800的灌注桩或边长为400mm的预制桩;层数为10～20层时,可选ϕ800～1 000的灌注桩或边长为400～500mm的预制桩;超过20层时,可选ϕ1 000～1 200的灌注桩(包括钻、冲、挖孔桩)或直径大于500mm的预应力管桩。

2.按桩型大致确定桩基础形式

承台下桩的不同形式排列可组成不同的桩基础,如由单桩或多桩承担独立柱的荷载形成桩柱基础(承台似独立基础),由单排桩或双排桩承担柱列或墙的荷载形成桩梁基础(承台似条形基础),由满堂布桩承担筏形大板上的荷载形成桩筏基础。

当有条件施工成大直径端承型桩时,采用单桩支承的桩柱基础和单排桩支承的桩梁基础最为经济合理;当端承型桩的直径和承载力受到限制时则可考虑多桩支承的桩柱基础或桩梁基础。在深厚软土地区只能采用各种摩擦型桩;当建筑物体形规则、层数不很多(如10～15层)时,也可考虑选用多桩桩柱基础和桩梁基础,但需注意避免柱基的桩数太多而使承台平面尺寸过大,而桩梁基础中的桩距不应过大以免承台梁跨度过大;对软土地区层数更多的高层建筑,则应考虑桩筏基础或桩箱基础。

3.所选桩型及桩基础形式应与结构类型相适应

对一般建筑物,常采用桩柱及桩梁基础;对高层的框架结构,因其整体刚度较差,若桩基支承条件不很好时,则采用桩筏或桩箱基础,可使基础结构得以加强;当上部为剪力墙或筒体结构时,因其刚度极大,对基础结构的刚度要求可相对降低,如在软弱地基上采用桩筏基础也是可行的。

建筑物的功能及使用要求往往限制了桩基形式的可选性而不得不采用某一形式。例如,地下停车场就要求有宽敞的地下空间,与之相适应的承台即筏形承台,所以此时只好采用桩筏基础。

对于砌体和剪力墙结构,宜根据墙下荷载的分布采用可满足墙下单排或双排布桩的桩型。

应注意在饱和黏性土中采用挤土沉管灌注桩，应局限于多层住宅单排桩条形基础。

对于框架结构，特别是对于跨度较大的框架结构，宜采用柱下单桩或柱下承台多桩方案，可采用挤扩、夯扩桩或后注浆桩。

对于框架-核心筒、框架-剪力墙结构高层建筑桩基，应按荷载分布考虑相互影响，将桩相对集中布置于核心筒、剪力墙及柱下。选择基桩尺寸和承载力可调性较大的桩型和工艺，采用适当增加桩长或后注浆等措施。使核心筒外围桩基刚度相对弱化，并宜按复合桩基设计。

对于主裙楼连体建筑，当高层主体建筑采用桩基时，应考虑采用沉降小的桩型，如大直径嵌岩桩，裙楼的地基或桩基刚度宜相对弱化，可采用疏桩或短桩等其他承载力较小的桩型并合理布桩，使高低层之间的沉降差维持在很小范围内，甚至可不设沉降缝。

(三)桩的布置

1. 桩数的确定

当基桩或复合基桩承载力特征值 R 及上部结构对各承台的荷载确定后，可按以下方法初步估算各承台的桩数：

当承台处于轴心受压作用下时：

$$n=\frac{F_k+G_k}{R} \tag{4-43a}$$

当承台处于偏心受压作用下时：

$$n=\mu\frac{F_k+G_k}{R} \tag{4-43b}$$

式中：F_k——荷载效应标准组合下，作用于承台底面的竖向力(kN)；

G_k——承台及其上土自重标准值(kN)，对稳定的地下水位以下部分应扣除水的浮力；

R——基桩或复合基桩竖向承载力特征值(kN)；

μ——系数，取1.1～1.4；

n——预估桩数。

按以上方式计算 n 值时，也可取房屋一个开间作为计算单元，此时可由一个计算单元的荷载值估算出该单元的桩数。

2. 桩的中心距

桩的布置原则主要考虑桩的中心距、桩的合理排列及桩进入持力层的深度等因素。若布桩不合理，施工挤土桩时则可能产生土的松弛效应，在饱和土层中还会产生挤土效应，设计时还需考虑群桩效应对基桩承载力的不利影响，所以，布桩时应按土的类别、成桩工艺及桩排列情况确定出最小中心距。一般情况下，穿越饱和软土的挤土桩，要求桩中心距较大，部分挤土或穿越非饱和土的挤土桩中心距较小，而非挤土桩的中心距可更小，对于大面积的桩群，特别是挤土桩，桩的最小中心距也宜适当加大。对排数为1～2排、桩数少于9根的摩擦型桩基，或者当施工中采取减小挤土效应的可靠措施时，桩的最小中心距可根据当地经验适当减小。布桩时桩的最小中心距应满足表4-30的规定。

布桩时还应注意以下几点：①排列基桩时宜使桩群承载力合力点与竖向永久荷载合力作用点重合，并使基桩受水平力和力矩较大方向有较大抗弯截面模量；②对于桩箱基础、剪力墙结构桩筏(含平板式和梁板式承台)基础，宜将桩布置于墙下；③对于框架-核心筒结构桩筏基础应按荷载分布考虑相互影响，将桩相对集中布置于核心筒和柱下；外围框架柱宜采用复合桩基，有合适桩端持力层时桩长宜减小。

表 4－30　基桩的最小中心距

土类与成桩工艺		排数不少于 3 排且桩数不少于 9 根的摩擦型桩基	其他情况
非挤土灌注桩		3.0d	3.0d
部分挤土桩	非饱和土、饱和非黏性土	3.5d	3.0d
	饱和黏性土	4.0d	3.5d
挤土桩	非饱和土、饱和非黏性土	4.0d	3.5d
	饱和黏性土	4.5d	4.0d
钻、挖孔扩底桩		2D 或 D+2.0m(当 D>2m)	1.5D 或 D+1.5m(当 D>2m)
沉管夯扩、钻孔挤扩桩	非饱和土、饱和非黏性土	2.2D 且 4.0d	2.0D 且 3.5d
	饱和黏性土	2.5D 且 4.5d	2.2D 且 4.0d

注：①d —圆桩设计直径或方桩边长，D —扩大端设计直径；

② 当纵横向桩距不相等时，其最小中心距应满足“其他情况”一栏的规定；

③ 当为端承型桩时，非挤土灌注桩的“其他情况”一栏可减小至 2.5d。

3. 桩的平面布置

根据桩基础的形式及荷载要求，桩的平面布置可采用矩形网格状、梅花形（三角形）网格状等多种形式，按荷载要求还可采用不等距的排列方式，如图 4－35 所示。为了使桩基础中各桩受力较均匀，应使桩群承载力合力点与永久荷载合力作用点重合；当上部荷载有几种组合方式时，因承台底面会出现不同的荷载合力作用点，此时应将群桩承载力合力点安排在荷载合力作用点的变化范围内，并尽量靠近最不利的荷载合力作用点位置；当承台底面的水平力及弯矩较大时，则应使桩基础受水平力及力矩较大方向有较大的截面模量。如：柱下独立基础和整片式桩基，可采用外密内疏的布桩方式；对横墙下的桩基，可布置“探头”桩，随横墙下承台梁一同挑出，如图 4－36 所示；对于桩箱基础，宜将桩布置于墙下；对于带梁（肋）桩筏基础，宜将桩布置于梁（肋）下；对于大直径桩，宜采用一柱一桩。

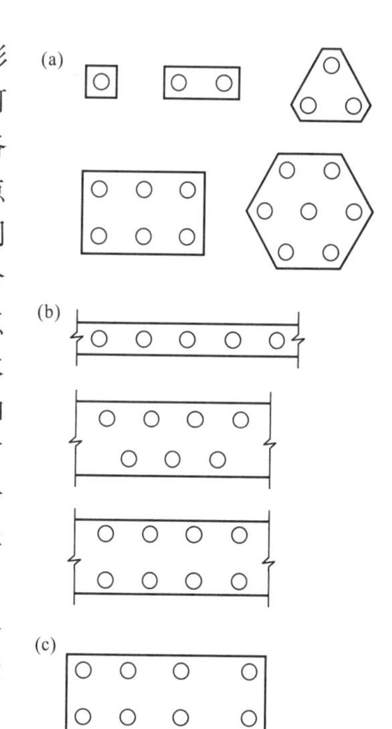

图 4－35　桩的平面布置示例

(a)柱下桩基，等桩距排列；

(b)墙下桩基，等桩距排列；

(c)柱下桩基，按不等距布置

根据预估桩数，即可按承台构造要求及桩的间距要求初步确定出承台底面尺寸。需注意，对同一结构单元宜避免采用不同类型的桩，否则，对保证承载力可靠度不利。

4. 桩端进入持力层的深度

确定桩端进入持力层的深度时，既要考虑在各类持力层中的成桩可行性，又需尽量提高桩端的阻力。当持力层厚度不太大且持力层下为软弱下卧层时，则桩端不应进入持力层太深，否则会使端阻力降低。当持力层较坚硬且厚度较大时，若施工条件许可，则应将桩端进入持力层的深度尽可能地达到该土层桩端阻力的临界深度。据研究分析，桩端阻力随桩端进入持力层深度的增加而增大，但存在一界限深度值，当桩端进入持力层的深度超过该界限深度后，端阻力不再显著增加或不再增加，该界限深度即为桩端阻力的临界深度。对于粉土及黏性土，临界深度为$(2\sim6)d$，且随土的孔隙比及液性指数的减小而增大；对砂土及碎石类土，其临界深度为$(3\sim10)d$，且随土的密度的提高而增大。

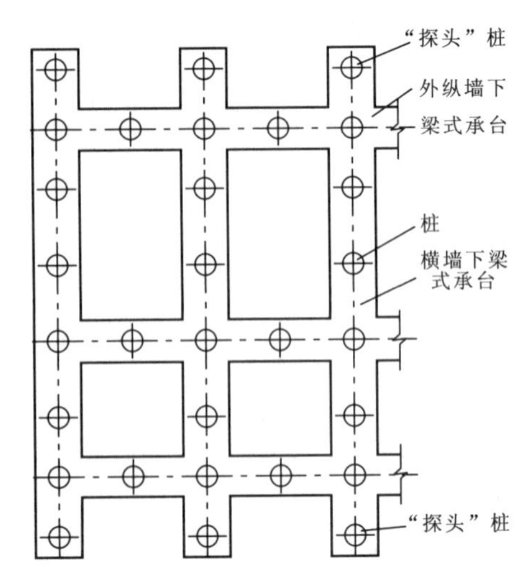

图 4-36　横墙下的"探头"桩布置方式

可见，在硬持力层较厚且施工条件许可时，桩端全断面进入持力层的深度达到桩端阻力的临界深度，对充分发挥端阻力是有利的。若受施工条件、成桩工艺可行性或其他原因的限制，桩端进入持力层的深度难以达到临界深度时，也应使进入持力层的最小深度得以保证：桩端全断面进入持力层的深度，在黏性土及粉土中不宜小于$2d$，在砂土中不宜小于$1.5d$，在碎石类土中不宜小于$1d$。当持力层下存在软弱下卧层时，桩端以下硬持力层厚度不宜小于$3d$。

对于嵌岩桩，嵌岩深度应综合荷载、上覆土层、基岩、桩径、桩长诸因素确定；对于嵌入倾斜的完整和较完整岩的全断面深度不宜小于$0.4d$且不小于0.5m，倾斜度大于30%的中风化岩，宜根据倾斜度及岩石完整性适当加大嵌岩深度；对于嵌入平整、完整的坚硬岩和较硬岩的深度不宜小于$0.2d$且不应小于0.2m。

五、桩基础计算

(一)桩顶作用效应计算

各承台或计算单元的桩数初步确定后，应对各承台或各计算单元中的复合基桩或基桩的桩顶作用效应进行计算，以确定各桩所分担的荷载。桩顶作用效应包括荷载效应和地震作用效应，按《建筑桩基技术规范》(JGJ 94—2008)，相应的作用效应组合为荷载效应标准组合和地震效应组合。

1. 基桩或复合基桩桩顶荷载效应计算

对于一般建筑物和受水平力(包括力矩与水平剪力)较小的高层建筑群桩基础，应按下列公式计算柱、墙、核心筒群桩中基桩或复合基桩的桩顶作用效应：

轴心竖向力作用下：
$$N_k=\frac{F_k+G_k}{n}\tag{4-44a}$$

偏心竖向力作用下：
$$N_{ik}=\frac{F_k+G_k}{n}\pm\frac{M_{xk}y_i}{\sum y_j^2}\pm\frac{M_{yk}x_i}{\sum x_j^2}\tag{4-44b}$$

水平力：
$$H_{ik}=\frac{H_k}{n}\tag{4-45}$$

式中：N_k——荷载效应标准组合轴心竖向力作用下，基桩或复合基桩的平均竖向力(kN)；

F_k——荷载效应标准组合下，作用于承台顶面的竖向力(kN)；

G_k ——承台及其上土自重标准值(kN)，对稳定的地下水位以下部分应扣除水的浮力；

n ——桩基中的桩数；

N_{ik}——荷载效应标准组合偏心竖向力作用下，第 i 基桩或复合基桩的竖向力(kN)；

M_{xk}、M_{yk}——荷载效应标准组合下，作用于承台底面，绕通过桩群形心的 x、y 主轴的力矩(kN·m)；

x_i、x_j、y_i、y_j ——第 i、j 基桩或复合基桩至 y、x 轴的距离(m)；

H_k ——荷载效应标准组合下，作用于桩基承台底面的水平力(kN)；

H_{ik}——荷载效应标准组合下，作用于第 i 基桩或复合基桩的水平力(kN)。

2. 地震作用效应计算

对于主要承受竖向荷载的抗震设防区低承台桩基，当建筑场地位于建筑抗震的有利地段，且按现行国家标准《建筑抗震设计规范》(GB 50011—2011)规定可不进行桩基抗震承载力验算的建筑物，桩顶作用效应计算时可不考虑地震作用。

对位于 8 度和 8 度以上抗震设防区和其他受较大水平力的高大建筑，当其桩基承台刚度较大或由于上部结构与承台协调作用能增强承台刚度时，各基桩的作用效应计算及桩身内力计算则应考虑承台(包括地下墙体)与基桩共同工作和土的弹性抗力作用，此时可参照本章第六节所介绍的“m”法进行计算。

(二)桩基竖向承载力验算

验算桩基竖向承载力时应符合下列要求：

1. 荷载效应标准组合

轴心竖向力作用下，应满足下式要求：

$$N_k \leqslant R \tag{4-46}$$

偏心竖向力作用下，除满足式(4-46)外，尚应满足下式的要求：

$$N_{kmax} \leqslant 1.2R \tag{4-47}$$

式中：N_k ——荷载效应标准组合轴心竖向力作用下基桩或复合基桩的平均竖向力(kN)；

N_{kmax}——荷载效应标准组合偏心竖向力作用下桩顶最大竖向力(kN)；

R ——基桩或复合基桩竖向承载力特征值(kN)。

2. 地震作用效应和荷载效应标准组合

轴心竖向力作用下：

$$N_{Ek} \leqslant 1.25R \tag{4-48}$$

偏心竖向力作用下，除满足式(4-48)外，尚应满足下式的要求：

$$N_{Ekmax} \leqslant 1.5R \tag{4-49}$$

式中：N_{Ek}——地震作用效应和荷载效应标准组合下基桩或复合基桩的平均竖向力(kN)；

N_{Ekmax}——地震作用效应和荷载效应标准组合下基桩或复合基桩的最大竖向力(kN)。

当按以上各式验算不满足要求时，则需要重新对基桩或复合基桩竖向承载力进行设计计算，并对桩数、桩的排列进行调整，直至验算结果满足要求。

(三)承台计算

承台形式可分为板式承台和梁式承台两种。对于板式承台，当受荷载作用后，其破坏特征可能是受弯开裂破坏，也可能是冲切或剪切破坏。当承台厚度不够且配筋率较低时，常会发生受弯破坏；当厚度较小，则可能产生冲切破坏，即沿柱边或变阶处形成近45°的破坏锥体（图4－37），或者在角桩处形成近45°的破坏锥体（图4－38），还可能产生剪切破坏。可见，承台应有足够厚度，且底部应配置足量受力钢筋。

对于梁式承台，则分别按墙下承台梁和柱下承台梁考虑其抗冲切、抗剪切及抗弯承载力。

承台高度可按受冲切和受剪切计算确定，一般先按构造要求及经验初设承台高度，然后进行受冲切、受剪切强度验算，复核承台高度是否合适，并进行调整。

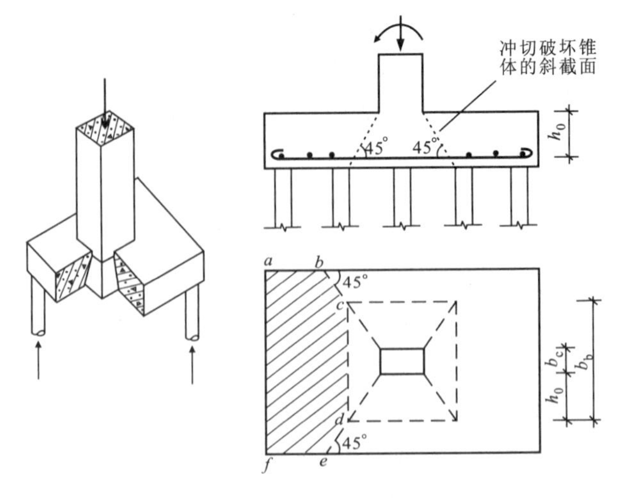

图4－37　承台板的冲切破坏

1. 承台受冲切计算

（1）板式承台受冲切计算。板式承台（柱下独立桩基承台及柱和墙下满堂桩基承台）的冲切破坏，可能由柱或墙对承台板的冲切而引起，也可能由冲切破坏锥体以外的基桩对承台板的冲切引起。

冲切破坏时，会沿柱或墙底周边或桩顶周边以近45°的扩散线围成锥体面，使锥体面上混凝土被拉裂。当柱下矩形独立承台的中部厚度不足时，则可能因柱对承台板的冲切使承台破坏，所以，由承台板受柱冲切承载力来决定板中部的厚度。同理，为避免桩（主要是承台边缘的角桩）对承台的冲切破坏，由承台板受角桩冲切的承载力来决定承台板边缘的厚度。

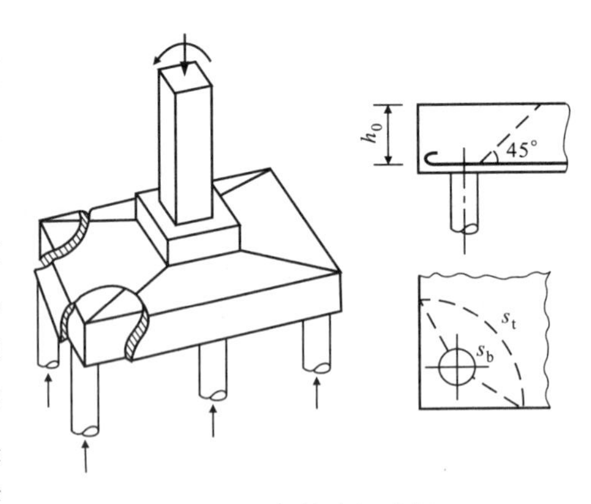

图4－38　角桩冲切破坏

1）计算柱（墙）对承台的冲切时，是将柱底与承台交接处范围内面积作为锥体顶面，冲切斜面位置由锥体顶面边缘与相应的桩顶内边缘连线所决定，如图4－39所示，且锥体斜面与承台底面夹角不应小于45°。

根据试验资料及《混凝土结构设计规范》（GB 50010—2010）的要求，承台受柱（墙）冲切的承载力可按下式计算（可先假定h_0值）：

$$F_l \leqslant \beta_{hp}\beta_0 u_m f_t h_0 \tag{4-50a}$$

$$F_l = F - \sum Q_i \tag{4-50b}$$

$$\beta_0 = \frac{0.84}{\lambda + 0.2} \tag{4-50c}$$

式中：F_l ——不计承台及其上土重，在荷载效应基本组合下作用于冲切破坏锥体上的冲切力设计值（kN）；

f_t ——承台混凝土抗拉强度设计值（N/mm²）；

β_{hp}——承台受冲切承载力截面高度影响系数，当$h \leqslant 800$mm时取$\beta_{hp}=1.0$，当$h \geqslant 2000$mm时取$\beta_{hp}=0.9$，其间按线性内插法取用；

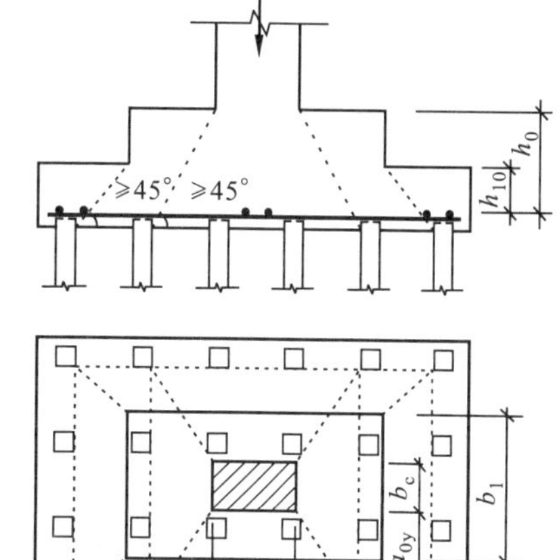

图 4-39　柱下独立桩基柱对承台的冲切计算

u_m ——承台冲切破坏锥体一半有效高度处的周长(m);

h_0 ——承台冲切破坏锥体的有效高度(m);

β_0 ——柱(墙)冲切系数;

λ ——冲跨比,$\lambda=a_0/h_0$,a_0 为柱(墙)边或承台变阶处到桩边水平距离(m),当 $\lambda<0.25$ 时取 $\lambda=0.25$,当 $\lambda>1.0$ 时取 $\lambda=1.0$;

F ——不计承台及其上土重,在荷载效应基本组合作用下柱(墙)底的竖向荷载设计值(kN);

$\sum Q_i$ ——不计承台及其上土重,在荷载效应基本组合下冲切破坏锥体内各基桩或复合基桩的反力设计值之和(kN)。

对于柱下矩形独立承台受柱冲切的承载力,由图 4-39及式(4-50)可表示为:

$$F_l \leqslant 2[\beta_{0x}(b_c+a_{0y})+\beta_{0y}(h_c+a_{0x})]\beta_{hp}f_t h_0 \quad (4-51)$$

式中:β_{0x}、β_{0y}——由公式(4-50c)求得,式中 $\lambda_{0x}=a_{0x}/h_0$,$\lambda_{0y}=a_{0y}/h_0$,λ_{0x}、λ_{0y}均应满足 0.25～1.0 的要求;

h_c、b_c ——分别为 x、y 方向的柱截面边长(m);

a_{0x}、a_{0y}——分别为 x、y 方向柱边至最近桩边的水平距离(m)。

2)对于柱下矩形独立阶形承台受上阶冲切的承载力可按下式计算(图 4-39):

$$F_l \leqslant 2[\beta_{1x}(b_1+a_{1y})+\beta_{1y}(h_1+a_{1x})]\beta_{hp}f_t h_{10} \quad (4-52)$$

式中:β_{1x}、β_{1y}——由公式(4-50c)求得,$\lambda_{1x}=a_{1x}/h_{10}$,$\lambda_{1y}=a_{1y}/h_{10}$,$\lambda_{1x}$、$\lambda_{1y}$均应满足 0.25～1.0 的要求;

h_1、b_1 ——分别为 x、y 方向承台上阶的边长(m);

a_{1x}、a_{1y}——分别为 x、y 方向承台上阶边至最近桩边的水平距离(m)。

当桩和柱为圆形截面时,按方形截面与圆形截面周长相等的原则,将圆形截面的桩、柱换算成方桩和方柱,即将图 4-39 中柱截面边宽 b_c 取 $b_c=0.8d_c$,d_c 为圆柱直径;桩截面边宽 b_p 取 $b_p=0.8d$,d 为圆桩直径。

对于柱下两桩承台,宜按深受弯构件($l_0/h<5.0$,$l_0=1.15l_n$,l_n 为两桩净距)计算受弯、受剪承载力,由于两桩承台的宽度与桩径之比不大,通常不需要进行受冲切承载力计算。

3)对位于柱(墙)冲切破坏锥体以外的基桩,也应考虑其对承台的冲切破坏,承台受角桩冲切破坏的计算简图如图 4-40 所示。四桩以上(含四桩)承台受角桩冲切的承载力按下列公式计算:

$$N_l \leqslant [\beta_{1x}(c_2+a_{1y}/2)+\beta_{1y}(c_1+a_{1x}/2)]\beta_{hp}f_t h_0 \quad (4-53a)$$

$$\beta_{1x}=\frac{0.56}{\lambda_{1x}+0.2} \quad (4-53b)$$

$$\beta_{1y}=\frac{0.56}{\lambda_{1y}+0.2} \quad (4-53c)$$

式中:N_l ——不计承台及其上土重,在荷载效应基本组合作用下角桩(含复合基桩)反力设计值(kN)；

β_{1x}，β_{1y}——角桩冲切系数；

a_{1x}、a_{1y}——从承台底角桩顶内边缘引 45° 冲切线与承台顶面相交点至角桩内边缘的水平距离，当柱(墙)边或承台变阶处位于该 45° 线以内时，则取由柱(墙)边或承台变阶处与桩内边缘连线为冲切锥体的锥线；

h_0 ——承台外边缘的有效高度(m)；

λ_{1x}、λ_{1y}——角桩冲跨比，$\lambda_{1x}=a_{1x}/h_0$，$\lambda_{1y}=a_{1y}/h_0$，其值均应满足 0.25～1.0 的要求。

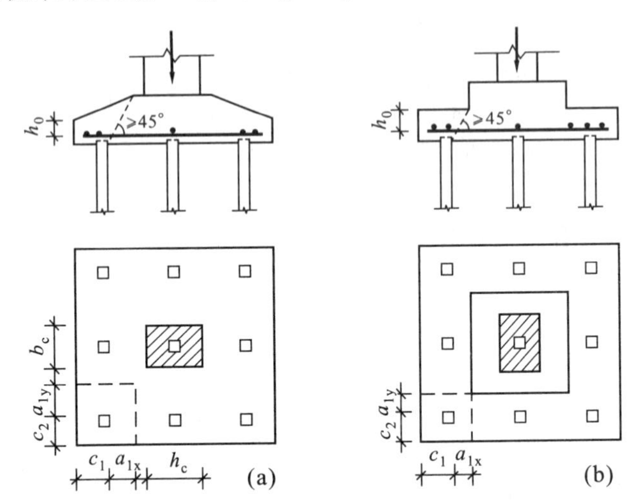

图 4-40　四桩以上(含四桩)承台角桩冲切计算

(a)锥形承台；(b)阶形承台

4)对于三桩三角形承台，则应分别计算承台三角形顶部角桩及三角形底部角桩对承台的冲切作用(图 4-41)。三桩三角形承台受角桩冲切的承载力，可按下列公式进行计算：

对三角形底部角桩：

$$N_l \leqslant \beta_{11}(2c_1+a_{11})\beta_{hp}\tan\frac{\theta_1}{2}f_t h_0 \tag{4-54a}$$

$$\beta_{11}=\frac{0.56}{\lambda_{11}+0.2} \tag{4-54b}$$

对三角形顶部角桩：

$$N_l \leqslant \beta_{12}(2c_2+a_{12})\beta_{hp}\tan\frac{\theta_2}{2}f_t h_0 \tag{4-55a}$$

$$\beta_{12}=\frac{0.56}{\lambda_{12}+0.2} \tag{4-55b}$$

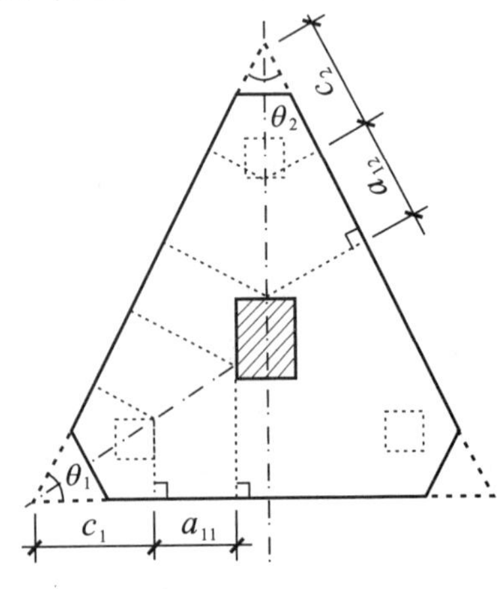

图 4-41　三桩三角形承台角桩冲切计算

式中：λ_{11}、λ_{12}——角桩冲跨比，$\lambda_{11}=a_{11}/h_0$，$\lambda_{12}=a_{12}/h_0$，其值均应满足 0.25～1.0 的要求；

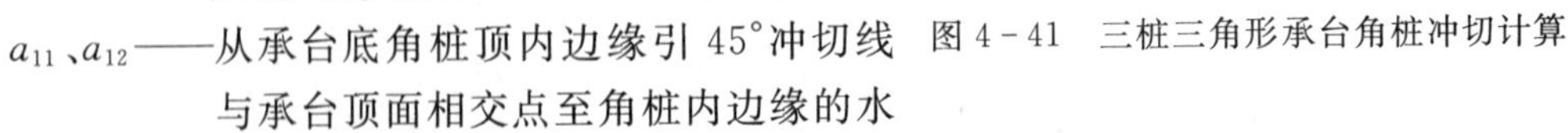

a_{11}、a_{12}——从承台底角桩顶内边缘引 45°冲切线与承台顶面相交点至角桩内边缘的水平距离(m)；当柱(墙)边或承台变阶处位于该 45°线以内时，则取由桩(墙)边或承台变阶处与桩内边缘连线为冲切锥体的锥线。

5)对于大面积满堂桩基承台(筏形、箱形承台),则需考虑承台受内部基桩及桩群的冲切作用。

若满堂桩基承台内基桩按正方形网格布置,如图 4-42 所示,则承台受基桩的冲切承载力可按下式计算:

$$N_l \leqslant 2.8(b_p + h_0)\beta_{hp} f_t h_0 \qquad (4-56a)$$

承台受桩群的冲切承载力可按下式计算:

$$\sum N_{li} \leqslant 2\left[\beta_{0x}(b_y + a_{0y}) + \beta_{0y}(b_x + a_{0x})\right]\beta_{hp} f_t h_0 \qquad (4-56b)$$

式中:β_{0x}、β_{0y}——由公式(4-50c)求得,其中 $\lambda_{0x} = a_{0x}/h_0$,$\lambda_{0y} = a_{0y}/h_0$,$\lambda_{0x}$、$\lambda_{0y}$ 均应满足 0.25~1.0 的要求;

N_l、$\sum N_{li}$——不计承台和其上土重,在荷载效应基本组合下,基桩或复合基桩的净反力设计值、冲切锥体内(图 4-42 中 *abcd* 范围内)各基桩或复合基桩反力设计值之和(kN)。

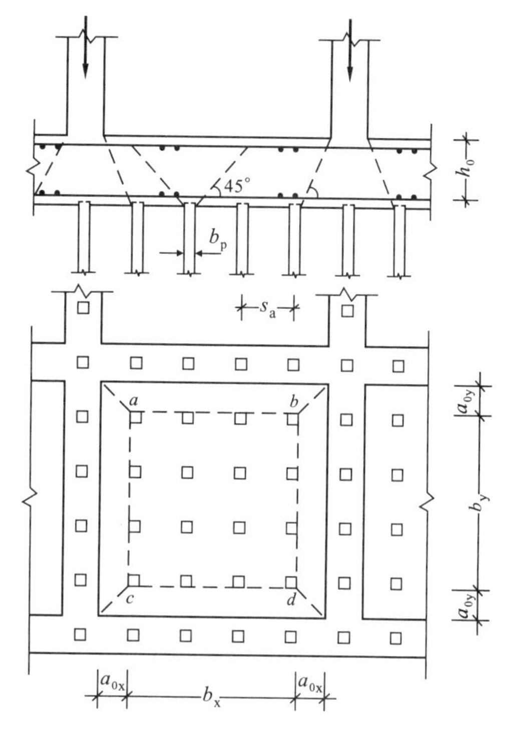

图 4-42　基桩、墙对筏形承台的冲切计算

对于柱(墙)下的桩基承台,由于板厚度常常受到限制,为了提高抗冲切承载力,常需配置箍筋或弯起筋,此时,可按配置箍筋和弯起筋的受冲切承载力公式计算承台板厚度及配筋量,见《混凝土结构设计规范》(GB 50010—2010)。

(2)梁式承台受冲切计算。

1)对于墙下承台梁,当梁受到桩反力作用后,由于墙体与承台梁的共同工作,使承台梁具有很高的抵抗桩的冲切破坏能力,因此不需验算桩对承台梁的冲切作用。

2)对于柱下承台梁,其抗冲切计算可参照板式承台的受冲切计算方法,分别考虑柱及桩对承台梁的冲切作用。

2. 承台受剪计算

(1)承台板受剪计算。板式承台的剪切破坏面往往为通过柱(墙)边、变阶处与桩边连线形成的贯通承台的斜截面,如图 4-43 所示。承台板的斜截面受剪承载力与剪跨比的大小密切相关,依混凝土结构设计要求,斜截面受剪承载力应按下式计算:

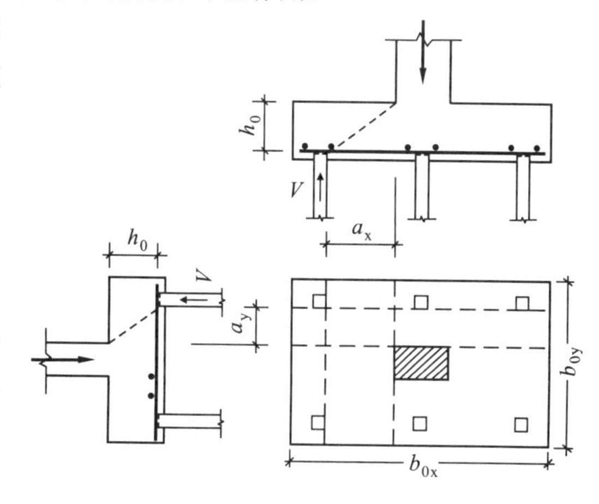

图 4-43　承台斜截面受剪计算

$$V \leqslant \beta_{hs} \alpha f_t b_0 h_0 \qquad (4-57a)$$

$$\beta_{hs} = (800/h_0)^{\frac{1}{4}} \qquad (4-57b)$$

$$\alpha = \frac{1.75}{\lambda + 1.0} \qquad (4-57c)$$

式中：V ——不计承台及其上土自重，在荷载效应基本组合下，斜截面的最大剪力设计值（kN）；

β_{hs}——受剪切承载力截面高度影响系数，当 $h_0<800\text{mm}$ 时取 $h_0=800\text{mm}$，当 $h_0>2\ 000\text{mm}$时取 $h_0=2\ 000\text{mm}$，其间按线性内插法取值；

α ——剪切系数；

b_0 ——承台计算截面处的计算宽度(m)；

λ ——计算截面的剪跨比，$\lambda_x=a_x/h_0$，$\lambda_y=a_y/h_0$，a_x、a_y 为柱边(墙边)或承台变阶处至 y、x 方向计算一排桩的桩边水平距离，当 $\lambda<0.25$ 时取 $\lambda=0.25$，当 $\lambda>3$ 时取$\lambda=3$。

当柱(墙)外侧承台悬挑边布设多排基桩时，会形成多个剪切斜截面，此时，对每一个斜截面都应按上述要求计算其受剪承载力。

在采用公式(4-57a)计算承台斜截面受剪承载力时，对阶梯形及锥形承台柱边纵横两方向计算截面的宽度计算，需采用折算宽度的计算方法确定。

对于阶梯形承台，应分别在变阶处($A_1—A_1$ 及 $B_1—B_1$)和柱边处($A_2—A_2$ 及 $B_2—B_2$)进行斜截面受剪计算，如图 4-44 所示。

在计算变阶处截面 $A_1—A_1$ 及 $B_1—B_1$ 处的斜截面受剪承载力时，其截面有效高度均为 h_{10}，截面计算宽度分别为 b_{y1} 及 b_{x1}。

计算柱边截面 $A_2—A_2$ 及 $B_2—B_2$ 处的斜截面受剪承载力时，其截面有效高度均为$h_{10}+h_{20}$，此时截面计算宽度应按下列公式求算：

$$\text{对 } A_2—A_2：\quad b_{y0}=\frac{b_{y1}h_{10}+b_{y2}h_{20}}{h_{10}+h_{20}} \tag{4-58a}$$

$$\text{对 } B_2—B_2：\quad b_{x0}=\frac{b_{x1}h_{10}+b_{x2}h_{20}}{h_{10}+h_{20}} \tag{4-58b}$$

对于锥形承台，则应对 $A—A$ 及 $B—B$ 两个截面进行受剪承载力计算(图 4-45)。截面

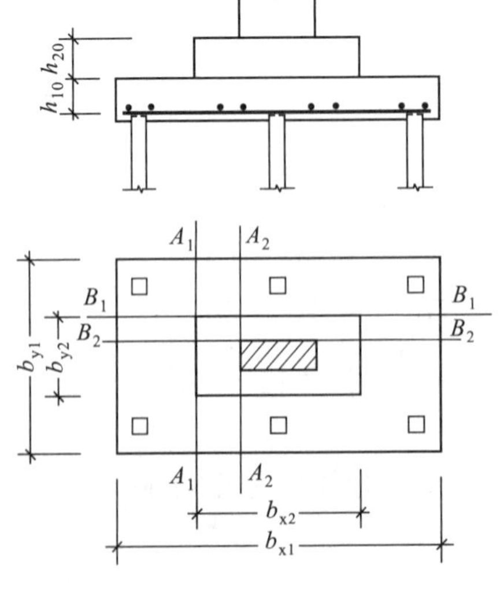

图 4-44　阶梯形承台斜截面受剪计算

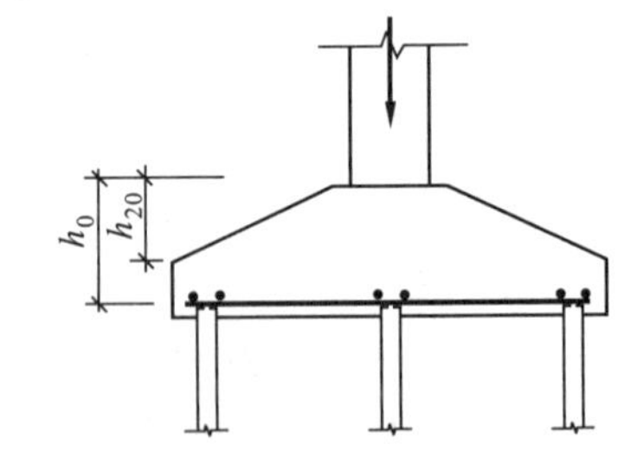

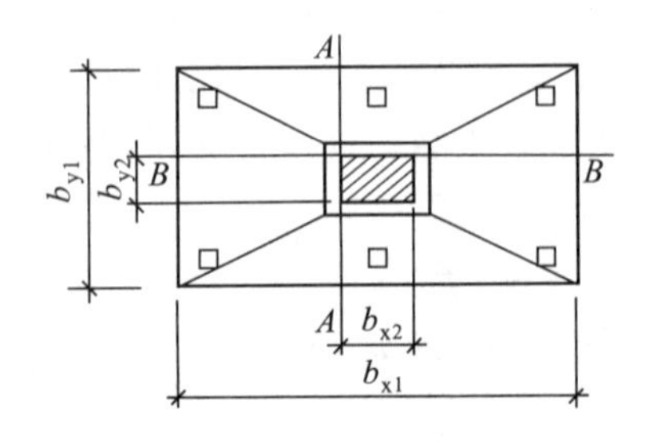

图 4-45　锥形承台斜截面受剪计算

有效高度均为 h_0，其两个方向截面的计算宽度应按下列公式计算：

对 $A—A$：

$$b_{y0}=\left[1-0.5\frac{h_{20}}{h_0}\left(1-\frac{b_{y2}}{b_{y1}}\right)\right]b_{y1} \tag{4-59a}$$

对 $B—B$：

$$b_{x0}=\left[1-0.5\frac{h_{20}}{h_0}\left(1-\frac{b_{x2}}{b_{x1}}\right)\right]b_{x1} \tag{4-59b}$$

按以上方法求出截面计算宽度以后，即可按式(4-57)计算各斜截面受剪承载力。

一般情况下，三桩三角形承台不发生剪切破坏，因此可不进行抗剪承载力计算。

(2)承台梁受剪计算。

1)在计算砌体墙下条形承台梁的受剪承载力时，承台梁的最大剪力发生在靠近支座(桩)的边缘处，其设计剪力值的大小由表4-31中(6)、(7)式计算(见后述承台受弯计算)。砌体墙下条形承台梁均应配置抗剪箍筋，当跨度较大时，还应配置弯起筋。

砌体墙下条形承台梁配有箍筋但未配弯起钢筋时，斜截面的受剪承载力可按下式计算：

$$V\leqslant 0.7f_tbh_0+1.25f_{yv}\frac{A_{sv}}{s}h_0 \tag{4-60a}$$

式中：V ——不计承台及其上土自重，在荷载效应基本组合下，计算截面处的剪力设计值(kN)；

A_{sv}——配置在同一截面内箍筋各肢的全部截面面积(mm^2)；

s ——沿计算斜截面方向箍筋的间距(m)；

f_{yv}——箍筋抗拉强度设计值(N/mm^2)；

b ——承台梁计算截面处的计算宽度(m)；

h_0 ——承台梁计算截面处的有效高度(m)。

砌体墙下承台梁配有箍筋和弯起钢筋时，斜截面的受剪承载力可按下式计算：

$$V\leqslant 0.7f_tbh_0+1.25f_{yv}\frac{A_{sv}}{s}h_0+0.8f_yA_{sb}\sin\alpha_s \tag{4-60b}$$

式中：A_{sb}——同一截面弯起钢筋的截面面积(mm^2)；

f_y ——弯起钢筋的抗拉强度设计值(N/mm^2)；

α_s ——斜截面上弯起钢筋与承台底面的夹角(°)。

2)对于柱下条形承台梁，应按受集中荷载作用的梁考虑，其构造与一般连续梁近似，受荷载后的最大剪力发生在柱与最近的一根桩之间。需注意，对承台梁的柱和桩边缘处；受拉区弯起筋弯起点处；受拉区箍筋数与间距改变处及承台梁宽、高改变处等位置的截面，都应考虑承台梁斜截面的受剪承载力。

当柱下条形承台梁配有箍筋但未配弯起钢筋时，其斜截面的受剪承载力可按下式计算：

$$V\leqslant\frac{1.75}{\lambda+1}f_tbh_0+f_{yv}\frac{A_{sv}}{s}h_0 \tag{4-60c}$$

式中：λ ——计算截面的剪跨比，$\lambda=a/h_0$，a 为柱边至桩边的水平距离；当 $\lambda<1.5$ 时，取 $\lambda=1.5$；当 $\lambda>3$ 时，取 $\lambda=3$。

式中其他符号意义同前。

3.承台受弯计算

(1)板式承台受弯计算。

1)矩形承台受弯计算。经大量模型试验表明，柱下多桩矩形承台受荷载作用后，弯曲裂缝在平行于柱边的两个方向交替出现，承台在两个方向交替呈梁式承担荷载，最大弯矩产生于平行柱边两个方向的屈服线处，即柱下多桩矩形承台呈梁式破坏。因此，两桩条形承台和多桩矩形承台弯矩计算截面应取在柱边和承台变阶处（杯口外侧或台阶边缘），如图 4－46 所示。

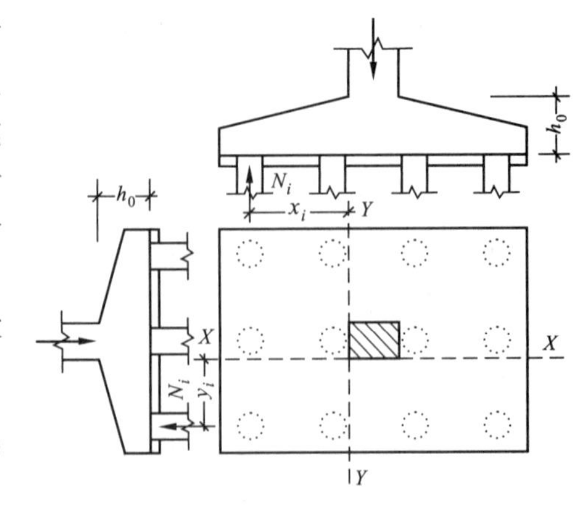

图 4－46　多桩矩形承台弯矩计算

两桩条形承台和多桩矩形承台正截面弯矩设计值可按下式计算：

$$\left.\begin{aligned}M_x&=\sum N_i y_i\\M_y&=\sum N_i x_i\end{aligned}\right\}\tag{4-61}$$

式中：M_x、M_y ——分别为绕 X 轴和绕 Y 轴方向计算截面处的弯矩设计值（kN·m）；

x_i、y_i ——垂直 Y 轴和 X 轴方向自桩轴线到相应计算截面的距离（m）；

N_i ——不计承台及其上土重，在荷载效应基本组合下第 i 基桩或复合基桩竖向反力设计值（kN）。

2）三桩三角形承台受弯计算。经对柱下三桩三角形承台进行的模型试验表明，其破坏模式也为梁式破坏。

①等边三桩承台（图 4－47a）。由于三桩承台的钢筋一般均平行于承台边呈三角形配置，因而等边三桩承台可利用钢筋混凝土板的屈服线理论按机动法基本原理，得出通过柱边屈服曲线的等边三桩承台正截面弯矩计算公式：

$$M=\frac{N_{max}}{3}(s_a-\frac{\sqrt{3}}{4}c)\tag{4-62a}$$

式中：M ——通过承台形心至各边边缘正交截面范围内板带的弯矩设计值（kN·m）；

N_{max} ——不计承台及其上土重，在荷载效应基本组合下三桩中最大基桩或复合基桩竖向反力设计值（kN）；

s_a ——桩中心距（m）；

c ——方柱边长（m），圆柱时 $c=0.8d$（d 为圆柱直径）。

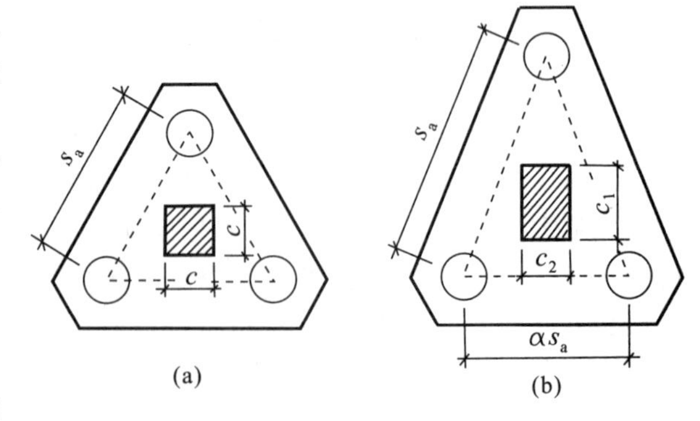

图 4－47　三桩承台弯矩计算

（a）等边三桩承台；（b）等腰三桩承台

②等腰三桩承台（图 4－47b）。对等腰三桩承台，其典型的屈服线基本上都垂直于等腰三桩承台的两个腰，通常在长跨发生弯曲破坏。按梁的理论可得出等腰三桩承台正截面弯矩计算公式：

$$M_1=\frac{N_{max}}{3}(s_a-\frac{0.75}{\sqrt{4-\alpha^2}}c_1)\tag{4-62b}$$

$$M_2=\frac{N_{\max}}{3}(\alpha s_a-\frac{0.75}{\sqrt{4-\alpha^2}}c_2) \tag{4-62c}$$

式中：M_1、M_2 ——分别为通过承台形心至两腰边缘和底边边缘正交截面范围内板带的弯矩设计值(kN·m)；

s_a ——长向桩中心距(m)；

α ——短向桩中心距与长向桩中心距之比，当α小于0.5时应按变截面的二桩承台设计；

c_1、c_2 ——分别为垂直、平行于承台底边的柱截面边长(m)。

上述关于三桩承台计算的M值均指通过承台形心与相应承台边正交截面的弯矩设计值，因而可按此相应宽度采用三向均匀配筋。

对于箱形承台和筏形承台，计算弯矩时宜考虑地基土层性质、基桩分布、承台和上部结构类型和刚度，按地基-桩-承台-上部结构共同作用原理分析计算。

对于箱形承台，当桩端持力层为基岩、密实的碎石类土、砂土且深厚均匀时，或当上部结构为剪力墙，或当上部结构为框架-核心筒结构且按变刚度调平原则布桩时，箱形承台底板可仅按局部弯矩作用进行计算。

对于筏形承台，当桩端持力层深厚坚硬、上部结构刚度较好且柱荷载及柱间距的变化不超过20%时，或当上部结构为框架-核心筒结构且按变刚度调平原则布桩时，可仅按局部弯矩作用进行计算。

(2)梁式承台受弯计算。梁式承台可分为柱下条形承台梁和砌体墙下条形承台梁两种。

1)对于柱下条形承台梁，当柱荷载及柱距较均匀(不超过20%)，上部结构刚度大，承台梁高度大于1/6柱距时，一般可按倒置的连续梁对待，即将桩顶反力作为承台梁上的集中荷载，柱作为梁的固定铰支座，即可按连续梁分析其内力。当桩端持力层深厚坚硬且桩与柱的轴线不重合时，则可将桩视为不动铰支座，按连续梁计算。对不符合倒梁法假定的柱下承台梁，可根据地基土层特性选取合适的地基计算模型，按弹性地基梁进行分析计算。

2)对于砌体墙下条形承台梁，由于对梁上墙体荷载的分布假定不同，即产生不同的内力计算方法。

①不考虑墙体与承台梁的共同作用，将墙体荷载作为承台梁上的均布荷载，基桩作为支座，按普通连续梁计算弯矩及剪力。

②按钢筋混凝土过梁的荷载取值方法确定承台梁上的荷载。例如：当首层门窗洞口下墙体高度$h_w \leq L/3$(L为桩的净距)时，取h_w范围内全部墙体重作为均布荷载，当$h_w > L/3$时取$L/3$高度范围内全部墙体重作为均布荷载，将基桩作为支座，按连续梁计算弯矩、剪力。

③倒置弹性地基梁法。即将承台梁上墙体视作半无限平面弹性地基，承台梁视为桩顶荷载作用下的倒置弹性地基梁，按弹性理论求解梁的反力，经简化后作为承台梁上的荷载，再按连续梁计算弯矩和剪力。对于承台上的砌体墙，还应验算桩顶部位砌体的局部承压强度。

采用倒置弹性地基梁法计算内力时，设三角形荷载图形底边端点到桩边距离为a_0，两相邻桩净距为L，则可按$a_0 < L/2$、$L > a_0 > L/2$、$L/2 > a_0 > l$(l为门洞边至桩中心距离)及$a_0 > L$四种情况得出承台梁上荷载分布形式(图4-48)。

由各种计算简图按普通梁计算出支座弯矩、跨中弯矩及最大剪力，其内力计算式如表4-31所示。

当门窗口下布设有桩，且承台梁顶面门窗口的砌体高度小于门窗口净宽时，则应按倒置的简支梁计算该段弯矩，即取门窗净宽的 1.05 倍作为计算跨度，以门窗口下桩顶荷载作为集中荷载来进行计算。

表 4－31 的公式中：p_0 为线荷载的最大值（kN/m），按下式确定：

$$p_0 = qL_c/a_0 \tag{4-63a}$$

由于图中中间跨及边跨的荷载分布情况不同，a_0 可分别按下式确定：

中间跨　$$a_0 = 3.14\sqrt[3]{\frac{E_n I}{E_k b_k}} \tag{4-63b}$$

边　跨　$$a_0 = 2.4\sqrt[3]{\frac{E_n I}{E_k b_k}} \tag{4-63c}$$

式中：a_0 ——桩边至三角形荷载图形底边端点的距离（m）；

L_c、L ——计算跨度、两相邻桩净距（m），$L_c = 1.05L$；

q ——承台梁底面以上均布荷载（kN/m）；

$E_n I$ ——承台梁的抗弯刚度（N·mm²），E_n 为承台梁混凝土弹性模量（N/mm²），I 为承台梁横截面惯性矩（m⁴）；

E_k ——墙体的弹性模量（N/mm²）；

b_k ——墙体的宽度（m）。

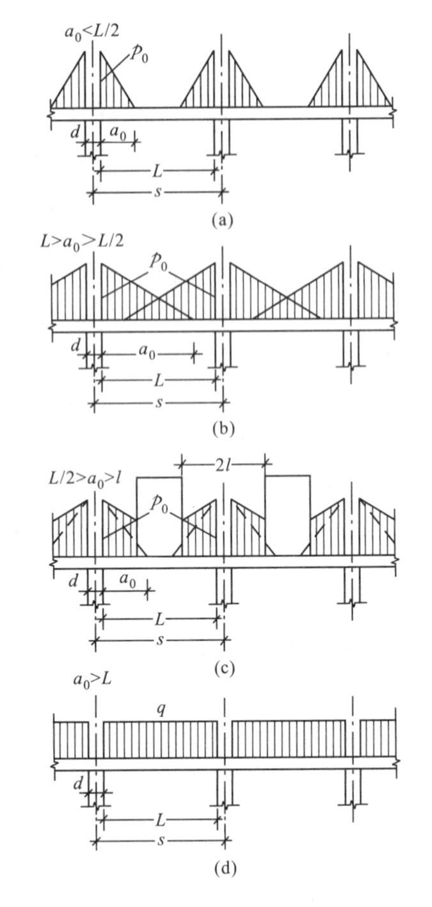

图 4－48　砌体墙下条形桩基连续承台梁计算简图

4. 局部受压计算

对于柱下桩基承台（板式承台或梁式承台），当承台混凝土强度等级低于柱或桩的混凝土强度等级时，应验算柱下或桩上承台的局部受压承载力，避免承台发生局部受压破坏，计算按《混凝土结构设计规范》（GB 50010—2010）要求进行。

表 4－31　砌体墙下条形桩基连续承台梁内力计算公式

内力	计算简图编号	内力计算公式	
支座弯矩	(a)、(b)、(c)	$M = -p_0\frac{a_0^2}{12}(2-\frac{a_0}{L_c})$	(1)
	(d)	$M = -\frac{qL_c^2}{12}$	(2)
跨中弯矩	(a)、(c)	$M = p_0\frac{a_0^3}{12L_c}$	(3)
	(b)	$M = \frac{p_0}{12}[L_c(6a_0 - 3L_c + 0.5\frac{L_c^2}{a_0}) - a_0^2(4-\frac{a_0}{L_c})]$	(4)
	(d)	$M = \frac{qL_c^2}{24}$	(5)
最大剪力	(a)、(b)、(c)	$Q = p_0 a_0/2$	(6)
	(d)	$Q = qL/2$	(7)

注：当连续承台梁少于 6 跨时，其支座与跨中弯矩应按实际跨数和图 4－48 求计算公式。

5. 抗震验算

对处于抗震设防区的承台进行抗震验算时，应按现行《建筑抗震设计规范》(GB 50011—2011)确定作用在承台顶面的地震作用效应，之后对承台的受弯、受冲切、受剪承载力进行抗震验算，将上部结构传至承台顶面的地震作用效应乘以相应的调整系数，同时将承载力除以相应的抗震调整系数。具体计算步骤可参阅相应规范。

六、桩基设计步骤及计算实例

(一)设计步骤

当工程项目的勘察资料，场地、环境、施工技术等资料收集齐全后，就可依设计原则及上部结构要求对桩基进行设计。一般情况下，设计计算工作按以下步骤进行：

(1)依勘察报告结合上部结构的荷载要求及其功能特点确定桩基持力层。

(2)确定桩型、桩几何尺寸，并满足桩构造要求。

(3)依试桩资料、土的原位测试资料及当地经验确定单桩及基桩承载力特征值。

(4)按上部结构各部位荷载分布情况，初步确定各荷载单元承台形式、桩数及其平面布置。

(5)在满足承台构造要求的前提下初步确定承台几何尺寸和埋深。

(6)对承台中各部位基桩进行荷载效应及承载力验算。若不满足要求则返回至步骤(4)，重新调整桩数及平面布置。

(7)对承台进行受冲切、受剪、受弯配筋及局部受压计算。当不满足要求时，则需对承台的几何尺寸及配筋进行调整直至满足要求。

(8)对桩数不少于 9 根且不少于 2 排的群桩，应按实体基础验算桩基承载力；当存在软弱下卧层时应验算下卧层承载力；按规范要求对桩基进行沉降计算。当不满足要求时，则需返回至步骤(1)或步骤(4)，重新选择持力层或调整桩数及平面布置，再按步骤往下进行设计直至满足要求。

(9)绘制桩基结构图。对某一项具体工程而言，其持力层、桩型及成桩工艺往往有可供选择的多种方案，此时，应对几种方案进行技术经济的综合分析与比较，选出最优者。有时经过对已有的几种方案进行比较后还不能满足要求，而新的方案所需勘察资料不足时，还应进行补充勘察工作，之后才可进行设计。

(二)设计计算实例

某建筑桩基设计等级为乙级，场地附近无建筑物，地面标高为±0.00m，场地土层分布如图 4-49 所示，根据上部结构要求，桩基承台顶标高为 −0.85m，桩基承台顶面竖向荷载值 $F_k = 2\ 200\text{kN}$，弯矩 $M_{1k} = 640\text{kN}\cdot\text{m}$，水平力 $H_k = 86.3\text{kN}$。柱截面尺寸为 800mm×400mm，承台混凝土强度等级为 C25，不考虑地震作用，试设计柱下独立桩基。

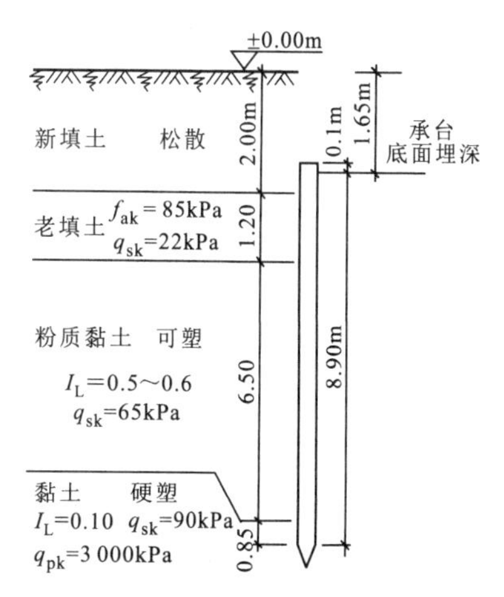

图 4-49　工程地质剖面及桩埋深图

1.持力层选择

因桩基荷载较大，选择硬塑黏土层为持力层较理想。

2.桩型选择

考虑到该工程施工对周围无不良影响，采用 300mm×300mm 预制桩，施工方便，且桩承载力易得到保证。按承台顶控制标高(−0.85m)，先初步确定承台厚度 800mm，即承台埋深 −1.65m，按桩端需进入持力层的最小深度不小于 $2d$ 的要求，确定桩端进入硬塑土层 0.85m(若进入太深可能引起沉桩困难)，因桩顶需嵌入承台 0.10m，故有效桩长为 8.9m，桩身先按构造要求配筋，即主筋为 HRB335 级 4ϕ16，箍筋：中段为 ϕ6@200，两端为 ϕ6@50，其他部分为 ϕ6@100，预制桩混凝土强度等级为 C30，如图 4-50 所示。桩顶钢筋网片布置参见图 4-33。

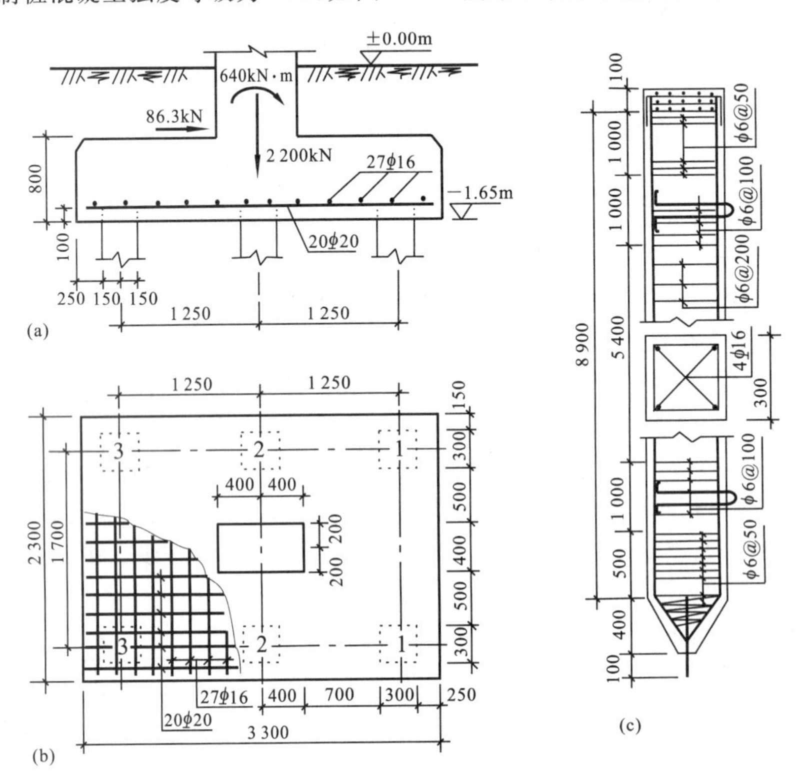

图 4-50 桩基结构图

(a)、(b)承台结构图；(c)预制桩结构图

3.确定单桩承载力

因无试桩资料，且土层分布情况单一，暂按经验参数法确定单桩极限承载力。

填土层(承台下新填土区段换填夯实，采用老填土区段摩阻力)$q_{sk}=22$kPa，可塑粉质黏土层 $q_{sk}=65$kPa，硬塑黏土层 $q_{sk}=90$kPa，得总极限侧阻力标准值为：

$$Q_{sk}=0.3\times4[22\times(0.35+1.2)+65\times6.5+90\times0.85]=640(\text{kN})$$

持力层极限端阻力标准值 $q_{pk}=3\ 000$kPa

总极限端阻力标准值为：$Q_{pk}=q_{pk}A_p=3\ 000\times0.3\times0.3=270(\text{kN})$

单桩竖向极限承载力标准值：$Q_{uk}=640+270=910(\text{kN})$

单桩竖向承载力特征值：$R_a=910/2=455(\text{kN})$

单桩竖向极限承载力与地质条件类似的邻近工程试桩资料较接近。

4. 初步确定桩数

因桩基承受弯矩及水平力作用，属偏心受压状态，在未考虑承台效应的情况下，暂按式(4－43b)采用单桩承载力特征值估算桩数，系数 μ 取 1.1。因此时需考虑承台及承台上填土重，暂设承台平面尺寸为 3 300mm×2 300mm，填土及承台平均重度取 20kN/m^3，因承台埋深为－1.65m，估算承台及承台上填土重为：

$$G_k=3.3\times2.3\times1.65\times20=250.47(\text{kN})$$

按式(4－43b)估算所需桩数：

$$n=\mu\cdot\frac{F_k+G_k}{R_a}=1.1\times\frac{2\,200+250.47}{455}=5.9(\text{根})\text{，取 } n=6 \text{ 根。}$$

5. 桩平面布置

由于采用挤土桩，其间距不宜过密，按表 4－30，桩最小中心桩距应不小于 3.5d(非饱和土中的挤土桩)，先暂按已假设的承台尺寸布桩，即桩纵向中心距为 1 250mm，横向中心距为 1 700mm，桩外缘承台挑出部分纵向为 250mm，横向为 150mm，以上均符合承台构造要求。

6. 桩顶作用效应计算

先将承台顶面荷载换算成作用于承台底面的荷载，承台厚度暂取 h＝800mm，桩头锚入承台 100mm，则承台有效高度 h_0＝700mm。

承台底面总弯矩 $M_{yk}=M_{1k}+H_k\times0.8=640+86.3\times0.8=709(\text{kN}\cdot\text{m})$

按偏心竖向力作用下的公式(4－44b)计算各桩竖向力：

$$N_{1k}=\frac{F_k+G_k}{n}+\frac{M_{yk}x_i}{\sum x_j^2}=\frac{2\,200+250.47}{6}+\frac{709\times1.25}{4\times1.25^2}=550.21(\text{kN})$$

$$N_{3k}=\frac{F_k+G_k}{n}-\frac{M_{yk}x_i}{\sum x_j^2}=\frac{2\,200+250.47}{6}-\frac{709\times1.25}{4\times1.25^2}=266.61(\text{kN})$$

$$N_{2k}=\frac{F_k+G_k}{n}=\frac{2\,200+250.47}{6}=408.41(\text{kN})$$

各桩桩顶竖向力：最大值 N_{1k}＝550.21kN，平均值 N_{2k}＝408.41kN，最小值 N_{3k}＝266.61kN

7. 复合基桩承载力计算

按式(4－20)计算复合基桩承载力特征值 R：

由承台宽 B_c＝2.3m，有效桩长 l＝8.9m，得 B_c/l＝0.258

由表 4－15：$s_a=\sqrt{A/n}=\sqrt{3.3\times2.3/6}=1.12$

需要按 s_a/d 查表，按方形截面与圆形截面周长相等的原则，近似取桩边宽 $b_p=0.8d$，得 d＝0.375m。

$$s_a/d=1.12/0.375\approx3.0$$

由表 4－15 得：η_c＝0.07

复合基桩所对应的承台底净面积：$A_c=(A-nA_{ps})/n$

$$=(3.3\times2.3-6\times0.3^2)/6=1.175(\text{m}^2)$$

复合基桩竖向承载力特征值：$R=R_a+\eta_c f_{ak}A_c=455+0.07\times85\times1.175=462(\text{kN})$（不考虑地震作用）。

8. 桩基竖向承载力验算

按式(4－46)、式(4－47)验算桩基承载力。

平均竖向力 $N_{2k}=408.41\text{kN}$，$R=462\text{kN}$，$N_{2k}<R$，满足要求。

最大竖向力 $N_{1k}=550.21\text{kN}$，$1.2R=554.4\text{kN}$，$N_{1k}<1.2R$，满足要求。

9.承台计算

首先确定承台底面在荷载效应基本组合下的设计值，综合荷载分项系数取 1.35。

由承台底面荷载效应的标准组合值 $F_k=2\ 200\text{kN}$（不计承台及其上土重），$M_{yk}=709\text{kN}\cdot\text{m}$，得荷载效应基本组合下的设计值 $F=2\ 970\text{kN}$，$M_y=957.15\text{kN}\cdot\text{m}$。

(1)求复合基桩竖向反力设计值(净反力)。

$$N'_1=\frac{F}{n}+\frac{M_y x_i}{\sum x_j^2}=\frac{2\ 970}{6}+\frac{957.15\times 1.25}{4\times 1.25^2}=686.43(\text{kN})$$

$$N'_3=\frac{F}{n}-\frac{M_y x_i}{\sum x_j^2}=\frac{2\ 970}{6}-\frac{957.15\times 1.25}{4\times 1.25^2}=303.57(\text{kN})$$

$$N'_2=\frac{F}{n}=\frac{2\ 970}{6}=495(\text{kN})$$

最大净反力 $N'_1=686.43\text{kN}$，平均净反力 $N'_2=495\text{kN}$，最小净反力 $N'_3=303.57\text{kN}$。

(2)柱对承台冲切计算[按式(4-50)、式(4-51)]。

冲切力：　$F_l=F-\sum Q_i=2\ 970-0=2\ 970(\text{kN})$

式(4-51)左边：　$F_l=2\ 970(\text{kN})$

柱边至桩边水平距离分别为：

$a_{0x}=1\ 250-400-300/2=700(\text{mm})$　　$a_{0y}=1\ 700/2-200-300/2=500(\text{mm})$

$h_0=800-100=700(\text{mm})$

求算冲跨比：$\lambda_{0x}=a_{0x}/h_0=700/700=1.0$　　$\lambda_{0y}=a_{0y}/h_0=500/700=0.71$

求冲切系数：$\beta_{0x}=\dfrac{0.84}{1+0.2}=0.7$　　$\beta_{0y}=\dfrac{0.84}{0.71+0.2}=0.92$

因承台高度 $h=800\text{mm}$，截面高度影响系数 β_{hp} 取 1.0。

查表，混凝土强度为 C25 时 f_t 值为 1.27N/mm^2，即 $1\ 270\text{kN/m}^2$。

式(4-51)右边：$2[\beta_{0x}(b_c+a_{0y})+\beta_{0y}(h_c+a_{0x})]\beta_{hp}f_t h_0$

$=2[0.7(0.4+0.5)+0.92(0.8+0.7)]\times 1\times 1\ 270\times 0.7$

$=3\ 573.8(\text{kN})$

式左边 $F_l<3\ 573.8\text{kN}$，承台受柱冲切的承载力满足要求。

(3)角桩对承台的冲切计算[按式(4-53)]。

取复合基桩最大净反力计算：$N_l=N'_1=686.43(\text{kN})$

式(4-53a)左边：$N_l=686.43(\text{kN})$

求算角桩冲跨比：由 $a_{1x}=700\text{mm}$　　$a_{1y}=500\text{mm}$

$\lambda_{1x}=a_{1x}/h_0=700/700=1.0$　　$\lambda_{1y}=a_{1y}/h_0=500/700=0.71$

求算角桩冲切系数：$\beta_{1x}=\dfrac{0.56}{1+0.2}=0.47$　　$\beta_{1y}=\dfrac{0.56}{0.71+0.2}=0.62$

$c_1=0.3+0.25=0.55$　　$c_2=0.3+0.15=0.45$

式(4-53a)右边：$[\beta_{1x}(c_2+a_{1y}/2)+\beta_{1y}(c_1+a_{1x}/2)]\beta_{hp}f_t h_0$

$=[0.47(0.45+0.5/2)+0.62(0.55+0.7/2)]\times 1\times 1\ 270\times 0.7$

$=788.54(\text{kN})$

式(4-53a)左边 $N_l=686.43\text{kN}<788.54\text{kN}$，承台边缘厚度满足要求。

(4)承台抗剪计算[按式(4-57)]。

求算斜截面最大剪力设计值 V：

由图 4-43 及图 4-50 可知，承台长边方向所受最大剪力为三桩(1#、2#、3#桩)净反力，短边方向最大剪力为二桩(2 根 1#桩)净反力。

长边三桩净反力为：$V_3=686.43+495+303.57=1\ 485(\text{kN})$

短边二桩净反力为：$V_2=686.43\times2=1\ 373(\text{kN})$

剪跨比：$\lambda_x=a_x/h_0=700/700=1.0$　　　$\lambda_y=a_y/h_0=500/700=0.71$

求剪切系数[按式(4-57c)]：

$$\alpha_x=\frac{1.75}{\lambda_x+1.0}=\frac{1.75}{1.0+1.0}=0.875 \qquad \alpha_y=\frac{1.75}{\lambda_y+1.0}=\frac{1.75}{0.71+1.0}=1.02$$

因 $h_0<800\text{mm}$，截面高度影响系数 β_{hs} 取 1.0。

计算截面处的计算宽度：$b_{0x}=3.3\text{m}$，$b_{0y}=2.3\text{m}$

承台短边：$\beta_{hs}\alpha_x f_t b_{0y} h_0=1\times0.875\times1\ 270\times2.3\times0.7=1\ 789(\text{kN})>V_2=1\ 373(\text{kN})$

承台短边满足抗剪要求。

承台长边：$\beta_{hs}\alpha_y f_t b_{0x} h_0=1\times1.02\times1\ 270\times3.3\times0.7=2\ 992(\text{kN})>V_3=1\ 485(\text{kN})$

承台长边满足抗剪要求。

经以上柱对承台的冲切计算、角桩对承台的冲切计算及承台抗剪切计算，$h_0=700\text{mm}$ 均满足要求，即可确定承台厚度 $h=800\text{mm}$，桩头锚入承台 100mm。

(5)承台受弯及配筋计算[按式(4-61)]。

由图 4-46 及图 4-50 可知：

X 方向：最大净反力桩 N_1 的轴线至控制截面的距离 $x_i=0.7+0.3/2=0.85(\text{m})$

Y 方向：桩的轴线至控制截面距离 $y_i=0.5+0.3/2=0.65(\text{m})$

绕 Y 轴方向计算截面处弯矩设计值：

$$M_y=\sum N'_i x_i=2\times686.43\times0.85=1\ 166.9(\text{kN}\cdot\text{m})$$

绕 X 轴方向计算截面处弯矩设计值：

$$M_x=\sum N'_i y_i=(686.43+495+303.57)\times0.65=965.3(\text{kN}\cdot\text{m})$$

采用 HRB335 级钢筋，$f_y=300\text{N/mm}^2$，承台侧面钢筋保护层厚 35mm。

平行于长边配筋：因绕 Y 轴方向弯矩较大，钢筋放底层，$h_0=700\text{mm}$，采用直径 $\phi20$ 钢筋。

$$A_{sy}=\frac{M_y}{0.9h_0 f_y}=\frac{1\ 166.9\times10^6}{0.9\times700\times300}=6\ 174(\text{mm}^2)$$

钢筋根数：$n=\dfrac{6\ 174}{\pi20^2/4}=19.7$(根)，取 20 根，留足保护层后主筋均布，间距满足构造要求。

平行于短边配筋：因绕 X 轴方向弯矩较小，钢筋放上层，$h_0=(700-20)\text{mm}$，采用直径 $\phi16$ 钢筋。

$$A_{sx}=\frac{M_x}{0.9h_0 f_y}=\frac{965.3\times10^6}{0.9\times(700-20)\times300}=5\ 258(\text{mm}^2)$$

钢筋根数：$n=\dfrac{5\ 258}{\pi16^2/4}=26.15$(根)，取 27 根，留足保护层后主筋均布，间距满足构造要求。

至此，桩基设计完毕(桩基水平承载力计算省略)，并绘制桩基结构图(图 4-50)。设计结果偏安全。

思　考　题

1. 什么情况下的桩属于摩擦型桩，什么情况下的桩属于端承型桩？试举例说明。

2. 列举几种常用的灌注桩，分析各种灌注桩的优缺点，并按挤土效应将其进行分类。

3. 简述桩土体系的荷载传递机理及荷载传递规律。

4. 承台效应的含义是什么？承台效应受哪些因素影响？

5. 由基桩或复合基桩组成的群桩基础，其竖向承载力在什么情况下可按各基桩或复合基桩承载力之和考虑？在什么情况下可按实体深基础法确定？

6. 对什么情况下的桩基础应进行沉降验算？

7. 对不同抗弯性能的桩，按何标准确定其单桩水平承载力？

8. 哪些因素会使桩侧产生负摩阻力？在确定桩基承载力及沉降量时，如何考虑负摩阻力的影响？

9. 在选择桩型及成桩工艺时，应考虑哪些因素？

10. 桩基承台设计包括哪些内容？

习　　题

1. 桩基础所穿过的土层如图所示。现决定采用 300mm×300mm 的预制桩分别组成三桩及六桩承台的桩基础，承台底标高均为−1.0m，桩底标高均为−9.0m，六桩承台平面尺寸如图所示（三桩承台平面尺寸略）。

(1)用经验参数法求单桩承载力特征值 R_a；

(2)求三桩承台桩基础承载力 P_3；

(3)求六桩承台复合桩基础不考虑地震作用时的承载力 P_6。

参考答案：(1)R_a=274kN，(2)P_3=822kN，(3)P_6=1 757kN。

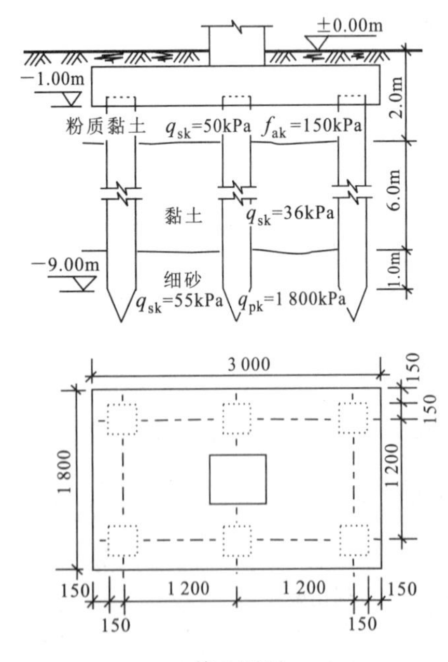

第 1 题图

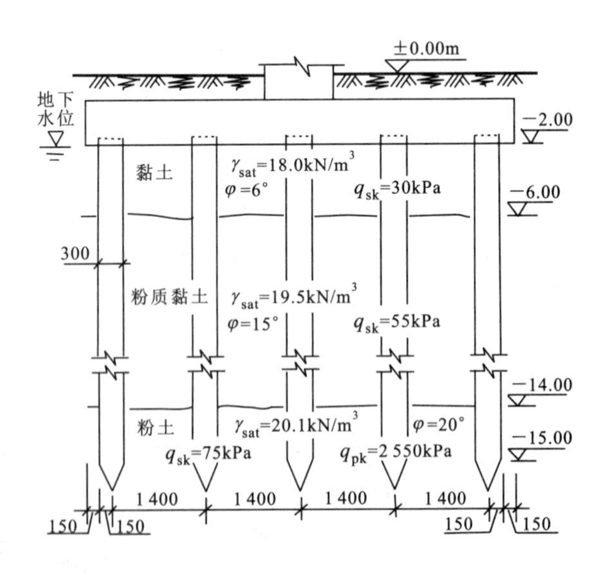

第 2 题图

2.土层分布、土性指标及桩布置见图，承台底面标高－2.0m，承台平面尺寸 6.2m×6.2m，纵横方向等间距布置预制桩 5×5 根，桩截面 300mm×300mm，打入地面以下 15m，场地地下水位－2.0m。

(1)按经验参数法求单桩承载力特征值 R_a；

(2)按等代墩基法确定群桩基础承载力允许值 P_a（安全系数 $K=2.5$，墩底地基极限承载力 $p_u=2f_a$，f_a 由 f_{ak} 求得。墩底粉土 $f_{ak}=210\text{kPa}$，黏粒含量 15%。）；

(3) 按实体深基础法确定群桩基础承载力允许值 P_a（安全系数 $K=2.5$）。

参考答案：(1)$R_a=496\text{kN}$，(2)$P_a=18\ 307\text{kN}$，(3)$P_a=19\ 005\text{kN}$。

3.承台中桩位平面布置见图，地面标高为±0.00m，承台顶面竖向荷载设计值 $F=2\ 800\text{kN}$，水平力 $H=100\text{kN}$，弯矩 $M=500\text{kN}\cdot\text{m}$，承台厚度 $h=1.0\text{m}$，$h_0=0.9\text{m}$，柱截面 800mm×600mm，承台内共布置 400mm×400mm 的预制桩 8 根，各桩承载力均满足要求。

(1)承台底标高为－2.0m，承台底土较坚硬，求各复合基桩竖向反力设计值 N_i；

(2)求 X、Y 方向控制截面处弯矩 M_x 及 M_y；

(3)承台底面纵向采用 $\phi18$，横向采用 $\phi12$ 的 HRB335 级钢筋，确定纵、横向钢筋根数（$f_y=300\text{N/mm}^2$）。

参考答案：(1)$N_1=433.33\text{kN}$，$N_2=391.67\text{kN}$，$N_3=350\text{kN}$；$N_4=308.33\text{kN}$，$N_5=266.67\text{kN}$；(2)$M_x=735\text{kN}\cdot\text{m}$，$M_y=1\ 196.7\text{kN}\cdot\text{m}$；(3)纵向 20$\phi18$，横向 28$\phi12$。

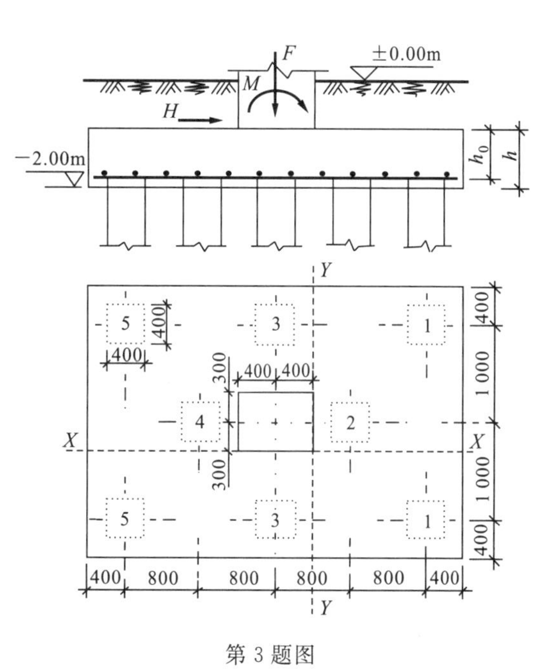

第 3 题图

第五章 基坑工程

第一节 基坑工程及设计基本规定

一、基坑工程特点

随着高层建筑及地下工程的兴建，基坑工程数量与设计施工难度不断增加。建造高层建筑地下室、地铁、隧道及地下商业用空间等均离不开基坑开挖和降水，开挖的深度越来越大，周边环境越来越复杂，出现的问题也越来越多。据有关资料统计，深基坑工程事故发生率约为20%，远高于一般土木工程。导致这一原因的主要因素为基坑工程自身的复杂性，基坑工程属于综合性很强的岩土工程，既涉及到岩土体本身，又与地下水以及岩土体与支护结构的共同作用密切相关。同时，基坑工程又有很强的地域性和实践性，要求设计、施工人员具有很强的实践经验积累和及时处理实际问题的能力。从理论支撑看，基坑工程不能照搬理论，因理论落后于实践。更为重要的是，基坑工程往往是一个临时性工程，在经济性与安全性面前，自然倾向追求工期更短、费用更低的方案，因此基坑工程出现事故也就不足为奇了。

基坑（foundation pit）指的是为进行建（构）筑物施工而开挖出的地下空间，与基坑开挖相互影响的周边建（构）筑物、地下管线、道路、岩土体与地下水体统称为基坑周边环境（surroundings around excavations）。为保护地下主体结构施工和基坑周边环境的安全，对基坑采用的临时性支挡、加固、保护与地下水控制的措施即为基坑支护（retaining and protection for excavations）。

当施工场地条件允许时，采用放坡开挖则是比较经济的施工方法；在建筑物密集的城区进行基础施工，因无条件放坡开挖，当基础埋深较大且紧邻已有建筑物时，则必须采用垂直开挖的方式进行施工，并采用支护结构维护基坑土壁的稳定，使邻近建筑物不受损坏。例如，采用钢板桩、钻孔灌注桩、预制桩、挖孔桩等形成挡墙，并根据工程需要在支挡结构的适当部位设置内支撑或锚杆，以增加结构强度及稳定性。以往作为地基加固措施使用的深层搅拌桩、旋喷桩，近年来也在一些开挖深度不太大的工程中作为基坑支护结构得到应用，其成本较低，效果良好。在地下水位较高的地区进行基坑开挖，当开挖深度超过地下水位时，由于含水层被揭露，地下水会渗入基坑，而且由于动水压力的作用会发生流沙等现象，当这一现象继续发展，则会造成边坡失稳、塌方，不但给施工造成障碍及危险，还会危及相邻建筑的安全，必须采取防治措施，以利邻近建筑的安全及施工的顺利进行。

二、设计使用期限

基坑支护的目的就是为主体结构顺利施工提供防护而布置的临时设施，在工程地下结构施工完成并回填基坑后，基坑支护设施的使命一般就完成了，因此基坑工程设计使用期限一般由地下结构施工所需时间来决定。另外，当基坑工程作为临时设施设计时，荷载取值较低，结构耐久性考虑也不需太充分，因此使用期限一般不超过两年，但也不应少于一年。对于大多数建筑工程基坑，一年的设计使用期限完全可以满足要求。

当支护结构不单作为临时性支护结构，还作为永久工程的一个部分时，如地下连续墙同时作为结构外墙，结构的设计标准必须与主体结构的设计使用年限一致。

三、基坑工程设计极限状态及基本要求

由于基坑工程的复杂性，在目前理论与实践条件下，我国基坑工程设计同时采用了安全系数法与以概率论为基础的极限状态设计方法。对于基坑工程，承载能力极限状态与正常使用极限状态的具体表现形式、计算要求分述如下。

1. 承载能力极限状态

(1)支护结构构件或连接因超过材料强度而破坏，或因过度变形而不适于继续承受荷载，或出现压屈、局部失稳；

(2)支护结构和土体整体滑动；

(3)坑底因隆起而丧失稳定；

(4)对支挡式结构，挡土构件因坑底土体丧失嵌固能力而推移或倾覆；

(5)对锚拉式支挡结构或土钉墙，锚杆或土钉因土体丧失锚固能力而拔动；

(6)对重力式水泥土墙，墙体倾覆或滑移；

(7)对重力式水泥土墙、支挡式结构，其持力土层因丧失承载能力而破坏；

(8)地下水渗流引起的土体渗透破坏。

由材料强度控制的结构构件的破坏类型采用承载能力极限状态来设计，主要针对人工材料，如型钢、钢筋、混凝土等，作用效应采用作用基本组合的设计值(标准值乘以分项系数)，抗力采用结构构件的承载力设计值(标准值除以分项系数)。涉及地质材料的岩石、土体及地下水等稳定性的承载能力极限状态，采用传统的安全系数法。

支护结构构件或连接因超过材料强度或过度变形的承载能力极限状态设计，应符合下式要求：

$$\gamma_0 \gamma_F S_d \leqslant R_d \tag{5-1}$$

式中：γ_0——支护结构重要性系数；

γ_F——作用的综合分项系数；

S_d——作用标准组合的效应；

R_d——结构构件的抗力设计值。

重要性系数取值根据工程设计等级确定，而综合分项系数一般不小于 1.25(相对于永久工程的 1.35 要低)。

整体滑动、坑底隆起失稳、挡土构件嵌固段推移、锚杆与土钉拔动、支护结构倾覆和滑移、土体渗透破坏等稳定性计算与验算，均应符合下式要求：

$$\frac{R_k}{S_k} \geqslant K \tag{5-2}$$

式中：R_k、S_k——分别为抗力与作用的标准值；

K——稳定性安全系数。

上述承载能力极限状态设计中，支护结构的作用效应包括下列各项：土压力；静水压力、渗

流压力；基坑开挖影响范围以内的建(构)筑物荷载、地面超载、施工荷载及邻近场地施工的影响；温度变化及冻胀对支护结构产生的内力和变形；临水支护结构尚应考虑波浪作用和水流退落时的渗流力；作为永久结构使用时建筑物的相关荷载作用；基坑周边主干道交通运输产生的荷载作用。

2. 正常使用极限状态

(1)造成基坑周边建(构)筑物、地下管线、道路等损坏或影响其正常使用的支护结构位移；

(2)因地下水位下降、地下水渗流或施工因素而造成基坑周边建(构)筑物、地下管线、道路等损坏或影响其正常使用的土体变形；

(3)影响主体地下结构正常施工的支护结构位移；

(4)影响主体地下结构正常施工的地下水渗流。

由支护结构水平位移、基坑周边建筑物和地面沉降等控制的正常使用极限状态设计，应符合下式要求：

$$S_d \leqslant C \tag{5-3}$$

式中：S_d——作用标准组合的效应(位移、沉降等)设计值；

C——支护结构水平位移、基坑周边建筑物和地面沉降的限值。

3. 基坑工程设计极限状态说明

基坑支护设计中，材料强度控制的结构构件承载能力极限状态设计时，作用产生的来源为水土侧压力，包括：①土体自重荷载；②静水压力、渗流压力；③基坑开挖影响范围以内的建(构)筑物荷载、地面超载、施工荷载及邻近场地施工的影响；④基坑周边主干道交通运输产生的荷载作用；⑤温度变化及冻胀对支护结构产生的内力和变形；⑥临水支护结构尚应考虑波浪作用和水流退落时的渗流力；⑦作为永久结构使用时建筑物的相关荷载作用。重点为前4项，第5项主要为内支撑时需要考虑，第7项主要为采用逆筑法时需要考虑。

四、基坑工程设计等级划分

根据场地地质条件、周边环境条件及基坑开挖深度，《建筑地基基础设计规范》(GB 50007—2011)将基坑工程视为地基基础设计的一部分，将其分为甲、乙、丙三个设计等级(见第二章表2-9)。不同设计等级基坑工程设计，区别主要体现在变形控制及地下水控制设计要求上。对设计等级为甲级的基坑，变形计算除基坑支护结构的变形外，尚应进行基坑周边地面沉降以及周边被保护对象的变形计算。对场地水文地质条件复杂、设计等级为甲级的基坑应作地下水控制的专项设计，主要目的是要在充分掌握场地地下水规律的基础上，减少因地下水处理不当对周边建(构)筑物以及地下管线的损坏。

《建筑基坑支护技术规程》(JGJ 120—2012)进一步明确了基坑支护的功能要求：保证基坑周边建(构)筑物、地下管线、道路的安全和正常使用；保证主体地下结构的施工空间。也就是说，基坑工程必须保证拟建工程的顺利实施，同时保证周边设施的安全。对基坑支护而言，破坏后果具体表现为支护结构破坏、土体过大变形对基坑周边环境及主体结构施工安全的影响。按基坑工程破坏后果的严重程度，将支护结构划分为三个安全等级。基坑周边存在受影响的重要既有住宅、公共建筑、道路或地下管线等时，或因场地的地质条件复杂、缺少同类地质条件下相近基坑深度的经验时，支护结构破坏、基坑失稳或过大变形对人的生命、经济、社会或环境影响很大，安全等级应定为一级。当支护结构破坏、基坑过大变形不会危及人的生命、经济损失轻微、对社会或环境的影响不大时，安全等级可定为三级。对大多数基坑，安全等级应该定为二级。对内支撑结构，当基坑一侧支撑失稳破坏会殃及基坑另一侧支护结构因受力改变而使支护结构形成连续倒塌时，相互影响的基坑各边支护结构应取相同的安全等级。支护结构的安全等级，主要反映在设计时支护结构及其构件的重要性系数和各种稳定性安全系数的取值上。

基坑支护结构的安全等级和重要性系数如表5-1所示。

表5-1 基坑支护结构的安全等级和重要性系数

安全等级	破坏后果	重要性系数
一级	支护结构失效、土体过大变形对基坑周边环境或主体结构施工安全的影响很严重	不小于1.1
二级	支护结构失效、土体过大变形对基坑周边环境或主体结构施工安全的影响严重	不小于1.0
三级	支护结构失效、土体过大变形对基坑周边环境或主体结构施工安全的影响不严重	不小于0.9

第二节 基坑工程支护类型及结构

基坑土壁的支护型式，要根据土体性质、水文地质条件、开挖深度、宽度及边坡堆载等情况综合考虑后才能选定。在进行浅基础施工时，若基坑暴露时间短，对基坑土壁的稳定性不会出现较明显的干扰因素时，当基坑开挖深度为软土不超过0.75m，稍密以上的碎石土、砂土不超过1m，可塑及可塑以上的粉土、黏土不超过1.5m，坚硬黏土不超过2m时，一般都能在不支护的情况下进行垂直开挖。当超过上述深度时，则应考虑采用围护结构支护基坑土壁。对于浅基坑，由于开挖深度及宽度不大，支护结构所承受的荷载（土压力等）不大，而且支护工作能及时进行，工程中常用木板支护基坑壁；对有多层地下室的基坑进行开挖时，由于开挖规模大，支护结构所承受的荷载（土压力、地下水压力）大，必须采用专门的深基坑支护结构才能使基坑边坡保持稳定。

基坑支护方法很多，每一种方法都有一定的适用范围、优点、缺点，需要根据场地的工程地质条件、岩土体力学性质、地下水条件、场地周边环境条件、施工设备条件、地区经验及造价与工期等综合选择。基坑工程类型划分的方法较多，本书采用如下的划分方法：①利用岩土体天然强度保持稳定，进行坡面简易防护的放坡开挖；②对基坑边坡岩土体加固后综合利用岩土体及加固材料强度的基坑防护工程，如土钉墙；③利用深层搅拌桩等形成桩土复合重力式支护结构，对墙后土体进行支挡的刚性结构形式；④采用柔性钢筋混凝土桩、钢板桩、地下连续墙等柔性结构，结合内支撑、锚杆等形成支护结构体系的挡墙式支护结构；其他支护结构型式，如门架式支护结构、沉井式支护结构、冻结法支护结构等。

一、放坡开挖及简易防护

该方法主要适用于开挖深度小、场地空间开阔、岩土体工程性质较好、地下水位低（或者可以通过降水措施降低水位）的基坑。为了增加基坑边坡的稳定性，可在坡脚采取袋装砂土、堆砌块石、短桩护脚等简易措施。放坡开挖的另外一个重点是对基坑边坡进行坡面防护，如喷锚网。放坡开挖费用低，当条件具备时，应尽量采用。但是该方法挖填土方量较大，坑外地面变形较大且难以控制。

二、基坑边坡岩土体加固

当放坡开挖难以满足稳定性和变形要求时，通过岩土体复合加固的方法改善土体自身的力学性质来提高基坑边坡的稳定性在工程中也是经常采用的方法。常见的土钉墙即属该类方法，土钉墙由被加固土、设置于原位土体中的土钉(螺纹钢筋、型钢等)及附着于坡面喷射加筋混凝土面板组成。设置土钉后，钉间土体得到约束，并提高了抗拉强度，改善了基坑边坡的抗滑稳定性。这类技术又可以称为原位加筋技术。原位土体-土钉-护坡面板形成了复合墙体，起到与重力式挡土墙类似的效果，亦称之为土钉墙。

土钉墙施工设备简单，施工速度快，工程造价低，对环境干扰小，且可以随挖随支护，近年来在工程中运用得比较广泛，且发展出预应力锚杆复合土钉墙、水泥土桩垂直复合土钉墙及微型桩垂直复合土钉墙等，扩大了土钉墙的适用性。但是，当墙体没有变形时，墙中的土钉作用有限，因此当土钉墙在起作用过程中对变形控制也不利。另外，当土体过于软弱时，土钉对钉间土体的约束作用又非常有限，因此对于淤泥类土，土钉墙适用性非常有限。而边坡土体为碎、卵石时，施工难度较大，施工对周围土体扰动强烈，成本及工期均可能过高，同样会导致适用性降低。

因此，土钉墙一般适用于有一定自稳性的、地下水位以上的基坑，基坑开挖深度不宜大于12m。不适宜在含水丰富的粉细砂、砂砾石层、淤泥及其他饱和软土层中采用。而用于淤泥质土时，开挖深度不宜大于6m。

三、重力式支护结构

采用深层搅拌法、旋喷法等形成水泥土桩墙，水泥土桩与其包围的天然土形成重力式挡墙，以支挡周围土体，维护基坑边坡稳定。

深层搅拌水泥土桩是用特制的深层搅拌机将喷出的水泥固化剂在地基土内进行原位强制拌合，形成水泥土桩，硬化后即成为具有一定强度的壁状挡墙，既挡土又可作为止水帷幕。以前它是作为一种地基加固工艺在使用，近年来，国内将其作为支护结构的工程较多。由于它适应基坑周边的任何平面形状，对开挖深度不太大的基坑作为支护结构是较经济的。深层搅拌桩适用于土体强度较低的粉土、淤泥质土等，而土体中有机质含量较高时，不利于水泥土强度的形成，因此当场地为有机质土时，采用该方法需慎重。

高压旋喷桩施工是先在地基土中用钻机成孔，在钻杆上提过程中，利用钻杆端部的旋转喷嘴将水泥固化剂喷入地基土中形成水泥土桩，固化后即形成由相连桩体组成的帷幕墙，也可作为支护结构。高压旋喷桩对土体适用性较搅拌桩更为广泛，但造价较搅拌桩更高。采用该工艺时必须控制好喷射压力、喷射量及钻杆提升速度，否则质量难以保证，会给基坑开挖留下隐患。

上述方法形成的桩为刚性桩，桩体的抗拉强度低，设计计算与一般工程的重力式支挡结构类似，设计出的支护截面宽度较大。另外，支护结构变形控制难度较大，当基坑对变形要求比较严格时，不适合采用该方法。重力式支护一般适用于基坑开挖深度不大于7m的浅基坑。

四、柔性支护结构

可将支撑材料自身能承担较大弯矩的支护结构视为柔性支护结构，如钢筋混凝土桩、地下连续墙、钢板桩等。根据是否设置支撑或者锚固分为悬臂式、单点支撑式及多点支撑结构。

悬臂式围护结构是将围护结构埋入基坑底面以下足够深度，靠围护结构足够的埋深及抗弯能力来维持整体稳定及结构自身安全。适于在土质较好、开挖深度不大的基坑工程中应用。随着基坑开挖深度的加大，悬臂式支护结构截面弯矩与支护高度的三次方成正比，且基坑变形量高，嵌入深度大。为解决上述问题，可设置内支撑或者锚杆形成内撑式围护结构及拉锚式围护结构。

支挡桩型式主要有钢板桩、钢筋混凝土桩、钢筋混凝土地下连续墙等。

(1)钢板桩。挡土钢板桩有槽钢钢板桩及热轧锁口钢板桩两类。槽钢钢板桩是一种简易的支护结构，将长度为6～8m的槽钢正反搭扣打入土体中，即形成支护挡墙，可根据施工条件及挡墙的受荷情况经计算选定槽钢的型号。由于其抗弯能力较弱，一般用于深度不超过4m的基坑，且需在基坑上部设一道支撑或拉锚。

热轧锁口钢板桩则是专用的支护挡土钢板桩，建筑施工中常用的有U型(即拉森式)和Z型，当基坑深度很大时还可采用组合型。国产U型钢板桩截面尺寸及有关参数如图5-1和表5-2所示。U型钢板桩可用于支护开挖深度为5～10m的基坑，在基坑开挖前将钢板桩打入土层预定深度，在软土地基中打设较方便，且具有一定的挡水效果，打设后即可进行开挖施工，待基础工程施工完毕后钢板桩可拔出回收。由于一次性投资较大，多以租赁方式租用。当基坑开挖深度不太大时，可考虑采用钢板桩支护。

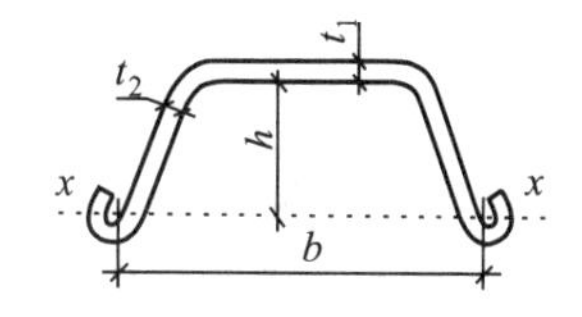

图5-1 国产U型钢板桩截面

表5-2 国产拉森式(U型)钢板桩

型号	尺寸(mm)				截面积 A(cm²)	重量(kg/m)		惯性矩 I_x		截面抵抗矩 W	
	宽度 b	高度 h	腹板厚 t_1	翼缘厚 t_2		单根	每米宽	单根 (cm⁴)	每米宽 (cm⁴/m)	单根 (cm³)	每米宽 (cm³/m)
鞍IV型	400	180	15.5	10.5	99.14	77.73	193.33	4.025	31.963	343	2043
鞍IV型(新)	400	180	15.5	10.5	98.70	76.94	192.58	3.970	31.950	336	2043
包IV型	500	185	16.0	10.0	115.13	90.80	181.60	5.955	45.655	424.8	2410

钢板桩柔性大，刚度低，当支护深度较大时需使用数量较多的支撑(或拉锚)，工程量较大，而且用后拔出时由于带土，若处理不当则会引起边坡土体位移，严重时还会给施工及周围设施造成危害，采用该支护型式时应充分注意这一点。

(2)H型钢支柱木挡板支护墙。该支护形式是将H型钢沿基坑外围按一定间距打入土体中作为挡土墙支柱，在两支柱间设置木板、钢板等，支柱及木挡板共同组成支护墙。用后可拔出回收，较为经济，若一次性投资则费用较大。这种形式的支护结构适用于土质较好的地区，国外应用较多，我国在北京、上海等地已有应用，如北京的京城大厦基坑深度达23.5m，采用长27m、高×宽(488mm×300mm)的H型钢按1.1m的间距打入土中，支护墙设三层锚杆拉固。

(3)灌注桩挡墙。在基坑开挖施工前，沿基坑外围成排施工钻孔灌注桩，以形成排桩挡墙，并在桩顶浇注钢筋混凝土冠梁，这种支护结构目前应用非常普遍。由于桩挡墙的刚度较大，抗弯能力强，变形相对较小，在土质较好的地区，当桩墙未采用支撑(或拉锚)时悬臂长度达7～

10m,也能达到预期支护效果。两层及两层以上地下室的深基坑开挖常采用该形式支护。由于钻孔灌注桩施工时难以做到两相邻桩相切,邻桩间隙为100～200mm,故桩挡墙的挡水效果差。目前,常在灌注桩外围施工深层搅拌水泥土桩或旋喷及摆喷桩,以形成防水帷幕。灌注桩承受边坡侧压力,防水帷幕起止水作用,虽然工程造价相应提高,但能保证深基坑开挖及基础工程顺利施工仍是值得的。

(4)地下连续墙。即地下钢筋混凝土墙体。施工时采用特制的挖槽机械沿基坑外围按设计宽度分单元钻挖出基槽,并采用泥浆护壁,成槽至设计标高后将钢筋骨架吊放入槽内,进行水下混凝土灌注,各单元间有特制的接头连接以形成地下连续墙。当地下连续墙为封闭型时,基坑开挖过程中连续墙既挡土也挡水。若仅仅将其作为支护结构则工程造价太高,如同时作为建筑的地下承重结构的组成部分则更为理想。

五、内支撑与锚杆

在深基坑工程中,内支撑与锚杆是支护体系中重要的环节。

内撑体系采用现浇钢筋混凝土杆件、钢管或型钢等。因内撑体系刚度好、变形小,可用于各类土层的基坑工程中。常用的支撑形式有对撑、角撑,对于圆形或近方形基坑还可采用圆形、拱形支撑。对撑即沿基坑纵、横向挡墙设置对顶支撑,当基坑尺寸大时,还需在支撑杆件下设立柱防止杆件失稳。常用的支撑杆件为不同壁厚的钢管及大规格工字形钢,有时也采用钢筋混凝土杆件。为减小挡墙的变形,宜在杆件的一端设小型液压千斤顶,对支撑部位施加预应力。为了防止杆件下立柱受荷载后下沉和倾斜,使支撑体系维持在一平面上,立柱应具有较大刚度,并埋入基坑底一定深度或打设专用桩以支承立柱。立柱的位置应不妨碍基础施工,其形式应考虑便于拆除。角撑即位于基坑拐角处的支撑。必要时也应设立柱,以保证角撑杆件的稳定。

锚固体系通过墙后稳定岩土体提供反向支撑力来平衡一部分土压力并改善支护桩的内力。土层锚杆是设置于钻孔内、端部深入稳定土层中的受拉杆体,锚杆杆体(钢筋或钢绞线)锚固于孔内注浆体中并形成锚固段,通过杆体及锚固段将支护结构传来的拉力传递到稳定岩土层中。当采用钢绞线或高强钢丝束作为杆体材料时,也称为锚索。挡墙所受的荷载由挡墙上的围檩(腰梁)及台座传递给锚头,再通过拉杆(粗钢筋、钢绞线等)将荷载传递到锚固体及土层中。锚杆位于土体主滑动面坑内一侧的区段属非锚固段(自由段),由于它处于不稳定土层中,为了在土体滑动时不影响伸缩,应使该区段拉杆尽量与土层脱离(如加套管),受荷载后锚头的位移量主要取决于拉杆自由段的拉伸变形。位于主滑动面另一侧(稳定土层中)的锚杆属锚固段,该段灌浆体与土层牢固结合,拉杆的荷载由锚固段传递到土层中,锚杆承载力主要来自锚固段与土体的黏结强度。

根据对锚杆是否施加预应力,可将锚杆分为非预应力锚杆和预应力锚杆。当锚固体强度达到要求后,对锚杆进行张拉、锁定,即形成预应力锚杆,无此工序时则为非预应力锚杆。施工时先采用专用钻机进行钻孔作业(钻孔与水平面有一定夹角),成孔后向孔内放置拉杆并进行压力灌浆(水泥浆或水泥砂浆)形成锚固体,待锚固体达到80%以上设计强度后对锚杆进行张拉、锁定,此时锚杆即可发挥拉锚作用。

土层锚杆工艺在国内外的应用数量增加迅速,施工工艺也日趋完善,不仅在临时性支护结构中得到应用,而且也应用于永久性土木工程中。

在大面积深基坑开挖工程中，若采用大量的内支撑（还需设置相应数量的立柱），不但钢材用量大，而且占用了大量的施工空间，而锚固体系几乎不占用施工空间。但是锚固体系在控制基坑变形上受周边土体强度的影响比较明显，而内支撑在控制变形上受结构刚度控制，当基坑周边条件差、对变形控制比较严格时，可优先采用内支撑。由于锚杆（索）锚入基坑周边岩土体深度大，当场地周边有地下设施或者锚入深度受限时，锚杆（索）也不宜采用。

另外，锚杆也常与土钉墙共同作用形成预应力锚杆复合土钉墙。

第三节　基坑支护荷载、基坑变形及破坏形式

一、概　述

在基坑支护计算中，作用于支护结构上的侧向土压力既是支护结构上的荷载，又能提供结构的支撑力，因此土压力的计算是基坑支护中的一个核心问题。土压力的大小和分布与岩土体的物理力学性质、支撑刚度与墙体位移、地下水条件等密切相关，土压力的计算是基坑支护工程设计中最基本的步骤，决定着设计方案的成功与否和经济效益。基坑支护中，按支护结构位移与土压力方向分为静止土压力、主动土压力及被动土压力，如图 5－2 所示。

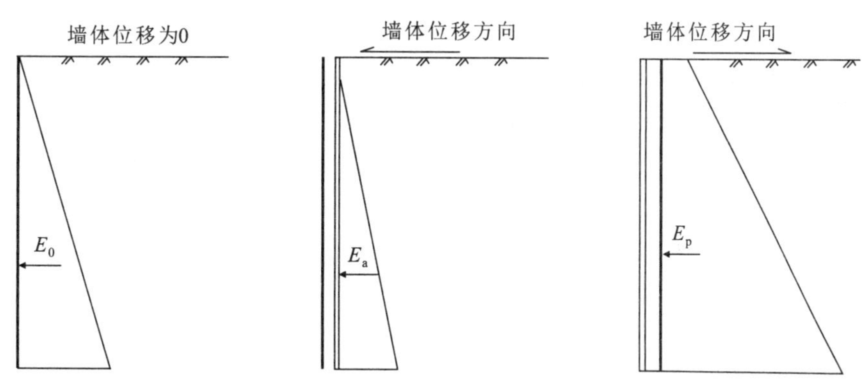

图 5－2　土压力与墙体位移关系示意图

静止土压力（E_0）是墙体无侧向变位或侧向变位微小时，土体作用于墙面上的土压力，为土体天然侧压应力。建筑物地下室外墙长期处于静止状态，无论施工时处于被动还是主动状态，墙外填土最终趋向静止土压力，因此，地下室外墙荷载应采用静止土压力进行计算为宜。另外，当基坑支护内支撑刚度高，支护结构后侧荷载也可考虑采用静止土压力。

主动土压力是墙体在墙后土体作用下发生背离土体方向的变位（水平位移或转动）达到极限平衡时的最小土压力。支护结构在土压力的作用下，将向基坑内移动或绕前趾向基坑内转动。墙体受土体的推力而发生位移，土中发挥的剪切阻力可使土压力减小。位移越大，土压力值越小，直到土的抗剪强度完全发挥出来，即土体已达到主动极限平衡状态，以致产生了剪切破坏，形成了滑动面，这时土压力处于最小值，称为主动土压力，通常用 E_a 表示。

被动土压力是墙体在外力作用下发生向土体方向的变位（水平位移或转动）达到极限平衡时的最大土压力。支护结构在向基坑内移动或绕墙趾向前转动时，坑底外侧土体处于被动压缩状态，并通过土体内部抗剪切强度来阻止整体破坏。墙推向土体的位移越大，土压力值也越

大，直到抗剪强度完全发挥出来，即土体达到被动极限平衡状态，以致产生了剪切破坏，形成了另一种滑动面，这时土压力处于最大值，称为被动土压力，通常用 E_p 表示。

上述三种土压力为土体的三种临界状态，土压力的大小关系如下：

$$E_a < E_0 < E_p \tag{5-4}$$

设计时应根据挡土结构的实际工作条件，主要是墙身的位移情况，决定采用哪一种土压力作为计算依据。一般基坑围护结构的上部由于受到支挡结构后侧土的作用和地基变形，总要转动并向基坑内移动，墙背后土体为主动状态，设计时近似按主动土压力进行考虑。在基坑底部以下，支挡结构朝向基坑外侧土体位移，基坑底以下外侧土体处于被动状态，可按被动土压力计算。

主动土压力、被动土压力为支护结构离开与朝向土体一侧位移达到极限状态时的土压力，而形成这两种极限状态所需要的位移值是不同的，这与土体的工程性质、基坑开挖深度密切相关。一般来说，出现主动土压力所需要的位移值小于被动土压力，而密实土体达到极限状态所需的位移小于松散土体。表 5-3 为土体进入极限状态下的位移参考值。在具体工程中，主动与被动侧位移可能同时处于极限状态，或者是达到极限状态时所对应的位移值过大而工程中不允许，因此，支挡结构所处的主动土压力介于静止土压力与理论主动土压力之间，同样被动土压力介于理论被动土压力与静止土压力之间，也就是主动土压力与被动土压力均不是定值，是一个与位移相关的变量(图 5-3)。

表 5-3　不同土体出现主动与被动状态位移量

极限状态	墙体位移模式	土类	极限状态时位移高度比 y/h
主动状态	y, h	密实砂土	0.001
		松散砂土	0.005
		硬黏土	0.01
		软黏土	0.02
被动状态	y, h	密实砂土	0.02
		松散砂土	0.06
		硬黏土	0.02
		软黏土	0.04

据《加拿大基础工程手册》，2006

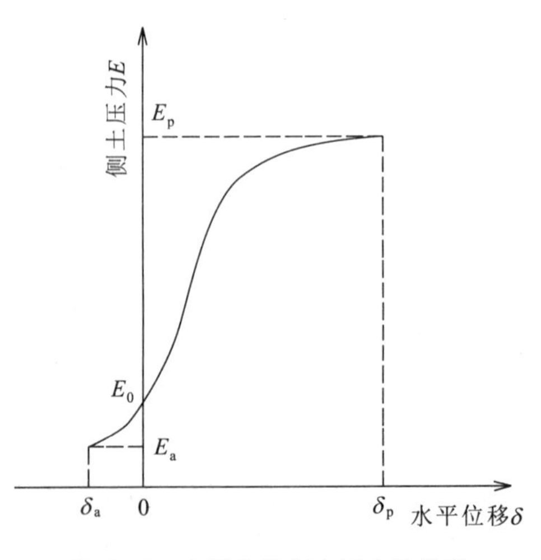

图 5-3　水平位移与土压力的关系

二、静止土压力

作用在支挡结构上的静止土压力强度可按下式计算：

$$e_0 = K_0 \gamma z \tag{5-5}$$

式中：e_0——静止土压力强度(kPa)；

γ——土体重度(kN/m^3)；

z——计算点深度(m)；

K_0——静止土压力系数。

静止土压力系数 K_0 是计算静止土压力的关键参数，它与土体参数及固结历史密切相关，通常优先考虑通过室内试验测定，其次可采用现场旁压试验或扁胀试验测定。室内试验由于取土扰动、试样制备扰动等因素，测定的 K_0 值一般有偏低的趋势。现场测试可采用旁压试验。当无实测数据时，可采用经验公式计算静止土压力系数：

$$K_0 = 1 - \sin\varphi' \tag{5-6}$$

式中：φ'——土体有效内摩擦角(°)。

三、主动与被动土压力计算——朗肯土压力理论

朗肯土压力理论是 1857 年英国学者 Rankine 经对弹性半空间体内应力状态的研究，由土体内任一点的极限平衡状态推导出作用于支挡结构上的土压力方法，又称为极限应力法。该理论假设：墙身是刚性的，不考虑墙体自身变形；墙后填土延伸到无限远处，填土表面水平；墙背垂直光滑，即不考虑墙土之间的摩擦力，且墙体垂直。

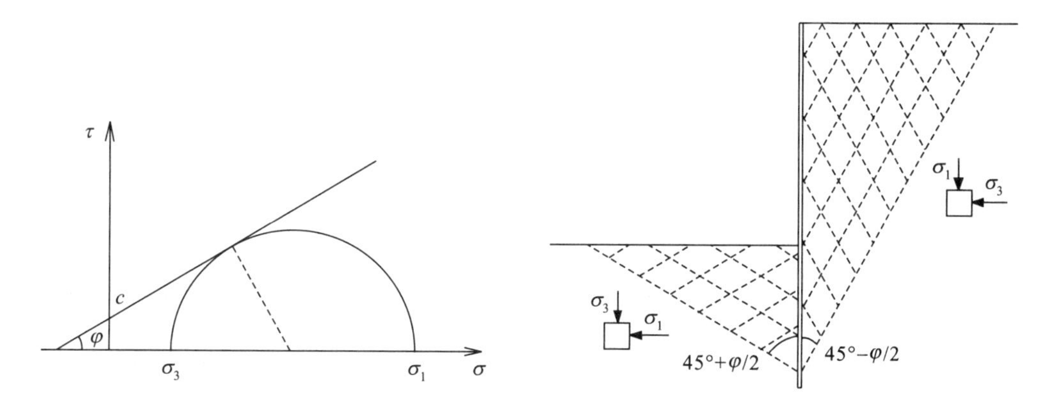

图 5-4　朗肯土压力理论莫尔圆及墙前后应力状态分析

设支挡结构附近土体压力的大、小主应力分别为 σ_1、σ_3，当土体处于极限状态时，必然满足莫尔—库仑公式(图 5-4)，即：

$$\sin\varphi = \frac{\sigma_1 - \sigma_3}{\sigma_1 + \sigma_3 + 2c \times \cot\varphi} \tag{5-7}$$

式中：c、φ——土体的黏聚力(kPa)与内摩擦角(°)。

将上式整理，得：

$$\sigma_3 = \tan^2(45° - \frac{\varphi}{2})\sigma_1 - 2c \times \tan(45° - \frac{\varphi}{2}) \tag{5-8}$$

在主动区，垂直向压应力为大主应力，即 $\sigma_1 = \gamma z$，而小主应力为侧土压力 e_a，令 K_a 为主动土压力系数，$K_a = \tan^2(45° - \varphi/2)$，得：

$$e_a = K_a \cdot \gamma z - 2c\sqrt{K_a} \tag{5-9}$$

将式(5-7)整理成：

$$\sigma_1 = \tan^2(45° + \frac{\varphi}{2})\sigma_3 + 2c \times \tan(45° + \frac{\varphi}{2}) \tag{5-10}$$

在被动区，垂直向压应力为小主应力，即：$\sigma_3 = \gamma z$，而大主应力为侧土压力 e_p，令 K_p 为被动土压力系数，$K_p = \tan^2(45° + \varphi/2)$，得：

$$e_p = K_p \cdot \gamma z + 2c\sqrt{K_p} \tag{5-11}$$

对于黏性土，令式(5－9)等于0，可以求出主动土压力 e_a 为零的位置 z_0：

$$z_0=2c\sqrt{K_a}/(K_a\cdot\gamma) \tag{5-12}$$

高度 z_0 也是土体直立开挖的极限高度。主动土压力合力 E_a 作用点距离支护结构底部 $(H-z_0)/3$，合力大小为图5－5(a)中主动侧应力分布面积：

$$E_a=\frac{1}{2}K_a\cdot\gamma H^2-2cH\sqrt{K_a}+\frac{2c^2}{\gamma} \tag{5-13}$$

在被动侧，基坑底面处土压力为 $2c\sqrt{K_p}$，土压力合力作用点为图5－5(a)中梯形形心位置，距离坑底面距离为 $\frac{H_p}{3}\cdot\frac{\gamma H_pK_p+6c\sqrt{K_p}}{\gamma H_pK_p+4c\sqrt{K_p}}$，被动土压力合力 E_p 为：

$$E_p=\frac{1}{2}K_p\cdot\gamma H_p^2+2cH_p\sqrt{K_p} \tag{5-14}$$

对于砂性土，主动土压力与被动土压力分布如图5－5(b)所示，土压力分布均为三角形，计算公式只需将本节公式中的黏聚力 c 取为0即可。

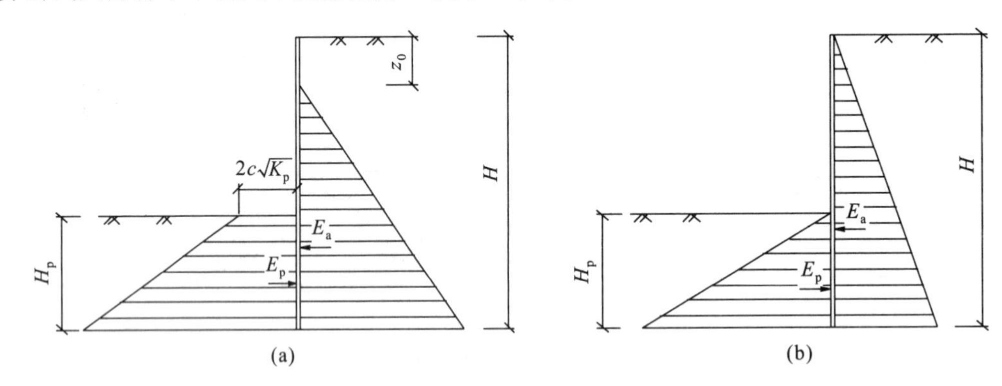

图5－5　均质黏性土与砂性土土压力分布

(a)黏性土主动与被动土压力分布；(b)砂性土主动与被动土压力分布

四、主动与被动土压力计算——库仑土压力理论

法国科学家库仑(C. A. Coulumb)于1776年根据极限平衡概念，分析了墙后楔形土体力系平衡，提出了库仑土压力计算理论。

1. 主动土压力计算

对无黏性土，其墙背上总主动土压力 E_a 为：

$$E_a=\frac{1}{2}\gamma H^2K_a \tag{5-15}$$

$$K_a=\frac{\cos^2(\varphi-\alpha)}{\cos^2\alpha\cos(\alpha+\delta)\left[1+\sqrt{\frac{\sin(\varphi+\delta)\sin(\varphi-\beta)}{\cos(\alpha+\delta)\cos(\alpha-\beta)}}\right]^2} \tag{5-16}$$

式中：K_a——库仑主动土压力系数；

φ——墙后土内摩擦角(°)；

α——墙背与铅直线的夹角(°)，俯斜时取正号，仰斜时取负号；

β——墙后填土面与水平面夹角(°)；

δ——墙背与土体间摩擦角(°)。

δ按墙背粗糙程度及排水条件确定：

当墙背平滑及排水不良时：$\delta=(0\sim1/3)\varphi$；

当墙背粗糙及排水不良时：$\delta=(1/3\sim1/2)\varphi$；

当墙背很粗糙及排水良好时：$\delta=(1/2\sim2/3)\varphi$；

当墙背与填土间不可能滑动时：$\delta=(2/3\sim1.0)\varphi$。

当墙背直立($\alpha=0$)，墙背光滑且排水不良($\delta=0$)，墙后土体表面水平($\beta=0$)时，式(5-15)变为$E_a=\frac{1}{2}\gamma H^2\tan^2(45°-\frac{\varphi}{2})$，即转化为朗肯公式。

无黏性土中离墙顶任意深度z处主动土压力强度p_{az}可将式(5-15)对z取导数得出：

$$p_{az}=\frac{dE_a}{dz}=\frac{d}{dz}\left(\frac{1}{2}\gamma z^2K_a\right)=\gamma zK_a \tag{5-17}$$

由此可得到主动土压力强度图形为三角形(图5-6)，由土力学可知，一般情况下，墙背土压力合力作用方向与水平面夹角为$\alpha+\beta$，作用点离墙底$H/3$处。

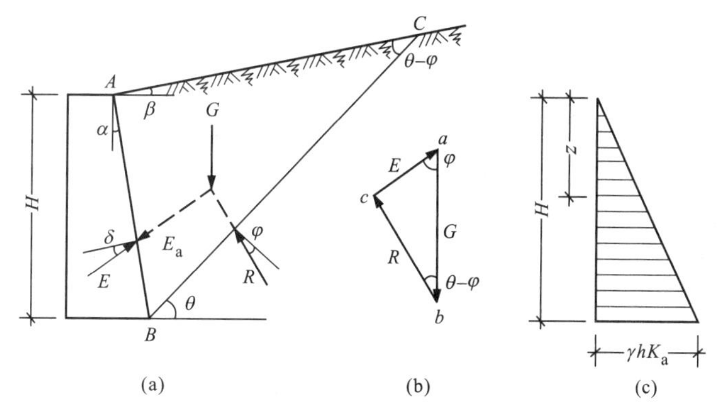

图5-6　主动土压力计算简图

(a)土楔体ABC上的作用力；(b)力三角形；(c)主动土压力分布图

当墙后为黏性土或粉土时，由于需要考虑土体的黏聚力，不能直接按式(5-17)计算主动土压力。国内以前采用增大土体内摩擦角的方法替代黏聚力的作用，增加后的内摩擦角称为综合内摩擦角(或称等效内摩擦角)φ'，一般都采用经验值，如地下水位以上的一般黏土、粉土$\varphi'=30°\sim35°$，地下水位以下的一般黏土、粉土$\varphi'=25°\sim30°$。该法计算结果与实际情况差异较大，使得低墙的土压力计算结果偏于安全，而对高墙则偏于不安全。

《建筑地基基础设计规范》(GB 50007—2011)推荐了按平面滑动假定计算黏土、粉土主动土压力的计算式，是库仑理论的一种改进方法。计算时，考虑了土的黏聚力、墙后土的倾斜面及其上所受均布荷载q等情况。

如图5-7所示，挡墙在主动土压力作用下离开墙后土体向前位移一定数值时，墙后土体将产

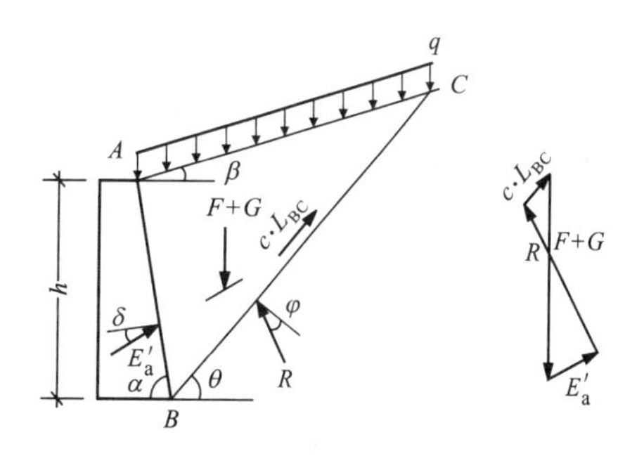

图5-7　按规范求土压力示意图

生滑裂面 BC，在将破坏的瞬间，滑动楔体 ABC 处于极限平衡状态，此时，作用在楔体 ABC 上的力主要有楔体自重 G、土体上部均布荷载的合力 F、滑裂面上的反力 R（其作用方向与 BC 面的法线顺时针成 φ 角），滑裂面 BC 上黏聚力 $c \cdot L_{BC}$（其方向与楔体下滑方向相反），墙背 AB 对楔体的反力为 E_a'（作用方向与墙背法线逆时针成 δ 角），按土力学中库仑土压力公式的推导过程，可得出规范推荐的黏性土主动土压力计算式：

$$E_a=\frac{1}{2}\gamma h^2 K_a \tag{5-18}$$

$$K_a=\frac{\sin(\alpha+\beta)}{\sin^2\alpha\sin^2(\alpha+\beta-\varphi-\delta)}\{k_q[\sin(\alpha+\beta)\sin(\alpha-\delta)+\sin(\varphi+\delta)\sin(\varphi-\beta)]$$
$$+2\eta\sin\alpha\cos\varphi\cos(\alpha+\beta-\varphi-\delta)-2[(k_q\sin(\alpha+\beta)\sin(\varphi-\beta)+\eta\sin\alpha\cos\varphi)$$
$$\cdot(k_q\sin(\alpha-\delta)\sin(\varphi+\delta)+\eta\sin\alpha\cos\varphi)]^{\frac{1}{2}}\} \tag{5-19}$$

$$\eta=\frac{2c}{\gamma h} \tag{5-20}$$

$$k_q=1+\frac{2q}{\gamma h}\cdot\frac{\sin\alpha\cos\beta}{\sin(\alpha+\beta)} \tag{5-21}$$

式中：K_a——黏土、粉土主动土压力系数；

α——墙背面与水平面夹角(°)；

k_q——考虑墙后土体表面均布荷载的影响所采用的系数；

q——地表均布荷载(kPa)，以单位水平投影面上的荷载强度计。

按式(5-18)计算主动土压力时，破裂面与水平面的夹角为：

$$\theta=\arctan\left\{\frac{S_q\sin\beta+\sin(\alpha-\varphi-\delta)}{S_q\cos\beta-\cos(\alpha-\varphi-\delta)}\right\} \tag{5-22}$$

其中

$$S_q=\sqrt{\frac{k_q\sin(\alpha-\delta)\sin(\varphi+\delta)+\eta\sin\alpha\cos\varphi}{k_q\sin(\alpha+\beta)\sin(\varphi-\beta)+\eta\sin\alpha\cos\varphi}} \tag{5-23}$$

《建筑地基基础设计规范》(GB 50007—2011)根据土类别列出了系数 K_a 的图表，按土类别由图表可查出相应的系数 K_a 值。

2. 被动土压力计算

计算挡墙后被动土压力时，若土体为非黏性土，可按下式计算：

$$E_p=\frac{1}{2}\gamma H^2 K_p \tag{5-24}$$

$$K_p=\frac{\cos^2(\varphi+\alpha)}{\cos^2\alpha\cos(\alpha-\delta)\left[1-\sqrt{\frac{\sin(\varphi+\delta)\sin(\varphi+\beta)}{\cos(\alpha-\delta)\cos(\alpha-\beta)}}\right]^2} \tag{5-25}$$

式中：K_p——库仑被动土压力系数。

其余符号意义同前。

当 $\alpha=0$、$\delta=0$、$\beta=0$ 时，式(5-24)同样转化为朗肯公式。

将式(5-24)对深度 z 取导数，可得任意深度 z 处被动土压力强度：

$$p_{pz}=\frac{dE_p}{dz}=\frac{d}{dz}\left(\frac{1}{2}\gamma z^2 K_p\right)=\gamma z K_p \tag{5-26}$$

p_{pz} 随墙高呈三角形分布，如图 5-8 所示，合力作用点在三角形形心处。

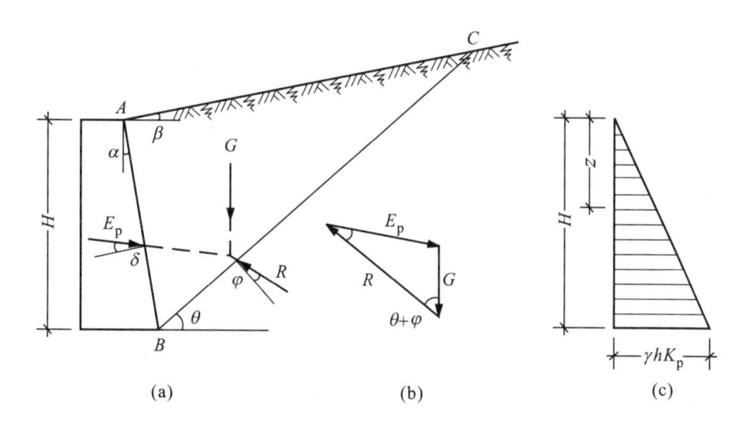

图 5－8　被动土压力计算简图

(a)土楔体 ABC 的作用力；(b)力三角形；(c)被动土压力分布图

五、支挡结构压力标准值计算

朗肯土压力计算方法的假定概念明确，与库仑土压力理论相比，能直接得出土压力的分布，适合结构计算的特点，得到工程设计人员的普遍接受。因此，一般情况下可采用朗肯土压力。由于朗肯理论未考虑支护结构与土体之间的摩擦效应，因此计算的主动土压力较实际值偏大，按此进行的设计是偏于安全的。库仑土压力理论(滑动楔体法)的假定适用范围较广，在不符合按朗肯土压力计算的条件下，可采用库仑方法计算土压力，特别是在道路工程边坡挡土墙计算中大量使用。该方法不易计算成层土的土压力分布。库仑方法在考虑墙背摩擦角时，计算的被动土压力偏大，不应用于基坑支护被动土压力的计算。

当按变形控制原则设计支护结构时，作用在支护结构的土压力计算值可按支护结构与土体的相互作用原理确定，也可按地区经验确定。当对支护结构水平位移有严格限制时，应采用静止土压力计算。

在基坑支护计算中，除了自重产生的土压力外，还需考虑地表均布荷载、局部集中荷载、车辆荷载等引起的侧土压力，另外地下水引起的静、动水压力也需要考虑。

1. 基坑支护总应力法与有效应力法

在基坑支护计算中，当涉及到地下水作用时，对于孔隙水压力影响的处理有两种方法：总应力法与有效应力法。

在有效应力法计算过程中，按经典土压力理论，土体自重按有效自重计算，强度参数为内摩擦角和有效黏聚力，土压力与水压力分开计算：

$$\begin{cases}\text{主动侧：}e_{ak}=K_a\cdot\gamma'z-2c'_k\sqrt{K_a}\quad(K_a=\tan^2(45^\circ-\varphi'_k/2))\\ \text{被动侧：}e_{pk}=K_p\cdot\gamma'z+2c'_k\sqrt{K_p}\quad(K_p=\tan^2(45^\circ+\varphi'_k/2))\end{cases}\tag{5-27}$$

式中：γ'——土体有效重度平均值(kN/m^3)；

c'_k、φ'_k——分别为土体的有效黏聚力(kPa)与摩擦角标准值(°)。

在砂土中水压力可以近似按水位计算：

$$\begin{cases}\text{主动侧：}u_a=\gamma_w\cdot h_{wa}\\ \text{被动侧：}u_p=\gamma_w\cdot h_{wp}\end{cases}\tag{5-28}$$

式中：u_a、u_p——分别为主动侧与被动侧计算点的水压力(kPa)；

h_{wa}、h_{wp}——分别为主动侧与被动侧计算点的水头高度(m)；

γ_w——地下水重度(kN/m^3)。

土、水压力合力为：

$$\begin{cases}\text{主动侧}: e_{ak}=K_a\cdot\gamma' z+\gamma_w\cdot h_{wa}-2c'_k\sqrt{K_a}\\ \text{被动侧}: e_{pk}=K_p\cdot\gamma' z+\gamma_w\cdot h_{wp}+2c'_k\sqrt{K_p}\end{cases} \tag{5-29}$$

而采用总应力法计算时，可通过试验来模拟土体破坏时的状态。基坑支护中，强度参数应采用自重压力下固结后不排水剪(或固结快剪)指标，即黏聚力和内摩擦角为 c_{cu}、φ_{cu}。按自重压力下固结来恢复初始应力状态，快速剪切反映土体快速失稳，而土体剪切时产生的超(负)孔隙水压力对强度的影响可利用试验排水条件来反映。

设置于渗透系数低的黏性土中的支挡结构水压力不应简单采用水位计算，其真实的水压力作用比较难以得到。这是因为在被动区土体处于受压状态，土体内可能产生超孔隙水压力，而黏性土排水不畅，导致水压力长期高于按水位埋深计算得到的压力值，同时，在基坑内部(被动侧)开挖卸荷，基坑底面以下土体卸荷回弹又可导致土体内孔隙水压力低于计算值。在主动侧，由于挡土结构总体向基坑内卸荷变形，墙后土体处于体积增加状态，因此土体内水压力可能低于按水位埋深计算得到的压力值。渗透性良好的砂土中，虽然不存在超(负)孔隙水压力，但是当基坑内外存在水位差、基坑周围存在降水井时，地下水处于运动状态，也不能采用静水压力的公式来评价(图 5-9)。

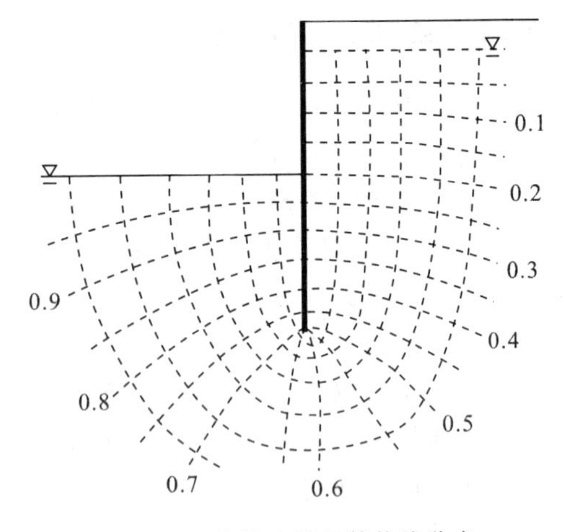

图 5-9　基坑流线及等势线分布

2. 成层土侧土压力计算

当墙后土体不能视作均质土体时，土压力的计算方法为：分别计算每一土层分层处的自重土压力，并在地下水位处分层。当采用水土合算时，土体自重为天然自重，水土分算时采用有效自重；利用土压力公式在界面上下分别利用上下层土体的强度参数计算土压力系数及侧土压力；当计算土压力小于 0 时，确定土压力为 0 的位置；绘制土压力分布图。

需要注意的是，采用水土分算时，水压力单独计算。

对于分层土，计算出的土压力分布曲线为一条折线，各层土体的内摩擦角不同则土压力分布图的斜率也不一致，而黏聚力的存在将导致在分层界面土压力的突变。

3. 墙后有附加荷载土压力计算

除了土体及水体自身外，各种附加竖直荷载也会产生侧向土压力：地表无限延伸的均布荷载；延伸有限宽度的条形荷载；呈局部分布的基础荷载等。

当基坑后有无限延伸的均布荷载 p 时，可以直接将其换算成当量土体的厚度 $h=p/\gamma$，其中 γ 为土体重度，然后按常规方法计算土压力。也可直接将荷载叠加到每一计算深度的自重荷载上：

$$\sigma_{v}=\sigma_{ve}+p \tag{5-30}$$

式中：σ_{v}——竖直荷载(kPa)；

σ_{ve}——土体自重产生的竖直荷载(kPa)。

此时作用在墙背面的土压力 p_{a} 由两部分组成，一部分由均布荷载 p 引起，其分布情况与深度无关，即由 p 引起的土压力为常数(图 5-10)；另一部分由土重引起，与深度成正比，其表达式为：

$$p_{a}=K_{a}\cdot\gamma H+K_{a}\cdot p-2c\sqrt{K_{a}} \tag{5-31}$$

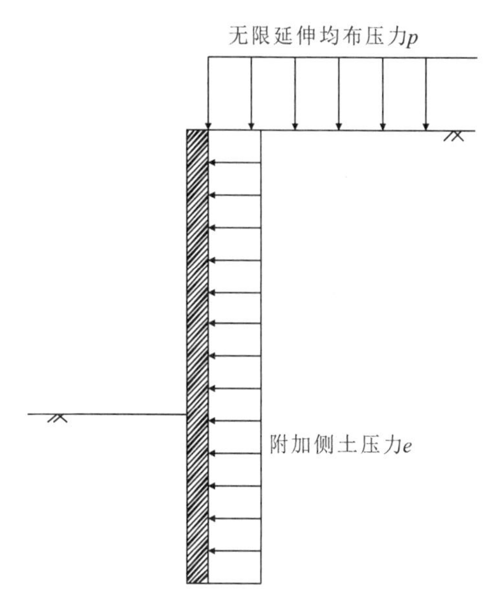

图 5-10 附加土压力示意图

另外一种情况是，荷载仅在基坑后一定宽度内分布，这种情况下产生的附加土压力仅在支挡结构一定深度范围内影响明显，附加土压力计算可以采用计算竖直附加土压力分布的方法先计算各点竖直土压力 σ_{v}，然后利用侧土压力计算公式将竖直土压力转换为水平附加侧土压力 e 即可。这种计算方法相对比较复杂，另外没有考虑基坑支护结构卸荷变形对土压力的影响，工程上常用如下方法进行简化处理：

(1)将附加应力按 45°予以扩散，扩散区与支挡结构交线以上假设不产生附加土压力；

(2)自扩散区与支挡结构交点作水平线与外侧扩散边界相交，将顶部附加压力扩散至两交点之间的区域，其宽度为 $b+2a$[图 5-11(a)]。扩散后附加竖直土压力为：

$$\sigma_{vj}=\frac{p}{b+2a} \tag{5-32}$$

式中：σ_{vj}——局部附加荷载扩散后的应力(kPa)；

p——局部荷载(kN/m)；

a——局部荷载距离支挡结构的距离(m)；

b——局部荷载的分布宽度(m)。

将附加侧土压力的范围限定在竖直压力扩散区域相同的高度范围内。

附加侧土压力分布的深度范围为：

$$a\leqslant Z_{a}\leqslant b+3a \tag{5-33}$$

(3)将扩散后的竖直附加压力作为自重，按土压力计算公式计算侧土压力。当基坑支挡结构附近存在埋深为 d 的条形基础时，上部结构荷载也将产生附加侧土压力。计算方法基本同上，侧土压力分布的深度范围为：

$$d+a\leqslant Z_{a}\leqslant d+b+3a \tag{5-34}$$

当基础为独立基础时，基础垂直支挡结构方向的宽度为 b，平行支挡结构方向的宽度为 l，荷载向两个方向扩散[图 5-11(b)]，侧土压力分布深度范围同样为：$d+a\leqslant Z_{a}\leqslant d+b+3a$。

扩散后附加竖直土压力为：

$$\sigma_{vj}=\frac{p\cdot b\cdot l}{(b+2a)(b+2l)}=\frac{Q}{(b+2a)(b+2l)} \tag{5-35}$$

式中：p——基础底面附加压力标准值(kPa)；

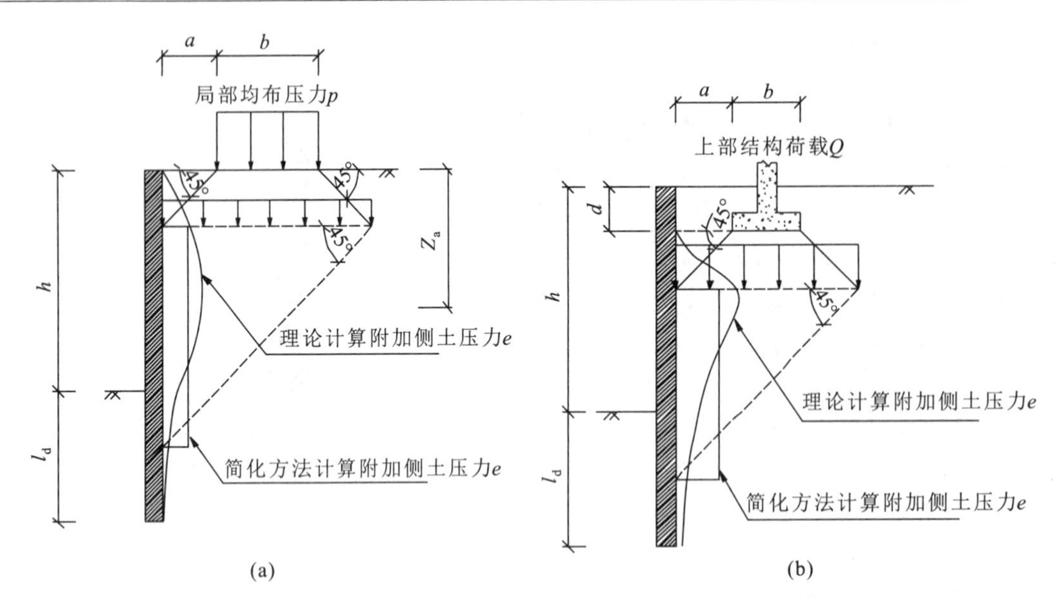

图 5-11　局部均布荷载引起的土压力计算

(a)局部地表均布荷载;(b)上部结构基础形成的荷载

Q——柱荷载标准值(kN)。

上述简化处理方法计算得到的侧土压力为一定范围分布的均布荷载,计算结果较理论计算结果有一定差异,一般均能满足设计需要,但当基坑较深、坑后情况复杂时,建议仍然采用理论方法进行计算。

4.墙顶放坡时土压力计算

基坑上部为黏性土时,因其具有一定的自稳能力,基坑上部可以不设支护。在计算下部支护土压力时,也可直接将上部土体自重视为无限延伸的均布荷载予以处理。但是当上部存在放坡(或土钉墙)、马道等情况时(图 5-12),将支护桩以上视为无限延伸的均布荷载则过高估计侧土压力,这时建议按如下方式计算侧土压力。

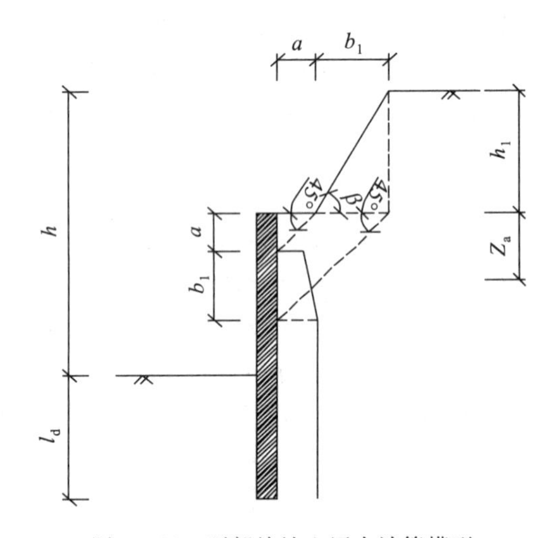

图 5-12　顶部放坡土压力计算模型

首先,坡顶放坡必然会导致支挡结构顶部土压力降低,从放坡坡脚按 45°向下作斜线,斜线以上范围的土体不形成附加侧土压力,即在 $Z_a<a$ 的范围内假设放坡土体不产生侧土压力。

其次,从坡顶做垂线与支挡结构顶部水平线相交后再按 45°向下作斜线,与支挡结构相交,交点以下不考虑放坡对侧土压力的影响,即当深度 $Z_a>a+b_1$ 时,计算放坡形成的侧土压力的竖直荷载直接取 $\sigma_{vj}=\gamma h_1$。

在 $a\leqslant Z_a\leqslant a+b_1$ 范围内:

$$\sigma_{vj}=\frac{\gamma\cdot h_1}{b_1}(Z_a-a)+\frac{E_{ak}(a+b_1-z_a)}{K_a b_1^2} \tag{5-36}$$

式中，a、b_1 及 h_1 的符号意义见图 5-12。

E_{ak}为放坡段按垂直支护计算得到的侧土压力合力：

$$E_{ak}=\frac{1}{2}\gamma h_1^2 K_a-2ch_1\sqrt{K_a}+\frac{2c^2}{\gamma} \tag{5-37}$$

[例题 5-1] 某基坑地层分布及土体参数如图 5-13 所示，试计算主动侧水、土压力分布。需要注意的是，计算自重压力分布时，水土分算时取有效重度，水土合算时取天然重度。

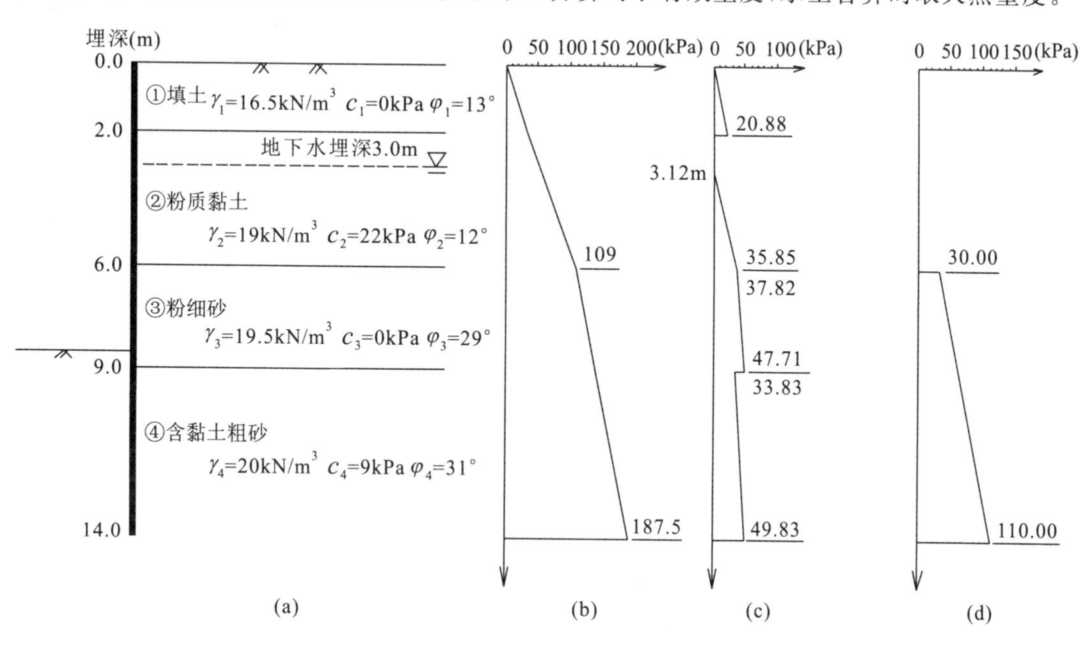

图 5-13 例题 5-1 附图

(a)地层分布及土体参数；(b)土体垂直向压力分布；(c)土体侧土压力分布；(d)水压力分布

解：(1)计算土体垂直向应力分布

第①层填土，底面埋深 2m，垂直向压力为：

$$\sigma_{v1}=\sum_{i=1}^{n}\gamma_i h_i=16.5\times 2=33(\text{kPa})$$

第②层粉质黏土采用水土合算，埋深 6m 处垂直向压力为：

$$\sigma_{v2}=\sum_{i=1}^{n}\gamma_i h_i=33+19\times 4=109(\text{kPa})$$

第③层粉细砂采用水土分算，埋深 9m 处垂直向压力为：

$$\sigma_{v3}=\sum_{i=1}^{n}\gamma_i h_i=109+(19.5-10)\times 3=137.5(\text{kPa})$$

第④层含黏土粗砂采用水土分算，埋深 14m 处垂直向压力为：

$$\sigma_{v4}=\sum_{i=1}^{n}\gamma_i h_i=137.5+(20-10)\times 5=187.5(\text{kPa})$$

(2)计算土体侧土压力分布。

首先计算各层土的主动土压力系数，公式为：

$$K_a=\tan^2(45°-\varphi/2)$$

计算得到各层土的主动土压力系数为：

$$K_{a1}=0.6327、K_{a2}=0.6558、K_{a3}=0.3470、K_{a4}=0.3201$$

埋深 2m 第①层填土底面侧土压力为：

$$e_{a1底}=K_{a1}\cdot\sigma_{v1}-2c_1\sqrt{K_{a1}}=33\times0.6327=20.88(\text{kPa})$$

埋深 2m 第②层粉质黏土顶面侧土压力为：

$$e_{a2顶}=K_{a2}\cdot\sigma_{v1}-2c_2\sqrt{K_{a2}}=0.6558\times33-2\times22\sqrt{0.6558}=-13.99(\text{kPa})$$

计算得到的土压力为负值，则需要计算土压力为“0”的位置。设土压力为“0”点在填土界面下的深度为x，则有：

$$K_{a2}\cdot\sigma_{v1}+K_{a2}\cdot x\cdot\gamma_2-2c_2\sqrt{K_{a2}}=0$$

$$x=\frac{2c_2\sqrt{K_{a2}}-K_{a2}\cdot\sigma_{v1}}{K_{a2}\cdot\gamma_2}=\frac{13.99}{0.6558\times19}=1.12(\text{m})$$

即地面下 2～3.12m 范围内土压力为 0。

埋深 6m 第②层粉质黏土底面侧土压力为：

$$e_{a2底}=K_{a2}\cdot\sigma_{v2}-2c_2\sqrt{K_{a2}}=0.6558\times109-2\times22\sqrt{0.6558}=35.85(\text{kPa})$$

埋深 6m 第③层粉细砂顶面侧土压力为：

$$e_{a3顶}=K_{a3}\cdot\sigma_{v2}-2c_3\sqrt{K_{a3}}=0.3470\times109=37.82(\text{kPa})$$

埋深 9m 第③层粉细砂底面侧土压力为：

$$e_{a3底}=K_{a3}\cdot\sigma_{v3}-2c_3\sqrt{K_{a3}}=0.3470\times137.5=47.71(\text{kPa})$$

埋深 9m 第④层含黏土粗砂顶面侧土压力为：

$$e_{a4顶}=K_{a4}\cdot\sigma_{v3}-2c_4\sqrt{K_{a4}}=0.3201\times137.5-2\times9\sqrt{0.3201}=33.83(\text{kPa})$$

埋深 14m 第④层含黏土粗砂底面侧土压力为：

$$e_{a4底}=K_{a4}\cdot\sigma_{v4}-2c_4\sqrt{K_{a4}}=0.3201\times187.5-2\times9\sqrt{0.3201}=49.83(\text{kPa})$$

(3)计算水压力分布。

第②层粉质黏土按水土合算计算，水压力在自重压力已经考虑，从第③层顶面水压力为 30kPa，支护桩底部 14m 处水压力为 110kPa。

计算结果如图 5-13 所示。

六、基坑变形

基坑设计中正常使用极限状态设计主要的计算参数就是变形，基坑开挖不仅要保证基坑本身的安全与稳定，而且要有效控制基坑周围土体移动以保护周围环境。但是相对于建筑物结构及基础的沉降，基坑变形的形式、变形形成原因及影响因素更加复杂，且计算与评价模型不成熟，可靠性低。

伴随基坑开挖卸荷，主要变形有基坑墙体水平与垂直变形、坑外土体的水平与垂直变形、坑内土体的隆起变形等。

基坑围护结构的变形可划分为悬臂式位移、抛物线形位移、组合位移三类(图 5-14)。当基坑开挖较浅，或者采用悬臂支护时，一般支挡结构顶部位移最大，墙后土体沉降变形为三角形沉降；当支挡结构顶部预设有刚度足够的支撑或锚杆、下部嵌固深度足够时，支撑点水平支挡结构的位移近似为 0，相应的墙后土体的水平位移为 0，这样支挡结构的位移形式为抛物线，坑后土体沉降变形也接近于抛物线；不满足上述条件时，墙体及其后土体变形为组合位移形式。

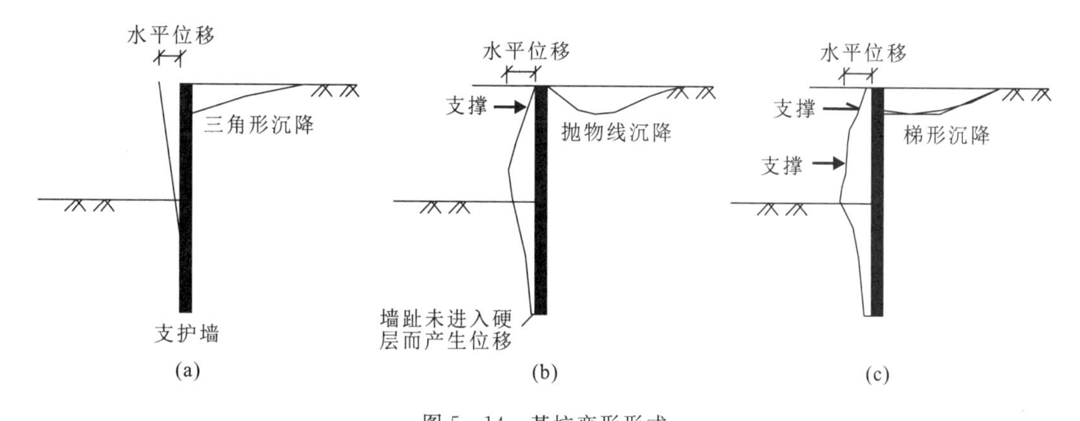

图 5－14　基坑变形形式

(a)悬臂式位移；(b)抛物线形位移；(c)组合位移

基坑开挖产生的竖直卸荷将使基坑底部形成隆起现象，这种变形量主要由土体的回弹再压缩模量、基坑深度与宽度决定。当变形量过大时，可能出现塑形隆起变形。

基坑变形影响因素较多，影响机理复杂。首先，工程地质与水文地质条件是基坑变形的首要因素。晚更新世及以前形成的土体基坑变形一般较小，而全新世晚期形成的土体性质差，变形量大；有无地下水、地下水埋深、承压水水头及隔水顶板厚度等是影响基坑变形的关键因素。其次，保护周边环境条件是基坑支护的目的之一，而周边环境条件对基坑变形影响非常明显，主要为：周边建(构)筑物距离、荷载及基础形式，基坑周边静、动荷载条件，基坑周边上、下水道的完整性等。基坑规模，特别是开挖深度是基坑分类、基坑支护方案选取中需要考虑的一个重要因素，基坑变形与开挖深度呈正相关。同样，一个基坑采取不同的支护方案对基坑变形有直接影响，如悬臂结构较设置有内支撑的变形要大，墙体刚度、排桩的间距、支护桩入土深度、预应力的设置等均对基坑变形有显著影响。在工程实践中，与施工相关的变形是最难以估量的因素：基坑开挖工序与方法、施工降水、施工周期、工程事故及具体施工人员的素质与水平等。总的来说，地质条件是控制基坑变形的内因，周边环境条件既是设计的前提又是影响变形的环境因素，基坑支护设计实际上是在基坑安全性、变形、造价及工程技术条件间选取一个平衡，而具体施工工艺及措施是否安全可靠才是控制变形的关键。

目前计算基坑支护结构变形的手段一般采用以下两种：经验公式和数值计算。经验公式是在理论假设的基础上，通过对原型观测数据或数值模型计算结果的拟合分析得到半经验性结论，或者由大量原型观测数据提出经验公式。数值方法主要采用杆系有限元法或连续介质有限元法。前者可以较为容易地得到围护结构的位移，后者通过应用不同的本构模型，可以比较好地模拟开挖卸载、支撑预应力等实际施工工艺效果。

七、支护结构破坏形式

1. 整体失稳

软黏土边坡可能沿圆弧滑动面滑动，若拉锚的长度不够，支护结构会随土体整体失稳，因此需对整体稳定性进行验算[图 5－15(d)]。

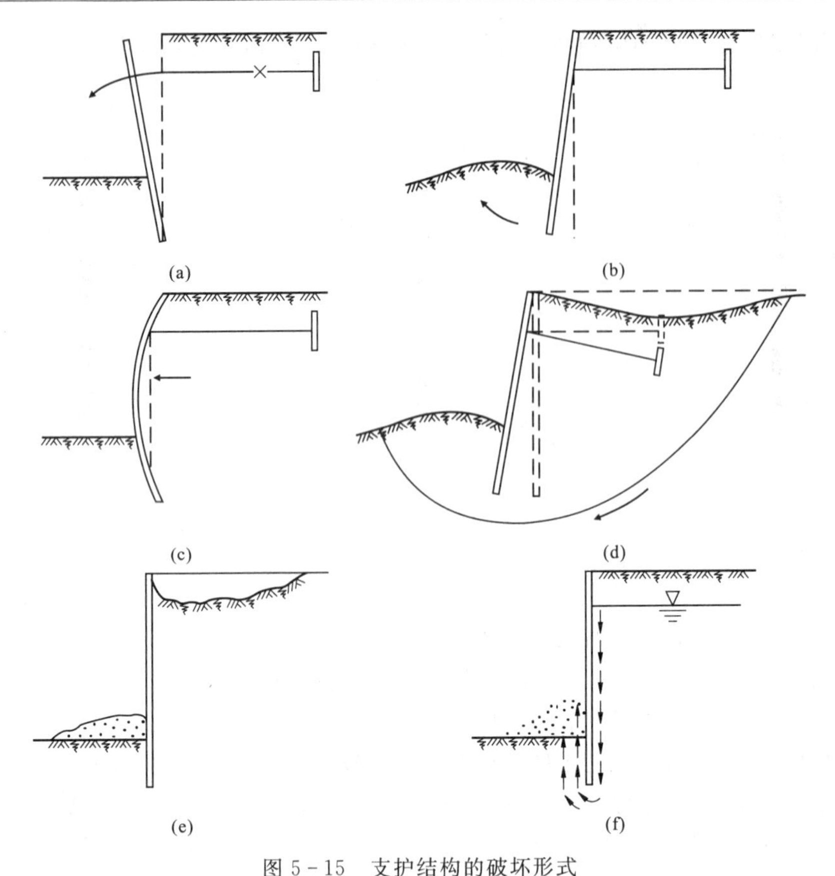

图 5－15　支护结构的破坏形式

(a)拉锚破坏或支撑压曲；(b)底部移动；(c)平面变形过大或弯曲破坏；(d)墙后土体整体滑动失稳；(e)坑底隆起；(f)管涌

2. 基坑底部隆起

在饱和软黏土区进行深基坑开挖，由于坑内大量挖土卸载，坑底土可能在墙后土重及地面荷载作用下产生隆起现象。对深度较大的基坑应验算坑底土是否可能隆起，必要时还要对坑底土进行加固处理[图 5－15(e)]。

3. 重力式结构倾覆、滑移破坏及墙身破坏

若水泥土挡墙的截面及重量不够，在荷载作用下墙体自重不能维持其稳定时，挡墙会随同土体整体倾覆失稳，因此需进行抗倾覆验算。

当水泥土挡墙与土体间的抗滑力不足以抵抗墙后的荷载所产生的推力时，挡墙会产生整体滑动，使挡墙失效，所以还需进行抗滑移稳定性验算。

强度破坏指水泥土挡墙自身的抗剪强度不能满足要求，在荷载作用下墙体产生剪切破坏。因此，需对重力式支护结构最大剪应力处的墙身应力进行验算。

4. 支护墙底部移动

当支护结构底部入土深度不够，或者是由于超挖、水的冲刷等原因，都可能产生墙底向坑内移动，所以需正确计算支护结构的入土深度[图 5－15(b)]。

5. 支护墙面变形过大或弯曲破坏

若支护墙的横截面过小，或者实际土压力大于计算土压力，墙后意外增加大量地面荷载，

或挖土超过深度等，都可能引起这种破坏[图 5 - 15(c)]。因此，需正确计算墙面承受的最大弯矩值，并按最大弯矩验算墙截面尺寸。

当墙平面变形过大时，会引起墙后地面的过大沉降，也会给邻近的建(构)筑物、道路、管线等设施造成损害，在建(构)筑物及公共设施密集的地区进行深基坑开挖支护时，控制支护墙的平面变形尤为重要，按最大弯矩验算墙截面尺寸也是必不可少的。

6. 拉锚破坏或支撑压曲

当边坡上地面增加大量荷载，或者实际土压力远大于计算土压力而造成拉杆断裂，或者因锚固段失效，腰梁(围檩)破坏等，都会引起拉锚破坏；若内支撑断面过小则会引起支撑压曲失稳[图 5 - 15(a)]。为防止出现以上情况，需对锚杆承受的拉力或支撑承受的荷载进行计算，以确定拉杆和锚固体的长度、直径和强度，以及支撑的截面和强度。

7. 渗流破坏

在砂性土地区进行深基坑开挖时，若地下水位较高，挖土后因水头差产生较大的动水压力，此时，地下水会绕过支护结构底部并随同砂土一起涌入基坑内[图 5 - 15(f)]，会使基坑内地基土遭破坏且影响施工，情况严重时会造成墙外土体沉降使邻近建(构)筑物受损。

支护体系整体失去稳定性的计算方法基本一致，大部分内容在土力学相关课程已有详细介绍，而渗流稳定性计算内容将在本章最后一节简单叙述，其余内容见各支护类型介绍。

第四节　放坡及土钉墙支护

一、放坡开挖

按朗肯土压力理论计算主动土压力为 0 的深度 z_0 一般可作为自立开挖的最大理论深度，当大于上述深度时，可以通过放坡来提高边坡的稳定性。在工程实践中，对于地下水位低于基坑底面、土质均匀、施工期较短而采用竖向无支撑开挖的基坑，其最大开挖深度一般参考表 5 - 4 取用，以保证安全。

表 5 - 4　基坑坑壁竖向直立开挖深度值

土体类型	深度(m)	土体类型	深度(m)
软土	0.75	坚硬的黏土	2
密实、中密的砂土和砂质碎石土	1.0	黄土	2.5
硬塑、可塑的粉土及粉质黏土	1.25	冻结土	4
硬塑、可塑的黏土和黏质充填碎石土	1.5		

在天然土体含水率大于 10% 的地区可以利用土体冻结后稳定性提高的有利条件进行自立开挖，但是当砂土含水量低、难以冻结时，只能采用其他方法进行支护、开挖。在难以保证自立开挖安全的情况下，当基坑周围或部分地段环境条件允许，具有足够的开挖空间和不重要的建(构)筑物时，通过控制基坑开挖边坡坡度，利用土体自身强度来保证基坑在施工期间的稳定性，这类基坑开挖方法为放坡开挖(图 5 - 16)。放坡开挖施工工艺单一，施工工期较短，但是放坡开挖深度一般有限，特别是软土地区，所以放坡开挖对深基坑不适用。另外，放坡开挖导

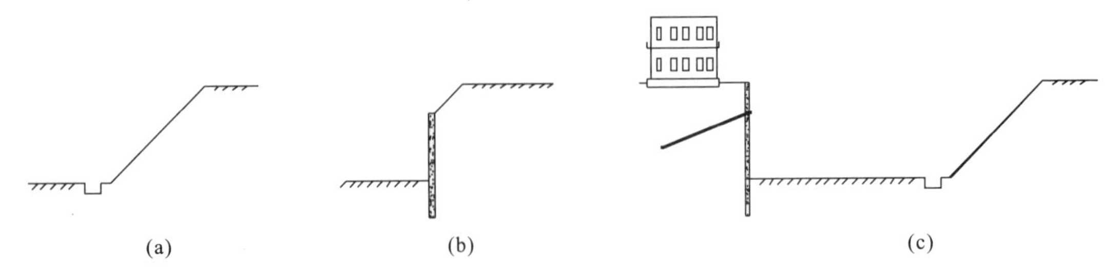

图 5-16　放坡工程类型

(a)完整的放坡；(b)下部支撑(下部为基岩)；(c)单侧放坡

致地表变形较大，对周边环境影响较大。在城市内施工时，土方开挖、运输及堆放要求严格，对造价影响也非常明显。

放坡开挖的设计主要包括：通过稳定性分析得到允许的坡度，如采用多级放坡时，应保证各级边坡及整体的稳定性；坡面保护设计；基坑排水设计。这里主要介绍前两者。

1. 坡率法确定坡度

基坑工程边坡稳定性主要通过坡率法及稳定性计算确定。作为临时性边坡，坡率法主要在地区经验基础上确定一个合理的坡率，然后开挖。坡率法实际上属于工程地质类比法，是建立在工程与实践经验上的一种方法，各行业各地区差别比较明显。这里仅罗列出部分供参考。

《土方与爆破工程施工及验收规范》(GB 50201)规定，一般边坡坡度需要按设计确定，而在坡体整体稳定的情况下，如地质条件良好、土(岩)质地均匀、高度在 3m 以内的临时性挖方边坡坡度宜符合表 5-5 的规定。该表比较适合于临时性的建筑边坡坡率的控制。

表 5-5　临时性挖方边坡坡度值

土的类别		边坡坡度
砂土	不包括细砂、粉砂	1∶1.25～1∶1.50
一般黏性土	坚硬	1∶0.75～1∶1.00
	硬塑	1∶1.00～1∶1.25
碎石类土	密实、中密	1∶0.50～1∶1.00
	稍密	1∶1.00～1∶1.50

在《建筑边坡工程技术规范》(GB 50330—2013)中，对于土质边坡的坡率允许值，可根据工程经验确定。无工程经验，但土质均匀良好、地下水缺乏、无不良地质作用和地质环境条件简单时，边坡的坡率按表 5-6 确定。

表 5-6　土质边坡坡率允许值

土体类别	状态	坡率允许值	
		坡高小于 5m	坡高 5～10m
碎石土	密实	1∶0.35～1∶0.50	1∶0.50～1∶0.75
	中密	1∶0.50～1∶0.75	1∶0.75～1∶1.00
	稍密	1∶0.75～1∶1.00	1∶1.00～1∶1.25
黏性土	坚硬	1∶0.75～1∶1.00	1∶1.00～1∶1.25
	硬塑	1∶1.00～1∶1.25	1∶1.25～1∶1.50

注：1. 碎石土的充填物为坚硬或硬塑状态的黏性土；

2. 对于砂土或充填物为砂土的碎石土，其边坡坡率允许值应按砂土或碎石土的自然休止角确定。

对于无控制性的外倾结构面岩质边坡，放坡坡率可按表 5－7 确定。

表 5－7　岩质边坡不同坡高坡率允许值

边坡岩体类型	风化程度	坡率允许值		
		$H<8$m	8m$\leqslant H<$15m	15m$\leqslant H<$25m
Ⅰ	未(微)风化	1∶0.00～1∶0.10	1∶0.10～1∶0.15	1∶0.10～1∶0.25
	中等风化	1∶0.10～1∶0.15	1∶0.15～1∶0.25	1∶0.25～1∶0.35
Ⅱ	未(微)风化	1∶0.10～1∶0.15	1∶0.15～1∶0.25	1∶0.25～1∶0.35
	中等风化	1∶0.15～1∶0.25	1∶0.25～1∶0.35	1∶0.35～1∶0.50
Ⅲ	未(微)风化	1∶0.25～1∶0.35	1∶0.35～1∶0.50	
	中等风化	1∶0.35～1∶0.50	1∶0.50～1∶0.75	
Ⅳ	中等风化	1∶0.50～1∶0.75	1∶0.75～1∶1.00	
	强风化	1∶0.75～1∶1.00		

注：1. H 为边坡高度；
2. Ⅳ类强风化包括各类风化程度的极软岩；
3. 全风化岩体可按土质边坡坡率取值；
4. 表中岩体分类按国家规范进行判定。

另外各地区根据地区经验，也建立起相关的更有针对性的边坡坡率表，可供设计时参考。总的来说，坡率法建立于经验基础上，一般不适用于存在地下水的环境条件，计算简单，一般偏于安全，但对具体基坑的特殊性考虑不足。可能出现对情况预估不足而出现工程事故，也可能使设计过于保守而造价过高。一般边坡的坡率设计还是通过计算确定，岩体边坡稳定性以结构面强度计算确定。以下主要对土坡的稳定性进行简单介绍。

2. 砂性土边坡稳定性分析

对于砂土边坡，边坡的稳定性只与坡角及内摩擦角有关，由下式计算：

$$K=\frac{\text{抗滑力}}{\text{滑动力}}=\frac{\tan\varphi}{\tan\alpha} \tag{5-38}$$

式中：K——安全系数，取 $K=1.1\sim1.5$；

φ——土的内摩擦角(°)；

α——坡角(°)。

3. 黏性土边坡稳定性分析

对于黏性土边坡，边坡稳定性计算方法同土力学中常用方法。这里仅列出常用的瑞典条分法(图 5－17)。

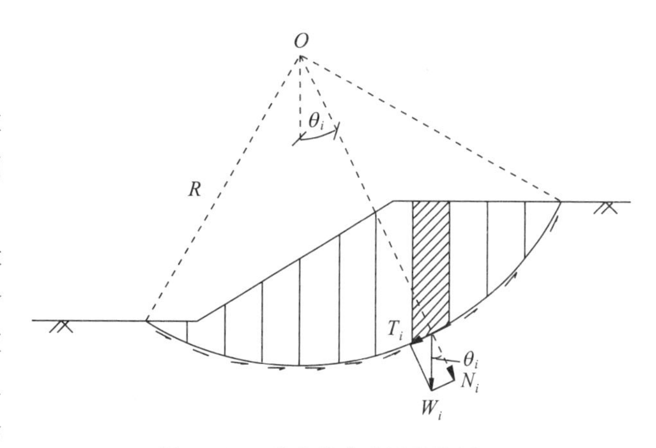

图 5－17　瑞典条分法计算简图

瑞典条分法是条分法中最简单、最古老的一种。该法假定滑动面是一个圆弧面，并认为条块间的作用力对边坡的整体稳定性影响不大，即假定每一土条两侧的作用力合力方向均和该土条底面相平行，而且大小相等、方向相反并作用在同一直线上，作用可以相互抵消。

将 i 土条的重力沿滑动面分解成切向力 $T_i=W_i\sin\theta_i$ 和法向力 $N_i=W_i\cos\theta_i$。切向力对圆心产生滑动力矩 $M_{si}=T_iR$，法向力引起摩擦力，与滑动面上的黏聚力一起组成抗滑力，产生抗滑力矩 $M_{si}=(N_i\tan\varphi_i+c_il_i)R$。定义安全系数 K 为抗滑力矩与滑动力矩的比值，可以得到：

$$K=\frac{\sum(c_il_i+W_i\cos\theta_i\tan\varphi_i)}{\sum W_i\sin\theta_i} \tag{5-39}$$

式中：l_i——第 i 土条滑弧长度(m)；

W_i——第 i 土条重力(kN)；

θ_i——第 i 土条中线处法线与铅直线的夹角(°)。

条分法中圆弧以及半径需要搜索确定，一般可假设圆弧通过坡脚，这样只需要确定圆心即可，一个圆心可以得到一个稳定性系数，取最小的值作为边坡稳定性系数。

当滑动面处于地下水中，则需考虑地下水对滑弧面上法向力的影响，此时稳定性系数会相应降低，边坡稳定性变差。

该方法理论清晰，计算简单，且能较好地处理多层土、土钉墙、重力式挡土墙等多种工况，在工程中使用非常广泛。需要注意的是，瑞典条分法是忽略土条间作用力影响的一种简化方法，它只满足土体整体力矩平衡条件而不满足土条的静力平衡条件。此法应用的时间很长，积累了丰富的工程经验，一般得到的稳定性系数偏低(即偏于安全)。

4. Taylor 图解法

前述方法需要对最危险滑动面进行搜索，计算过程比较繁琐。工程中常利用查图表等方法来确定开挖关键参数：坡高、坡角或者稳定性系数等。这里主要介绍 Taylor 图解法。

假定土体黏聚力 c 不随深度变化，以土体的自重应力 γH 与黏聚力 c 的比值定义为稳定性系数 N_s

$$N_s=\frac{\gamma H}{c} \tag{5-40}$$

式中：N_s——稳定性计算系数；

H——基坑开挖深度(m)；

γ——土体重度(kN/m^3)；

c——土体黏聚力(kPa)。

由于不同土体不同坡角的系数 N_s 各不相同，经计算统计绘制成 $N_s-\beta$ 关系曲线图(图 5-18)，当已知土体抗剪强度指标 c、φ 值及坡度 β 值，则可由该曲线图查出相应的系数 N_s 值。

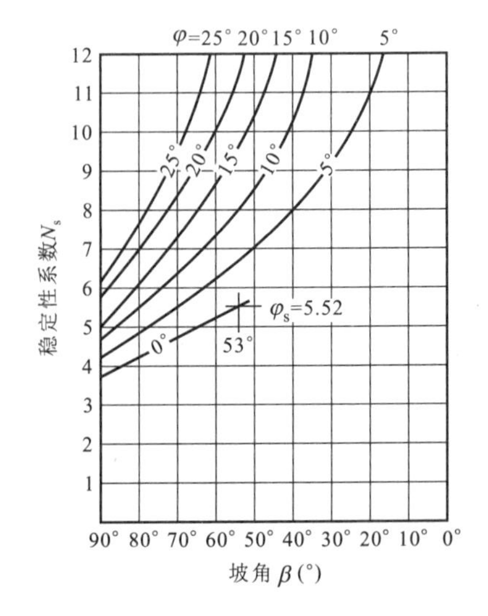

图 5-18　Taylor 图解法

工程中常遇到如下情况：

(1)已知开挖深度，确定开挖放坡的角度。此时利用已知的土体黏聚力、重度及开挖深度，利用式(5-40)得到 N_s。这样得到图中纵坐标数值，然后查内摩擦角对应的曲线，得到一交点，交点横坐标即为放坡最大坡角。

(2)已知放坡角度，确定开挖深度。此时图中横坐标已知(坡角),查询摩擦角所在曲线同样得到一交点,交点的纵坐标为 N_s,利用式(5-40)可以得到极限坡高 H_c 为

$$H_c = N_s \cdot \frac{c}{\gamma} \tag{5-41}$$

边坡的稳定性系数 K 取 1.1～1.5,则边坡的稳定高度 H 为:

$$H = N_s \cdot \frac{c}{K \cdot \gamma} \tag{5-42}$$

即可以定义稳定性系数为极限坡高与实际坡高之比,当然这种方法计算得到的稳定性系数与采用圆弧法得到的稳定性系数有差别。

5.坡面保护设计

虽然放坡开挖的稳定性通过土体自身的强度来保证,但如果不对边坡予以保护,边坡在卸荷、曝晒及降水入渗与冲刷作用下,土体的含水量、结构等发生改变,将导致边坡土体强度降低而迅速破坏,因此对放坡开挖边坡坡面、顶面及坡脚的保护极其重要。

坡面保护常采用以下方法:

(1)采用抗拉及防水的土工布护面。此方法施工快速灵活,可较好地实现防水、防坡面土体流失及减缓风化,在土工布上可以进一步覆盖素土或水泥砂浆抹面对土工布予以保护。

(2)水泥砂浆抹面。对于临时性的基坑边坡,也可以直接在坡面上喷射水泥砂浆,砂浆厚度控制在 3～5cm,为提高浆体的整体性和稳定性,也可以先在坡面上挂网,再喷射水泥砂浆形成保护面。这种方法主要用于强度较高但易风化的软质岩石、老黏土及破碎岩石边坡。

(3)浆砌片石、砖体护面。对于各种放坡开挖基坑,均可以采用本方法对坡面进行保护,同时砌体可以与坡顶、坡脚排水沟形成一个整体。

对于抢险工程,也可以采用砂土包护面和压脚,提高其稳定性同时保护坡面。

边坡坡顶和坡脚设置排水沟,截断上部水体向下冲刷和减少坡脚浸泡。

对于地下水埋深高于坑底标高的工程,必须进行降水。

二、土钉墙及土钉加固机理

因土体的抗剪强度较低,抗拉强度几乎可以忽略。当基坑开挖高度较大,或坡度过高,会导致基坑壁土体失稳破坏。土钉墙支护主要是通过在边坡表面向坡内设置细长的金属杆件(如杆状或管状的钢筋或钢管等),并通过全长注浆方式实现杆件与土体之间的紧密接触形成复合土体,对杆周土体实现约束与加固,改善土体抗拉、抗剪强度来提高边坡稳定性。坡表面一般采用先铺设钢筋网后喷射混凝土等方法予以保护。因此,土钉墙主要部分可以分为杆件和面板两大部分(图 5-19)。

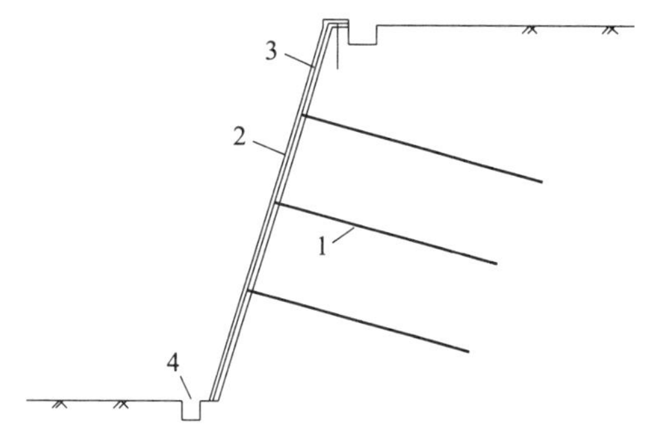

图 5-19　典型土钉墙结构

1—土钉;2—喷射混凝土面层;3—面层钢筋网;4—排水沟

由于土钉存在,改变了复合土体的性质,提高了土体强度及土体抗变形破坏的能力,且降低了变形量。土钉在复合土体中的作用可以概括如下:在土体中以一定密度设置土

钉后，土钉发挥“群体效应”和“箍束作用”对钉间土体予以加固和约束。当基坑开挖后，土体出现变形，由于土钉自身抗压强度、抗剪强度及刚度均远大于土体，轻微变形将调动土钉的作用，限制土体的变形。土钉进一步将剪切面集中应力向更大范围传递扩散，降低了危险面上土体的应力。除了土钉本身对土体应力分布的改变外，与土钉联系在一起的面层（板）同样发挥着重要的作用。表层土体开挖后因卸荷将导致基坑土体侧向变形、开裂破坏等，这种破坏必然降低土钉箍束效应。因此，面板在限制坡面鼓胀、加强边界约束作用、保持土钉的加固效应等方面作用明显。

因此土钉支护能合理利用土体自身承载力，属于一种原位补强方式，将土体视为支护结构的一个部分。土钉墙复合体属于柔性结构，土钉作用的发挥与土体的开挖变形相关。

土钉墙复合体作为支护结构时，在基坑边坡中受力非常特殊。土钉的轴力呈现中间大、两头小的规律，最大拉力出现在临近破裂面处，土钉表面摩阻力方向以该破裂面为界，临基坑面一侧（主动区）方向向外，内侧（被动区）向坡体内部。在变形过程中，破裂面处土钉可能出现因材料抗拉强度以及被动区土体摩阻力不足等导致土钉的破坏现象。到了面板处土钉的拉力并不大，一般较理论计算的土压力小 30%～40%。土钉墙位置越往下，土钉最大受力点越靠近面板。但是，根据大尺寸支护面板及工程实践，土钉墙破坏前并未发现混凝土面板及钉头出现破坏现象，因此对于面板，设计中并不作特殊计算，仅满足构造要求即可。

采用密集土钉进行加固的土钉墙，其性能类似于重力式挡土墙，失稳时会出现比较明显的整体平移和转动现象。因此土钉墙设计计算时除了进行内部稳定性计算外，宜进行墙体整体抗滑与抗倾覆整体稳定性计算。

根据土钉的使用目的与使用年限，土钉可以分为永久性土钉墙和临时性土钉墙。根据施工方法与材料，常用的土钉可以分为黏结型土钉和击入式土钉两类。黏结型土钉最为常用，先在土中钻孔后，置入孔内的钢筋还应按 1.5～2.5m 的间距设置对中定位钢筋，然后全长注浆。将坡表面土钉外露部位通过螺母、钢垫板与喷射钢筋混凝土面层相连。击入式土钉施工工序简单，直接将钢筋（或专用杆件）打入土体，不再注浆，打入可采用人力或振动冲击钻、液压锤等机具完成。该方法施工速度快，但是土钉与土体之间黏结力差，钉长受限，且不适用于难以击入的含砾石、砖块或者胶结土。同时杆件表面无保护层，因此也不适用于永久性支护工程。目前在工程上使用最多的还是黏结型土钉。

土钉墙施工设备简单，一般不需要大型机具及复杂的技术，施工过程对土体扰动极小。同时土钉施工可与基坑开挖同步进行，随挖随支，布置灵活，在一些狭窄地段优势明显。同时该工艺造价较其他支护类型低。

从土钉类型、施工及受力机理来看，土钉适用于有一定自稳能力的土体，因此对于含水丰富的粉细砂、淤泥质土，土钉墙一般不适宜。而对于成孔比较困难的砾石、卵石层、含碎块石、砖块等地层段同样不适用。由于土钉需要产生一定变形来实现钉-土之间的复合作用，因此对于变形控制严格的基坑使用土钉必须慎重。同时土钉一般用于开挖深度小于 12m 的基坑，当土钉墙与有限放坡、预应力锚杆联合使用时，深度可适当增加。土钉施工应分段分层施工，随挖随支。

锚杆与土钉有一定的相似性，但是差别非常明显。首先锚杆主要通过预先施加预应力实现对岩土体的加固作用，而土钉主要是借助土体轻微变形而让杆体受力。相应的锚杆对锚头要求特别牢固，它为整个体系最大受力部位，而传至土钉面板部位的力较小，杆头与面板黏结相对简单。锚杆一般分为锚固段和自由段，自由段只传递拉力，锚固段提供锚固力。土钉则全长与土体之间接触，全长均分布有摩阻力。从布置上看，为实现土钉与土体之间的复合作用，土钉的密度要求高，当个别土钉破坏或不起作用，对整个支护体系的影响较小。锚杆应力较高，每根锚杆均是重要的受力部件，锚杆间距大，需要尽量避免群锚效应。从长度上看，锚杆长度一般较大，而土钉较短（3～12m），施工更为方便。

三、土钉墙设计

土钉设计主要通过支护土体内部及整体稳定性来确定钉长、间距、面层等参数。主要设计内容如下：确定土钉结构尺寸及开挖坡度、分段长度及分层高度；设计土钉的长度、间距及布置方式，确定孔径、钢筋直径及砂浆强度；构造设计，确定面层结构。必要时进行土钉墙变形分析。

1. 土钉墙构造要求

首先根据条件确定土钉方案是否适合，在此基础上确定土钉墙的选型及与其他支护结构的组合形式。在土钉的成孔工艺上，一般优先选用洛阳铲成孔，成本低，速度快。对易塌孔的松散或稍密的砂土、稍密的粉土、填土，或易缩径的软土，宜采用打入式钢管土钉；对洛阳铲成孔或钢管土钉打入困难的土层，宜采用机械成孔的钢筋土钉。

（1）确定土钉墙的平面，特别是剖面参数，包括分层施工高度。土钉墙坡度不宜大于 1∶0.2；当基坑较深、土的抗剪强度较低时，宜取较小坡度。对砂土、碎石土、松散填土，确定土钉墙坡度时尚应考虑开挖时坡面的局部自稳能力。当基坑较深，允许有较大放坡空间时，可以采用分级放坡，每级坡体可根据土质情况设置不同坡率，两级坡体间宜设置宽 1～2m 的平台。分段施工开挖高度由土钉的竖向间距确定，坑底部位置要低于土钉 300～500mm，以保证施工工作面及面层内钢筋网的搭接要求。土钉层数不能小于 2 层。基坑平面布置时应减少阳角，阳角处土钉在相邻两个侧面宜上下错开或角度错开布置。当土钉墙墙后存在滞水时，应在含水土层部位的墙面设置泄水孔或其他疏水措施。

（2）土钉基本参数要求。土钉的长度通过计算确定，一般控制在 5～12m，土钉水平间距和竖向间距宜为 1～2m；当基坑较深、土的抗剪强度较低时，土钉间距应取小值。土钉倾角宜为 5°～20°，其夹角应根据土性和施工条件确定，各层土钉角度可以不一致。

（3）采用成孔后注浆土钉时的基本要求。成孔直径宜取 70～120mm，洛阳铲成孔直径一般为 60～80mm；土钉钢筋宜采用 HRB400、HRB335 级钢筋，钢筋直径应根据土钉抗拔承载力设计要求确定，且宜取 16～32mm；应沿土钉全长设置对中定位支架，其间距宜取 1.5～2.5m，土钉钢筋保护层厚度不宜小于 20mm；土钉孔注浆材料可采用水泥浆或水泥砂浆，其强度不宜低于 20MPa。

（4）钢管土钉的构造要求。钢管的外径不宜小于 48mm，壁厚不宜小于 3mm；钢管的注浆孔应设置在钢管里端 $l/2$～$2l/3$ 范围内；每个注浆截面的注浆孔宜取 2 个，且应对称布置，注浆孔的孔径宜取 5～8mm，注浆孔外应设置保护倒刺；钢管土钉的连接采用焊接时，接头强度不应低于钢管强度；可采用数量不少于 3 根、直径不小于 16mm 的钢筋沿截面均匀分布拼焊，双面焊接时钢筋长度不应小于钢管直径的 2 倍。

（5）面层的基本要求。土钉墙高度不大于 12m 时，喷射混凝土面层的构造要求应符合下列规定：喷射混凝土面层厚度宜取 80～100mm；喷射混凝土设计强度等级不宜低于 C20；喷射混凝土面层中应配置钢筋网和通长的加强钢筋，钢筋网宜采用 HPB300 级钢筋，钢筋直径宜取 6～10mm，钢筋网间距宜取 150～250mm；钢筋网间的搭接长度应大于 300mm；加强钢筋的直径宜取 14～20mm；当充分利用土钉杆体的抗拉强度时，加强钢筋的截面面积不应小于土钉杆体截面面积的二分之一。面层应沿坡顶向外延伸形成不少于 0.5m 的护肩，在不设置截水帷幕或微型桩时，面层宜在坡脚处向坑内延伸 0.3～0.5m 形成护脚。

(6)土钉与面层的连接要求。土钉与加强钢筋宜采用焊接连接，其连接应满足承受土钉拉力的要求；当在土钉拉力作用下喷射混凝土面层的局部受冲切承载力不足时，应采取设置承压钢板等加强措施。

2.土钉抗拔承载力计算

在计算土钉抗拔承载力时，首先需要假设一破裂面，在破裂面靠近基坑一侧，锚固力主要来自锚头与主动侧的土体，而破裂面后侧锚固力主要来自被动侧土体与土钉之间。以下主要计算被动侧土钉的抗拔承载力。

在计算土钉抗拔承载力时，需要计算土钉上的荷载，即土钉最大拉应力处承受的拉力。首先采用朗肯公式作为计算土钉轴力的基本公式：

$$p_{\mathrm{ak},j}=\sigma_{\mathrm{ak},j}K_{\mathrm{a},j}-2c_j\sqrt{K_{\mathrm{a},j}} \tag{5-43}$$

式中，下标 j 表示第 j 层土钉，其余符号意义同前面土压力计算公式。

但是影响该点拉力的因素非常多，这里主要通过两个参数对土钉控制面的朗肯土压力进行调整。上述朗肯土压力计算公式是针对垂直边坡基坑，而土钉墙一般按一定角度放坡，放坡后土压力小于直立边坡，因此需要对土压力进行降低。另外，按朗肯土压力理论，基坑下部土钉承担较大的荷载。工程实践表明，临时基坑工程的下部土钉受力较理论值偏低，有必要对土钉受力进行位置(高度)调整。这样单根土钉土压力标准值 $N_{\mathrm{k},j}$ 可按下式计算：

$$N_{\mathrm{k},j}=\frac{1}{\cos\alpha_j}\zeta\eta_j p_{\mathrm{ak},j}S_{xj}S_{zj} \tag{5-44}$$

式中：$N_{\mathrm{k},j}$——第 j 层土钉的土压力标准值(kN)；

α_j——第 j 层土钉的倾角(°)；

ζ——墙面倾斜时主动土压力折减系数；

η_j——土钉轴力位置调整系数；

S_{xj}、S_{yj}——土钉水平间距和垂直间距(m)。

土压力折减系数 ζ 计算公式如下：

$$\zeta=\tan\frac{\beta-\varphi_{\mathrm{m}}}{2}\left(\frac{1}{\tan\dfrac{\beta+\varphi_{\mathrm{m}}}{2}}-\frac{1}{\tan\beta}\right)\Big/\tan^2\left(45°-\frac{\varphi_{\mathrm{m}}}{2}\right) \tag{5-45}$$

土钉轴力位置调整系数 η_j 计算公式如下：

$$\eta_j=\eta_{\mathrm{a}}-(\eta_{\mathrm{a}}-\eta_{\mathrm{b}})\frac{z_j}{h} \tag{5-46}$$

$$\eta_{\mathrm{a}}=\frac{\sum_{i=1}^{n}(h-\eta_{\mathrm{b}}z_j)\Delta E_{\mathrm{a}j}}{\sum_{i=1}^{n}(h-z_j)\Delta E_{\mathrm{a}j}} \tag{5-47}$$

式中：z_j——第 j 层土钉至基坑顶面的垂直距离(m)；

h——基坑的开挖深度(m)；

$\Delta E_{\mathrm{a}j}$——作用在以 S_{xj}、S_{yj} 为边长的面积内主动土压力标准值(kN)；

n——土钉层数；

η_a、η_b——计算系数与经验系数；经验系数 η_b 可取 0.6～1.0。

位置调整系数主要受经验系数 η_b 控制：当 η_b 为 1.0 时，η_j 为 1.0，则相当于不进行调整；当 η_b 为 0.6 时，计算得到基坑下部的调整系数远小于 1.0，而顶部大于 1.0，这样底部土钉的轴力被降低而顶部轴力予以放大。这样处理比较符合工程实践。

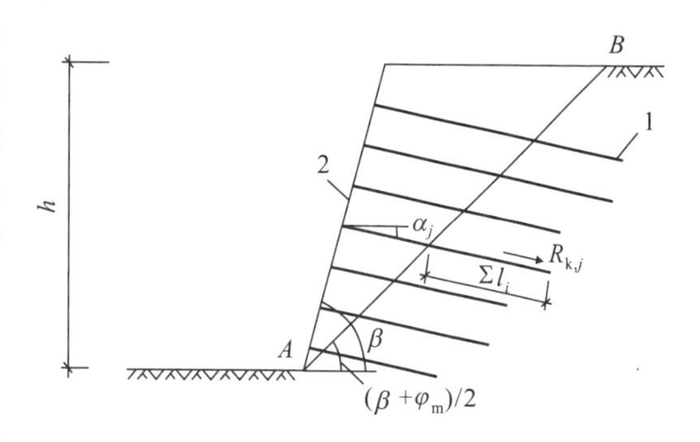

图 5－20　土钉抗拔承载力计算

1—土钉；2—面层

在计算得到每一根土钉的轴力标准值后，在土钉墙内假设一滑动面 AB（图 5－20），由滑动面后侧（锚固段）土钉提供锚固力来平衡土钉轴力。土钉锚固段承载力主要由土钉与土之间的黏结强度、土钉内钢筋的抗拉强度及土钉浆体与钢筋之间的黏结力三方面的因素控制，这与锚杆锚固端的计算无本质差别。在土钉支护中，主要控制因素为前面两个。

设滑动面 AB 与水平面的夹角为

$$\gamma=\frac{\beta+\varphi_m}{2} \tag{5-48}$$

式中：γ——土钉墙直线破坏面夹角（°）；

β——基坑坡面与水平面夹角（°）；

φ_m——边坡土体内摩擦角（°）。

单根土钉的极限抗拔承载力 $R_{k,j}$ 应通过现场抗拔试验确定。对于安全等级不高和初步设计期间无条件进行抗拔试验时，可以通过查表得到土钉极限黏结强度标准值，再利用下式计算：

$$R_{k,j}=\pi d_j\sum q_{sik}l_i \tag{5-49}$$

式中：d_j——第 j 层土钉锚固段直径（m）；

q_{sik}——第 j 层土钉在第 i 层的极限黏结强度标准值（kPa）；

l_i——第 j 层土钉在滑动面为第 i 层土中的长度（m）。

对于注浆成孔的土钉，按成孔直径计算；对于打入式钢管土钉，按钢管的直径计算。土钉与土体黏结强度可查表 5－8 或现场抗拔试验得到。如果计算或测试得到的抗拔力大于钢筋承载力标准值，取钢筋的标准值。

按下式计算每根土钉的抗拔承载力安全系数 K_t：

$$K_t=\frac{R_{k,j}}{N_{k,j}} \tag{5-50}$$

对于安全等级为二级、三级的土钉墙，抗拔承载力安全系数 K_t 分别不应小于 1.6、1.4。

同时，土钉的抗拔承载力受钢筋的抗拉强度控制，要求：

$$N_j\leqslant f_yA_s \tag{5-51}$$

式中：N_j——第 j 层土钉的轴向拉力设计值（kN）；

f_y——土钉杆体的抗拉强度设计值（kPa）；

A_s——土钉杆体的截面面积（m^2）。

表 5-8　土钉极限黏结强度标准值

土体名称	土体状态	q_{sik}(kPa)	
		成孔注浆土钉	打入式土钉
素填土		15～30	20～35
淤泥质土		10～20	15～25
黏性土	$0.75<I_L\leqslant1.0$	20～30	20～40
	$0.25<I_L\leqslant0.75$	30～45	40～55
	$0.0<I_L\leqslant0.25$	45～60	55～70
	$I_L\leqslant0.0$	60～70	70～80
粉土		40～80	50～90
砂土	松散	35～50	50～60
	稍密	50～65	65～80
	中密	65～80	80～100
	密实	80～100	100～120

需要注意的是，在计算钢筋抗拉强度时，轴力需使用设计值，对应的钢筋强度为设计值。轴力由标准值转换为设计值的计算方法见第三节。

3. 土钉墙稳定性计算

土钉墙为分层分段开挖、分层分段设置土钉及面层而成。每一开挖工况都有可能为不利工况，一般需要进行每一开挖工况下整体滑动稳定性计算，稳定性计算采用圆弧条分法(图 5-21)。用于土钉墙的圆弧法与放坡开挖的差别在于土钉墙中存在土钉，当圆弧面穿过土钉时，土钉的存在将提高边坡的稳定性。在计算过程中不计土钉的抗弯和抗剪作用，仅考虑土钉的轴向拉力对稳定性的影响。

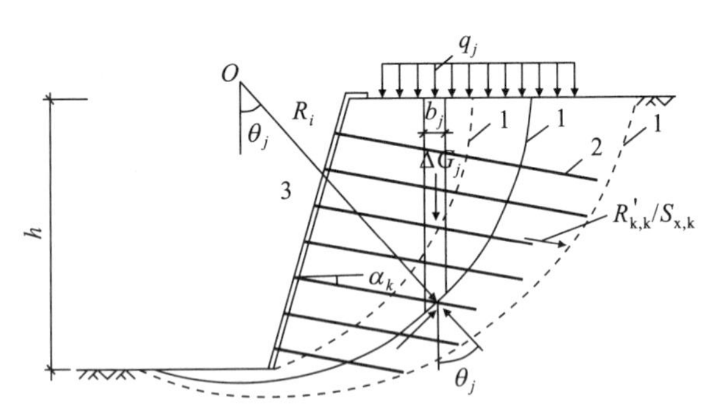

图 5-21　土钉墙整体稳定性计算模型

1—滑动面；2—土钉或锚杆；3—喷射混凝土面层

当条分土体与圆弧面相交段含土钉时，将土钉的轴力分解为圆弧切向和圆弧半径延伸方向两个相互垂直的分力，切向分力提供抗滑力矩，而半径延伸方向的分力通过提供摩阻力而提供抗滑力矩。这样，第 k 层土钉提供的抗滑力矩 $M_{n,k}$ 为

$$M_{n,k}=R[\sum R'_{k,k}\cos(\theta_k+\alpha_k)+\sum m_s R'_{k,k}\sin(\theta_k+\alpha_k)\tan\varphi_j]/S_{x,k} \tag{5-52}$$

式中：$R'_{k,k}$——第 k 层土钉锚固段的极限抗拔承载力标准值与杆体受拉承载力(kN)；

θ_k——土条在滑动面处第 k 层土钉的法线与垂直面的夹角(°)；

α_k——第 k 层土钉的倾角(°)；

$S_{x,k}$——土钉水平间距(m)。

土钉在破坏过程中，垂向分力 $R'_{k,k}\sin(\theta_k+\alpha_k)$ 有可能达不到理论值，因此在该项前可以

乘以一折减系数 m_s，在无经验时，折减系数取 0.5。

在一般的圆弧条分法中，考虑土钉提供的抗滑力矩，得到土钉墙整体稳定性系数为：

$$K_s = \frac{\sum[c_j l_j + (q_j b_j + \Delta G_j)\cos\theta_j \tan\varphi_j] + M_{n,k}/R}{\sum(q_j b_j + \Delta G_j)\sin\theta_j} \qquad (5-53)$$

式中，除 $M_{n,k}$ 外，其他符号意义与放坡开挖圆弧条分法一致。

对于安全等级为二级、三级的基坑整体滑动稳定性系数 K_s 分别不小于 1.3、1.25。

4. 土钉墙抗隆起稳定性验算

基坑底面下有软土层的土钉墙结构应进行坑底抗隆起稳定性验算（图 5－22）。计算方法以太沙基极限承载力理论为基础，验算公式如下：

$$\frac{\gamma_{m2} D N_q + c N_c}{(q_1 b_1 + q_2 b_2)/(b_1 + b_2)} \geqslant K_{he} \qquad (5-54)$$

其中：

$$N_q = \tan^2(45° + \varphi/2)e^{\pi\tan\varphi} \qquad (5-55)$$

$$N_c = (N_q - 1)/\tan\varphi \qquad (5-56)$$

$$q_1 = 0.5\gamma_{m1} h + \gamma_{m2} D \qquad (5-57)$$

$$q_2 = \gamma_{m1} h + \gamma_{m2} D + q_0 \qquad (5-58)$$

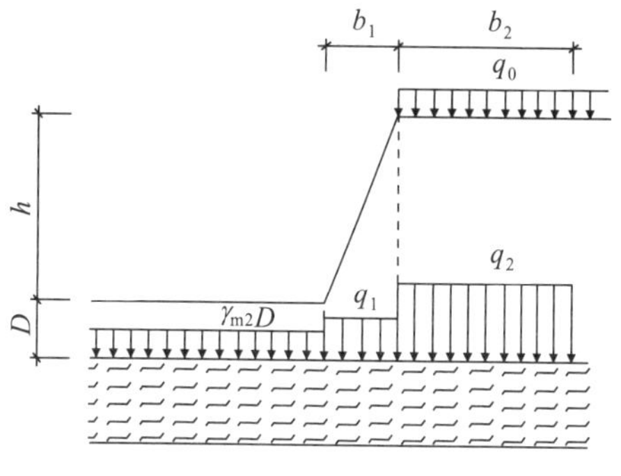

图 5－22　土钉墙抗隆起稳定性计算

式中：q_0——地面均布荷载（kPa）；

γ_{m1}——基坑底面以上土的重度（kN/m^3），多层土取各层土厚度加权的平均值；

γ_{m2}——基坑底面至抗隆起计算平面之间土层的重度（kN/m^3）；

N_c、N_q——承载力系数；

b_1——土钉墙坡面的宽度（m），当土钉墙坡面垂直时取 $b_1=0$；

b_2——地面均布荷载的计算宽度（m），可取 $b_2=h$；

K_{he}——抗隆起安全系数，安全等级为二级、三级的土钉墙，抗隆起安全系数分别不应小于 1.6、1.4。

5. 土钉墙外部稳定性和变形分析

土钉属于原位加固技术，当土钉达到一定密度的时候，复合体形成一个“土墙”，在保证内部整体稳定性的情况下，其作用类似重力式挡墙效果。因此可以采用后述的重力式支护结构计算方法进行抗滑动、抗倾覆稳定性验算，但墙的厚度折减为土钉墙实际厚度的 11/12。

土钉墙的变形分析难度较大，与土体性质、开挖深度、土钉密度与长度等有关。目前土钉变形特征主要根据监测资料得到。一般认为，土钉墙的变形具有以下规律：

（1）土钉墙变形引起的地表角变位和位移随土钉长度与开挖深度之比（L/h）的增加而减小；过大的土钉倾角将会增加地表位移。

（2）离开面层水平距离（1～1.25）h 时，地表角变位已不会对周围地表建筑物造成影响，一般情况下，大于 1.5h 时，地表角变位已不重要。

（3）最大水平位移（面层顶部）与竖向沉降的比值随土钉长度与开挖深度之比（L/h）的减小而增加，对于常用的 L/h=0.6～1.0 的基坑，可取 0.75～1.0。因此，在土钉墙顶部，最大水平位移与竖向位移大致相等，或者后者略大。

(4)当水平位移过大时，将引起墙体破坏，一般控制最大水平位移为不大于5‰h。

(5)距离基坑表面越远，变形越小。当离开距离为S_0时，地表水平位移和竖向位移接近于0。

$$S_0=K(1-\tan\beta)h \tag{5-59}$$

式中：K——土性系数，对于风化岩层、砂性土及黏性土，分别取0.8、1.25、1.5。

对于一般非饱和土中的土钉墙，如发现垂直沉降与开挖深度之比大于0.3%～0.4%，应该密切监视，基坑有可能趋向失稳。

[例题5-2]　某基坑开挖深度h为5.0m，坑壁为黏性土，土体重度γ_m为19kN/m³，内摩擦角φ_k为18°，黏聚力c_k为12kPa，采用三排成孔注浆土钉墙支护，土钉竖向间距和水平间距均为1.5m，土钉极限黏结强度标准值40kPa，土钉墙坡面与水平面的夹角为85°，土钉与水平面的夹角为15°，成孔直径d=0.12m，地面超载20kPa，不考虑地下水。试计算每层土钉的轴向拉力标准值；当土钉杆材采用HRB400钢筋时，计算所需钢筋的长度与直径。

解：(1)土钉轴力计算。

主动土压力系数为：

$$K_a=\tan^2(45°-\varphi_k/2)=0.528$$

按不放坡条件计算土压力分布，土压力为零的最大深度为：

$$z_0=\frac{1}{\gamma_m}\left[\frac{2c_k}{\sqrt{K_a}}-q_0\right]=\frac{1}{19}\left[\frac{2\times12}{\sqrt{0.528}}-20\right]=0.69(\mathrm{m})$$

计算深度为$z_j(z_j\geqslant z_0)$处的土压力：

$$p_{ak}=(q_0+\gamma_m z_j)K_a-2c_k\sqrt{K_a}=10.03z_j-6.88(\mathrm{kPa})$$

计算放坡对土压力的折减系数ζ：

$$\begin{aligned}\zeta&=\frac{1}{\tan^2(45°-\varphi_k/2)}\tan\left(\frac{\beta-\varphi_k}{2}\right)\left[\frac{1}{\tan(\beta-\varphi_k/2)}-\frac{1}{\tan\beta}\right]\\&=\frac{1}{\tan^2(45°-18°/2)}\tan\left(\frac{85°-18°}{2}\right)\left[\frac{1}{\tan(85°-18°/2)}-\frac{1}{\tan85°}\right]\\&=0.888\end{aligned}$$

以第1排土钉为例，进行土钉受力计算。

计算单根土钉土压力标准值：

$$\Delta E_{a1}=p_{ak,1}S_{x1}S_{z1}=(10.03\times1.5-6.88)\times1.5\times1.5=18.37(\mathrm{kPa})$$

同理可以计算出第2、3排土钉的土压力为52.22kPa、86.07kPa。

取经验系数η_b=0.8，根据式(5-47)、式(5-46)计算位置调整系数

$$\eta_a=\frac{\sum_{i=1}^{n}(h-\eta_b z_j)\Delta E_{aj}}{\sum_{i=1}^{n}(h-z_j)\Delta E_{aj}}=\frac{326.09}{211.78}=1.54$$

第1排土钉轴力位置调整系数为

$$\eta_1=\eta_a-(\eta_a-\eta_b)\frac{z_1}{h}=1.32$$

第2、3排位置调整系数为1.10、0.87。

下面就可以计算不同位置处土钉的轴力。

$$N_{k,1}=\frac{1}{\cos\alpha_1}\zeta\eta_1 p_{ak,1}S_{x1}S_{z1}=\frac{1}{\cos\alpha_1}\zeta\eta_1 E_{a1}$$

$$= \frac{1}{\cos 15^\circ} \times 0.888 \times 1.32 \times 18.37 = 22.26(\text{kN})$$

同理可以计算出第 2、3 排土钉轴力为 52.61kN、69.16kN。

(2)土钉长度计算。

设滑动面 AB 与水平面的夹角为

$$\gamma = \frac{\beta + \varphi_m}{2} = \frac{85^\circ + 18^\circ}{2} = 51.5^\circ$$

首先计算坡面至滑动面 AB 段的距离，利用正弦定理，第 1 排距离底部高度为 3.5m，计算公式如下：

$$l_{f1} = \sin(\beta - \gamma)\frac{3.5/\sin\beta}{\sin\gamma} = 2.46(\text{m})$$

滑动面以外的长度按下式计算

$$l_i = \frac{K_t N_{k,j}}{\pi d q_{sk}} = \frac{1.6 \times 22.26}{\pi \times 0.12 \times 40} = 2.36(\text{m})$$

这样第 1 排土钉总长度为 4.82m。同理，可得第 2、3 排土钉长度分别为 6.99m、7.69m。

(3)土钉钢筋截面面积。

第 1 排土钉钢筋截面面积

$$A_s = \frac{\gamma_0 \cdot \gamma_F \cdot N_{lk}}{f_y} = \frac{1.0 \times 1.25 \times 22.26 \times 1000}{360} = 77.28(\text{mm}^2)$$

同理，第 2、3 排土钉截面面积分别为 182.69mm^2、240.13mm^2。

在得到土钉长度与截面尺寸后，即可进行土钉整体稳定性计算。

设计计算结果如表 5-9 所示。

表 5-9　土钉计算结果表

序号	z_j(m)	ΔE_{aj}(kN)	ζ	η_b	η_a	η_j	$N_{k,j}$(kN)	$l_{f,j}$(m)	$l_{i,j}$(m)	计算长度(m)	A_s(mm^2)
1	1.50	18.37	0.888	0.80	1.54	1.32	22.26	2.46	2.36	4.82	77.28
2	3.00	52.22	0.888	0.80	1.54	1.10	52.61	1.41	5.58	6.99	182.69
3	4.50	86.07	0.888	0.80	1.54	0.87	69.16	0.35	7.34	7.69	240.13

根据计算结果，第 1 排土钉长度取 5m，第 2 排土钉长度取 7m，第 3 排土钉长度取 8m。钢筋为 HRB400，直径分别为 10mm、16mm 和 18mm。

第五节　重力式支护结构

一、概　述

重力式支护体系的应用在边坡工程中非常普遍，如重力式挡土墙。与其类似，在基坑工程中也可以设置重力式支护结构。与边坡工程不同，墙体的形成主要通过机械成桩，但重力式设计计算是基本类似的。重力式水泥土墙(gravity cement-soil wall)是指由水泥土桩相互搭接成格栅状(或实体状)，与格栅内土体共同构成一重力式支护体系，实现对坑后土体进行支护。

水泥土桩的施工常用的工艺有两种，即水泥土搅拌法(cement deep mixing)形成搅拌桩和高压喷射注浆法(jet grouting)形成旋喷桩。但高压喷射注浆造价高，在实际工程中，使用搅拌法成桩更为普遍，在一些搅拌法难以成桩的地层中，可考虑采用旋喷法。

水泥土搅拌桩是指利用水泥土搅拌机钻进地基土中一定深度后，喷出水泥浆液，将钻孔深度内的地基土与浆液强行拌合，使软土硬结成具有整体性、水稳定性和一定强度的桩体；根据固化剂状态的不同，水泥土搅拌法又分为两种，当使用水泥浆作为固化剂时，称为深层搅拌法(deep mixing，简称湿法)，当使用水泥粉作为固化剂时，称为粉体喷搅法(dry jet mixing，简称干法)。

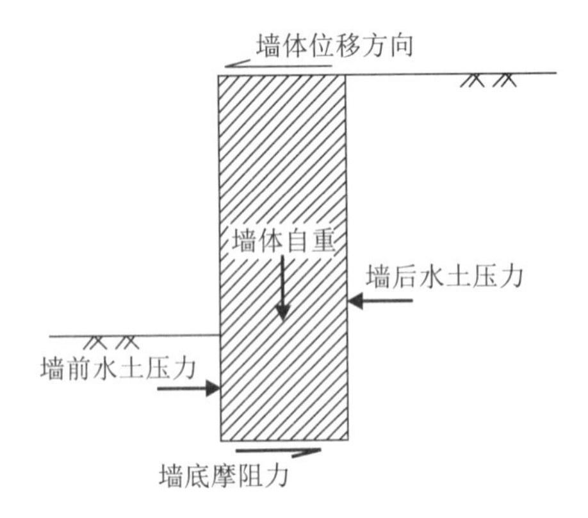

图 5-23　挡土墙受力示意图

重力式水泥土墙是依靠墙体自重、墙底摩阻力和墙前被动土压力来平衡墙后水土压力，保持墙体的稳定性(图 5-23)。

与其他支护方式相比，重力式水泥土墙具有以下优点：水泥土搅拌桩施工时无振动、无噪声、无泥浆废水污染，施工简便、成桩周期短、造价低；搅拌桩(桩土复合体)具有良好的抗渗能力，能承担一定水压力；墙体的稳定性主要通过自重实现，墙体上一般不用再施加锚杆或者支撑，基坑开挖空间宽敞。其缺点主要体现在：重力式支护结构对位移控制效果一般，难以主动限制墙体位移，墙体位移与复合体的尺寸、搅拌桩自身均匀性与强度等密切相关，当周围存在重要或者对变形敏感的建(构)筑物时，选取该方案要慎重；支护高度一般不大，过大支护高度将大幅度提高复合体截面尺寸，提高费用，耗费空间，且变形较大，常用支护高度为 4～7m；受施工工艺限制，搅拌桩施工一般适用于承载力较低的粉土、粉质黏土及粉细砂，其承载力特征值一般小于 120kPa，强度过高的土体难以形成均匀的水泥土复合体；水泥与土体形成的搅拌桩不但受水泥用量控制，还与土体成分，特别是有机质含量密切相关，当有机质含量过高时，水泥土强度很低；搅拌桩形成的重力式支护体系尺寸较大，消耗水泥及占地面积远大于柔性支护体系；另外，在施工搅拌桩时，对周边土体有一定的挤压而造成地面隆起和侧移，对环境稍有影响。

作为基坑支护的一种方式，从 20 世纪 90 年代初期开始，水泥土墙在我国软土地区的应用越来越广泛，技术也越来越进步，随着搅拌能力与工艺的提高，已经形成多种施工方法，支护深度也在加深。

通过设计墙体的厚度、深度来满足墙体自身稳定、倾覆稳定、滑移稳定以及渗流稳定。当墙体尺寸与结构设计不合理时，可能出现如下几种破坏：①墙体滑移；②墙体倾覆；③墙身材料的应力超过抗拉、抗压或抗剪强度而使墙体结构破坏；④因墙下地基承载力不足而使墙体下沉产生基坑隆起破坏；⑤沿墙体以外土中某一滑动面产生土体整体滑动；⑥地下水渗流造成的土体渗透破坏。其中前三种破坏是重力式挡土墙重点计算内容，如图 5-24 所示。

二、重力式水泥土墙平面布置与构造要求

重力式水泥土墙的平面布置宜采用水泥土搅拌桩相互搭接形成的格栅状结构形式(图 5-25)，也可采用水泥土搅拌桩相互搭接成实体的结构形式。做成格栅状可以节约工期与成本，

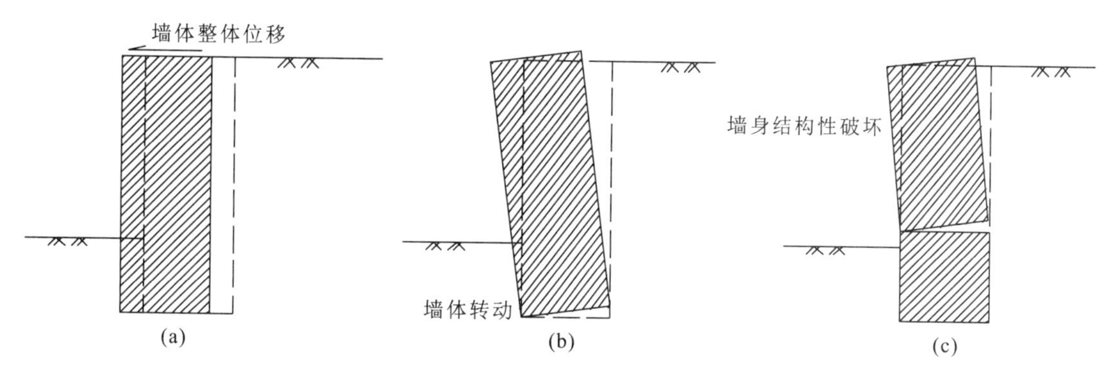

图 5-24　重力式支护结构主要破坏模式

(a)滑移破坏；(b)倾倒破坏；(c)墙身结构破坏

并充分利用墙体的强度及天然土体的自重。格栅状水泥土墙需要控制平面上置换率，以保证桩土复合体的整体性。截面置换率为水泥土截面积与断面外包面积之比，由于采用搭接施工，水泥土的实际工程量大于按置换率计算的工程量。对淤泥质土，水泥土格栅的桩体面积置换率不宜小于 0.7；对淤泥不宜小于 0.8；对一般黏性土、砂土不宜小于 0.6。格栅内框的长宽比不宜大于 2。为加强墙体的整体性，相邻搅拌桩的搭接应控制在 150～200mm。设计时，对水泥土重力式墙的墙体宽度可先按经验确定初步尺寸，然后通过计算最终确定。一般墙宽 B 可取开挖深度的 0.7～1.0 倍。

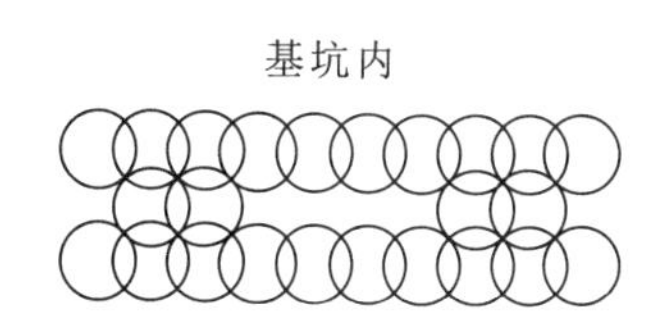

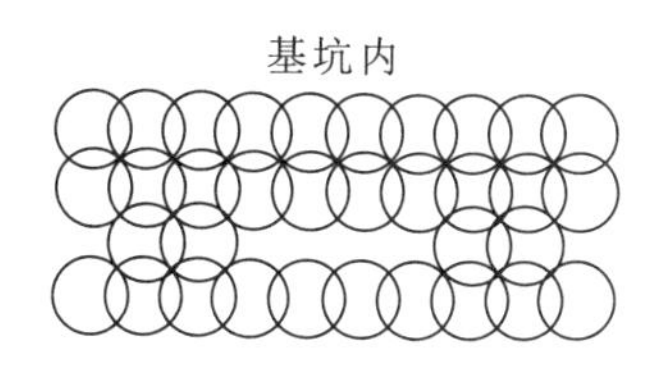

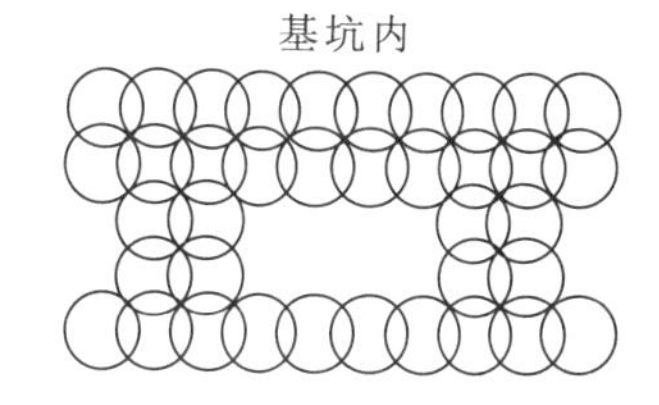

图 5-25　搅拌桩格栅形式

水泥土重力式墙底部应进入坑底以下一定深度，插入深度 D 一般可取开挖深度的 0.8 ～ 1.4 倍，土体越软取值越高。

断面常用等断面布置及台阶形布置。

水泥土的强度一般与掺入水泥重量相关。试验表明，水泥掺入比(水泥掺入重量与被加固土天然重度之比)小于 7%时，加固效果往往不能满足工程要求，而当掺入比大于 15%时，加固费用偏高。因此，双轴搅拌桩水泥的掺入比以 7%～15%为宜，一般控制在 12%～15%，三轴搅拌桩水泥的渗入比为 18%～22%。同时，搅拌桩墙体强度与施工质量密切相关。搅拌桩强度的离散性很大，标准差可达 30%～70%。设计中一般要求搅拌桩的无侧限抗压强度不低于 0.8MPa，以留有充裕的安全储备，使墙体强度不致成为设计的控制条件，而以结构和边坡的整体稳定控制设计。

水泥土墙具有良好的抗渗性，可兼作隔水帷幕，一般要求水泥土加固体的渗透系数不大于 10^{-7}cm/s。

在水泥土重力式围护墙顶部一般设置钢筋混凝土压顶板与水泥土重力式墙联系，以提高墙体的整体性。压顶板厚 150～200mm，双向配筋，钢筋直径不小于 8mm。水泥土加固体与压顶板之间应设置连接钢筋。连接钢筋上端应锚入压顶板，下端应插入水泥土加固体中 1～2m，梅花形间隔布置。为提高水泥土墙体的强度，可在水泥土重力式围护墙内、外排加固体中插入钢管、毛竹等加强构件。加强构件上端应进入压顶板，下端宜进入开挖面以下。

三、重力式水泥土墙设计计算

重力支护结构设计主要涉及的内容一般包含抗滑移稳定性计算、抗倾覆稳定性计算、墙身截面结构强度计算，以此来确定墙体的几何尺寸及对墙体材料强度的要求。具体设计时，一般按以下步骤进行：根据开挖深度要求和场地工程与水文地质条件，结合经验和构造要求初步确定墙宽和嵌固深度；由稳定性验算和截面承载力验算确定墙宽、墙深及墙体强度；进行平面和竖向布置；细化施工要求及绘制施工图。

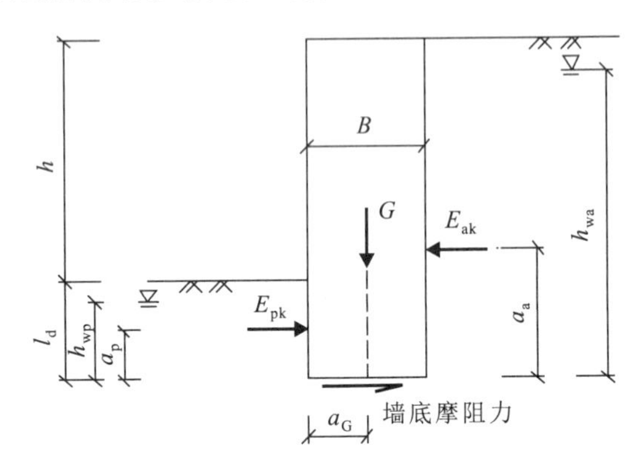

图 5-26　重力式挡土墙设计计算示意图

墙体主要受力有墙前被动侧水、土压力，墙后主动侧水、土压力，墙体底部抗滑移阻力，墙身自重等（图 5-26），在上述作用下，进行抗滑移稳定性计算、抗倾覆稳定性计算、墙身截面结构强度计算。

1. 抗滑移稳定性计算

通过建立墙体水平方向的力平衡方程，并考虑一定的安全系数，可以得到墙体抗滑移稳定性计算公式：

$$\frac{E_{pk}+(G-u_m B)\tan\varphi+cB}{E_{ak}}\geqslant K_{sl} \tag{5-60}$$

式中：K_{sl}——抗滑移稳定性安全系数，其值不应小于 1.2；

E_{ak}、E_{pk}——作用在水泥土墙上的主动土压力、被动土压力标准值（kN/m）；

G——水泥土墙的自重（kN/m）；

u_m——水泥土墙底面上的水压力（kPa）；

c、φ——水泥土墙底面下土层的黏聚力（kPa）、内摩擦角（°）；

B——水泥土墙的底面宽度（m）。

当水泥土墙底面在地下水位以下，墙前墙后具有水头差时，近似按平均水位计算地下水浮力。水泥土墙底面上的水压力 u_m 为

$$u_m=\gamma_w(h_{wa}+h_{wp})/2 \tag{5-61}$$

式中：h_{wa}——基坑外侧水泥土墙底处的水头高度（m）；

h_{wp}——基坑内侧水泥土墙底处的水头高度（m）。

在地下水位以上时，取 $u_m=0$。

2. 抗倾覆稳定性计算

以墙前墙趾为原点取矩，建立力矩平衡方程，可以得到墙体抗倾覆稳定性计算公式为：

$$\frac{E_{pk}a_p+(G-u_m B)a_G}{E_{ak}a_a}\geqslant K_{ov} \tag{5-62}$$

式中：K_{ov}——抗倾覆稳定性安全系数，其值不应小于1.3；

a_a——水泥土墙外侧主动土压力合力作用点至墙趾的竖向距离(m)；

a_p——水泥土墙内侧被动土压力合力作用点至墙趾的竖向距离(m)；

a_G——水泥土墙自重与墙底水压力合力作用点至墙趾的水平距离(m)。

3.墙身结构强度计算

在抗滑移和抗倾覆计算中将水泥土墙体视作刚性体，实际上，墙体自身在不同截面处的拉、压应力及剪切应力可能超过水泥土强度。因此，在满足抗滑移和抗倾覆要求后，还需进行墙体正截面的抗拉、抗压及抗剪切计算。计算截面一般取基坑底面、主动与被动土压力相等处以及墙体截面突变处。

墙体截面抗压承载力应满足下式要求：

$$\gamma_0\gamma_F\left(\frac{M_{k,i}}{W}+\gamma_{cs}z\right)\leqslant f_{cs} \tag{5-63}$$

墙体截面抗拉承载力应满足下式要求：

$$\gamma_0\gamma_F\frac{M_{k,i}}{W}-\gamma_{cs}z\leqslant 0.15f_{cs} \tag{5-64}$$

墙体截面抗剪断承载力应满足下式要求：

$$\frac{E_{ak,i}-\mu G_i-E_{pk,i}}{B}\leqslant\frac{1}{6}f_{cs} \tag{5-65}$$

式中：$M_{k,i}$——水泥土墙验算截面的弯矩设计值(kN·m/m)；

B——验算截面处水泥土墙的宽度(m)；

γ_{cs}——水泥土墙的重度(kN/m^3)；

z——验算截面至水泥土墙顶的垂直距离(m)；

f_{cs}——水泥土开挖龄期时的轴心抗压强度设计值(kPa)；

$E_{ak,i}$，$E_{pk,i}$——分别为验算截面以上的主动土压力标准值、被动土压力标准值(kN/m)；

G_i——验算截面以上的墙体自重(kN/m)；

μ——墙体材料的抗剪断系数，取μ=0.4～0.5。

在上述设计计算中，涉及到的关键计算参数有水泥土的轴心抗压强度设计值f_{cs}以及水泥土的重度γ_{cs}。水泥土的轴心抗压强度与多种因素有关，如场地土质条件、水泥掺入比、水泥强度等级及施工工艺等，其强度可以通过试验获得，而水泥土的抗拉强度及抗剪强度测试要求较高，主要通过经验公式利用轴心抗压强度换算得到。同样，掺入水泥后形成的水泥土的重度主要与被加固土体性质、水泥掺入比及所用的水泥浆有关。大量试验表明，一般情况下，水泥的掺入对土体的天然重度影响不大，加固后形成的水泥土较被加固的天然土体重度增加1%～3%。除墙体截面抗压承载力计算外，上述计算中水泥土的重量增加对安全性提高均有利，因此，设计过程中可直接取土体的天然重度进行设计。

四、抗隆起稳定性验算

按前述计算得到墙体截面尺寸后，需要进行基坑支护稳定性验算，主要内容包括整体稳定性计算、基坑抗隆起稳定性计算及渗流稳定性计算等内容。实际上，除了重力式挡土墙，其他类型的支护结构同样涉及到类似问题。

当基坑开挖面以下存在软弱土层时，有可能出现基坑下土体承载力不足导致坑底隆起破坏。因此需要进行基坑抗隆起计算，其实质是将软弱层上基坑下边界外基坑土体作为荷载，采用太沙基（Terzaghi）或普朗德尔(Prandtl)地基极限承载力公式进行地基承载力验算，如图 5－27 所示。抗隆起稳定性验算公式为：

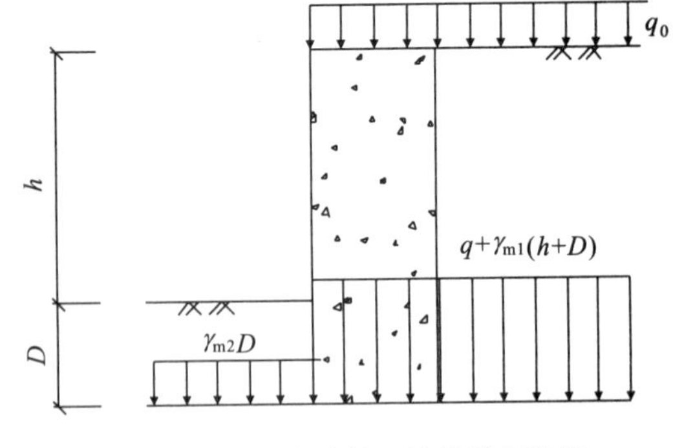

图 5－27　重力式挡土墙抗隆起计算

$$K_b=\frac{\gamma_{m2}DN_q+cN_c}{\gamma_{m1}(h+D)+q_0} \qquad (5-66)$$

式中：K_b——抗隆起稳定性安全系数。

N_q、N_c 为地基承载力系数，当采用太沙基极限承载力公式时，计算公式与本章第四节土钉墙抗隆起计算一致。其他参数参见土钉墙抗隆起计算。需要注意的是，计算过程中忽略搅拌桩对土体自重的影响。

对于安全等级为二级、三级的基坑，抗隆起稳定性安全系数 K_b 分别不小于 1.3、1.5。

［例题 5－3］　某基坑开挖深度 4.5m，采用重力式水泥土墙支护，支护结构安全性等级为三级。水泥土桩直径 700mm，桩间塔接 200mm，即桩中心距 500mm。墙体宽度为 3.2m，嵌固深度为 2.5m，墙体重度取 22kN/m^3，水泥土的无侧限抗压强度设计值为 0.8MPa。坑外地下水位为地面下 1.5m，坑内地下水位为地面下 4.7m，墙体剖面、地层分布及各地层的重度 γ、黏聚力 c 以及内摩擦角 φ 如图 5－28 所示。地面施工荷载 $q=15$kPa。试进行重力式水泥土墙的抗倾覆、抗滑移和抗隆起稳定性验算并进行截面承载力验算。

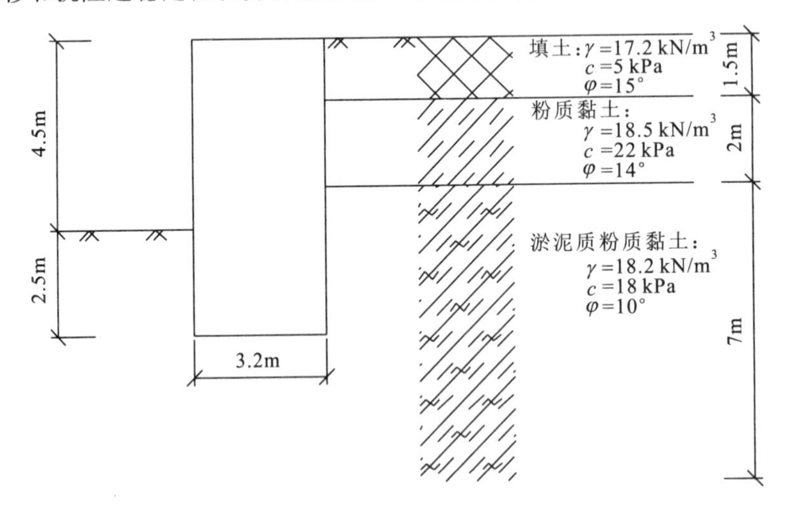

图 5－28　重力式挡土墙地质剖面图

解：(1)计算重力式挡土墙土压力分布。

按水土合算，计算过程同前，计算结果如图 5－29 所示。

土压力合力计算：

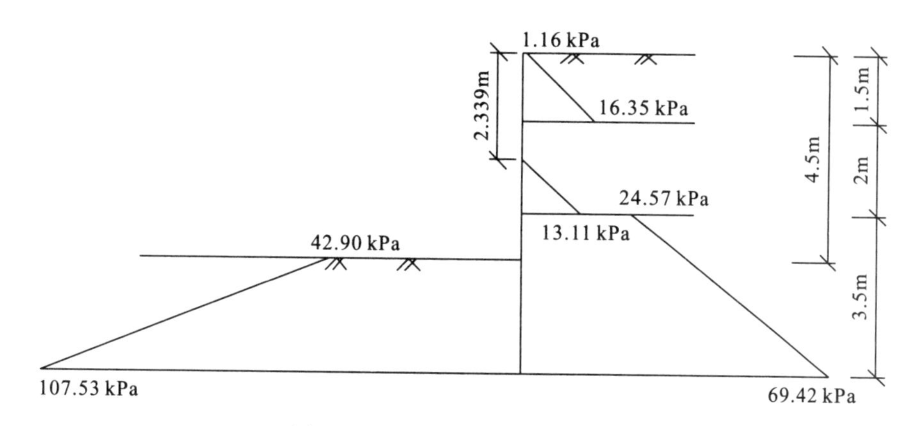

图 5-29　土压力分布计算结果图

$$E_{ak}=(1.16+16.35)\times1.5/2+13.11\times1.161/2+(24.57+69.42)\times3.5/2=185.23(\text{kN})$$

$$E_{pk}=(42.90+107.53)\times2.5/2=188.04(\text{kN})$$

合力作用点，利用三角形与矩形的几何特点计算：

$$a_a=(1.16\times1.5\times6.25+15.19\times1.5\times6.0/2+13.11\times1.161\times3.887/2+24.57\times3.5\times1.75+44.85\times3.5\times1.176/2)\div185.23=1.89(\text{m})$$

$$a_p=\frac{42.90\times2.5\times2.5/2+(107.53-42.90)\times2.5/(2\times3)}{188.04}=0.86(\text{m})$$

(2)重力式水泥土墙稳定性验算。

取 1m 宽作为计算单元，水泥土墙的重量为

$$G=7.0\times3.2\times22=492.8(\text{kN})$$

水压力 $u_m=\gamma_w(h_{wa}+h_{wp})/2=10\times(5.5+2.3)/2=39(\text{kN})$

重力式水泥土墙抗滑移稳定性验算：

$$K_{s1}=\frac{E_{pk}+(G-u_mB)\tan\varphi+cB}{E_{ak}}=\frac{188.04+(492.8-39\times3.2)\tan10^\circ+18\times3.2}{185.23}=1.676$$

抗滑移稳定性系数大于 1.2，满足要求。

重力式水泥土墙抗倾覆稳定性验算：

$$K_{ov}=\frac{E_{pk}a_p+(G-u_mB)a_G}{E_{ak}a_a}=\frac{188.04\times0.86+(492.8-39\times3.2)\times1.6}{185.23\times1.89}=2.14$$

抗倾覆安全系数大于 1.3，满足要求。

抗隆起稳定性验算：

首先计算墙后土体重度 $\gamma_{m1}=\dfrac{17.2\times1.5+18.5\times2+18.2\times3.5}{7.0}=18.07(\text{kN/m}^3)$

墙前土体重度直接取 $\gamma_{m2}=18.2\text{kN/m}^3$

承载力系数 $N_q=\tan^2\left(45^\circ+\dfrac{\varphi}{2}\right)e^{\pi\tan\varphi}=\tan^2\left(45^\circ+\dfrac{10^\circ}{2}\right)e^{\pi\tan10^\circ}=2.471$

承载力系数 $N_c=(N_q-1)/\tan\varphi=(2.471-1)/\tan10^\circ=8.345$

抗隆起稳定性安全系数：

$$K_b=\frac{\gamma_{m2}DN_q+cN_c}{\gamma_{m1}(h+D)+q_0}=\frac{18.2\times2.5\times2.471+18\times8.345}{18.07\times(4.5+2.5)+15}=1.86$$

抗隆起稳定性安全系数大于 1.5(三级基坑),故满足要求。此处 D 取挡土墙进入基坑底面深度。

(3)墙体截面应力计算。

对于本算例,仅对基坑底面进行截面应力验算。基坑底面主动土压力为 37.38kPa。

基坑底面弯矩为:

$$M_k=1.16\times1.5\times3.75+15.19\times1.5\times3.5/2+13.11\times1.161\times1.387/2+24.57\times0.5+12.81/6=71.37(\text{kN}\cdot\text{m})$$

弯矩设计值为:

$$M=\gamma_0\gamma_F M_k=0.9\times1.25\times71.37=80.29(\text{kN}\cdot\text{m})$$

水泥土的强度 f_{cs} 为 0.8MPa,墙体重度为 22kN/m^3,截面 $W=1.707\text{m}^3$。截面的抗压强度计算:

$$\gamma_0\gamma_F\left(\frac{M_k}{W}+\gamma_{cs}z\right)=0.9\times1.25\times\left(\frac{71.37}{1.707}+22\times4.5\right)=158.4(\text{kPa})<f_{cs}$$

满足要求。

截面的抗拉强度计算:

$$\gamma_0\gamma_F\frac{M_k}{W}-\gamma_{cs}z=0.9\times1.25\times\frac{71.37}{1.707}-22\times4.5=-52(\text{kPa})$$

计算拉应力小于 0,即计算截面不存在拉应力,抗拉强度满足要求。

墙体的抗剪断系数 μ 取 0.4,截面的抗剪承载力计算:

基坑底面以上

$$E_{ak}=(1.16+16.35)\times1.5/2+1.161\times13.11/2+(24.57+37.38)\times3.5/2=129.0(\text{kN})$$

$$\frac{E_{ak}-\mu G-E_{pk}}{B}=\frac{129.0-0.4\times22\times4.5\times3.2-0}{3.2}=0.7125(\text{kPa})$$

抗剪断承载力为:

$$\frac{1}{6}f_{cs}=133.3(\text{kPa})$$

截面剪应力远小于其抗剪承载力,故满足要求。

(4)水泥土格栅设计与置换率计算。

设计采用 700mm 的水泥土桩,桩间搭接长度为 200mm,墙体宽度方向布置 6 排桩,墙体宽度为 3.2m。墙体长度方向以 4 根桩为一个单元计算,在中部去掉 4 根桩而形成格栅状墙体,如图 5-30 所示。计算得到单元墙体总面积为 6.27m^2,中部 4 根桩面积为 0.73m^2,则可计算得到格栅的桩体面积置换率为 0.88,大于构造要求的 0.7(淤泥质土),满足要求。

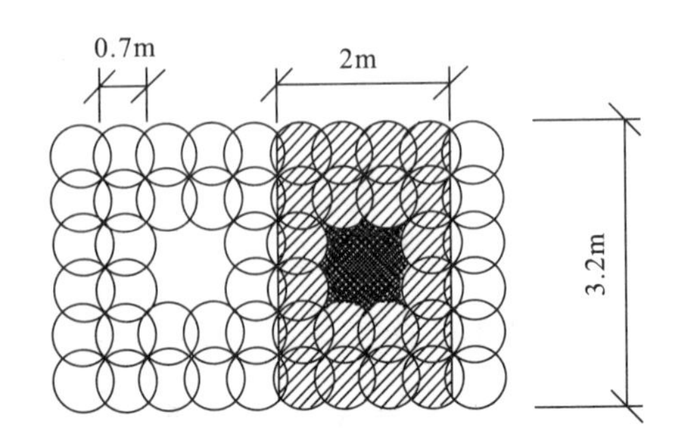

图 5-30　水泥土格栅布置图

第六节　桩墙式柔性围护结构

一、悬臂式支护结构计算

悬臂式板桩既不设内支撑也无锚杆，其稳定性和安全性完全靠板桩打入土层足够深度及结构的抗弯能力来维持。由于悬臂部位的截面弯矩随墙的高度增大很快（弯矩与墙高 h 的三次方成正比），在没有支撑或锚杆提供反力的情况下，结构内力分布集中，结构顶部位移较大，所以适用于基坑深度较浅、板桩埋深范围内土性较好、位移控制要求不高的临时支护工程，而一般不用于支护桩嵌固段为淤泥等软土的情况。

悬臂式支护结构计算常用两种方法，即土压力力矩平衡法与 H. Blum 法。

1. 土压力力矩平衡法

基坑开挖深度为 h，设板桩埋深为 l_0，设支挡结构绕底部 O 点转动，结构后侧产生主动土压力 E_{ak}，坑内侧土体产生被动土压力 E_{pk}，距离 O 点的力臂分别为 Z_a 和 Z_p，如图 5－31 所示。要求被动侧的抵抗矩大于主动侧的作用，则可按下式计算嵌固深度：

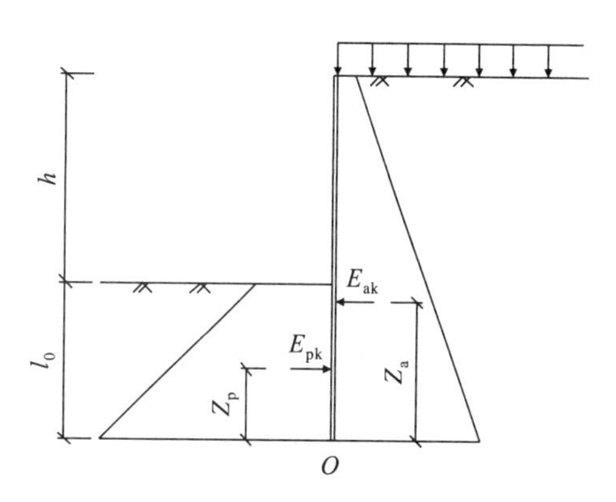

图 5－31　悬臂支撑计算模型

$$\frac{E_{pk}Z_p}{E_{ak}Z_a}\geqslant K_{em} \tag{5-67}$$

式中：K_{em}——嵌固稳定性安全系数，安全等级为一级、二级、三级的悬臂式支挡结构，K_{em}分别不应小于 1.25、1.2、1.15。

这样可以得到一个含嵌固深度 l_0 的三次方程，解该方程可以得到嵌固深度的计算值，在设计时一般将入土深度适当增加(0.15～0.2)h 作为实际入土深度，同时需要保证悬臂支撑结构的嵌固深度不小于 0.8h。

得到入土深度后，进行支护结构的内力计算。采用截面法可得到单位宽度支护结构的剪力与弯矩分布图。设在坑底面下 x_m 处剪力为零，可求出最大弯矩值。

因此，对于悬臂支护结构，垂直受力挡土结构的最大弯矩在基坑底面以下，弯矩值偏高。

2. H. Blum 法

另外一种方法称之为 H. Blum 法（图 5－32），该方法采用净土（水）压力进行受力分析，在基坑底部以下，净土压力系数为：

$$K_n=K_p-K_a \tag{5-68}$$

设 C 点为净土压力为零的点，距坑底面以下的深度 y 可通过下式计算：

$$K_a\gamma(h+y)=K_p\gamma y \tag{5-69}$$

设嵌入段超过 C 点的深度为 x，坑前被动土压力为：

$$E_{pn}=\gamma K_n\cdot x\cdot x/2 \tag{5-70}$$

E_{an}为坑后净土压力合力，将坑前后净土压力分别对 C 点取矩：

$$E_{pn}\cdot x/3=E_{an}(h+y+x-z) \tag{5-71}$$

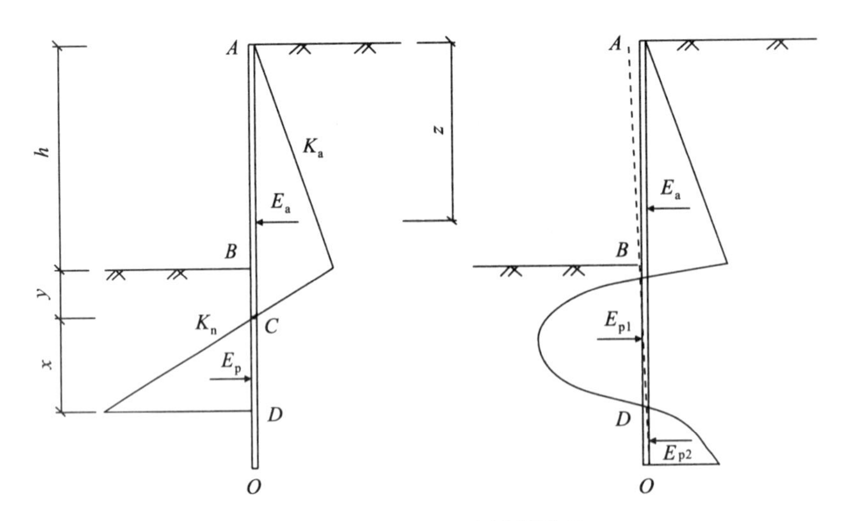

图 5-32　H. Blum 法计算模型

由式(5-70)、式(5-71)得：

$$x^3-\frac{6E_a}{\gamma K_{pn}}x-\frac{6E_a(H+y-z)}{\gamma K_{pn}}=0 \tag{5-72}$$

解该三次方程可得到 x 值。

H. Blum 法认为当支挡结构进入土体深度足够大，支挡结构将在桩下部一定深度处的反转点 D 向基坑内转动，挡墙基坑外侧嵌固段将出现与主动土压力反向的被动土压力 E_{p2}。但在前面计算过程中忽略了该部分土压力，因此设计时将计算得到的 x 值扩大 1.2 倍，这样总嵌入深度为：

$$l_0=1.2x+y \tag{5-73}$$

按最大弯矩在剪力为零处，即 $\sum Q=0$。设在 C 点以下 x_m 处净主动土压力等于净被动土压力，则由图可得：

$$\sum E_{an}-\frac{1}{2}\gamma x_m^2 K_n=0 \tag{5-74}$$

$$x_m=\sqrt{\frac{2\sum E_{an}}{K_n\gamma}} \tag{5-75}$$

最大弯矩为：

$$M_{max}=\sum E_{an}(h+y+x_m-z)-\frac{1}{6}\gamma x_m^3 K_n \tag{5-76}$$

[例题 5-4]　某二级基坑开挖深度为 5m，主要地层为粉质黏土及粉土，基坑开挖影响范围内无地下水，地层条件如图 5-33 所示，基坑顶面有均布荷载 20kPa。该基坑初步确定采用悬臂桩支护，试通过计算确定悬臂桩的入土深度。

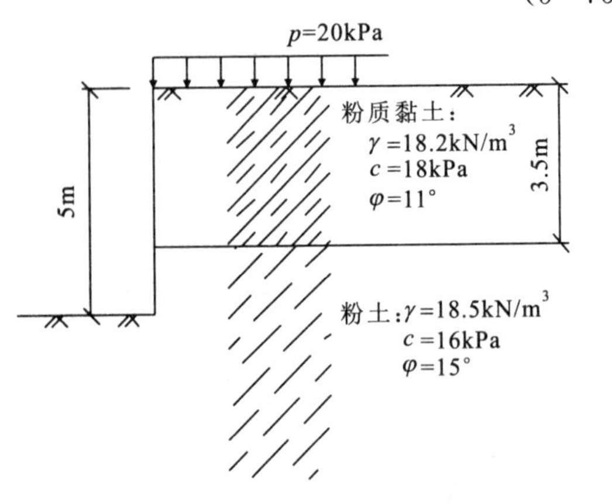

图 5-33　例题 5-4 附图

解：(1)土压力计算。

第1层主动土压力系数：

$$K_{a1}=\tan^2(45°-\varphi_k/2)=0.680$$

第1层土压力为0点位置为：

$$x=\frac{2c_1\sqrt{K_{a1}}-K_{a1}\cdot p}{K_{a1}\cdot\gamma_1}=\frac{2\times18\sqrt{0.680}-0.680\times20}{0.680\times18.2}=1.30(\text{m})$$

第2层主动土压力系数：$K_{a2}=\tan^2(45°-\varphi_k/2)=0.589$

第2层被动土压力系数：$K_{p2}=\tan^2(45°+\varphi_k/2)=1.698$

由于上下土体性质不同，在地层分界面上土压力突变，则第1层底部土压力：

$$e_{a1底}=K_{a1}\cdot\sigma_{v1}-2c_1\sqrt{K_{a1}}=0.680\times(3.5\times18.2+20)-2\times18\sqrt{0.680}=27.2(\text{kPa})$$

第2层顶部土压力：

$$e_{a2顶}=K_{a2}\cdot\sigma_{v1}-2c_2\sqrt{K_{a2}}=0.589\times(3.5\times18.2+20)-2\times16\sqrt{0.589}=24.7(\text{kPa})$$

计算基坑底面被动土压力：

$$e_{p2顶}=2c_2\sqrt{K_{p2}}=2\times16\sqrt{1.698}=41.7(\text{kPa})$$

设悬臂桩桩底进入基坑底面深度为 x。

x 深度处的主动土压力：

$$e_{a2底}=K_{a2}(\gamma_2x+111.45)-2c_2\sqrt{K_{a2}}=10.90x+41.1$$

x 深度处的被动土压力：

$$e_{p2底}=K_{p2}\gamma_2x+2c_2\sqrt{K_{p2}}=31.41x+41.7$$

(2)计算主动与被动侧悬臂桩绕底部转动的力矩及抵抗力矩。

第1层绕底部转动力矩为：

$$M_1=\frac{27.2\times2.2}{2}\left(\frac{2.2}{3}+1.5+x\right)=29.92x+66.82(\text{kN}\cdot\text{m})$$

第2层绕底部转动力矩为：

$$\begin{aligned}M_2&=\frac{24.7\times(x+1.5)^2}{2}+\frac{(10.90x+16.4)\times(x+1.5)^2}{6}\\&=1.82x^3+20.54x^2+49.335x+33.93(\text{kN}\cdot\text{m})\end{aligned}$$

第2层绕底部抵抗力矩为：

$$M_R=\frac{41.7\times x^2}{2}+\frac{31.41x^2}{2}\cdot\frac{x}{3}=5.235x^3+20.85x^2(\text{kN}\cdot\text{m})$$

则 $$\frac{M_R}{M_1+M_2}=\frac{5.235x^3+20.85x^2}{1.82x^3+20.54x^2+79.255x+100.75}\geqslant1.2$$

解三次方程 $3.051x^3-3.798x^2-95.106x-120.9=0$，得 $x=6.74$m，该深度大于基坑深度0.8倍。

二、单支点支护结构设计计算

当基坑开挖深度较大时，采用悬臂式板桩支护不安全，为减小支护结构的变形，应在板桩上部设置一处支撑或锚杆，支撑或锚杆均可将其视作挡墙上的集中力或者是支座。在设计计算中，需要确定支挡结构的嵌固深度、支撑力(锚固力)及支挡结构内力。将支挡结构上部支撑点(锚固点)视作一支点，将下部锚固段视作另一支点，根据下部入土深度及岩土体性质，可以将底部支撑点分别看成铰支座及固定支座。当进入基坑底部深度较浅时，支挡结构下端可转动，可视为铰支承；当下端埋深较大、土层较好时，可以认为下端在土中嵌固，相当于固定支承。下面对上述两种情况分别介绍计算方法。

1.单支点浅埋支护结构计算

在支挡结构支撑力作用位置，假设为铰支座。由于下端可以转动，故墙后下段不产生被动土压力，而墙前由于板桩向前挤压土体产生被动土压力 E_p，设锚杆水平向拉力为 T_a，作用点距坑顶距离为 l_s，受力后板桩可能产生如图 5-34 虚线所示的变形。

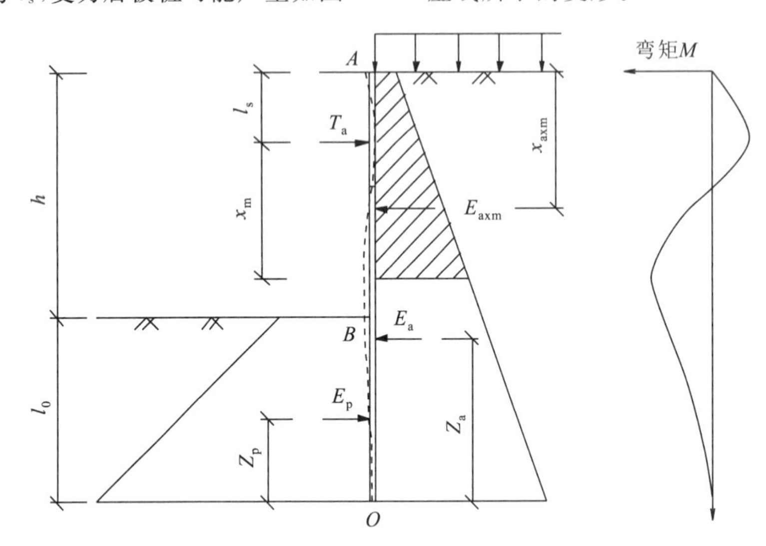

图 5-34　单支点浅埋支护结构计算模型

(1)对桩前后土压力合力 E_p 与 E_a 分别对 T_a 作用点取矩，并要求：

$$\frac{E_p l_{Tp}}{E_a l_{Ta}} \geqslant K_{em} \tag{5-77}$$

式中：E_a、E_p——主动土压力与被动土压力合力；

K_{em}——嵌固稳定性安全系数，要求一级、二级、三级基坑工程分别不应小于 1.25、1.2、1.15；

l_{Ta}、l_{Tp}——主动土压力与被动土压力合力到支撑力 T_a 作用点距离，分别为：

$$l_{Ta}=h+l_0-Z_a-l_s \tag{5-78}$$

$$l_{Tp}=h+l_0-Z_p-l_s \tag{5-79}$$

由式(5-77)可建立以 l_0 为未知数的三次方程，解方程可得嵌固深度 l_0。

(2)在得到 l_0 前提下，按水平力保持静力平衡为条件可建立如下方程：

$$T_a+E_p-E_a=0 \tag{5-80}$$

解方程得支撑力 T_a。

(3)支撑结构内力计算。近似将支挡结构视作静定结构，采用截面法分析各关键截面的内力，包括支撑点截面、支撑点下最大弯矩截面。

支撑点下最大弯矩点位于剪力为零处，距坑顶面 x_m，且小于基坑开挖深度，该点以上主动土压力的合力为 E_{axm}(图中阴影面积)，因此可建立方程：

$$E_{axm}-T_a=0 \quad (5-81)$$

计算出 E_{axm}，得到最大弯矩的位置 x_m。E_{axm} 合力作用点距坑顶部为 x_{axm}。最大弯矩为：

$$M_{max}=T_a x_m-E_{axm}x_{axm} \quad (5-82)$$

2. 单支点深埋支护结构等值梁法计算

当嵌入段进入土体深度较大、嵌固段土体性质较好时，可将下端视为固定端，采用等值梁法进行计算（图 5-35），即将支挡结构视作上部存在铰支座、下端嵌固的梁。在基坑底面以下梁段存在一个反弯点，弯矩为 0，将该点假想为一个铰，将梁分为上下两段，上部为简支梁，下部为一次超静定结构，这样即可按照弹性结构的连续梁求解挡土结构的弯矩、剪力和支撑轴力。因此，等值梁法又称为假想铰法。该方法的关键是确定假想铰 C 点的位置，精确确定反弯点距离基坑底面距离 y 具有一定难度，工程上一般近似把净土压力为零的那一点（主动土压力等于被动土压力）作为反弯点。反弯点深度 y 也可根据地质条件和结构特性近似取 0.1～0.2 倍开挖深度。

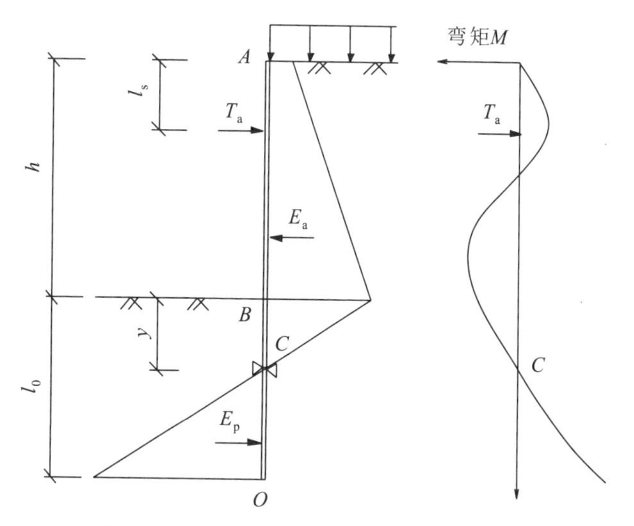

图 5-35　等值梁法计算模型

等值梁法计算过程如下：

（1）计算反弯点 C 位置，按上述以主动土压力和被动土压力相等原则，得：

$$\gamma y K_p=[\gamma(h+y)+q]K_a \quad (5-83)$$

整理得：

$$y=\frac{\gamma h K_a+qK_a}{\gamma(K_p-K_a)} \quad (5-84)$$

式中：y——反弯点距坑底距离（m）。

（2）求支点反力 T_a，研究 AC 段梁，对 C 点取矩平衡，则：

$$T_a(h+y-l_s)=E_a(h+y-x_a) \quad (5-85)$$

式中：E_a——深度 $h+y$ 范围内净主动土压力合力（图右侧土压力分布面积）（kN）；

x_a——E_a 合力作用点位置（m）。

得支点反力 T_a 为：

$$T_a=\frac{E_a(h+y-x_a)}{h+y-l_s} \quad (5-86)$$

（3）研究 AC 段梁，对梁整体考虑水平力平衡，求 C 点截面剪力（假想支座力）P_c，即：

$$P_c=E_a-T_a \quad (5-87)$$

（4）计算嵌入段深度 x。将 CO 段单独考虑，该段顶部存在一与 AC 段梁下部支座反力 P_c 大小相同但方向相反的截面剪力，该剪力应与 CO 段净被动土压力平衡。以 O 点取矩，并令其等于 0，得到：

$$E_p \cdot \frac{x}{3} - P_c \cdot x = 0 \tag{5-88}$$

式中：E_p——净被动土压力(kN)。

整理得：

$$E_p = (K_p - K_a) \cdot \gamma \cdot x^2/2 \tag{5-89}$$

$$x = \sqrt{\frac{6P_c}{\gamma(K_p - K_a)}} \tag{5-90}$$

计算得到总的入土深度为 $t_0 = x + y$。一般当土体性质较差及确保下部满足固定支座这一假定，须将计算结果乘以 1.1～1.2，即：

$$t = (1.1 \sim 1.2) \cdot (x + y) \tag{5-91}$$

(5)支撑结构内力计算。主要计算关键点的弯矩和剪力，包括支撑点、等值梁 AC 最大弯矩点，同前，该点为剪力为零处。设在 A 点以下 x_m 处剪力为零，则由图 5-35 可得：

$$E_{axm} - T_a = 0 \tag{5-92}$$

式中，E_{axm} 为 x_m 点以上土压力合力，可计算得到 x_m。

最大弯矩为：

$$M_{max} = T_a x_m - E_{axm}(x_m + l_s - x_{axm}) \tag{5-93}$$

式中，x_{axm} 为合力 E_{axm} 作用点距离坑顶部的距离。

[例题 5-5] 如图 5-36 所示，某基坑开挖深度为 9m，附近有道路及建筑物，无条件放坡开挖，以钻孔灌注桩挡墙支护，顶部设支撑，基坑设计等级为一级。基坑顶部有履带吊车运行，荷载为 40kN/m²，土层平均内摩擦角为 30°，不考虑土体黏聚力，土体平均重度 γ 为 18kN/m³，地下水位低于基坑底面 6m，求灌注桩最小总长度、桩顶支撑力 T_A 及桩身最大弯矩 M_{max}。

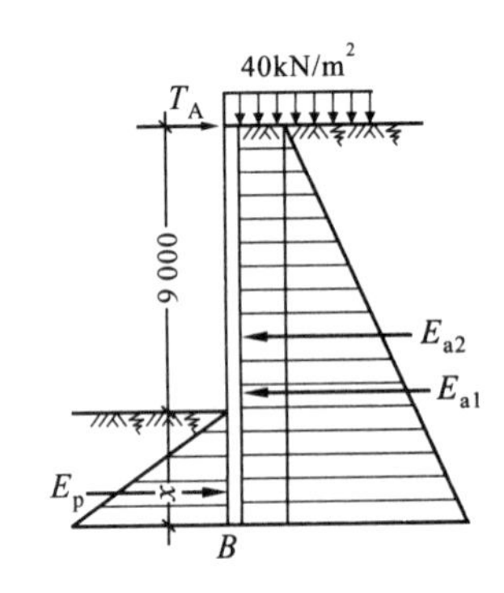

图 5-36　例题 5-5 附图

解：该题将基坑前后土体假设成单一土层，并忽略了黏聚力的影响。

(1)首先计算基坑土压力系数及土压力分布。

主动与被动土压力系数：

$$K_a = \tan^2(45° - \varphi_k/2) = 0.333$$

$$K_p = \tan^2(45° + \varphi_k/2) = 3.00$$

基坑顶面处的主动土压力为：

$$e_{a顶} = K_a \cdot \sigma_{v顶} = 0.333 \times 40 = 13.3(\text{kPa})$$

设支护桩进入基坑底部深度为 x，则可以得到支护桩底部主动土压力为：

$$e_{a底} = K_a \cdot \sigma_{v底} = 0.333 \times (40 + 9 \times 18 + 18x) = 67.33 + 6x(\text{kPa})$$

被动侧顶部被动土压力为 0。

底部被动土压力为：

$$e_{p底} = K_p \cdot \sigma_{v底} = 3 \times 18x = 54x(\text{kPa})$$

(2)采用浅埋桩极限平衡法计算桩的进入基坑底部深度 x 及支撑力 T_A。

以支撑点为原点取矩建立弯矩平衡方程。

主动侧土体自重土压力形成的弯矩：

$$M_1=(67.33-13.3+6x)\frac{(9+x)^2}{3}=2x^3+54.01x^2+486.18x+1458.81$$

主动侧均布荷载合力形成的弯矩：

$$M_2=13.3\times(9+x)^2/2=6.65x^2+119.7x+538.65$$

被动侧的被动土压力形成的抵抗弯矩：

$$M_R=\frac{54x^2}{2}\cdot\left(\frac{2x}{3}+9\right)=18x^3+243x^2$$

按安全系数 1.25 建立力矩方程：

$$\frac{M_R}{M_1+M_2}=\frac{18x^3+243x^2}{2x^3+60.66x^2+605.88x+1997.46}=1.25$$

解该一元三次方程，求得：$x=5.079$m。

在得到进入坑底深度条件下，可算出具体的主动与被动土压力合力：

$$E_{a1}=(67.33-13.3+6\times5.079)\frac{(9+5.079)}{2}=594.87(\text{kN})$$

$$E_{a2}=13.3\times(9+5.079)=187.25(\text{kN})$$

$$E_p=\frac{54\times5.079^2}{2}=696.50(\text{kN})$$

以支撑杆件为研究对象，单位宽度支撑力为：

$$T_A=E_{a1}+E_{a2}-E_p=594.87+187.25-696.50=85.62(\text{kN})$$

求得桩的总长度为 14.079m，可取 14.5m。

(3)按深埋结构采用等值梁法计算桩进入基坑底部深度 x 及支撑力 T_A。

首先，以净土压力为 0 点设为反弯点，位置在基坑底面以下深度为 y 处，则有：

$$\gamma yK_p=[\gamma(h+y)+q]K_a$$

即 $58y=[18\times(9+y)+40]\times0.33$，求得 $y=1.295$(m)。

然后，对反弯点取矩，建立弯矩平衡方程求支撑力 T_A。

基坑底面以上土体自重侧土压力形成的弯矩：

$$M_1=K_a\gamma h\cdot\frac{h}{2}\cdot\left(\frac{h}{3}+y\right)=1043.7(\text{kN}\cdot\text{m})$$

基坑底面以上地表超载侧土压力形成的弯矩：

$$M_2=q\cdot K_a\cdot h\cdot(h/2+y)=695.4(\text{kN}\cdot\text{m})$$

基坑底面以下净土压力形成的弯矩：

$$M_3=K_a\cdot(\gamma\cdot h+q)\cdot\frac{y}{2}\cdot\frac{2y}{3}=37.6(\text{kN}\cdot\text{m})$$

上述弯矩为逆时针方向，而支撑力形成单位弯矩为顺时针，二者需平衡，以此可得：

$$T_A\cdot(h+y)=M_1+M_2+M_3$$

解得 $T_A=172.6$kN

进一步分析反弯点以上支护桩，按水平力平衡，求反弯点截面剪力：

$$P_c=K_a\gamma h\frac{h}{2}+K_aqh+K_a(\gamma h+q)\frac{y}{2}-T_A=406.6-172.6=234(\text{kN})$$

最后以反弯点截面以下梁为研究对象，建立弯矩平衡方程，计算反弯点以下支护桩的长度 x_0。

$$P_c \cdot x_0 = \gamma \cdot x_0 \cdot (K_p - K_a) \cdot \frac{x_0}{2} \cdot \frac{x_0}{3}$$

$$x_0 = \sqrt{\frac{6P_c}{\gamma(K_p - K_a)}} = 5.41(\text{m})$$

按增大 1.1～1.2 倍的要求，得到桩进入基坑底部深度为 7.4m，桩的总长度为 16.4m。

三、多点支挡结构简化算法

支护结构的受力计算，除采用等值梁法外，还采用竖向弹性地基梁法（"m"法）及有限元等方法。为简便起见，在初步设计时，工程中采用下述近似计算方法。

1. 锚杆（支撑）位置确定

对基坑深度较大的板桩进行支锚时，需设置多层锚杆或支撑。使支护跨度内的弯矩值适应材料的抗弯截面模量 W，才可保证其支护效果可靠。

支锚的层数及间距的布置直接影响着板桩、横梁、横撑的截面尺寸，及拉锚在水平向的间距。当采用近似计算方法时，可参照以下两种方法布置：

（1）等弯矩布置。这种布置方法充分利用了板桩的抗弯强度，即将支撑布置成使板桩各跨度的最大弯矩相等，且等于板桩的允许抵抗弯矩，使板桩的抗弯强度得以充分发挥，以便采用的板桩材料最经济。

首先，选择适合施工条件的某种类型板桩，经计算或查表得出该板桩的截面模量（截面抵抗矩）W 值。因等弯矩布置时第一支撑上部为悬臂部分，其土压力为三角形分布，根据悬臂段最大弯矩即可求得该段最大允许跨度 h，由

$$f = \frac{M_{max}}{W} = \frac{\frac{1}{6}\gamma K_a h^3}{W} \tag{5-94}$$

可得

$$h = \sqrt[3]{\frac{6fW}{\gamma K_a}} \tag{5-95}$$

式中：f——板桩抗弯强度设计值（kPa）；

h——悬臂部分最大允许跨度（m）；

W——板桩截面模量（m^3）。

在软黏土中的支挡结构，可将其视为承受三角形土压力分布荷载的连续梁，各支承点近似地假定不产生转动，即把每跨都视作两端固定，可按一般力学方法计算出各支点最大弯矩均等于 M_{max} 时各跨的跨度 $h_1, h_2, \cdots, h_n$。经计算，各跨跨度如图 5－37 所示。若算出的支撑层数过多，则支撑数量大，会给施工带来不便；若层数过少，说明材料强度过高，并不经济，都应重选其他规格的板

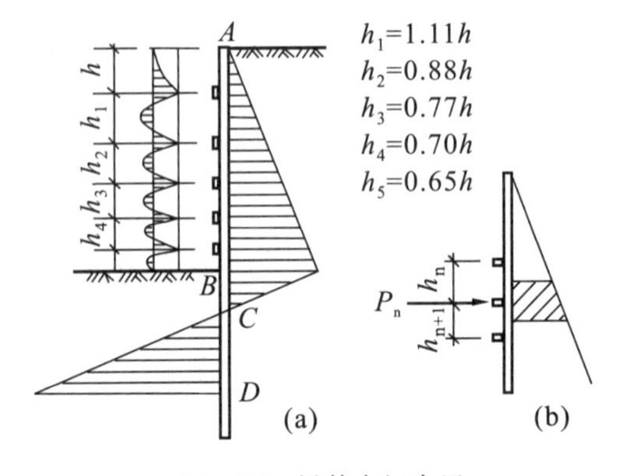

图 5－37　梁等弯矩布置

桩，再按以上步骤重新计算各跨跨度。

各层支撑间距确定后，各层横梁（腰梁）所受荷载如图 5－37(b) 所示，即假定相邻两跨各半跨的土压力作用在该层横梁上，该荷载在竖直方向呈三角形或梯形分布，但水平方向仍视为均匀荷载，以此确定各支点承受的土压力值。

(2) 等反力布置。这种布置形式是使各层支撑和腰梁（围檩）所承受的力都相等，使各层受力情况简化。位于软黏性土中的板桩，仍将其视为承受三角形分布荷载的连续梁，算得各跨跨度如图 5－38 所示。

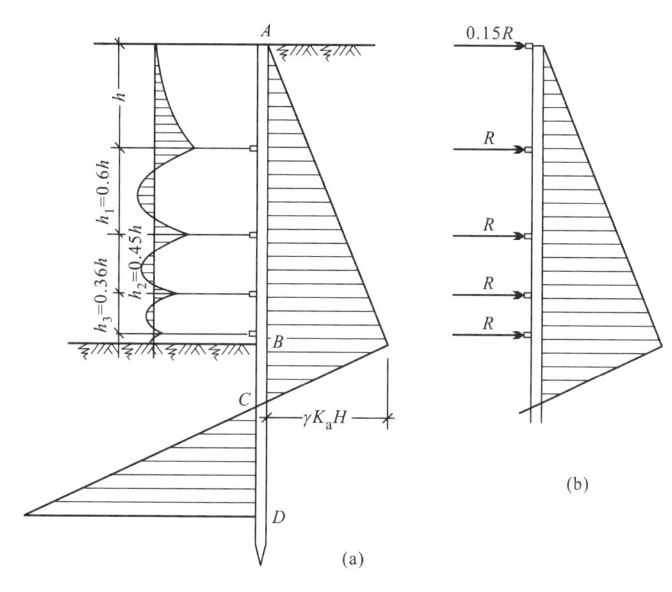

图 5－38　支撑等反力布置

按此方式布置支撑时，除顶撑压力为 $0.15R$ 外，其下各支撑承受的反力均为 R。由于各跨的弯矩并不相等，故板桩的抗弯强度并未充分发挥。在选择板桩的截面尺寸时，通常按第一跨的最大弯矩进行验算。第二道及其以下支撑的反力 R 按下式计算：

$$(n-1)R+0.15R=\frac{1}{2}\gamma K_a H^2 \tag{5-96}$$

$$R=\frac{\gamma K_a H^2}{2(n-1+0.15)} \tag{5-97}$$

以上两种布置支撑的方法在理论上较理想，而实际施工中由于施工条件的限制，不一定能按上述两种方法的计算结果确定支撑位置，而需要根据施工条件对支撑或锚杆的位置进行调整。

2. 计算支锚反力

当支锚间距按等反力布置时，按式(5－97)即可求出各支锚处反力；当按非等反力布置时，各层支锚反力通常采用 1/2 分割法。如图 5－39 所示，B、C、D 分别为第二、三、四跨的中点，各点处土压力强度分别为 e_1、e_2、e_3，$e_0 \sim e_1$ 间三角形荷载由 R_1 承受；$e_1 \sim e_2$ 及 $e_2 \sim e_3$ 之间的梯形荷载分别由 R_2、R_3 承受。由于 B、C、D 各深度处土压力强度均可求出，故相应的 R_1、R_2、R_3 也可确定出。

3.计算入土深度

入土深度可以采用盾恩近似法计算，首先绘制出板桩上土压力分布图，经简化后如图5-39所示。假定最下面一道支撑 R_3 以下的主动土压力近似等于矩形 $GNOF$ 面积，该主动土压力的1/2由 R_3 承担，另1/2由基坑 E 点以下被动土压力 EFM 承受，设入土深度为 x，最下一跨 $GE=L_0$，即：

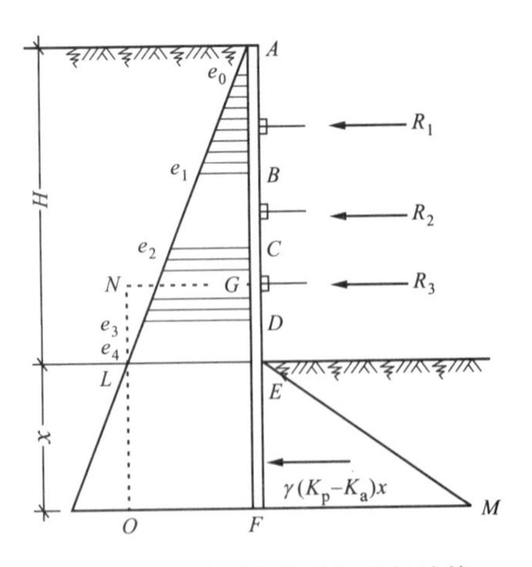

图5-39　多层支撑结构近似计算

$$\frac{GNOF\text{面积}}{2}=EFM\text{面积}$$

$$\frac{1}{2}\overline{OF}\cdot\overline{ON}=\frac{1}{2}\overline{FM}\cdot x$$

$$\because\overline{OF}=\overline{LE}=\gamma HK_a,\overline{NO}=\overline{GE}+x$$

$$\overline{FM}=\gamma K_p x-\gamma K_a x=\gamma(K_p-K_a)x$$

$$\therefore\frac{1}{2}\gamma HK_a(\overline{GE}+x)=\frac{1}{2}\gamma(K_p-K_a)x^2$$

整理得：

$$(K_p-K_a)x^2-HK_a x-HK_a L_0=0 \tag{5-98}$$

由于基坑开挖深度 H、最下面一道支撑距坑底距离 L_0 及土压力系数 K_a、K_p 均为已知，故可求出入土深度 x。

被动土压力 EFM 的合力作用点距 E 点 $2x/3$，并假定该合力作用点即为板桩入土部分的固定点，此时，最下面一跨的跨度 L' 为：

$$L'=L_0+\frac{2}{3}x \tag{5-99}$$

假定最下一道支撑 G 也为固定端，此时即可按两端固定近似地求出 G 点弯矩。

4.逐层开挖支点力不变等值梁法

在计算多点支撑结构体系时，可以利用等值梁法进行计算（图5-40），但是必须假设下部的开挖对上部支撑力影响极小并予以忽略，考虑开挖过程按工况分段计算。在每个开挖阶段可将该阶段开挖面以上的支点和开挖面以下假想支点之间的支挡结构看做简支梁，并保持支点力不变，即下部开挖对上部支点力不影响，将支点作用视为一已知的作用外力计算下一段支点力。

（1）悬臂支护计算阶段。支挡结构设置完成后进行土方开挖，如果不在其顶部设置水平支撑（锚杆），可将其视作一个悬臂支护体系，计算在没有支点力作用情况下不同开挖深度的弯矩与剪力值。得到合理的悬臂开挖深度值，然后考虑设置水平支撑或锚杆。

（2）单支点支护计算阶段。在悬臂开挖至一定深度并设置水平支撑或者锚杆后，继续向下开挖，采用等值梁法对支护结构体系进行计算，得到不同开挖深度下的支点力及结构内力。

1）确定净土压力等于零的位置，根据主动土压力等于被动土压力的原则，得到 y_1：

$$K_a[(y_1+h_1+h_0)\gamma+q]=K_p\gamma y_1 \tag{5-100}$$

整理得：

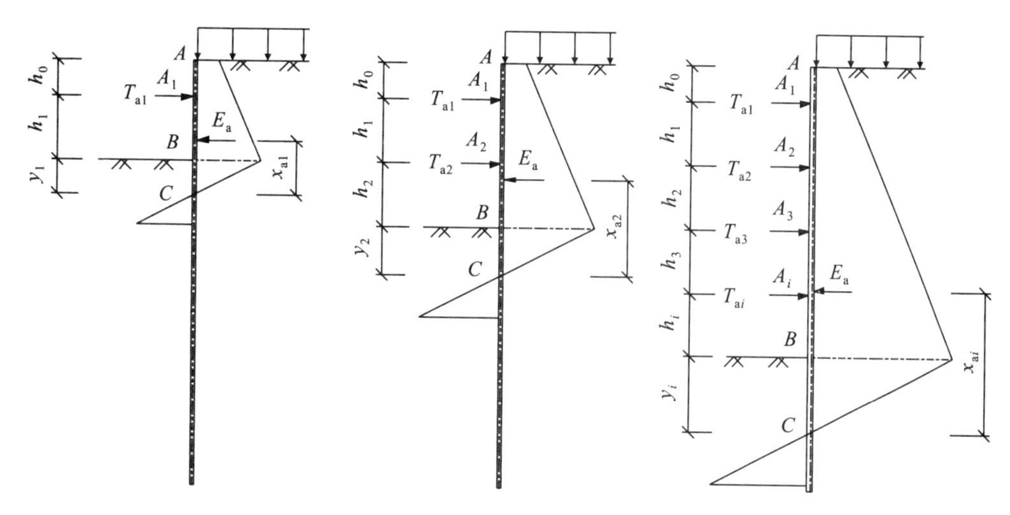

图 5-40　多层支撑结构等值梁法计算模型

$$y_1=\frac{K_a(h_1+h_0)\gamma+K_a q}{\gamma(K_p-K_a)} \tag{5-101}$$

2)计算支点力 T_{a1}。按等值梁法，将 AC 视作绕 C 点转动的梁，并对 C 点取矩，令其等于 0：

$$E_a\cdot x_{a1}=T_{a1}\cdot(h_1+y_1) \tag{5-102}$$

整理得：

$$T_{a1}=\frac{E_a\cdot x_{a1}}{h_1+y_1} \tag{5-103}$$

单支点支撑计算与前述的等值梁法计算过程一致，但由于此时桩的入土深度富余度大，可不进行嵌固段深度计算。

(3)双支点支护计算。在计算双支点支护结构时，基坑开挖深度为 $h_0+h_1+h_2$，如果假设上下支点力均为未知数，则以 C 点建立的弯矩平衡方程中将出现两个未知数，求解困难。这时假设上层支点力为已知，这样方程中仅有一个未知数，即可求出下层支点力的大小。计算过程如下：

1)根据主动土压力等于被动土压力的原则确定双支点支护结构土压力为零的位置：

$$K_a[(y_2+h_2+h_1+h_0)\gamma+q]=K_p\gamma y_2 \tag{5-104}$$

整理得：

$$y_2=\frac{K_a(h_2+h_1+h_0)\gamma+K_a q}{\gamma(K_p-K_a)} \tag{5-105}$$

2)计算支点力 T_{a2}。同样将 AC 视作绕 C 点转动的梁，建立弯矩平衡方程：

$$E_a\cdot x_{a2}=T_{a1}\cdot(h_1+h_2+y_2)+T_{a2}\cdot(h_2+y_2) \tag{5-106}$$

支点力 T_{a2} 为

$$T_{a2}=\frac{E_a\cdot x_{a2}-T_{a1}\cdot(h_1+h_2+y_2)}{h_2+y_2} \tag{5-107}$$

(4)开挖至设计深度时，计算最后一层支点力 T_{ai}，这时假设上部支点力全部已知，则方程中同样仅保留最下一层未知支点力。计算过程基本重复上述过程。

1)计算净土压力为零点 y_i：

$$K_a[(y_i+\sum_{k=0}^{i}h_i)\gamma+q]=K_p\gamma y_i \tag{5-108}$$

整理得：

$$y_i=\frac{K_a\gamma\sum_{k=0}^{i}h_i+K_aq}{\gamma(K_q-K_a)} \tag{5-109}$$

2)确定最后一层支点力 T_{ai} 大小。

$$E_a\cdot x_{ai}=T_{a1}\cdot(h_1+h_2+\cdots+h_i+y_i)+T_{a2}\cdot(h_2+\cdots+h_i+y_i)+\cdots+T_{ai}\cdot(h_i+y_i) \tag{5-110}$$

整理得：

$$T_{ai}=\frac{E_a\cdot x_{ai}-\sum_{k=1}^{i}T_{ak}\cdot(\sum_{m=k}^{i}h_m+y_i)}{h_i+y_i} \tag{5-111}$$

3)对 AC 段梁按水平力平衡来计算 C 点截面剪力(假想支座力)P_c，即：

$$P_c=E_a-\sum_{k=1}^{i}T_{ak} \tag{5-112}$$

4)计算 C 点以下的嵌固深度 x。计算方法同等值梁法，即：

$$x=\sqrt{\frac{6P_c}{\gamma(K_p-K_a)}} \tag{5-113}$$

当土质较差时，嵌入深度同样需增大 1.1～1.2 倍。

5)对 AC 段梁按简支梁分别计算跨中最大弯矩点位置、跨中弯矩值及支座弯矩。

多支点支挡结构简化计算方法均忽略了基坑开挖过程中力与变形的相互耦合作用，计算结果与实际差别较大。如果需要更精确的计算结果，可以采用弹性桩杆件有限元法、弹(塑)性有限元法等。

四、锚杆设计

土层锚杆是实现支护桩支撑的一个重要结构体系。土层锚杆的设计工作主要包括锚杆布置、锚杆承载力的确定等。

1. 锚杆构造与布置

锚杆组成主要由锚头、自由段和锚固段等部分组成，如图 5-41 所示，锚杆承载力主要来自锚固段稳定的岩土体，并通过自由段和锚头将荷载施加于需要保护的基坑坡面。土体基坑锚固工程中，锚杆自由段的长度不应小于 5m，且穿过潜在滑动面进入稳定土层的长度不应小于 1.5m，锚杆锚固段长度不宜小于 6m，钢绞线、钢筋杆体在自由段应设置隔离套管，以保证锚固

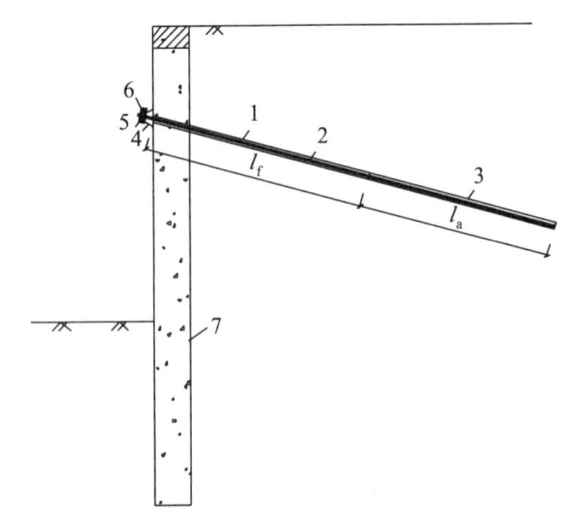

图 5-41 土层锚杆结构示意图

1—自由段；2—锚杆杆体；3—锚固段；4—腰梁；5—锚具；6—垫板；7—支挡结构

段岩土体的稳定性，同时有利于荷载向深部传递。锚杆杆体用钢绞线或普通钢筋、螺纹钢筋(HRB335、HRB400 级)制作。沿锚杆杆体全长设置定位支架，定位支架应能使相邻定位支架中点处锚杆杆体的注浆固结体保护层厚度不小于 10mm。定位支架的间距宜根据锚杆杆体的组装刚度确定，对自由段宜取 1.5～2.0m，对锚固段宜取 1.0～1.5m。定位支架应能使各根钢绞线相互分离。

一般土层锚杆成孔直径取 100～150mm。锚杆注浆应采用水泥浆或水泥砂浆，注浆固结体强度不宜低于 20MPa。

对支护结构第一层锚杆，可根据支护结构的抗弯截面模量及其抗弯强度，求算出结构悬臂部分的最大允许跨度以定出锚杆所处的位置。应注意的是，当支护结构设置内支撑时，支撑可位于挡墙顶部冠梁处；而设置锚杆时，第一道锚杆不可设置在挡墙顶部，因锚杆的承载力主要来自锚固段，锚固段工作时，锚杆在具有一定倾角的情况下必然产生竖直向的分力，该分力应该小于锚杆上的覆土重量，否则会引起地面隆起使锚杆失效。所以第一层锚杆的锚头位置可设于坡顶下 1.5～2.0m 处，应先通过计算确定，并使锚固段上覆土层厚度不小于 4.0m。

按照支护桩的多层支撑计算方法确定出锚杆上下层间距后(应使锚固体上下排间距不小于 2.5m)，还应进行相应的经济比较，层数愈多虽然愈安全，但工期也愈长；若层数较少，则需相应提高单根锚杆的承载力，使锚杆施工难度加大，还使各跨间弯矩值相应增加。

永久性锚杆的锚固段不应设置在有机土、淤泥质土，液限 $W_L>50\%$ 的土层及相对密实度 $D_r<0.3$ 的土层中。

另外，在可能产生流沙的施工区设置锚杆时，应尽可能地使锚头标高与流砂层标高的距离增大，否则会因锚头与砂层的防渗透距离过短而造成从钻孔内涌砂的现象。

支护结构所承受的荷载大小及单根锚杆的承载力大小直接影响锚杆的水平间距布置。当支护结构的荷载确定后，水平间距愈大则单根锚杆的承载力也愈容易发挥，若间距过小，锚杆之间可能会产生相互影响使应有的承载力得不到充分发挥。锚固体水平向间距一般以 2.0～4.5m 为宜，在有成功经验的前提下，可根据计算结果及当地的具体情况综合考虑，使各层锚杆的承载力充分发挥，并保证支护结构的受力合理及支护效果安全可靠。

支护结构承受水平向荷载时，靠锚杆提供水平向拉力来维持结构的稳定，当锚杆位置确定后，为了使锚杆提供的承载力足够大，需将锚杆的锚固段设置在较好的土层中，而不宜设置在未经处理的软弱土层、不稳定土层及不良地质地段，因此锚杆应具有一定倾角。此时，锚杆产生的水平分力是抵抗支护结构水平荷载的有效分力；而产生的竖直向分力对支护结构无效，而且相应地增加了支护结构下部的压力，特别是当支护结构的底部所处土质不好时，该竖直分力将对支护结构产生很不利的影响。

为了尽量减小锚杆的竖向分力且便于施工，锚杆倾角一般取 15°～35°为宜。

在前面计算支撑力时，均按水平方向考虑，而实际锚杆与水平方向有一定角度，因此在设计计算锚固力时，需要按下式进行调整：

$$N_k=\frac{H_{tk}}{\cos\alpha} \tag{5-114}$$

式中：N_k——锚杆轴向拉力标准值(kN)；

H_{tk}——水平力标准值(kN)；

α——锚杆倾角(°)。

需注意的是，若布置的锚杆超出所施工建筑物的建筑红线时，则应将锚杆施工对红线外围可能造成的影响进行充分论证，且应取得有关部门的同意后方可施工。

锚杆一般通过腰梁向支挡结构传递荷载，腰梁可采用型钢组合腰梁或钢筋混凝土腰梁(图5-42)。锚杆腰梁按受弯构件设计。型钢组合腰梁可选用双槽钢或双工字钢，槽钢之间或工字钢之间应用缀板焊接为整体构件，焊缝连接应采用贴角焊。双槽钢或双工字钢之间的净间距应满足锚杆杆体平直穿过的要求。混凝土腰梁、冠梁宜采用斜面与锚杆轴线垂直的梯形截面；腰梁、冠梁的混凝土强度等级不宜低于C25。腰梁为梯形截面时，截面的上边水平尺寸不宜小于250mm。

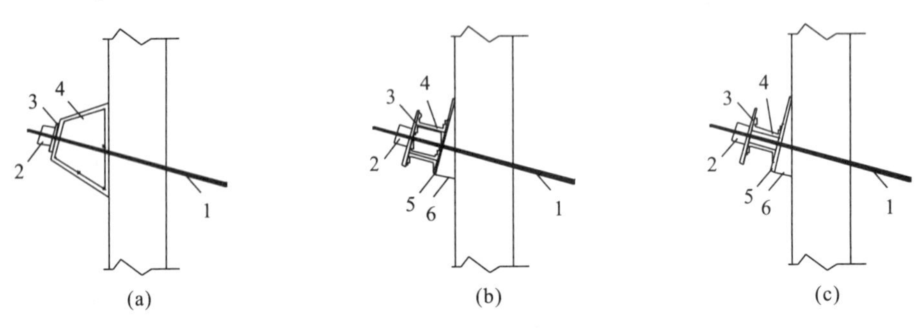

图5-42　腰梁结构示意图

(a)钢筋混凝土腰梁；(b)双工字钢组合腰梁；(c)双槽钢组合腰梁

1—锚杆杆体；2—锚具；3—承压板；4—腰梁；5—缀板；6—垫板

2.锚杆承载力计算

锚杆工作时处于抗拔状态，锚杆的承载力通常取决于以下几方面：拉杆的极限抗拉强度；拉杆与灌注锚固体之间的极限握裹力；锚固体与周围土体间的极限侧阻力。当锚杆承受足够大的荷载时，最显不足的应该是锚固体与周围土体的极限摩阻力(也称黏结强度)，该摩阻力一旦破坏，锚杆的作用也即失效，所以锚杆的承载力主要取决于与土层摩阻力的大小。锚杆抗拔试验表明，土层锚杆位移及破坏都是由于锚固体与周围土体的摩阻力达到或超过极限而导致的，而杆体与固结体间握裹力一般满足要求。

土层锚杆的承载力主要由锚固体与土体之间的侧阻力提供，与前述的抗拔桩的承载机理基本一致。锚杆的极限抗拔承载力应通过抗拔试验确定，在设计计算时，可先采用查表的方法根据经验确定锚杆极限承载力，具体应用时再进行验证。

锚杆承载力计算公式：

$$R_k = \pi d \sum q_{sk,i} l_i \tag{5-115}$$

式中：d——锚杆的锚固体直径(m)；

l_i——锚杆的锚固段在第i土层中的长度(m)；

$q_{sk,i}$——锚固体与第i土层之间的极限黏结强度标准值(kPa)，应根据工程经验并结合表5-10取值。

计算得到的锚固力极限值与锚杆承受的轴向拉力之比即锚杆抗拔安全系数，用公式表示为：

$$\frac{R_k}{N_k} \geqslant K_t \tag{5-116}$$

式中：K_t——锚杆抗拔安全系数，对于安全等级为一级、二级及三级的支护结构，分别不应小于1.8、1.6和1.4。

表5-10 锚杆的极限黏结强度标准值

土体名称	土体状态或密实度	q_{sk}(kPa)	
		一次常压注浆	二次压力注浆
填土		16～30	30～45
淤泥质土		16～20	20～30
黏性土	$I_L>1$	18～30	25～45
	$0.75<I_L\leqslant1$	30～40	45～60
	$0.50<I_L\leqslant0.75$	40～53	60～70
	$0.25<I_L\leqslant0.50$	53～65	70～85
	$0.0<I_L\leqslant0.25$	65～73	85～100
	$I_L\leqslant0$	73～90	100～130
粉土	$e>0.90$	22～44	40～60
	$0.75\leqslant e\leqslant0.0$	44～64	60～90
	$e<0.75$	64～100	80～130
粉细砂	稍密	22～42	40～70
	中密	42～63	75—110
	密实	63～85	90—130
中砂	稍密	54～74	70—100
	中密	74～90	100～130
	密实	90～120	130～170
粗砂	稍密	80～130	100～140
	中密	130～170	170～220
	密实	170～220	220～250
砾砂	中密、密实	190～260	240～290
风化岩	全风化	80～100	120～150
	强风化	150～200	200～260

注：1. 采用泥浆护壁成孔工艺时，应按表取低值后再根据具体情况适当折减；
2. 采用套管护壁成孔工艺时，可取表中的高值；
3. 采用扩孔工艺时，可在表中数值基础上适当提高；
4. 采用二次压力分段劈裂注浆工艺时，可在表中二次压力注浆数值基础上适当提高；
5. 当砂土中的细粒含量超过总质量的30%时，按表取值后应乘以0.75的系数；
6. 对有机质含量为5%～10%的有机质土，应按表取值后适当折减；
7. 当锚杆锚固段长度大于16m时，应对表中数值适当折减。

锚杆设计过程中，在选定锚杆锚固体直径的情况下，该式主要用于校核锚杆的安全储备，或者是用于计算锚杆锚固段的长度 l_a。

锚杆承载力除了受锚固体与土体之间的摩阻力控制外，同时与锚杆材料自身有关，这包括锚杆钢筋抗拉强度、锚杆杆体与砂浆之间的黏结强度。在计算该部分内容时，需要将前面计算的标准值转换为设计值进行计算。转换公式为：

$$N=\gamma_0\gamma_F N_k \quad (5-117)$$

式中：N——锚杆轴向拉力设计值(kN)；

γ_0——重要性系数，安全等级为一级、二级、三级的结构，分别取 1.1、1.0 和 0.9；

γ_F——综合分项系数，对于临时性基坑工程结构取 1.25，对于永久性工程，建议参考前面相关内容取值。

锚杆杆体的受拉承载力应符合下式规定：

$$N\leqslant f_{py}A_p \quad (5-118)$$

式中：f_{py}——预应力钢筋抗拉强度设计值(kPa)；用普通钢筋时，取钢筋抗拉强度设计值(f_y)；

A_p——预应力钢筋的截面面积(m^2)。

当岩土体侧阻力高、锚固段较短时，可能出现锚杆杆体从锚固段黏结体中拔出的现象，这时需要对杆体与黏结材料之间的黏结强度进行验算。建议按以下公式进行计算：

$$N\leqslant n\pi d f_b l_a \quad (5-119)$$

式中：l_a——锚杆钢筋或钢绞线与锚固砂浆间的锚固长度(m)；

n——锚杆钢筋(钢绞线)根数；

d——钢筋(钢绞线)直径(m)；

f_b——钢筋或钢绞线与锚固砂浆间的黏结强度设计值(kPa)，应由试验确定，当缺乏试验资料时可按表 5-11 取值。

表 5-11　钢筋、钢绞线与砂浆之间的黏结强度设计值 f_b(MPa)

锚杆类型	水泥浆或水泥砂浆强度等级		
	M25	M30	M35
水泥砂浆与螺纹钢筋间	2.10	2.40	2.70
水泥砂浆与钢绞线、高强钢丝间	2.75	2.95	3.40

注：1. 当采用二根钢筋点焊成束的作法时，黏结强度应乘以 0.85 的折减系数；

2. 当采用三根钢筋点焊成束的作法时，黏结强度应乘以 0.7 的折减系数；

3. 成束钢筋的根数不应超过 3 根，钢筋截面总面积不应超过锚孔截面积的 20%。当锚固段钢筋和注浆材料采用特殊设计，并经试验验证锚固效果良好时，可适当增加锚杆钢筋用量。

这样，通过上述计算可以确定锚杆的锚固段长度及锚杆杆件的截面大小。

锚杆承载力不仅与锚杆所处土体的性状、灌浆材料的强度及钢材(拉杆)的强度有关，还与施工工艺的质量有关。若仅仅按照弹塑性理论和土力学原理进行设计计算，即使得出理论计算结果，也会与实际情况相差较大。所以，采用现场试验的方法确定锚杆承载力最可靠。若根据经验参数估算锚杆承载力，之后也应采用现场试验的方法检验其合理性。

3. 锚杆自由段长度

如前所述，将锚杆根据受力划分为自由段与锚固段，锚固段需要锚入稳定的岩土体。在设计时，如何确定锚固段位置还有一定难度。一般通过如下方法简化处理：假设支挡结构绕净土压力为 0 的点转动，在该点以上墙后土体处于主动状态，主动区破坏下限点为净土压力为 0 的点，土体的破裂面与竖直面的夹角为 $45^\circ-\varphi_m/2$，这样可得到一假想破坏直线，该线与锚杆的交点即为锚固段的起点，如图 5-43 所示。

实际计算时，为确保安全，将理论自由段长度延长以确保安全。在《建设基坑支护技术规程》(JGJ 120—2012)中，延长了 1.5m。

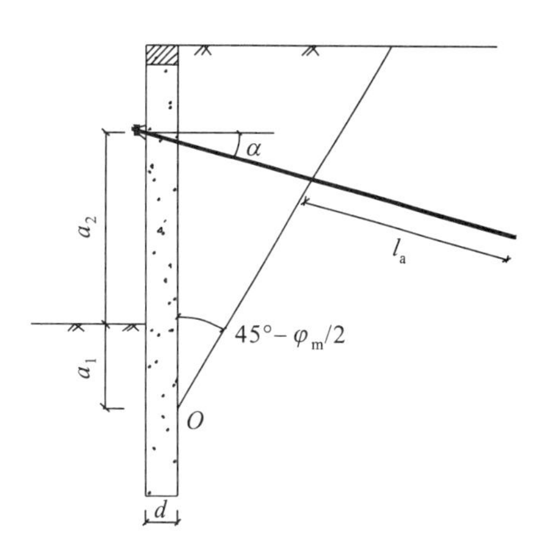

图 5-43　锚杆自由段计算示意图

$$l_f \geqslant \frac{(a_1 + a_2 - d\tan\alpha)\sin(45° - \varphi_m/2)}{\sin(45° + \varphi_m/2 + \alpha)} + \frac{d}{\cos\alpha} + 1.5 \tag{5-120}$$

式中：l_f——锚杆自由段长度(m)；

α——锚杆的倾角(°)；

a_1——锚杆的锚头中点至基坑底面的距离(m)；

a_2——基坑底面至挡土构件嵌固段上基坑外侧主动土压力强度与基坑内侧被动土压力强度等值点 O 的距离(m)。对多层土地层，当存在多个等值点时，应按其中最深处的等值点计算；

d——挡土构件的水平尺寸(m)；

φ_m——O 点以上各土层按厚度加权的内摩擦角平均值(°)。

上述计算得到锚杆的锚固段长度、自由段长度，另外在考虑腰梁、锚头及外伸段长度后，可以计算锚杆杆体的总长度，布置定位支架，完成锚杆的设计。

五、内支撑技术

采用内支撑系统的深基坑工程，一般由围护体、内支撑以及竖向支承三部分组成，其中内支撑与竖向支承两部分合称为内支撑系统。内支撑系统具有无须占用基坑外侧地下空间资源、可提高整个围护体系的整体强度和刚度，以及支撑刚度大，可有效控制基坑变形等诸多优点，在深基坑工程中已得到了广泛的应用，特别在软土地区环境保护要求高的深大基坑工程中更是成为优选的设计方案。

内支撑系统中的内支撑是基坑开挖阶段围护坑内外两侧压力差的平衡体系的组成部分。内支撑形式丰富多样，常用的内支撑按材料分有钢筋混凝土支撑、钢支撑以及钢筋混凝土与钢组合支撑等形式，按竖向布置可分为单层或多层平面布置形式和竖向斜撑形式；内支撑系统中的竖向支承一般由钢立柱和立柱桩一体化施工构成，其主要功能是作为内支撑的竖向承重结构，并保证内支撑的纵向稳定、加强内支撑体系的空间刚度，常用的钢立柱形式一般有角钢格构柱、H 型钢柱以及钢管混凝土柱等，立柱桩常采用灌注桩。图 5-44 和图 5-45 分别是典型内支撑系统平面图和典型内支撑系统剖面图。

支撑结构选型包括支撑材料和体系的选择以及支撑结构布置等内容。支撑结构选型从结构体系上可分为平面支撑体系和竖向斜撑体系；从材料上可分为钢支撑、钢筋混凝土支撑和钢与混凝土组合支撑的形式。各种形式的支撑体系根据其材料特点具有不同的优缺点和应用范围。由于基坑规模、环境条件、主体结构以及施工方法等的不同，难以对支撑结构选型确定出一套标准的方法，应以确保基坑安全可靠的前提下做到经济合理、施工方便为原则，根据实际工程具体情况综合考虑确定。

内支撑结构一般属于超静定结构，在考虑水土压力及结构自重荷载基础上，重点对支撑结

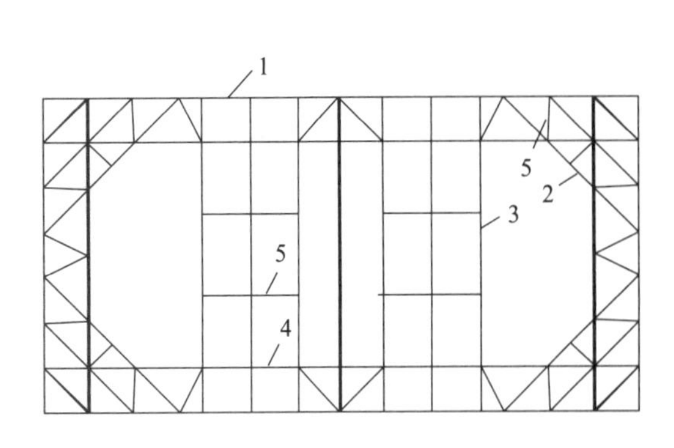

图 5-44　典型内支撑结构平面示意图

1.腰梁；2.角撑；3.对撑；4.边桁架；5.连杆

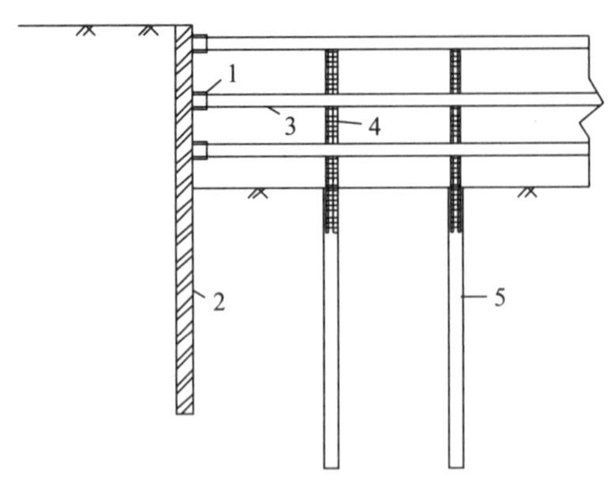

图 5-45　典型内支撑结构剖面示意图

1.腰梁；2.地下连续墙；3.对撑；4.立柱；5.立柱桩

构的强度和稳定性进行计算。支撑结构设计内容主要包括结构选型、支撑形式确定、平面布置、竖向布置、立柱和立柱桩设计、腰梁设计、节点构造设计、预应力设置、换撑设计等内容，部分工程还包括竖向斜撑设计。

第七节　弹性桩法分析支护结构

一、弹性支点法

在前述的针对桩(墙)式支护结构计算中，均存在两个重要的假设：首先桩是刚性的，桩(墙)可以发生整体倾斜但自身弯曲变形影响忽略不计；其次，在基坑开挖过程中，土压力与墙体的变形没有关系。实际上，支护结构受力与变形密切相关，如支撑点采用内支撑时，支撑的刚度直接影响支撑结构和墙体的内力。因此，需要采用更为合理的计算方法来考虑变形与结构内力之间的关系，常用的方法有杆件有限元、弹性有限元等方法。这里介绍属于杆件有限元的弹性支点法。

弹性支点法将支护结构视为一承受水平荷载的弹性梁，利用弹性梁理论建立支护结构的计算模型，采用杆件有限元的理论进行求解。这里支挡结构作为弹性梁单元，用弹簧模拟坑内被动区土体作用力，被动区的土压力与桩的位移相关，这一点与文克勒地基梁假设类似。主动区的土压力按经典土压力理论计算。

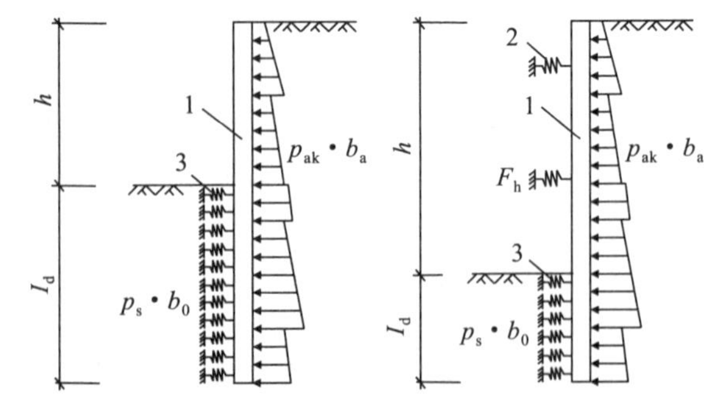

图 5-46　弹性支点法计算模型

(a)悬臂式支挡结构；(b)锚拉式支挡结构或支撑式支挡结构

1—挡土构件；2—由锚杆或支撑简化而成的弹性支座；

3—计算土反力的弹性支座

除了将被动区土体的作用假设为弹簧单元外，对于支点，如锚杆或内支撑，同样假设为不同水平刚度系数的弹簧单元。这样弹性支点法可以假设为如图 5-46 所示的结构模型。基坑开挖面以下地基为弹性地基，可以建立开挖面以上及开挖面以下的挠曲微分方程。

对于悬臂式支挡结构，按基坑底面将支挡结构分为上下两个部分，按弹性梁考虑，可建立起支挡结构的位移与受力之间的微分方程。

在基坑底面以上，支挡结构临空，无被动区土体作用，仅存在主动区的土压力：

$$EI\frac{d^4x}{dz^4}-p_{ak}\cdot b_a=0\qquad(0\leqslant z<h)\tag{5-121}$$

在基坑底面以下，除了主动区的土压力外，将被动区的土体视作弹簧，按弹性地基梁的方法建立微分方程：

$$EI\frac{d^4x}{dz^4}-p_{ak}\cdot b_a+p_s b_0=0\qquad(h<z)\tag{5-122}$$

同样，对于设有锚杆或者支撑的支挡结构，基坑底面以下的假设及微分方程与悬臂结构一致，但是对于基坑底面以上，需要将锚杆或者支撑视为弹性支座。这样基坑底面以上的微分方程可写为：

$$EI\frac{d^4x}{dz^4}-p_{ak}\cdot b_a=0\qquad(0\leqslant z<h\ \text{支点以外})\tag{5-123}$$

$$EI\frac{d^4x}{dz^4}-p_{ak}\cdot b_a+F_h=0\qquad(0\leqslant z<h\ \text{支点处})\tag{5-124}$$

式中：EI——支护结构计算宽度抗弯刚度；

b_0——土反力计算宽度(m)；

b_a——水平荷载计算宽度(m)；

p_s——作用在支挡结构上的土反力(kPa)；

F_h——锚杆或内支撑对支挡结构计算宽度内的弹性支点水平反力(kN)；

x——水平位移(m)；

z——计算点距离支挡结构顶点的距离(m)。

其中土反力计算宽度为被动区能调动起来承担水平荷载的土体宽度，当支挡结构为桩且有间距时，土反力计算宽度大于桩的实际宽度且不大于桩中心间距。b_0 可根据表 5-12 求取，当计算 b_0 大于桩的实际间距时，取桩的实际间距。而水平荷载计算宽度为每单体支挡结构所承担主动区土压力荷载分布宽度，对于一般排桩支护，直接取排桩的间距。地下连续墙的土反力计算宽度及水平荷载计算宽度可直接取包括接头的单幅墙宽度，也可取支撑或锚杆在水平方向分布间距的宽度。

表 5-12　土反力计算宽度与水平荷载计算宽度的取值

支挡构件	土反力计算宽度 b_0			水平荷载计算宽度 b_a
排桩	圆形桩	$d\leqslant 1$m	$b_0=0.9(1.5d+0.5)$	取排桩间距
		$d>1$m	$b_0=0.9(d+1)$	取排桩间距
	矩形桩或工字形桩	$b\leqslant 1$m	$b_0=1.5b+0.5$	取排桩间距
		$b>1$m	$b_0=b+1$	取排桩间距
地下连续墙	取包括接头的单幅墙宽度			取包括接头的单幅墙宽度

二、被动区土压力计算

作用在支挡结构上的土反力 p_s 可简化为两部分：初始土压力和由于支挡结构位移形成的土反力：

$$p_s = k_s v_x + p_{s0} \tag{5-125}$$

且必须满足嵌固段的被动区土反力 p_s 的合力标准值 p_{sk} 小于被动区计算被动土压力 E_{pk}，即

$$p_{sk} < E_{pk} \tag{5-126}$$

可采用朗肯土压力理论计算被动土压力 E_{pk}。

式中：k_s——水平反力系数；

v_x——支挡结构土反力计算点的水平位移(m)；

p_{s0}——初始土反力(kPa)。

上面计算公式中，需要确定的参数有水平反力系数 k_s 及初始土反力 p_{s0}。一般假设被动区的土体弹簧系数随深度增加而线性增加，即

$$k_s = m(z-h) \tag{5-127}$$

式中：m——地基土水平反力比例系数(kN/m^4)。

上述设定一般称之为"m 法"。水平反力比例系数 m 是上述计算中唯一一个与土体性质相关的参数，反映了土体的性质，因此确定一个合理的地基土水平反力比例系数至关重要。确定该参数应通过水平载荷试验、经验表格或通过土体强度参数拟合得到。

载荷试验计算水平反力比例系数 m 采用下面公式进行：

$$m = \frac{\left[\dfrac{H_{cr}}{x_{cr}}\nu_x\right]^{\frac{5}{3}}}{b_0(EI)^{\frac{2}{3}}} \tag{5-128}$$

式中：H_{cr}——单桩水平临界荷载(kN)，根据《建筑桩基技术规范》(JGJ 94—2008)确定；

x_{cr}——单桩水平临界荷载对应的位移(m)；

m——地基水平抗力系数的比例系数(MN/m^4)，该数值为基坑开挖面以下 $2(d+1)$m 深度内各土层的综合值；

ν_x——桩顶位移系数，按表 5-13 确定。

表 5-13　桩顶位移系数 ν_x

换算深度 ah	4	3.5	3	2.8	2.6	2.4
ν_x	2.441	2.502	2.727	2.905	3.163	3.526

表中 α 按下式计算

$$\alpha = \sqrt[5]{\frac{mb_0}{EI}} \tag{5-129}$$

利用上面方法计算 m 时，先假定 α，然后试算 m 值，反复进行可求得 m。

以试验为基础，各行业与地区规范均给出了 m 值的经验值，设计时可参考表 5-14 进行。

表 5－14　地基水平抗力系数的比例系数经验值

地基土分类		m(kN/m^4)
流塑的黏性土、淤泥		1000～2000
软塑的黏性土、松散粉砂质土和砂土		2000～4000
可塑的黏性土、稍密～中密的粉土和砂土		4000～6000
坚硬的黏性土、密实的粉土、砂土		6000～10000
水泥土搅拌桩加固，置换率＞25％	水泥掺量＜8％	2000～4000
	水泥掺量＞12％	4000～6000

在缺乏单桩水平载荷试验数据时，也可以根据土体的强度参数数值(不考虑数值单位)按以下经验公式进行估算：

$$m=\frac{0.2\varphi^2-\varphi+c}{v_b} \tag{5-130}$$

式中：m——土的水平反力系数的比例系数(MN/m^4)；

c、φ——土的黏聚力(kPa)与内摩擦角(°)，对多层土，按不同土层分别取值；

v_b——挡土构件在坑底处的水平位移量(mm)，当水平位移不大于 10mm 时，可取 $v_b=10$mm。

另外需要考虑的是被动区初始土压力 p_{s0}，从理论上讲，在支挡结构没有位移的初始状态、基坑前有开挖的情况下，该值更接近于考虑超固结效应的静止土压力。为简化计算，可以直接用主动土压力系数将竖直土压力转换为水平土压力，主动土压力较静止土压力偏低，因此忽略黏聚力对土压力的影响，使计算结果更符合实际。对于水土合算或者地下水位以上的场地：

$$p_{s0}=\sigma_{pk}K_{a,i} \tag{5-131}$$

水土分算时：

$$p_{s0}=(\sigma_{pk}-u_p)K_{a,i}+u_p \tag{5-132}$$

三、锚杆与支撑作用计算

锚杆和内支撑对挡土构件的作用可以采用下式计算：

$$F_h=k_R(v_R-v_{R0})+P_h \tag{5-133}$$

式中：F_h——挡土构件计算宽度内的弹性支点水平反力(kN)；

k_R——计算宽度内弹性支点刚度系数(kN/m)；

v_R——挡土构件在支点处的水平位移值(m)；

v_{R0}——支点设置时的初始水平位移值(m)；

P_h——挡土构件计算宽度内的法向预加力(kN)，当不施加预应力时，该值为 0，否则按如下计算。

采用锚杆或竖向斜撑时：

$$P_h=P\cdot b_a\cdot\cos\alpha/s \tag{5-134}$$

采用水平对撑时：

$$P_h=P\cdot b_a/s \tag{5-135}$$

式中：P——锚杆的预加轴向拉力值或支撑的预加轴向压力值(kN)；

α——锚杆倾角或支撑仰角(°)；

b_a——结构计算宽度(m)；

s——锚杆或支撑的水平间距(m)。

一般控制锚杆的预加轴向拉力 P 为计算的轴向拉力标准值 N_k 的 0.75～0.9 倍，而支撑预加力为标准值的 0.5～0.8 倍。

计算中，确定支挡的刚度系数 k_R 是一难点，与支撑类型、结构及材料特性等有关。

当采用十字交叉对撑形式的钢筋混凝土支撑或钢支撑(图 5-47)，当支撑腰梁或冠梁的挠度可忽略不计时，可按下式确定计算宽度内弹性支点刚度系数：

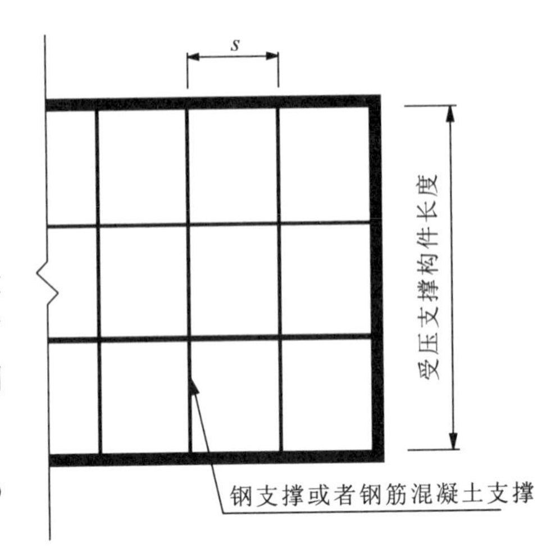

图 5-47　十字交叉对撑结构

$$k_R=\frac{\alpha_R EAba}{\lambda l_0 s} \tag{5-136}$$

式中：E——支撑材料的弹性模量(kN/m^2)；

A——支撑的截面面积(m^2)；

l_0——受压支撑构件的长度(m)；

α_R——支撑松弛系数。对混凝土支撑和预加轴向压力的钢支撑，取 $\alpha_R=0.0$，对不预加支撑轴向压力的钢支撑，取 $\alpha_R=0.8$～1.0；

λ——支撑不动点调整系数。

支撑计算长度应该等于受压支撑构件长度 l_0 的 0.5 倍，即当支撑两对边基坑的土性、深度、周边荷载等条件相近，且分层对称开挖时，取 $\lambda=0.5$；支撑两对边基坑的土性、深度、周边荷载等条件或开挖时间有差异时，对土压力较大或先开挖的一侧，取 $\lambda=0.5$～1.0，且差异大时取大值，反之取小值；对土压力较小或后开挖的一侧，取 $1-\lambda$；当基坑一侧取 $\lambda=1.0$ 时，基坑另一侧应按固定支座考虑；对竖向斜撑构件，取 $\lambda=1.0$。

对于锚拉式结构，k_R 宜通过锚杆拉拔试验来确定，取设计轴向拉力标准值至锚杆施工时锁定值段锚杆拉拔循环加荷或逐级加荷试验曲线($Q-s$)斜率。计算公式如下：

$$k_R=\frac{(Q_2-Q_1)b_a}{(s_2-s_1)s} \tag{5-137}$$

式中：Q_1、Q_2——分别为锚杆锁定值和锚杆轴向拉力标准值(kN)；

s_1、s_2——对应 Q_1、Q_2 时的锚头位移(m)；

b_a——结构计算宽度(m)；

s——锚杆的水平间距(m)。

在缺少试验数据时，锚杆作为弹性支点的刚度系数可按下式计算：

$$\left.\begin{aligned} k_R &= \frac{3E_s E_c A_p A b_a}{[3E_c A l_f + E_s A_p (l-l_f)]s} \\ E_c &= \frac{E_s A_p + E_m (A-A_p)}{A} \end{aligned}\right\} \tag{5-138}$$

式中：E_s、E_c——锚杆杆体和锚杆杆体与注浆固结体的复合弹性模量(kN/m^2)；

A_p、A——杆体和注浆固结体的截面面积(m^2)；

l——锚杆长度(m)；

l_f——锚杆自由段的长度(m)；

E_m——注浆固结体的弹性模量(kN/m^2)。

锚杆腰梁或冠梁的挠度不可忽略不计时，尚应考虑其挠度对弹性支点刚度系数的影响。

四、弹性支点法求解

使用土压力理论计算得到主动侧土压力，将被动侧土体假设成随深度增加的弹簧单元以及将锚杆及支撑假设为弹性支点后，可以建立起弹性计算模型。该计算模型难以求出理论解，只能用数值法进行求解。

可以采用杆件有限元方法进行求解，求解过程如下：

(1)结构理想化，将支挡结构按计算宽度简化为一个直立梁，按上述的方法设定初始条件、边界条件；

(2)结构离散化，把挡土结构沿竖向划分为若干个单元，一般每隔1～2m划分一个单元。为计算简便，尽可能将节点布置在挡土结构的截面、荷载突变处，弹性地基基床系数k值变化处及支撑或锚杆的作用点处。

(3)挡土结构的节点应满足变形协调条件，即结构节点的位移和联结在同一节点处的每个单元的位移是互相协调的，并取节点的位移为未知量。

(4)单元所受荷载和单元节点位移之间的关系，以单元的刚度矩阵$[K]^e$来确定，即：

$$\{F\}^e=[K]^e\{\delta\}^e \tag{5-139}$$

式中：$\{F\}^e$——单元节点力；

$[K]^e$——单元刚度矩阵；

$\{\delta\}^e$——单元节点位移矩阵。

通过矩阵变换可以得到结构的总刚度矩阵，作用在单元节点上的荷载取主动土压力，这样就可以求得结构的位移，进一步按梁单元计算结构内弯矩与剪力值，作用在被动区的土压力可以按土反力系数乘以位移得到。

弹性支点法以其计算参数少、模型简单、能模拟分步开挖、能反映被动区土压力与位移的关系等优点而被广泛应用于基坑开挖围护结构受力计算分析中。随着计算机技术的进步，在一些商业计算软件中，平面竖向弹性地基梁有限元计算方法已经得到大量应用并取得了较好的效果。但在应用上述软件时，应特别注重参数的选用和计算结果的合理性。

第八节　支挡结构截面设计

在计算得到支档结构内力的基础上，根据所选的结构类型，通过抗弯和抗剪承载力对柔性支档结构进行截面设计。常用的承担水平土压力的柔性支挡构件可以采用预制桩、灌注桩、地下连续墙等。

当采用混凝土桩作为水平力受力构件时，桩径一般不小于400mm，常用的为800～1 200mm；桩底埋深12m以内时，桩径宜为400～800mm；超过12m，宜为800～1 200mm。当采用人工挖孔成桩时，不能小于800mm。桩间距一般可取1.2～1.5倍桩直径，在稳定性差的软土和砂土中桩间距取小值，而稳定性好的黏性土可适当放大桩间距。截面形状可为矩形或者圆形，矩形截面的受弯或受剪承载力计算按照《混凝土结构设计规范》(GB 50010—2010)及相关教材进行，计算简单。而在基坑中，大部分采用圆形截面，而圆形截面承载力计算较矩形截面相对复杂，下面介绍型材的正截面承载力及圆形截面钢筋混凝土桩的正截面受弯和斜截面受剪承载力的计算。

一、型材正截面承载力计算

对于型钢、钢管、钢板支护桩的受弯、受剪承载力的计算，应按现行《钢结构设计规范》(GB 50017—2017)等国家标准的有关规定进行计算。在得到最大弯矩 M_{max} 后，可根据强度要求确定型材的截面模量和钢板桩的材质，最终选择确定型号。

型材的强度验算一般按下式进行：

$$\sigma=\frac{1.25M_{max}}{W}+\frac{N}{A}\leqslant[\sigma] \tag{5-140}$$

式中：M_{max}——最大弯矩标准值(kN·m)；

N——轴向力(kN)；

A——截面面积(m^2)；

W——净截面模量(m^3)；

$[\sigma]$——型钢的抗拉强度设计值(N/m^2)。

二、圆形钢筋混凝土构件正截面计算

1.圆形钢筋混凝土构件正截面构造要求

采用混凝土灌注桩时，为保证排桩作为混凝土构件的基本受力性能，桩身混凝土强度等级、钢筋配置和混凝土保护层厚度应符合相关规范要求。

桩身混凝土强度等级不宜低于 C25，支护桩的纵向受力钢筋宜选用 HRB400、HRB500 级钢筋，单桩的纵向受力钢筋不宜少于 8 根，净间距不应小于 60mm；支护桩顶部设置钢筋混凝土构造冠梁时，纵向钢筋锚入冠梁的长度宜取冠梁厚度；冠梁按结构受力构件设置时，桩身纵向受力钢筋伸入冠梁的锚固长度应符合现行《混凝土结构设计规范》(GB 50010—2010)对钢筋锚固的规定；当不能满足锚固长度的要求时，其钢筋末端可采取机械锚固措施；箍筋可采用螺旋式箍筋，箍筋直径不应小于纵向受力钢筋最大直径的 1/4，且不应小于 6mm；箍筋间距宜取100～200mm，且不应大于 400mm 及桩的直径；沿桩身配置的加强筋应满足钢筋笼起吊安装要求，宜选用 HPB300、HRB400 级钢筋，其间距宜取 1000～2000mm；纵向受力钢筋的保护层厚度不应小于 35mm；采用水下灌注混凝土工艺时，不应小于 50mm；当采用沿截面周边非均匀配置纵向钢筋时，受压区的纵向钢筋根数不应少于 5 根；对采用泥浆护壁水下灌注混凝土成桩工艺而钢筋笼顶端低于泥浆面，钢筋笼顶与桩的孔口高差较大且难以控制钢筋笼方向的情况以及其他施工方法不能保证钢筋笼的方向时，不应采用沿截面周边非均匀配置纵向钢筋的形式；当根据桩身内力包络图沿桩身分段配置纵向受力主筋时，纵向受力钢筋的搭接应符合现行《混凝土结构设计规范》(GB 50010—2010)的相关规定。

2.圆形钢筋混凝土构件正截面受弯计算

灌注桩纵向受力钢筋在截面上的配筋方式通常有两种形式，其一是沿周边均匀配置纵向钢筋，见图 5-48(a)；其二是沿受拉区和受压区周边局部均匀配置纵向钢筋，见图 5-48(b)。

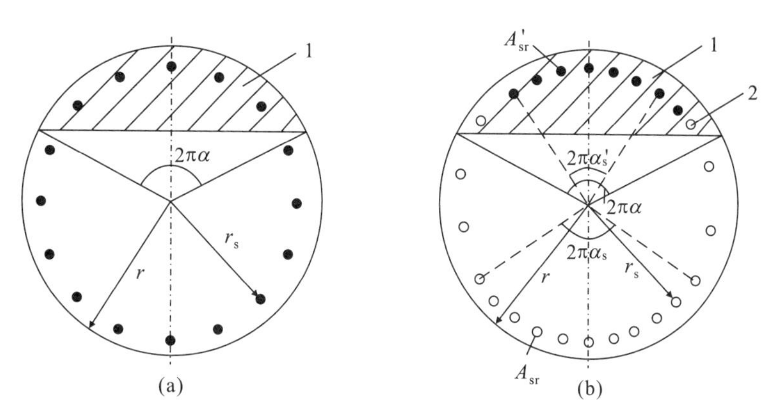

图 5－48　圆形钢筋混凝土构件正截面受弯计算

(a)沿周边均匀配置纵向钢筋；(b)沿受拉和受压区周边局部均匀配置纵向钢筋

1—混凝土受压区；2—构造钢筋

沿周边均匀配置纵向钢筋的圆形截面支护桩，截面内纵向钢筋数量不少于 6 根时，其正截面受弯承载力应满足以下要求：

$$M \leqslant \frac{2}{3}\alpha_1 f_c A r \frac{\sin^3 \pi\alpha}{\pi} + f_y A_s \gamma_s \frac{\sin\pi\alpha + \sin\pi\alpha_t}{\pi} \tag{5-141}$$

$$\alpha\alpha_1 f_c A\left(1-\frac{\sin 2\pi\alpha}{2\pi\alpha}\right)+(\alpha-\alpha_t) f_y A_s = 0 \tag{5-142}$$

$$\alpha_t = 1.25 - 2\alpha \tag{5-143}$$

式中：M——桩的弯矩设计值（kN·m）；

f_c——混凝土轴心抗压强度设计值（N/mm²）；

α_1——混凝土强度修正系数，当混凝土强度等级为 C50 时，$\alpha_1=1.0$，当混凝土强度等级为 C80 时，$\alpha_1=0.94$，其间按线性内插法确定；

f_y——纵向钢筋的抗拉强度设计值（N/mm²）；

A——支护桩截面面积（m²）；

r——支护桩半径（m）；

α——受压区混凝土截面面积的圆心角（rad）与 2π 的比值；

A_s——全部纵向钢筋的截面面积（mm²）；

r_s——纵向钢筋重心所在圆周的半径（m）；

α_t——纵向受拉钢筋截面面积与全部纵向钢筋截面面积的比值，当 $\alpha>0.625$ 时，$\alpha_t=0$。

沿受拉区和受压区周边局部均匀配置纵向钢筋的圆形截面支护桩，截面受拉区内纵向钢筋数量不少于 3 根时，其正截面受弯承载力应满足以下要求：

$$M \leqslant \frac{2}{3} f_c A r \frac{\sin^3 \pi\alpha}{\pi} + f_y A_{sr} r_s \frac{\sin\pi\alpha_s}{\pi\alpha_s} + f_y A'_{sr} r_s \frac{\sin\pi\alpha'_s}{\pi\alpha'_s} \tag{5-144}$$

$$\alpha f_c A\left(1-\frac{\sin 2\pi\alpha}{2\pi\alpha}\right)+f_y(A'_{sr}-A_{sr}) = 0 \tag{5-145}$$

$$\cos\pi\alpha \geqslant 1-\left(1+\frac{r_s}{r}\cos\pi\alpha\right)\xi_b \tag{5-146}$$

$$\alpha \geqslant \frac{1}{3.5} \tag{5-147}$$

式中：ξ_b——混凝土矩形截面相对界限受压高度(m)；

α_s——受拉钢筋的圆心角与 2π 的比值，α_s 值宜取 1/6～1/3，通常可以取 0.25；

α'_s——受压钢筋的圆心角与 2π 的比值，宜取 $\alpha_s \leqslant 0.5\alpha$；

A_{sr}、A'_{sr}——分别为周边均匀配置在圆心角 $2\pi\alpha_s$ 与 $2\pi\alpha'_s$ 内的纵向受拉、受压钢筋的截面面积(mm^2)。

当 $\alpha < 1/3.5$ 时，正截面受弯承载力可按下式计算：

$$M \leqslant f_y A_{sr}\left(0.78r + r_s \frac{\sin\pi\alpha_s}{\pi\alpha_s}\right) \tag{5-148}$$

受拉区和受压区周边实际配置的均匀纵向钢筋的圆心角应分别取为 $2(n-1)\pi\alpha_s/n$ 和 $2(m-1)\pi\alpha'_s/m$，这里 n、m 为受拉区、受压区配置均匀纵向钢筋的根数。配置在圆形截面受拉区的纵向钢筋，其按全截面面积计算的最小配筋率不宜小于 0.2%和 $0.45f_t/f_y$ 中的较大者。在不配置纵向受力钢筋的圆周范围内应设置周边纵向构造钢筋，纵向构造钢筋直径不应小于纵向受力钢筋直径的 1/2，且不应小于 10mm；纵向构造钢筋的环向间距不应大于圆截面的半径和 250mm 中的较小值。

3.斜截面受剪承载力计算

由于现行国家标准《混凝土结构设计规范》(GB 50010—2010)中没有圆形截面的斜截面承载力计算公式，所以采用将圆形截面等代成矩形截面，然后再按上述规范中矩形截面的斜截面承载力公式计算，即用截面宽度 $b=1.76r$ 和截面有效高度 $h_0=1.6r$，等效成矩形截面的混凝土支护桩，按矩形截面斜截面承载力的规定进行计算。计算所得的箍筋截面面积应作为支护桩圆形箍筋的截面面积，且应满足该规范对梁的箍筋配置的要求。

矩形截面斜截面承载力应满足以下要求：

$$V \leqslant 0.7f_t bh_0 + f_{yv}\frac{A_{sv}}{s}h_0 \tag{5-149}$$

式中：V——剪力设计值(kN)；

f_t——混凝土轴心抗拉强度设计值(N/mm^2)；

A_{sv}——单肢箍筋的截面积(mm^2)；

s——箍筋沿桩身间距(m)。

4.桩顶冠梁设计

支护桩顶部应设置混凝土冠梁，它是排桩结构的组成部分，其宽度不宜小于桩径，高度不宜小于桩径的 0.6 倍。当冠梁上不设置锚杆或支撑时，冠梁可以仅按构造要求设计，按构造配筋。此时，冠梁的作用是将排桩连成整体，调整各个桩受力的不均匀性，不需对冠梁进行受力计算。当冠梁用作支撑或锚杆的传力构件或按空间结构设计时，冠梁起到传力作用，除需满足构造要求外，应将冠梁视为简支梁或连续梁，按梁的内力进行截面设计。

[例题 5-6]　某基坑开挖深度 8m，周边环境要求较高。考虑采用锚拉式支护结构，支挡构件为排桩，支护结构剖面以及地质资料如图 5-49(a)所示，粉质黏土与锚固体极限黏结强度标准值 $q_{sk}=85kPa$，场地内不考虑地下水，坡顶作用有 $q=25kPa$ 的超载。排桩采用人工挖孔桩，桩长 13m，桩径 1.0m，桩中心距 2.0m，桩身混凝土强度等级采用 C30，纵向受力筋采用 HRB400 级钢筋，箍筋采用 HPB300 级钢筋；锚杆位于两桩之间，水平间距 2.0m，设在地面下

2.5m 处，倾角 15°，锚孔直径 150mm，采用二次压力灌浆，锚杆杆体采用 HRB500 级钢筋制作。基坑安全等级为二级。

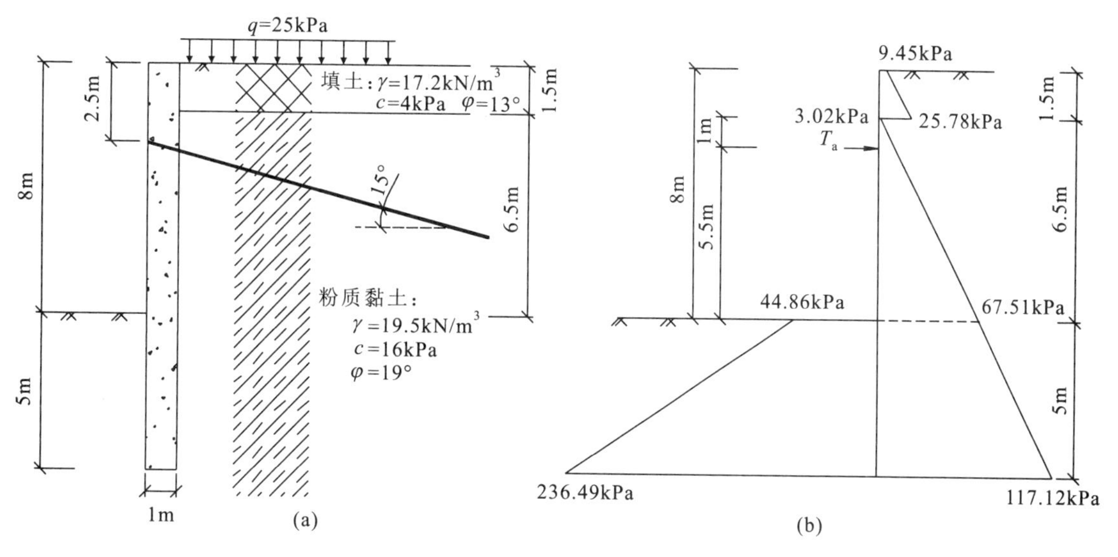

图 5-49　工程条件及土压力计算结果

解：(1)验算支护桩入土深度是否满足要求。

根据土压力公式计算得到侧土压力分布，如图 5-49(b)所示。

主动侧填土层土压力绕锚杆支撑点形成的弯矩为：

$$M_1=9.45\times1.5\times\left(\frac{1.5}{2}+1\right)+\frac{(25.78-9.45)\times1.5}{2}\times\left(\frac{1.5}{3}+1\right)=43.1775(\text{kN}\cdot\text{m})$$

主动侧粉质黏土层土压力绕锚杆支撑点形成的弯矩为：

$$M_2=3.02\times11.5\times\left(\frac{11.5}{2}-1\right)+\frac{(117.12-3.02)\times11.5}{2}\times\left(\frac{2\times11.5}{3}-1\right)=4538.801(\text{kN}\cdot\text{m})$$

被动侧粉质黏土层土压力绕锚杆支撑点形成的弯矩为：

$$M_3=44.86\times5\times\left(\frac{5}{2}+5.5\right)+\frac{(236.49-44.86)\times5}{2}\times\left(\frac{5\times2}{3}+5.5\right)=6026.229(\text{kN}\cdot\text{m})$$

计算 $K_{em}=\dfrac{M_1+M_3}{M_2}=1.337$，嵌固稳定性安全系数大于 1.2，满足要求。

(2) 按等值梁法计算锚固点的水平力及墙身内力。

净土压力为 0 点位于基坑下深度为 $y=0.7973$m。

计算得到单位基坑宽度锚杆水平荷载 $T_a=144.46$kN。

具体计算过程参考等值梁相关计算。

按剪力为 0 处弯矩最大，得到最大弯矩位置为基坑顶面下 5.504m，最大弯矩 $M_k=183.6\text{kN}\cdot\text{m}$

最大剪力直接取支撑点处的 $V_k=118$kN。

以上在求取支护桩内力过程中采用了简化方法，实际宜以弹性支点法计算，结果更为准确。

(3) 支护桩配筋计算。

该基坑设计等级为二级，重要性系数 $\gamma_0=1.0$，综合分项系数 $\gamma_F=1.25$，桩间距为 2m，则每根桩承担的弯矩和剪力设计值为：

$$M=2\times\gamma_0\gamma_F M_K=2\times1.0\times1.25\times183.6=459(\text{kN}\cdot\text{m})$$

$$V=2\times\gamma_0\gamma_F V_K=2\times1.0\times1.25\times118=295(\text{kN})$$

抗弯钢筋采用 HRB400 级钢筋，$f_y=360\text{N/mm}^2$，混凝土为 C30，$f_c=14.3\text{N/mm}^2$，$f_t=1.43\text{N/mm}^2$，桩身混凝土保护层厚度初步按 40mm 考虑。

按全截面均匀布筋计算纵向受力钢筋，初步采用直径为 22mm 的带肋钢筋。

按上述条件，可以得到桩半径 $r=500\text{mm}$，纵向筋重心圆周半径 $r_s=449\text{mm}$，桩截面面积 $A=0.7854\text{m}^2$。

可以利用式(5－142)及式(5－143)，得到：

$$A_s=\alpha f_c A\left(1-\frac{\sin2\pi\alpha}{2\pi\alpha}\right)/(1.25-3\alpha)f_y$$

将上式带入公式(5－141)，得到：

$$M=\frac{2}{3}f_c Ar\frac{\sin^3\pi\alpha}{\pi}+r_s\frac{\sin\pi\alpha+\sin\pi(1.25-2\alpha)}{\pi}\times\frac{\alpha f_c A\left(1-\frac{\sin2\pi\alpha}{2\pi\alpha}\right)}{(1.25-3\alpha)}$$

该方程中，只有 α 为未知数，采用迭代求解该方程，可以得到 $\alpha=0.213$。

$A_s=2968\text{mm}^2$，则配筋率为 0.378%。

选配 8 根 ϕ22mm 钢筋，实际配筋截面积 $A_s=3041\text{mm}^2$，满足要求。

对圆形桩按如下处理计算斜截面抗剪承载力：将圆形桩截面等代为高度 b 为 1.76 倍桩半径的方形桩，方形桩的有效高度 h_0 为 1.6 倍桩半径

$$b=1.76\times0.5=0.88(\text{m})$$

$$h_0=1.6\times0.5=0.8(\text{m})$$

按式(5－149)的计算结果，混凝土抗剪承载力能满足要求，因此按构造要求以 ϕ10@150 配置箍筋。

另外沿桩身配置加劲箍，钢筋型号为 HRB335，直径 16mm，间距 2000mm。

(4) 冠梁设计。

冠梁按构造要求进行设计，宽度与桩的直径一致，取 1000mm，高度取 600mm，主筋选择 HRB400 级钢筋，直径 18mm。

(5) 锚杆设计。

本工程锚杆间距为 2m，锚杆荷载采用简化方法求得，单根锚杆水平荷载 288.92 kN，则可得锚杆的轴力为：

$$N_k=\frac{T_a}{\cos\alpha}=\frac{288.92}{\cos15^\circ}=299(\text{kN})$$

首先计算锚杆自由段长度

$$l_f=\frac{(a_1+a_2-d\tan\alpha)\sin(45^\circ-\varphi/2)}{\sin(45^\circ+\varphi/2+\alpha)}+\frac{d}{\cos\alpha}+1.5$$

$$=\frac{(5.5+0.7973-1.0\times\tan15^{\circ})\sin(45^{\circ}-19^{\circ}/2)}{\sin(45^{\circ}+19^{\circ}/2+15^{\circ})}+\frac{1.0}{\cos15^{\circ}}+1.5$$

$$=6.273(\text{m})$$

注意，上式中的 a_2 为净土压力为 0 的点，即本题计算的 $y=0.7973\text{m}$。

参照表 5－11，粉质黏土与锚固体极限黏结强度标准值取 $q_{sk}=85\text{kPa}$，以此计算锚固段的长度 l_a。

$$R_k=\pi d\sum q_{sk,i}l_{a,i}$$

要求 $R_k/N_k\geqslant K_t=1.6$，即有

$$l_a\geqslant\frac{K_tK_k}{\pi dq_{sk}}=\frac{1.6\times299}{3.14\times0.15\times85}\approx12(\text{m})$$

上式中 d 为锚固浆体的外径，$d=0.15\text{m}$。

得到锚杆的总长度为：

$$l=l_f+l_a=6.273+12\approx18.3(\text{m})$$

计算锚杆的钢筋直径，拉筋采用 HRB500 级钢筋，$f_y=435\text{N/mm}^2$。

$$A_p=\frac{N}{f_y}=\frac{\lambda_0\lambda_F N_k}{f_y}=\frac{1.0\times1.25\times299000}{435}=859.2(\text{mm}^2)$$

钢筋直径选用 36mm，实际面积为 1018mm^2，满足要求。

(6) 腰梁设计。

腰梁要承担锚杆荷载，并传递至支护桩。腰梁采用双排工字钢制作，按单跨简支梁计算腰梁内力，梁跨度 2m，集中力(锚杆荷载)作用于梁中点，集中力设计值：

$$N=\lambda_0\lambda_F N_k=374(\text{kN})$$

简支梁中点弯矩最大：

$$M=187\text{kN}\cdot\text{m}$$

由于采用双排工字钢承担荷载，因此单根梁弯矩为 93.5kN·m。工字钢为 Q235，强度为 $f=215\text{N/mm}^2$。设计工字钢的截面。

根据

$$\frac{M}{W_{nx}\gamma_x}\leqslant f \tag{5-150}$$

式中：W_{nx}——梁截面抵抗矩(m^3)；

γ_x——截面塑性发展系数，$\gamma_x=1.05$。

得到 $$W_{nx}\geqslant\frac{M}{\gamma_x f}=\frac{93500000}{1.05\times215}=414.175\times10^3(\text{mm}^3)$$

采用 25b 工字钢，梁截面抵抗矩为 423cm^3，满足要求。

第九节　基坑降排水工程

当施工区地下水位高于基坑开挖标高时，为保证施工质量及安全，则需考虑降(排)水问题。当基坑开挖深度较大时，因含水层被切断，在动水压力的作用下，基坑壁即使采用了相应的支护措施，仍可能会产生边坡土体局部流失或失稳，基坑底部还可能产生管涌、流沙或隆起等现象。为防止因地下水造成的不利影响，在进行浅基坑作业时，必须采取措施及时抽排坑内

集水，使工作面处于疏干状态以利施工；在进行深基坑施工时，特别是坑底接近或达到承压含水层时，必须采取降水措施，使地下水位降落至基坑底设计深度以下，既可防止边坡土体流失使其稳定性提高，避免基坑底土因管涌、流土或隆起而遭破坏，还可使支护结构所受到的侧压力降低，安全系数相应提高。

一、渗流稳定性计算及基坑截水设计

1. 突涌与流土稳定性计算

渗流破坏的类型主要有突涌、流土、管涌和接触冲刷。其中突涌主要发生在坑底为隔水层、在隔水层以下存在承压水的情况，当承压水头过大时，可能超过上覆土水重量导致基坑隆起破坏。而流土主要发生在级配单一，土质均匀的粉土、粉细砂等土层中，当逸出面水力梯度过大时，土颗粒随水体流失形成破坏。而管涌主要发生在土体颗粒级配不连续、粗细不均的土体中，在高水力梯度作用下，细颗粒从土体内部流失。接触冲刷容易发生在渗透系数差异很大的两层土界面上，这种情况在基坑中也比较普遍，如上部为土层下部为基岩的地区。

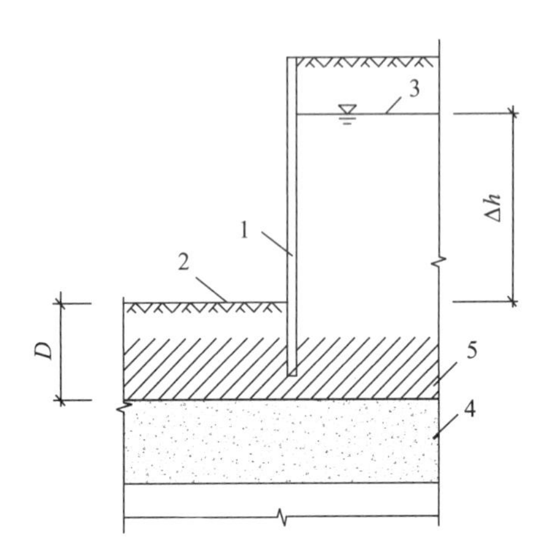

图 5-50　坑底土体突涌稳定性验算

1—截水帷幕；2—基底；3—承压水测管水位；4—承压水含水层；5—隔水层

当隔水层顶部以上、基坑底面以下的水土重量不足以压制承压水浮托力时，基坑就可能出现突涌破坏，在突涌破坏过程中坑底土体为上鼓张拉破坏，忽略土体支撑的抗剪切承载力，可建立突涌的稳定性计算公式(图 5-50)：

$$\frac{D\gamma}{(\Delta h+D)\gamma_w}\geqslant K_{ty} \tag{5-151}$$

式中：K_{ty}——突涌稳定性安全系数，K_{ty}不应小于 1.1；

D——承压含水层顶面至坑底的土层厚度(m)；

γ——承压含水层顶面至坑底土层的天然重度(kN/m³)，对成层土，取按土层厚度加权的平均天然重度；

Δh——基坑内外的水头差(m)；

γ_w——水的重度(kN/m³)。

当逸出面的水力梯度 J 大于土体颗粒能承担的最大水力梯度 J_{cr}时，基坑土体出现流土破坏，依据太沙基理论，土体的临界水力梯度计算公式为：

$$J_{cr}=(\rho_s-1)(1-n)=\gamma'/\gamma_w \tag{5-152}$$

式中：ρ_s——土体的颗粒比重；

n——土体的孔隙率；

γ'——土体的有效重度(kN/m³)。

流土稳定性安全系数 K_{se}为：

$$K_{se}=J_{cr}/J \tag{5-153}$$

安全等级为一、二、三级的基坑，K_{se}分别不应小于1.6、1.5、1.4。

如果渗流稳定性计算难以满足要求，可以通过降水来减少承压水浮托力、逸出面的渗透力，以避免出现渗流破坏。

2.基坑截水设计

除了降水，也可以通过基坑周边截水工程来降低地下水对工程的影响。基坑截水工程是通过采用水泥土搅拌帷幕、高压旋喷或摆喷帷幕、地下连续墙等连续性的、低透水性人工墙体，在基坑周边形成一个相对封闭的竖直隔水边界，切断或限制基坑外地下水对基坑工程的影响。根据截水帷幕是否进入下卧的隔水层，将截水帷幕分为落底式帷幕和悬垂式帷幕。

当坑底以下存在连续分布、埋深较浅的隔水层时，采用落底式帷幕。落底式帷幕进入下卧隔水层的深度l应满足下式要求，且不宜小于1.5m：

$$l \geqslant 0.2\Delta h_w - 0.5b \tag{5-154}$$

式中：l——帷幕进入隔水层的深度(m)；

Δh_w——基坑内外的水头差值(m)；

b——帷幕的厚度(m)。

当坑底以下含水层厚度大而需采用悬挂式帷幕时，帷幕不能截断地下水，但是可以增加地下水渗流途径而降低水力梯度，减少渗流量及防止出现渗流破坏。因此，帷幕进入透水层的深度应满足地下水沿帷幕底端绕流的渗透稳定性及控制渗流量的要求(图5-51)。

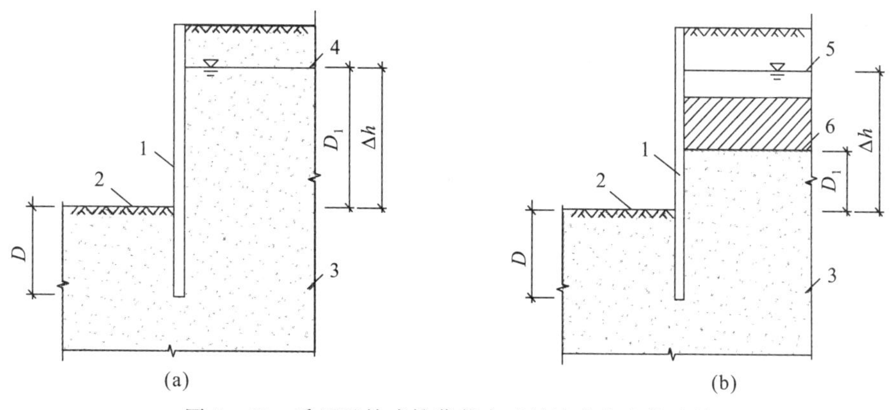

图5-51　采用悬挂式帷幕截水时的流土稳定性验算

(a)潜水；(b)承压水

1—截水帷幕；2—基坑底面；3—含水层；4—潜水水位；5—承压水测管水位；6—承压含水层顶面

悬挂式截水帷幕底端位于碎石土、砂土或粉土含水层时，对均质含水层，地下水渗流的流土稳定性安全系数应按下式计算：

$$\frac{(2D+0.8D_1)\gamma'}{\Delta h\gamma_w} \geqslant K_{se} \tag{5-155}$$

式中：D——截水帷幕底面至坑底的土层厚度(m)；

D_1——潜水水面或承压水含水层顶面至基坑底面的土层厚度(m)；

Δh——基坑内外的水头差(m)。

对地质及基坑条件比较复杂的场地，宜采用数值方法计算地下水的渗流场，找出最危险部位的水力梯度，并与临界水力梯度比较，分析基坑渗流稳定性。

二、基坑降排水方法

进行基坑降排水时，可根据基坑开挖深度及地下水位情况采用以下两类方法。

1. 明沟排水法

当基坑开挖深度较小，地下水位高出基坑底面不多，边坡土层不易产生管涌、流砂或坍塌时，可采用此方法。在土方开挖至接近地下水位标高时，在基坑底沿周边开挖出排水沟，水沟纵向最小坡度为 0.2%～0.5%，并每隔一定距离（最大 30～40m）设集水井，使坑内渗出的地下水经排水沟流入集水井，然后用水泵排出坑外。随着基坑开挖深度的增加，排水沟与集水井的底标高也相应下移，直至基坑开挖至设计标高为止。水沟与集水井应布置在基础轮廓线之外且距基础边缘有一定距离，以方便基础施工并保证基础施工的质量。

排水沟和集水井的截面尺寸取决于基坑内涌水量的大小，排水沟除应具一定纵向坡度外，沟底应低于基坑底面 0.3～0.4m，集水井底应低于排水沟底 0.4～0.5m，集水井应设在地下水的上游方向，其容量应保证停止抽水 10～15min 后不致使井水溢出井外为宜。

采用明沟排水法使基坑边坡地下水位下降属重力降水法，工程中也称集水井降水法。

2. 井点降水法

当基坑开挖深度较大、地下水埋深较浅时，若采用明沟排水法，则不易保持基底及坑壁土体的稳定，此时一般应采用井点降水法。井点又可分为轻型井点、喷射井点、管井井点、深井井点及电渗井点几种类型。各类井点的适用范围如表 5－15 所示，在选用降水方法时，应按土层的渗透系数、水位降深要求及工程特点，经过技术经济比较后再确定。

表 5－15　各类井点的适用范围

降水方法	降水深度(m)	土体渗透系数(m/d)	土层种类
集水沟明排水	<5	7～20.0	
单级轻型井点	<6	0.05～20	粉质黏土、粉土、砂土、砂卵(砾)石
多级轻型井点	<20	0.05～20	同上
喷射井点	<20	0.05～20	粉质黏土、粉土、砂土
管井井点	不限	1.0～200	粗砂、砾砂、砾石
深井井点	不限	10～80	中砂、粗砂、砾砂、砾石
电渗井点	6～7	<0.05	淤泥质土

(1)轻型井点。该方法是沿基坑周围按一定间距（0.8～1.6m）用水冲下沉或钻孔沉管法将井管埋入土层中，井管下部为滤水管，由地面的集水总管与各井管连通，在泵房内安设真空泵及离心泵，当真空泵工作时，管道内形成一定程度的真空，地下水由滤管进入井管并汇集至总管，由离心泵排除，如图 5－52 所示。

降水时主要设备为井管（下端为滤管）、集水总管、水泵及动力装置。井管长 6m 左右，滤管长 1.0～1.2m。外径由 ϕ38mm 或 ϕ51mm 的无缝钢管加工而成，其上为占滤管表面积 20%～25%的多个 ϕ12mm 的滤孔，滤管底端封闭，使用前一般在滤管外按螺旋状缠绕一层梯形截面的铅丝，再包以两层不同孔径的塑料滤网，其外层再包以粗铁丝保护网。总管为内径 ϕ127mm 的无缝钢管，每段长 4m 左右，由短接头与井管连通，离心泵及真空泵等抽水设备与总管相连。由于该井点降水法是利用真空原理抽吸地下水，故其降深效果取决于抽吸系统中真空度的大小，因一般单级轻型井点的抽吸高度可达7～8m，对基坑中央部分相当于4～5m降深，当要求更大降深时，则需采用二级甚至多级轻型井点系统，所需配置设备及其占地范围也相应增加。

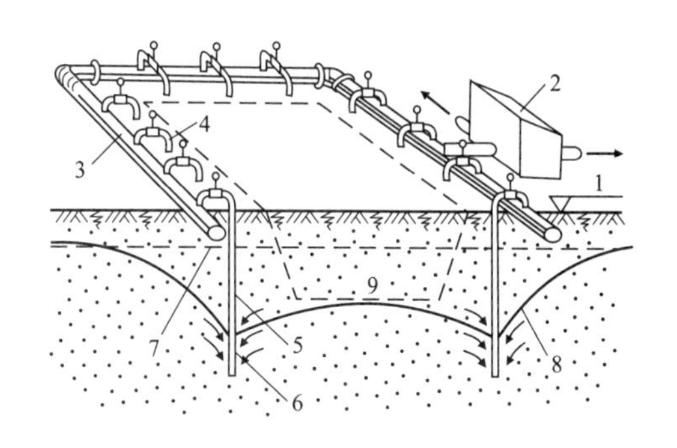

图5-52　轻型井点降低地下水位全貌

1—地面；2—水泵房；3—总管；4—弯联管；5—井点管；6—滤管；7—原有地下水位线；8—降低后地下水位线；9—基坑

(2)喷射井点。当降水深度较大时，势必要设置多级轻型井点，使设备投入量增加，工期也延长。此时可考虑采用喷射井点。

喷射井点可分为喷水井点和喷气井点，前者以高压水为工作流体，后者以压缩空气作为工作流体，而工作原理相同。采用该方法降水时，一级井点即可将地下水位降低8～20m甚至更多。

施工时先将管下端装有扬水装置(喷射器)的井点管沉入土层中，井管间距2～3m，井管与孔壁间用粗砂填实，其上部0.5～1.0m深度内用黏土封填严密。各井管与总管连通，利用高压水泵(压力700～800kPa)或空压机与排水泵组成一抽水系统，将地下水抽走，如图5-53所示。

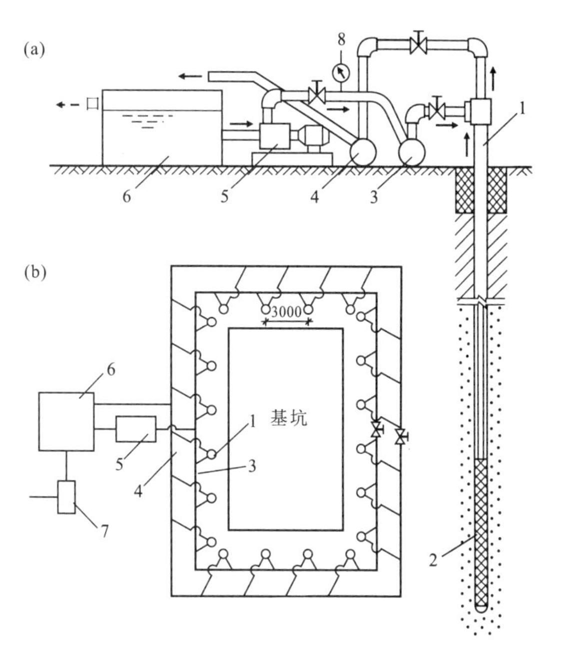

图5-53　喷射井点布置图

(a)喷射井点设备简图；(b)喷射井点平面布置图

1—喷射井管；2—滤管；3—供水总管；4—排水总管；5—高压离心水泵；6—水池；7—排水泵；8—压力表

由于在井管下部装有能从较深土层中抽水的喷射器，使井管下部形成较高真空度，降水效果明显优于一般轻型井点。当喷射井点工作时，由地面高压离心水泵供应的高压工作水，经过内外管之间的环形空间直达底端，在此处高压工作水由特制内管的两侧进水孔进入至喷嘴并喷出，因喷嘴处过水断面突然收缩变小，使工作水流的流速大增(达30～60m/s)，在喷嘴附近造成负压形成真空，因而可将地下水经滤管吸入管内，吸入的地下水在混合室内与工作水流混合，之后进入扩散室，此时水流的流速相对变小，而水流压力相对增大，把地下水连同工作水一起扬升出地面，经排水总管排至水池(图5-54)。

采用该方法降水时，若基坑宽度小于10m可单排布置井点，大于10m则宜采用双排井点，当基坑面积较大时宜按环形布置井点，埋管时成孔直径400～600mm，且孔深应大于滤管埋深1m以上。喷射井点工作时能量消耗较大，能量转换次数多，工作效率一般只30%左右，且对喷射器的加工质量及精度要求高，设计也较复杂，当井管外围填料不合适时常有细砂带入管内，若工作用水也含泥砂及杂物，更易造成喷嘴及混合室等部位磨损，所以需经常检查喷嘴，一旦磨损则应及时更换。

(3)管井井点。在含水层厚度不大,但渗透系数较大,地下水较丰富的土层中进行降水,若采用轻型井点不易满足要求时,可采用管井井点法,如图 5-55 所示。

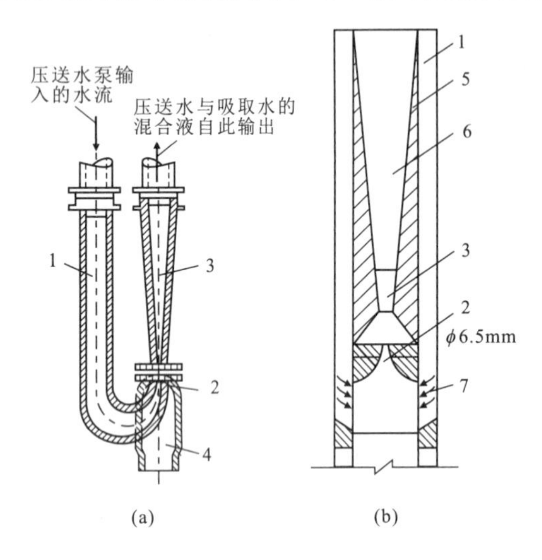

图 5-54　喷射井点构造原理图

(a)外接式;(b)同心式(喷嘴 ϕ6.5mm)

1—输水导管;2—喷嘴;3—混合室(喉管);4—吸入管;5—内管;6—扩散室;7—工作水流

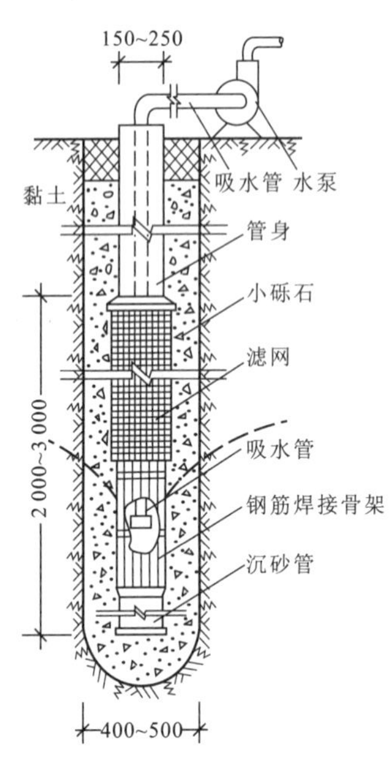

图 5-55　管井井点

施工时,先在基坑外围以 10～50m 的间距用泥浆护壁钻孔,孔径一般应大于滤管外径 150～250mm,成孔完毕后应先清孔再下沉井管,井管直径 150～250mm,其滤管部位包有直径 1～2mm 孔眼的滤网,滤管每节长 2～3m,外围用粒径 3～15mm 的砾石填充作为过滤层。根据抽水泵排水量及单孔滤水井管的涌水量,可选择一泵一孔,也可一泵多孔,以达到设计降深要求。

(4)深井井点。当渗透系数较大的含水层厚度较大,且要求的降深也较大(大于 15m)时,则采用深井井点法降水更为合适。

钻孔时可根据需穿越的土层条件及孔深选择不同的成孔方法,如回转成孔、冲击成孔或水冲法成孔。成孔实际深度应根据抽水期间井管内可能沉积的沉淀物厚度适当加深。井管及滤管外径大于 300mm,滤管按含水层的分布情况设置,由于需采用深井泵抽水,水泵需下至井管内,故井管内径一般宜大于水泵外径 50mm。孔径宜大于井管外径 200～300mm,待清孔后再下沉井管,并在滤管外围填入粒径大于滤网孔径的充填料。

井管外围位于地表以下一定深度范围内用黏土填实,并根据每一井管的抽水量及扬程确定深水泵型号。

(5) 电渗井点。在渗透系数小于 0.1m/d 的土层中(如黏质粉土、黏土、淤泥质土及淤泥土层),若采用前面介绍的方法进行降水,则难以达到预期效果,此时采用电渗井点法较为合适。

该方法是将金属棒(钢筋、钢管等)打入土层中(位于井点管的内侧)作为阳极,以井管作为阴极并通入直流电,其工作电压不宜大于 60V,土中通电的电流密度宜为 $0.5\sim1.0A/m^2$,由于通电后产生电渗现象，地下水从阳极向阴极（井管）移动，同时土颗粒从阴极向阳极移动，即电泳现象，如图5-56所示。此时，细粒土中的自由水甚至结合水也能转移至井管内而达到降水的目的。

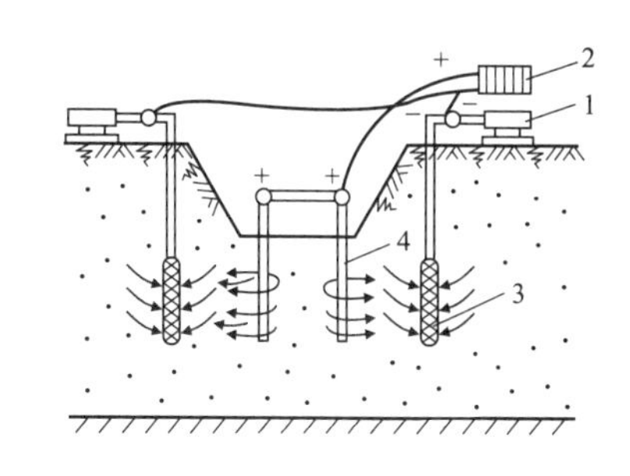

图5-56　电渗井点布置图
1—水泵；2—发电机；3—井点管；4—金属棒

作为阳极的钢筋（$\phi20\sim\phi25$）或钢管（$\phi50\sim\phi75$）与阴极并列或交错排列。当阴极为轻型井点时，阴阳极的间距为0.8～1.0m；当阴极为喷射井点时，两极的间距为1.2～1.5m。阳极的入土深度应大于井管深度0.5m，其地面出露高度为0.2～0.4m。施工时采用直流发电机提供电源，相应电极与钢筋及井管联成通路。

为了消除通电后因电解作用产生的气体积聚在电极附近，使土体电阻增大而加大电能消耗，一般宜采用每通电24h再停电2～3h的间隔通电法。为了保持电渗效果，避免大部分电流从土体表层通过，应使地面保持干燥，清除地面两电极间导电物，有条件时在地面涂一层沥青可增加绝缘效果。

施工时，应严防短路事故；雷雨时，工作人员应避开两极之间的地带。若需对有关部位进行维修，应在停电后进行。

三、基坑降水水井理论

1.水井类型及水井涌水量计算

在基坑支护设计中，需要明确的问题是基坑在多大的抽水量下，能将基坑范围内的地下水降低到设计水位。因此，首先需要确定基坑的总涌水量，在目前设计计算中，一般将基坑整体视为一口大的水井，按地下水动力学水井理论计算基坑的总涌水量。按地下水赋存条件，地下水可以分为上层滞水、潜水及承压水。在工程建设中，上层滞水比较容易处理，如设置水平疏水管排出、竖直孔导入下部透水层或者直接抽出等，因此降水设计主要针对潜水和承压水。水井按是否达到相对隔水层分为完整井和非完整井。不同地下水及水井类型，地下水抽水量及水位计算公式是不同的。在计算理论中，可分为稳定流、非稳定流理论两大类，对于非稳定流，当条件比较复杂时，经常采用数值分析的办法进行。这里用裘布依的水井理论计算基坑总涌水量。裘布依于1857年提出的水井理论基本假定为：含水层为均质和各向同性；水流为层流；流动条件为稳定流；水井出水量不随时间变化。

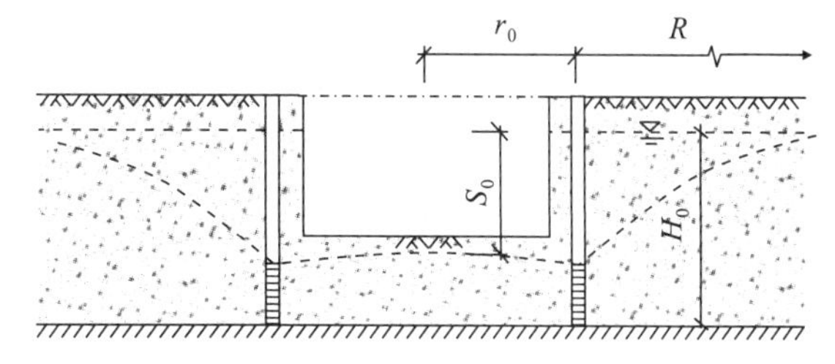

图5-57　潜水完整井计算模型

（1）潜水完整井涌水量计算（图5-57）。按裘布依地下水稳定流水井理论，潜水完整井的涌水量计算公式为：

$$Q=1.366K\frac{H^2-h^2}{\lg\dfrac{R}{r}}=1.366K\frac{(2H-S)S}{\lg\dfrac{R}{r}} \tag{5-156}$$

式中：Q——井孔涌水量(m^3/d)；

K——含水土层渗透系数(m/d)；

H——抽水前静止水位高度(m)；

S——井孔内水位降低值(m)，即 $S=H-h$；

R——水位稳定后，单孔抽水影响半径(m)；

r——井管半径(m)。

在基坑工程中，将基坑井点系统视为以基坑为中心的圆形大井，该水井的等效半径为 r_0。见式(5-172)、式(5-173)。

基坑降水的影响半径为大井的等效半径加上降水坑外影响半径，则上式转化为：

$$Q=1.366K\frac{H_0^2-h_0^2}{\lg\frac{r_0+R}{r_0}}=1.366K\frac{(2H_0-S_0)S_0}{\lg\left(1+\frac{R}{r_0}\right)} \tag{5-157}$$

式中：H_0——潜水含水层的厚度(m)；

S_0——基坑水位降深(m)；

r_0——基坑降水计算等效半径(m)。

(2)承压水完整井涌水量计算(图5-58)。完整承压井涌水量计算公式：

$$Q=2.73\frac{KMS}{\lg\frac{R}{r}} \tag{5-158}$$

式中：M——承压含水层厚度(m)。

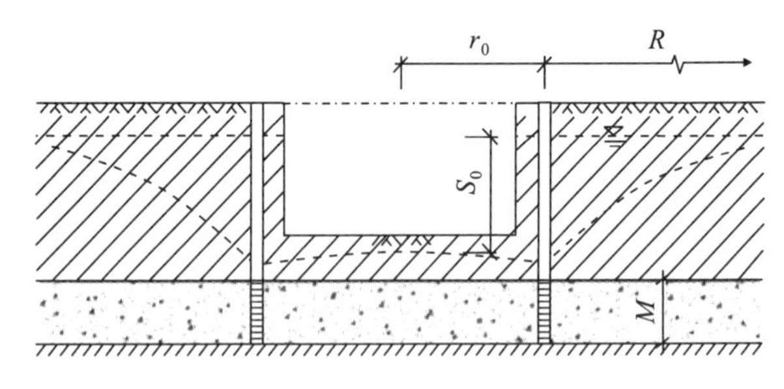

图5-58　承压水完整井计算模型

在基坑工程中，按前述方法计算井半径及影响半径后，得到基坑降水总涌水量计算公式为：

$$Q=2.73\frac{KMS_0}{\lg\frac{R+r_0}{r_0}}=2.73\frac{KMS_0}{\lg\left(\frac{R_0}{r_0}+1\right)} \tag{5-159}$$

(3)非完整井涌水量计算。潜水非完整井的涌水来自井侧及井底，假设抽水时只影响到含水层内井底以下一定范围的地下水，该范围以下的地下水流动不受影响，因此可以假设含水层的厚度至该影响深度。然后采用潜水完整井的公式计算基坑涌水量。

进行计算时，考虑降深 S 及抽水井滤管长度 l 对影响深度 H_0 的影响，按表5-16中计算影响深度的经验值。需要注意的是，当计算得到的影响深度大于实际 H_0 时，直接取实际的含水层厚度，按完整井进行计算。

表5-16　抽水影响深度 H_0 值

$S/(S+l)$	0.2	0.3	0.5	0.8
H_0	$1.3(S+l)$	$1.5(S+l)$	$1.7(S+l)$	$1.85(S+l)$

另外，根据佛尔赫格麦尔试验，潜水非完整井也可由下式计算：

$$Q=1.366\frac{(2H_0-S)S}{\lg\frac{R+r_0}{r_0}}\sqrt{\frac{h_0+0.5r}{h_0}}\sqrt{\frac{2h_0-l}{h_0}} \tag{5-160}$$

式中：H_0——抽水影响深度(m)，从静止水位算起；

h_0——井点处水位(m)；

l——井滤管进水部分长度(m)。

当忽略公式中的根号项就转化为普通的完整井计算公式。

对于承压非完整井井点系统，考虑抽水井尺寸、滤管长度等因素，涌水量计算公式可改写为：

$$Q=2.73\frac{KMS}{\lg\frac{R+r_0}{r_0}}\sqrt{\frac{M}{l+0.5r}}\sqrt{\frac{2M-l}{M}} \tag{5-161}$$

或者为：

$$Q=2.73\frac{KMS}{\lg\frac{R+r_0}{r_0}+\frac{M-l}{l}\lg\left(1+0.2\frac{M}{r_0}\right)} \tag{5-162}$$

式中：r——抽水井半径(m)(非基坑等效半径)。

更为复杂的水文地质条件涌水量计算，可查阅地下水动力学、水文地质学相关手册。

2.群井理论计算降水水位

在前面涌水量计算过程中，是将基坑井点系统视为一个大井，而实际上，是多口井共同作用来降低地下水位，形成群井效应。基坑降水的目的是为了将基坑范围内地下水位降低，疏干地下水，因此需要计算并确认在群井共同作用下，基坑范围内各点地下水水位均低于设计值。

若两个潜水井的距离小于影响半径 R 时，则需考虑井点间的互相作用。如图 5－59 所示，在 A 井抽水时，水位降低为 S_1 值，流量为 q_1，因 B 井在影响范围之内，故 A 井抽水而使 B 井处的水位降低到 t_2 值；同样，若 B 井抽水而 A 井不抽水，则 A 井处的水位降低为 t_1 值。若 A、B 两井同时抽水，则两井的降落漏斗交叉在一起，在两井间形成一个总的水位降深 S_3。S_3 大于两井单独抽水时的降深值，同时占有两井间的整个面积。但是两井同时抽水时，每井所抽水的流量比单独抽水时要小(图 5－59)。

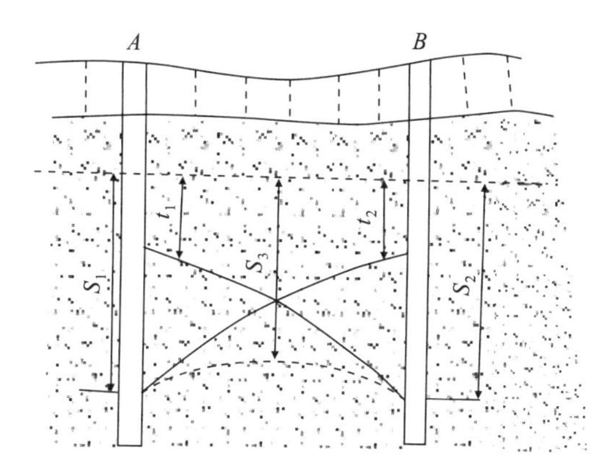

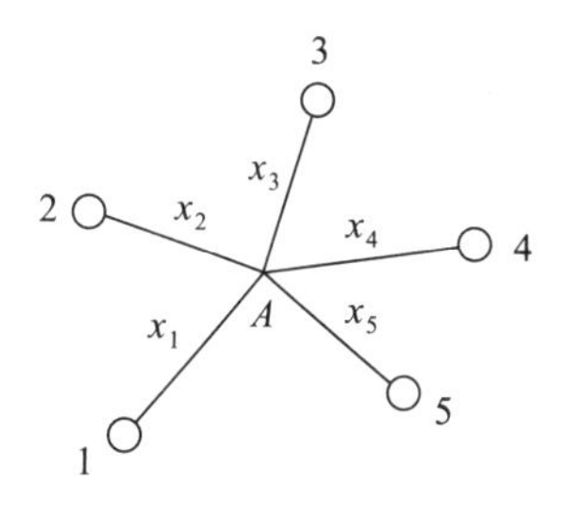

图 5－59　群井计算模型

设潜水含水层影响半径为 R_1，厚度为 H。设 A 点距离 1 号井距离为 x_1，1 号井抽水，流量为 q_1，导致 A 点水位降低，降低后水位高度为 y_1，A 点水位计算公式为：

$$H^2-y_1^2=\frac{q_1}{\pi K}(\ln R_1-\ln x_1)=\frac{q_1}{\pi K}\left(\ln\frac{R_1}{x_1}\right) \tag{5-163}$$

若所有的井同时进行抽水工作，井点相互影响，A 点的水位降低为 y，则有：

$$H^2-y^2=\frac{q_1}{\pi K}\left(\ln\frac{R_1}{x_1}\right)+\frac{q_2}{\pi K}\left(\ln\frac{R_2}{x_2}\right)+\cdots+\frac{q_n}{\pi K}\left(\ln\frac{R_n}{x_n}\right) \tag{5-164}$$

式中，$R_1,R_2,\cdots,R_n$ 为各井点的影响半径(m)；$x_1,x_2,\cdots,x_n$ 为各井点距离计算点 A 的距离(m)，$q_1,q_2,\cdots,q_n$ 为各井点的出水量(m^3)。

设各井点的影响半径相等，即 $R_1=R_2=\cdots=R_n$。各井点的出水量相等，且等于总流量与井点数之比，即 $q_1=q_2=\cdots=q_n=Q/n$。

则式(5-164)可写为：

$$H^2-y^2=\frac{Q}{n\pi K}\ln\frac{R^n}{x_1\cdot x_2\cdots x_n} \tag{5-165}$$

在得到总流量 Q、井点数 n 及各井点距离计算点 A 的距离 $x_1,x_2,\cdots,x_n$ 的基础上，就可求得任一计算点的地下水位 y。

同样，承压水也有类似公式：

$$H-y=\frac{Q}{n\pi KM}\ln\frac{R^n}{x_1\cdot x_2\cdots x_n} \tag{5-166}$$

3.《建筑基坑支护技术规程》(JGJ 120—2012)降水水位要求与计算

在《建筑基坑支护技术规程》(JGJ 120—2012)中，对基坑水位提出明确要求：基坑内的设计降水水位应低于基坑底面 0.5m；降深计算点取相邻井点连线上各点的最小降深，当相邻降水井降深相同时，取连线中点的降深。

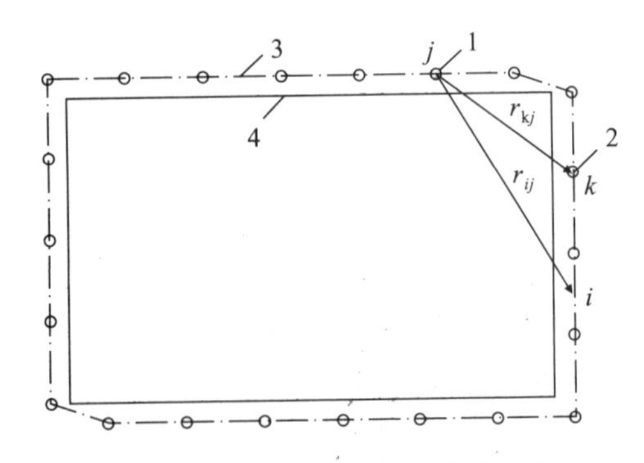

图 5-60 计算点与降水井的关系

1—第 j 口井；2—第 k 口井；3—降水井所围面积的边线；4—基坑边线

利用群井理论，可以计算得到群井工况下，图 5-60 中井间 i 点的水位 y 计算公式：

$$H^2-y^2=\sum_{j=1}^{n}\frac{q_j}{\pi K}\ln\frac{R}{r_{ij}} \tag{5-167}$$

降深 $S_0=H-y$，将上式按降深表示为：

$$S_0=H-\sqrt{H^2-\sum_{j=1}^{n}\frac{q_j}{\pi K}\ln\frac{R}{r_{ij}}} \tag{5-168}$$

式中：n——降水井数量；

q_j——井群工况下，第 j 口井的单井流量(m^3/d)；

r_{ij}——第 j 口井距离计算点 i 的距离(m)。

群井工况下，各水井在设计降深时，各水井的单井流量应该有差别，按群井理论给出井点 k 的降深计算公式为：

$$S_{wk}=H-\sqrt{H^2-\sum_{j=1}^{n}\frac{q_j}{\pi K}\ln\frac{R}{r_{kj}}} \tag{5-169}$$

式中：S_{wk}——第 k 口井的井水位设计降深(m)；

r_{kj}——第 j 口井中心至第 k 口井中心距离(m)，当 $j=k$ 时取降水井半径，当 $r_{kj}>R$ 时取 $r_{kj}=R$。

以每一口井为研究对象，均可建立起一个单井流量 $q_j(j=1,2,\cdots,n)$ 为未知数的线性方程组，解上述 n 维线性方程组，可以计算设计降深下各水井的单井流量。上述计算非常繁琐，但可编程计算。

因主体结构的电梯井、集水井等部位使基坑局部加深，应按其深度考虑设计降水水位或对其另行采取局部地下水控制措施。各降水井井位应沿基坑周边以一定间距形成闭合状。当地下水流速较小时，降水井宜等间距布置；当地下水流速较大时，在地下水补给方向宜适当减小降水井间距。对宽度较小的狭长形基坑，降水井也可在基坑一侧布置。

四、降水工程设计

降水工程设计一般按以下步骤进行。

1.降水方案的确定

降水方案的确定主要考虑以下几个问题。首先是场地的水文地质与工程地质条件，分析地下水的补给、径流与排泄条件，含水层及地下水的类型，根据场地土体性质，分析可能遇到的如流土、管涌、地面沉降等问题，这是确定方案时考虑的基本要素；其次，分析周边环境条件，如建筑物分布与结构、地下管线分布与保存状态、道路现状与使用情况等，以此研究降水对环境的影响，这是确保降水工程成功的关键；最后，根据基坑的深度、平面尺寸、土体空间分布及当地降水施工设施、经验，开展基坑降水设计。

2.确定设计中关键参数

渗透系数是基坑降水设计中最为关键的参数，总涌水量与渗透系数呈线性相关。影响土体渗透系数的因素很多，主要为土体成分、结构及密实度等因素影响最为明显。渗透系数一般通过下面方式获得：现场抽水试验、室内试验、地区经验。需要注意的是，室内试验因土体结构扰动严重，试验与现场条件差异很大，数据离散性高。推荐采用现场抽水试验来确定土体渗透系数，但无试验数据时，也可根据土体性质查表 5-17 确定。

表 5-17　渗透系数 K 值

名　称	K(m/d)	名　称	K(m/d)	名　称	K(m/d)
粉质黏土	<0.05	粉土质砂	0.5～1.0		
粉　土	0.05～0.1	细　砂	1～5	砾　石	100～500
砂质粉土	0.1～0.5	中　砂	5～20	漂　砾	20～150
黄　土	0.25～0.05	粗　砂	20～50	漂　石	500～1000

降水影响半径是使用裘布依地下水稳定流水井理论设计的一个重要参数，它假定在影响半径以外，水井抽水不影响地下水位。影响半径 R 是一个相对概念，可以参考下列公式计算：

潜水含水层影响半径：

$$R=2S\sqrt{KH} \tag{5-170}$$

承压含水层：

$$R=10S\sqrt{K} \tag{5-171}$$

也可参考相关表格或地区经验确定影响半径。

另外，计算总涌水量时，将基坑井点系统等效为一个圆形的大井，大井半径 r_0 一般按降水井群所围面积的等效圆半径确定：

$$r_0=\sqrt{A/\pi} \tag{5-172}$$

大井的半径 r_0 也可按降水井群所围周长等效圆半径确定：

$$r_0=u/2\pi \tag{5-173}$$

式中：A——降水井群所围面积（m^2）；

u——降水井群所围周长（m）。

3.初步确定降水井埋深与平面布置

在初步设计时，可用如下简化方法初步确定井点系统的埋深（滤管顶部位置）H：

$$H\geqslant H_1+h+iL \tag{5-174}$$

式中：H_1——基坑开挖深度（m）；

h——基坑中点设计水位埋深（m），设计算剖面中点为降水后坑内水位最高点，该点的水位要在基坑底面 0.5m 以下；

i——地下水降落坡度，环形井点为 1/10，单排线状井点为 1/5；

L——基坑中轴线至井管的水平距离（m）。

在此基础上，初步确定降水井的平面布置。尽量使施工区各主要部位都能包围在井点系统之内，若开挖沟槽式基坑，井点可按线状布置。当沟槽宽度不大于 6m、水位降深不大于 5m 时，可采用单排井点，且应布置在地下水流的上游一侧为宜，线状井点系统还应在基坑两端延伸一定长度（以不小于沟槽宽度为宜）。当沟槽宽度大于 6m 时，则可采用双排井点系统。当基坑面积较大时，则可布置成 U 形或环状井点系统，环状井点系统的四角部位应将井点间距适当加密。为了防止空气进入井管，在进行轻型井点降水时，井管应距离基坑壁不小于 0.5m。

4.计算基坑总涌水量

在大致确定井点系统剖面与平面方案的基础上，可确定相应的计算模型，按前述理论计算基坑总的涌水量 Q。

5.确定单井出水能力

常用的降水井点的出水能力按下面方式确定：

（1）真空井点出水能力可取 36～60m^3/d；

（2）喷射井点出水能力可按表 5-18 取值。

表 5-18　喷射井点的出水能力

外管直径（mm）	喷射管		工作水压力（MPa）	工作水流量（m^3/d）	设计单井出水流量（m^3/d）	适用含水层渗透系数（m/d）
	喷嘴直径（mm）	混合室直径（mm）				
38	7	14	0.6～0.8	112.8～163.2	100.8～138.2	0.1～5.0
68	7	14	0.6～0.8	110.4～148.8	103.2～138.2	0.1～5.0
100	10	20	0.6～0.8	230.4	259.2～388.8	5.0～10.0
162	19	40	0.6～0.8	720.0	600～720	10.0～20.0

(3)管井的单井出水能力可按下式计算：

井点管的抽水能力，可按以下经验公式估算：

$$q=120\pi \cdot r_c \cdot l \cdot \sqrt[3]{K} \tag{5-175}$$

式中：q——单根井管极限涌水量(m^3/d)；

r_c，l——滤管半径及长度(m)；

K——含水层渗透系数(m/d)。

6.计算所需井点数、井点间距

井点数用总流量除以单井出水能力即可得到，考虑到群井效应及安全性，一般将计算的降水井数适当增大。井数为

$$n=1.1\times\frac{Q}{q} \tag{5-176}$$

一般沿基坑周边布置时，用周边长度除于井数即可得到井间距。

7.验算降水效果

主要采用群井理论，计算降水后各井点的实际流量、基坑实际降深等，保证降水设计达到施工要求。

[例题 5-7] 一个基坑底部宽度为30m，长度为50m，基坑深度4m，基坑采用放坡开挖，高宽比为0.5，地下水位埋深为自然地面下0.5m。场地土体主要为含黏土中砂，不透水层在地面下20m，含水层的渗透系数为18m/d。为保证该工程顺利实施，需进行降水。

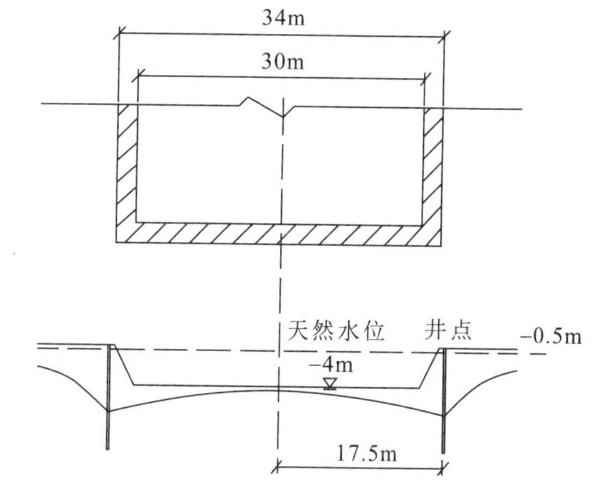

图5-61　例题5-7计算简图

解：根据地质及基坑条件，采用轻型井点降水方案，井点管距坑边0.5m，滤管取1.2m，管径取38mm。

(1) 确定井点管长度 H。

井管长度 H 按下式计算：

$$H\geqslant H_1+h+iL$$

式中，H_1 为基坑开挖深度，4m；h 为基坑中点设计水位埋深，0.5m；i 为坑内水位坡度，取0.1；L 为计算剖面宽度的1/2，即17.5m。

则可以计算得到井管长度为6.25 m，取井管长度 H 为6.5 m，滤管长度 l 为1.2m。

基坑中点降深：

$$S=4-0.5+0.5=4(\text{m})$$

(2)基坑总涌水量计算。

据场地水文地质条件，可以简化为潜水非完整井进行设计，将影响深度以下的地层看成隔水层，直接用完整井公式计算涌水量。

首先计算抽水影响深度 H_0：

查表5-17，$S/(S+l)=4/5.2=0.769$，得影响深度：

$$H_0=1.83\times5.2=9.53(\text{m})$$

大井半径按式(5－172)简化计算：

$$r_0=\sqrt{A/\pi}=\sqrt{55\times35/\pi}=24.75(\mathrm{m})$$

影响半径 $R=2S\sqrt{HK}=2\times4\sqrt{9.53\times18}=104.8(\mathrm{m})$，则 $R_0=R+r_0=129.55(\mathrm{m})$。

利用潜水非完整井简化公式计算总涌水量：

$$Q=1.366K\frac{S(2H_0-S)}{\lg\dfrac{R_0}{r_0}}=2060(\mathrm{m^3/d})$$

(3)计算单井出水能力及井点数目。

井点的出水能力可以直接取 $36\mathrm{m^3/d}$。

由此可以计算井点数目：

$$n=1.1\times\frac{Q}{q}=1.1\times\frac{2060}{36}=63(\text{井})$$

由此可以估算井点间距为

$$D=\frac{L}{n}=\frac{2\times(35+55)}{63}=2.86(\mathrm{m})$$

(4)井点布置与绘图。

需要注意的是，一般井点布置间距模数为 0.4m，井点间距最终取 2.0m，拐角处加密至 1.2m，布置两台水泵。

注意，该题计算中，将基坑内水位线坡度假设为 1/10，实际与假设有差别。因此在完成井点布置工作后，需要采用群井经典理论或者是《建筑基坑支护技术规程》(JGJ 120—2012)中的方法对基坑内实际地下水位验算，以保证降水方案的合理性、可靠性。

影响基坑降水设计合理性的因素非常多，重点要注意以下方面：裘布依理论本身存在严重缺陷，并不能准确反映复杂的降水问题；准确获得渗透系数难度极大，在另一方面影响了计算合理性；影响半径并不是一个定值，与降水规模及时间有关；在工程实施时，往往难以达到理想状态，尤其需要引起设计人员的重视。

五、降水对周围环境的影响及防范措施

在进行井点降水的过程中，由于部分细粒土随水流带出，降落漏斗范围内的土层含水量降低，土的重度及自重压力增大，使土产生固结，因而会引起周围地面产生沉降。由于降落漏斗范围内各处地下水位的降深不同及土质本身存在差异，致使地面各处的沉降量也不一致。当地面沉降量出现明显差异时，可能使地面产生开裂、地下管道被拉断、室内地坪产生坍塌及建筑物产生墙体开裂甚至倾斜等。为了防止因降水对周围建(构)筑物及设施造成的危害，在建(构)筑物密集地区进行降水施工时，必须采取相应措施减少或消除地面沉降。对降低地下水位引起的沉降量，仍可采用分层总和法进行求算预测。目前，工程中主要采用以下措施。

1.井点回灌

井点回灌法是在降水井点与已有建(构)筑物之间打设一排井点作为回灌井，在降水的过程中，同时通过回灌井点向土层中灌入一定量的水，形成一道隔水帷幕，该帷幕可减少或阻止其外侧已有建(构)筑物下的地下水流失，使建(构)筑物地基土中的地下水位基本保持不变，也不会引起土层的自重压力增加，因而可防止出现地面沉降。采用该法的成功实例很多，施工单

位也易于实施，只需采用一般的井点降水设备，并配备回灌箱、水阀及水表即可。为了加强回灌效果，有时采用加压回灌法，水压一般为100kN/m^2。回灌井与降水井的距离不宜小于6m，回灌井宜进入稳定水面下1m，且位于渗透性较好的土层中，过滤器的长度应大于降水井过滤器的长度。

2.砂沟、砂井回灌

在降水井点与被保护的建(构)筑物之间设置一定数量的砂井，砂井之间设置砂沟，将降水井点内抽出的地下水适时适量地排入砂沟，经砂井回灌至地下，当抽水井滤管上部存在弱透水层或隔水层时，采用此法效果良好。

3.减缓降水速度

在砂质粉土中进行降水时，由于降水影响半径较大，降落曲线较平缓，根据这一特点，可将降水井管加长，使降水速度减缓，邻近建筑物的沉降也趋于均匀。另外，也可调小水泵抽水量，减缓抽水速度；还可将邻近建(构)筑物一侧的井点管间距加大，使该侧降水速度减缓，必要时甚至可停止该侧井点的抽水。

4.防止将土粒带出

为了防止细粒土随地下水带出，应根据土的粒径选择合适的滤网。滤管外围的滤层填料应分布均匀并保证其厚度，在井点管上部1～5m范围内用黏土将井管外围填实。以上办法均可防止将土粒带出。

以上几种方法若配合使用则效果更佳。另外，对采用钢板桩或水泥土挡墙支护的基坑进行降水时，可将降水井点布设在支护墙的内侧。由于支护墙能起阻水作用，所以因降水对基坑外邻近建(构)筑物产生的不利影响也相应减小。

思考题

1.围护结构主要有哪几种类型？各类围护结构适宜在什么条件下采用？

2.重力式及非重力式支护结构均可能产生强度破坏及稳定性破坏，不同支护结构的具体破坏形式有哪些？分析产生各种破坏的原因。为避免产生该类破坏，可采取哪些措施？

3.设置在支护结构上的锚杆应如何布置？采用什么方法及如何确定锚杆的承载力？

4.采用井点降水法进行基坑降水时，可采用的井点类型有哪几种？各类井点适宜在什么条件下采用？为防止因降水引起的地面沉降，可采取哪些措施？

习题

1.某基坑开挖深度$h=3.5$m，土性指标见第1题图，采用悬臂式钢板桩支护。

(1)求板桩总长(板桩埋深取$1.15t$)，安全系数$K=2$。

(2)求板桩最大弯矩位置t_0及最大弯矩$M_{\max}$。

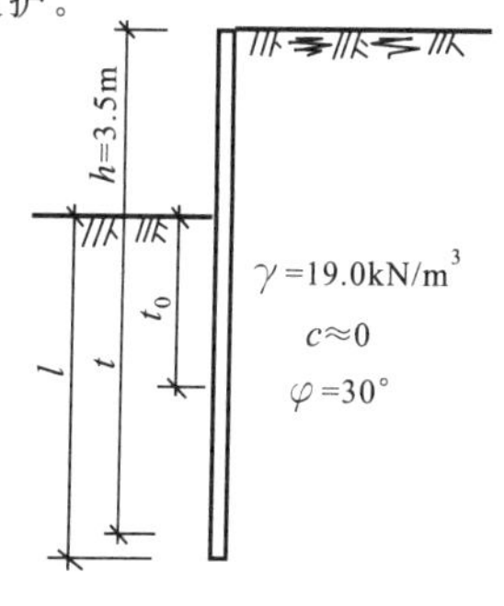

第1题图

2.某基坑开挖深度$h=7.0$m，坑内支撑T距坑顶$d=1.0$m，支护板桩总长为11.5m，土性指标如第2题图所示。

(1)支护桩底端按铰支考虑，求支护桩安全系数K。

(2)安全系数不变，求水平向每延米坑壁内所需内支撑力$T_{1.0}$，当内撑水平间距$a=1.4$m时，求单根支撑轴力$T_{1.4}$。

(3)设最大弯矩位于坑底面以上，距坑顶为x，求间距$a=1.4$m范围内的x及$M_{\max}$值。

3. 某二级基坑开挖深度 $H=10\text{m}$，地面有均布荷载 $q=50\text{kPa}$，采用单锚板桩支护，锚点距坑顶 $d=3.0\text{m}$，土性指标如第 3 题图所示。

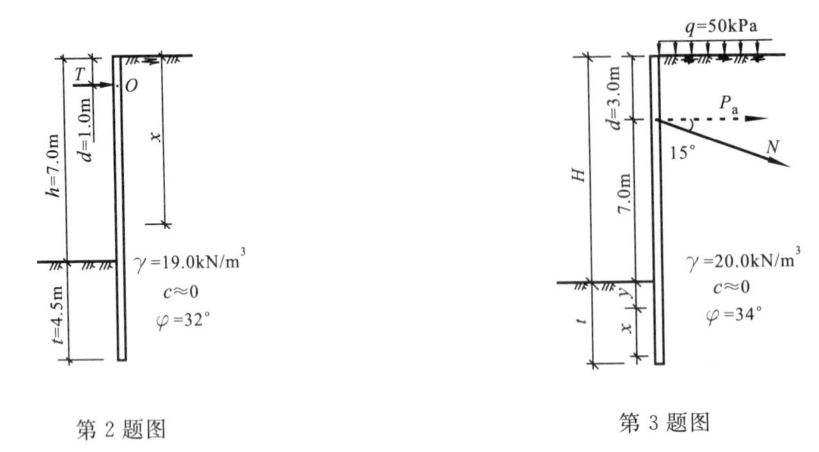

第 2 题图　　　　第 3 题图

(1) 用等值梁法求支护桩入土深度 $t[t=1.15(x+y)]$；

(2) 锚杆倾角 15°，求水平向每延米挡墙内锚杆需提供的轴向拉力设计值 N。

第六章　地下连续墙

随着基坑工程的规模及难度加大，施工条件也受到各种因素的限制，当采用常规的支护方法难以进行开挖施工，或者施工会给邻近建(构)筑物及设施带来危害时，则需采用更稳妥的施工工艺来适应工程需要，地下连续墙工艺就是有效的方法之一。

例如：当施工时采用降水措施，而受到水文地质条件的限制，地下水位难以降低，或者因降水会引起邻近地面沉降，给邻近建(构)筑物及设施带来危害时；又如采用常规的支护结构(钢板桩、灌注桩等)效果不能满足要求时，都可采用地下连续墙工艺。

1950 年首先在意大利米兰采用泥浆护壁进行地下连续墙(桩排式)的施工，20 世纪 50 年代后期传到法、日等国，60 年代推广到英、美、苏联等国。我国从 1958 年开始，在北京密云水库白河大坝、青岛月子口水库中首先采用地下连续墙工艺，当时称为地下止水帷幕防渗墙，随之在水电部门得到推广应用。70 年代，上海基础公司和上海隧道工程公司开始较系统地研究该工艺在地下工程中的施工方法，同时，我国交通、冶金等专业施工企业也开始对地下连续墙工艺进行研究并实施。目前，地下连续墙工艺已在建筑物地下室、地下停车场、地下铁道、各种基础结构等地下工程及基础工程中得到广泛的应用，并取得了很好的效果。

第一节　地下连续墙的适用范围及类型

一、施工工艺原理

地下连续墙施工程序如图 6-1 所示。在基坑土方开挖前，用特制的挖槽机械在泥浆(膨润土泥浆)护壁的情况下，在所定位置按一定长度开挖成沟槽形成一单元槽段，待该单元槽段挖至设计深度并清除槽底沉渣后，将预先加工好的钢筋骨架(钢筋笼)用起重机械吊放入充满

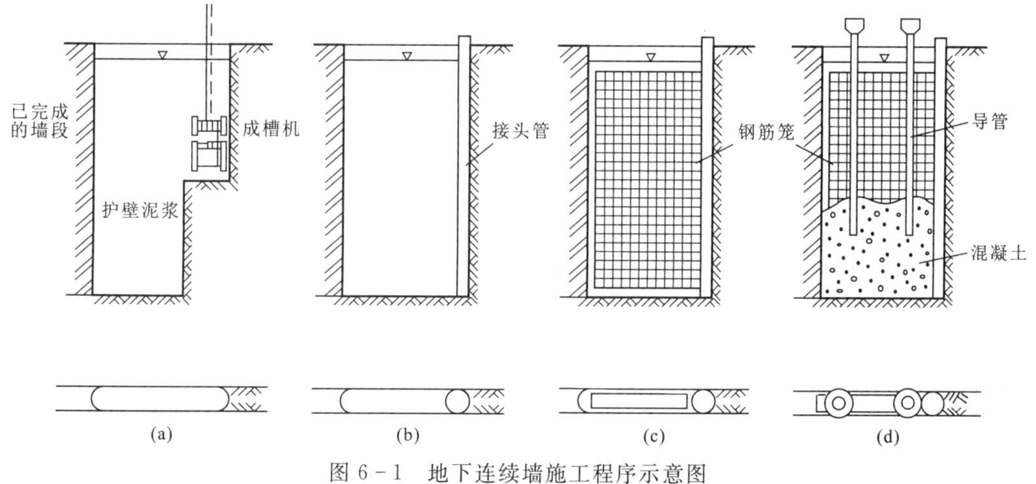

图 6-1　地下连续墙施工程序示意图

(a)成槽；(b)放入接头管；(c)放入钢筋笼；(d)浇筑混凝土

泥浆的槽段内，之后向槽内下入混凝土导管，进行水下混凝土灌注，待混凝土灌注至设计标高后即完成了该单元槽段的施工。各单元槽段之间由特定的接头方式连接，即形成连续的地下钢筋混凝土墙。当地下连续墙设计成封闭状，待基坑土方开挖时，地下连续墙既可挡土又可止水，为地下工程和基础施工创造了良好的条件。若地下连续墙仅仅只作为支挡结构使用，则工程造价太高，若还作为建筑物的地下结构，则经济效益较好。地下连续墙既可作为高层建筑及工业建筑地下工程的防渗挡土结构或主体结构，也可作为水利工程的防渗墙。

二、地下连续墙的适用范围

目前，国外施工的地下连续墙深度已超过100m，其垂直精度可达1/2 000；国内施工的地下连续墙最深的达65.4m，厚度达1.30m。由于具有其他结构形式不可替代的优点，在世界各地的工程建设中已得到较广泛的应用。

(1)在我国，目前除在岩溶地区和承压水头很高的砂砾层中必须结合其他辅助措施才可进行地下连续墙的施工外，在其他各种地质条件下，甚至在钢板桩难以打入的砂卵石层及风化岩层中，都可采用地下连续墙工艺，在某些地质条件复杂的地区，它几乎成为唯一可选的有效施工方法。

(2)施工时振动小、噪音低，这是钢板桩施工所不具备的优点，正好能适应对建筑公害有严格限制的城市建设工程。

(3)由于地下连续墙的刚度比一般支护结构的刚度大得多，能承受较大的侧压力，在基坑开挖时，其变形很小，使周围地面引起的沉降量也较小，对邻近建(构)物不会或者较少产生危害，若在地下墙体上再采用适当的支锚措施，则完全有把握防止因基坑开挖对邻近建(构)筑物造成的影响。国外已有在距邻近建筑物基础仅几厘米处进行地下连续墙施工的实例，国内的工程实践也证明，距现有建筑物基础1m左右即可顺利进行施工。可见，在建(构)筑物密集区进行地下工程及深基础工程施工，很适宜采用地下连续墙工艺。

(4)地下连续墙的用途多样化。它既可作挡土防渗结构，又可作为承重结构(沿地下室轴线施工的地下连续墙)；既可单独作为地下结构的外墙，又可作为地下主体结构的一部分。在进行深基础施工时，降水效果直接关系到基础工程的施工进程及质量，而地下墙具有良好的防渗性能，特别是近年来对地下墙接头构造进行改进后，其防渗性能进一步提高。除特殊情况外，基坑开挖及深基础施工时，往往只需进行坑内排水，而不再需要进行外围降水工作。

(5)可用于“逆作法”施工。将地下连续墙工艺与“逆作法”工艺结合，使深基础及多层地下室施工的效率及质量大增。地下结构可以自上而下进行施工，是“逆作法”的一大特点，其工艺原理是：先沿地下室外墙位置(必要时也包括部分内墙)进行地下连续墙及其他支护结构的施工，同时在建筑物内部的有关位置(如柱子或隔墙交接处，按需要经计算确定)浇注或打设中间支承柱(底板以下的支承柱可采用桩基，在地下室底板封底前，已施工的地下结构及上部结构的自重和施工荷载全部由中间支承柱承担，如图6－2所示。底板封底后，中间支承柱即为地下室结构的一部分)。然后施工地面一层的梁板楼面结构，该楼面即相当于地下连续墙的第一道内支撑，并在楼面适当部位留出垂直运输的开口空间，随后逐层向下开挖土方和浇注各层地下结构，直至地下室底板混凝土浇注完毕。当地面一层楼面结构施工完毕后，已为施工上部结构创造了条件，所以，在逐层向下施工的同时，也可逐层向上进行地上结构的施工，但需注意的是，在地下室浇注钢筋混凝土底板之前，地面上的上部结构允许施工的层数要经计算确定。

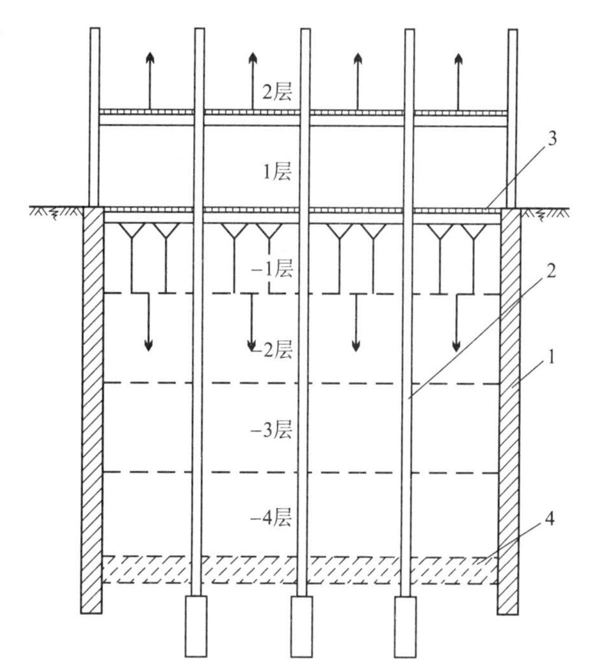

图 6-2　“逆作法”的工艺原理

1—地下连续墙；2—中间支承柱；
3—地面层楼面结构；4—底板

采用地下连续墙与“逆作法”工艺相结合的施工方法，可使施工总工期大为缩短，且地下结构的层数愈多，工期缩短愈显著。

由于逐层浇注的地下室梁板相当于地下连续墙的内支撑，所以，在侧压力的作用下，地下连续墙的变形较小。

由于中间支承柱的存在，使底板增加了支点，浇注后的底板已成为多跨连续板结构，与无中间支承柱的情况相比，底板的跨度大为减小，使底板的隆起变形量也大为降低。

用传统方法施工时，底板支点少、跨度大，当上浮力作用时，底板会产生较大的弯矩。为了满足施工时的抗浮要求，则需增加底板厚度及配筋，致使地下结构的自重增大，因而使底板设计不尽合理。而采用“逆作法”施工，因底板支点增多，跨度减小，较易满足抗浮要求，甚至可减少底板配筋，使底板结构设计更加经济合理。

进行多层地下结构施工，相当于省去地下连续墙的大量支锚工程费用，其经济效益可观。

但“逆作法”工艺的施工难度大，需采用一些特殊的施工技术，因此，对施工质量也要求更加严格。

地下连续墙的施工方法仍有其不足之处。施工过程中，需使用大量的泥浆，若管理不善，会给施工现场及周围环境造成污染，对使用过的泥浆还需进行处理。所以，应提高泥浆的分离技术，加强对泥浆的维护及管理，以减少对环境的影响。地下连续墙的施工技术较复杂，施工难度较大，工程造价也较高，若仅仅将其作为支护结构则不经济，若又将其作为承重结构才较经济合理。

三、地下连续墙的类型

地下连续墙可采用不同的成墙方式，按成墙方式可将其分为桩排式、壁板式以及桩壁组合式。

根据地下连续墙填筑材料的不同，可将其分为土质墙、混凝土墙、钢筋混凝土墙及组合墙。组合墙指预制钢筋混凝土墙板与自凝水泥膨润土泥浆组合的墙体，或者是预制钢筋混凝土墙板与现浇混凝土组合的墙体。

国内建筑工程中应用较多的是现浇钢筋混凝土壁板式地下连续墙，且主要作为挡土结构，作为主体结构的一部分又兼作临时挡土墙的地下连续墙也逐渐增多。

作为挡土墙使用的地下连续墙，根据其支护形式，可分为自立式、锚定式及支撑式。

(1)自立式地下连续墙由于墙体未设置支锚结构，自立高度不宜很大，所以适合作为较浅基坑的挡土结构。墙体最大自立高度与墙体厚度及地质条件有关，一般情况下，对处于软土层中厚 600mm 的地下墙，挖土后墙体的自立高度应控制在 4～5m 为宜。若对地下墙体的支护效果产生过度的安全感并过度开挖，而忽视自立高度的限制，结果会导致墙体产生过大变形及开裂。

(2)锚定式地下连续墙，是在地下连续墙外围设置锚定墙，通过拉杆将地下连续墙顶部与锚定墙连接，以此方式给地下连续墙提供水平反力，如图 6－3 所示。锚定墙可采用现浇或预制钢筋混凝土结构，也可采用打入式板桩墙，甚至可利用已有的地下连续墙作为锚定墙。在地下水位较高的软土层中采用该支护形式，可使基坑开挖深度达 8～9m。对墙体加设锚杆的地下连续墙，也可视为锚定式挡土结构，根据基坑开挖深度及地下连续墙的受荷载情况，经分析计算，在墙体的适当部位设置多层锚杆，可使地下墙体受力更为合理，但锚杆的层数及水平向间距应控制适当，以免使单根锚杆的承载力不能充分发挥（参见第五章）。

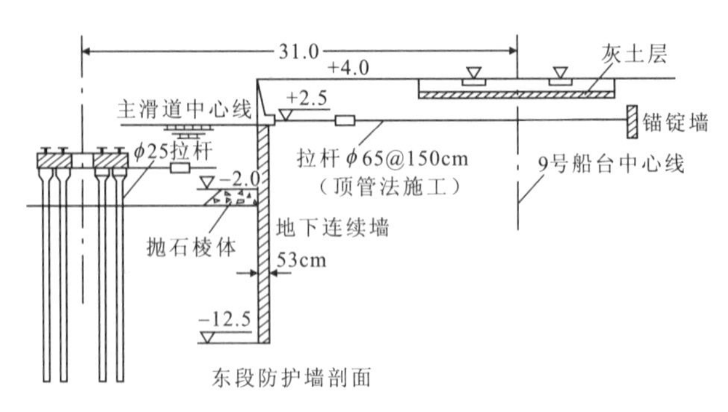

图 6－3　锚定式地下连续墙
（某船厂主滑道北侧护岸工程）

(3)支撑式地下连续墙，其支撑构件可采用“H”型钢、实腹梁、钢管、桁架以及采用主体结构的钢筋混凝土结构梁兼作支撑，当基坑开挖深度较大时，则需采用多层支撑，如图 6－4 所示。此时，各层支撑必须及时架设，各支撑的受力情况也应随时监测。若在基坑开挖过程中支撑不善，则可能使支撑结构或地下墙体产生过量变形，甚至引起支撑倒坍、地下连续墙突然倾倒的严重事故。所以，进行合理的设计，并配合严格的施工管理和检查措施显得尤为重要。

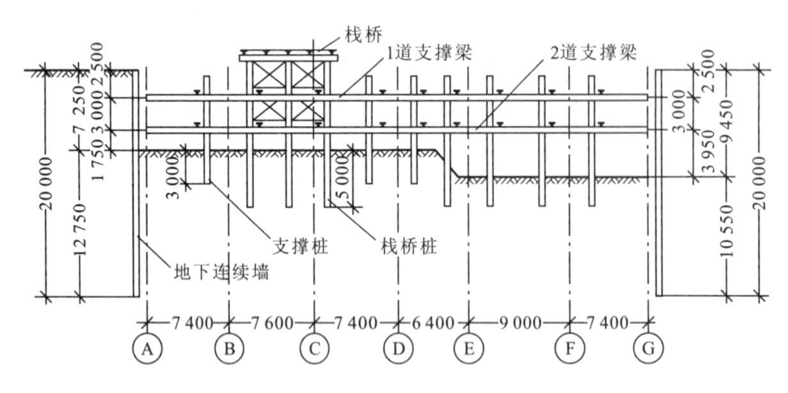

图 6－4　采用多层支撑的地下连续墙

第二节　地下连续墙的内力计算及构造处理

地下连续墙，主要是作为地下工程的挡土结构或侧墙。作为支护结构时，地下墙上的荷载主要是土压力、水压力及地面荷载引起的附加荷载。当作为永久结构时，除以上荷载外，还有上部结构传来的竖直荷载、水平荷载及弯矩等。本节主要对作为支护结构的地下墙内力计算作相应介绍。

一、确定地下连续墙的侧压力

在基坑开挖前，通常认为地下连续墙的内外侧承受着静止土压力，且地下连续墙两侧的压力处于平衡状态，各深度处土压力强度 p_z 为：

$$p_z=\gamma zK_0+qK_0 \tag{6-1}$$

式中：K_0——静止土压力系数；

z——计算点的深度(m)；

q——地面均布荷载(kPa)；

γ——土重度(kN/m^3)。

地下连续墙水平方向单位长度内的静止土压力 E_z 为：

$$E_z=\frac{1}{2}\gamma\cdot z^2K_0+qzK_0 \tag{6-2}$$

静止土压力系数 K_0 可由下式估算：

$$K_0=1-\sin\varphi' \tag{6-3}$$

式中：φ'——无黏性土及正常固结黏性土的有效内摩擦角(°)。

随着开挖深度的增加，地下连续墙在土压力的作用下会产生向坑内侧的变形，此时，地下连续墙外侧静止土压力将发生变化。地下连续墙外侧(主动侧)的土压力值与墙体厚度、支撑情况及土方开挖方式等有关。

当地下连续墙厚度较小，开挖土方后所加设的支撑较少，且支撑结构的刚度不很大时，地下连续墙的变形量稍大，主动侧的土压力则可按朗肯土压力公式计算。国内有关单位曾对地下连续墙的土压力进行过原体测试，测试结果表明：当位移 Δ 与墙高 H 的比值 $\Delta/H=1‰\sim8‰$ 时，墙主动侧的土压力值与按朗肯土压力公式计算的土压力值基本吻合。所以，在地下连续墙变形较大时，采用朗肯土压力公式进行计算，其结果基本上能反映实际情况。

对于设置多层支锚且刚度不大的地下连续墙，主动侧(基坑底标高以上范围)的土压力，根据不同的土层情况确定土压力的分布。

对于刚度较大，且设有多层支撑或拉锚的地下连续墙，由于基坑开挖后墙体变形很小，其主动侧的土压力值往往更接近于静止土压力。例如，日本《建筑物基础结构设计规范》中，根据墙面侧压力(土压力与水压力合计)的实测结果确定的侧压力系数，即体现了这一原则。该规范规定，处于多层支锚时刚度较大的地下连续墙，其墙面侧压力强度为：

$$p=K\gamma_t H \tag{6-4}$$

式中：K——侧压力系数，见表 6-1；

γ_t——土湿重度(kN/m^3)；

H——基坑开挖深度(m)。

表 6-1　侧压力系数 K值

地　　层	砂　　层		黏土层	
	地下水位浅	地下水位深	软 黏 土	硬 黏 土
侧压力系数 K	0.3～0.7	0.2～0.4	0.5～0.8	0.2～0.5

被动土压力值也可按朗肯土压力公式计算，但地下连续墙被动侧的土压力分布及变化情况比主动侧的土压力更加复杂。根据国内的实测资料，当$\Delta/H=1\%\sim5\%$时才会达到被动土压力值，产生被动土压力所需的位移量如此之大，在工程实践中往往是不允许的。即地下连续墙处于正常工作状态时，在基坑底面以下的被动区，不允许地下连续墙产生使静止土压力全部转变为被动土压力所对应的位移，因此，地下连续墙被动侧的土压力应小于被动土压力值。

二、地下连续墙的内力计算

作为支护结构的地下连续墙，其内力计算与板桩墙等支护结构的计算方法并无根本区别，只因地下墙体的刚度较大，在相同受力条件下，其变形量比板桩墙小，确定地下墙体侧压力时要认真分析，不得简单从事。由于地下连续墙的荷载及嵌固段的受力情况和变形之间的关系较复杂，目前有各种假定条件下的计算方法，但未形成较统一的模式，现将工程中常用的计算方法介绍如下。

（一）常规计算法

1. 自立式地下连续墙计算

自立式地下连续墙因墙面未进行支锚，只能适用于开挖深度不大的基坑支护工程。由于该形式的地下连续墙变形较大，对墙外侧的荷载可采用主动土压力，该主动土压力所产生的倾覆力矩由基坑以下被动土压力所产生的抵抗力矩来平衡，并取安全系数为2，按此关系即可求出地下墙的插入深度t，并根据地下连续墙剪力为零的截面位置求算出该截面最大弯矩值$M_{\max}$。

2. 单锚式地下连续墙计算

单锚式地下连续墙，根据其入土深度及土层性状，可将地下连续墙下端视为自由端或固定端。浅埋时，地下连续墙下端可视为自由端，深埋时则可考虑其下端为固定端，在地质条件相同的情况下，当基坑开挖深度相同时，浅埋时所产生的弯矩较大，深埋方式则较安全。

3. 多层支撑地下连续墙计算

多层支撑地下连续墙，是采用分层开挖、分段支撑的方法进行施工。在分层开挖的过程中，墙体会产生一定程度的变形，在分段支撑的过程中，可随时对各道支撑的轴力进行调整。此时支护结构所受侧压力已与传统的土压力分布模式有区别。

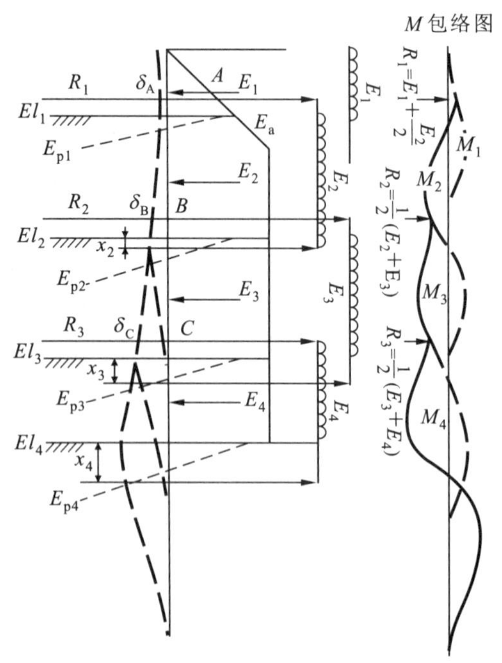

图 6－5　分段等值梁弯矩叠加法示意图

（图中假定：1—支撑架设后，支撑点位置固定不动；2—开挖下段时，上段支撑点为弯矩零点，将该点与插入段内弯矩零点之间墙体视为简支梁。）

图6－5为设置三道支撑的地下连续墙受力及变形过程示意图。当进行基坑第一段开挖时，地下连续墙相当于自立式悬臂梁。墙体变形的最大值发生在墙顶部，最大弯矩在已开挖的基坑底以下一定深度处。此时，在预定的

第一道支撑点 A 处地下连续墙的位移为 δ_A。第一道支撑若采用钢支撑或锚杆，则预先施加轴力 R_1，根据需控制的墙体变形程度，R_1 可为支锚设计轴力的 0.5～1.0 倍。若采用"逆作法"施工，则由主体结构中的梁板作为支撑，由于支撑结构自身的变形很小，可以认为在加设 R_1 后，在进行下段开挖时，δ_A 不再变化。

当进行第二段开挖时，地下连续墙已属单锚式墙体，此时墙后出现新的土压力荷载，墙内侧因挖土卸载，使墙体产生向内侧的位移。此时，第一道支撑 A 点相当于弹性固定支座，地下连续墙下部的插入段一定深度处有一弯矩零点。由图可知，在预定的第二道支撑 B 点处位移量为 δ_B，当架设第二道支撑 R_2 时，同样认为 δ_B 不再变化，B 点仍视为弹性固定支座，入土一定深度处也有一新的弯矩零点。进行第三段开挖及支撑时也属于类似情况。

在最后阶段开挖之前，墙体的入土部分均可视为固定支撑，当开挖至设计标高后，则应依墙体的实际入土深度确定墙体下端的支撑形式。各段开挖后墙下端为固定支撑时的弯矩零点均在开挖面以下 x_i 处。

根据以上分析，可将每一段开挖时上部支撑点与插入段弯矩零点之间的墙体视为单梁（简支梁或一端简支、一端弹性固定）进行计算，之后将各段计算结果叠加，所以该方法也称分段等值梁叠加法，由计算结果即可得出图中的地下墙弯矩包络图和最终的变形图。

各段弯矩零点距基坑底的深度 x_i 与土性及基坑开挖深度 h 有关，工程实践中得出的 x_i 经验值如表 6-2 所示，可参考选用。

表 6-2　x_i 经验值

砂性土		黏性土	
$\varphi=20°$	$x_i=0.25h$	$N<2$	$x_i=0.4h$
$\varphi=25°$	$x_i=0.16h$	$2\leqslant N<10$	$x_i=0.3h$
$\varphi=30°$	$x_i=0.08h$	$10\leqslant N<20$	$x_i=0.2h$
$\varphi=35°$	$x_i=0.035h$	$N\geqslant 20$	$x_i=0.1h$

注：φ—土的内摩擦角；N—标贯击数。

对于使用阶段的地下连续墙，则可按周边固定或简支的连续板计算。

（二）竖向弹性地基梁（或板）的基床系数法（"m"法）

计算地下连续墙多采用竖向弹性地基梁的基床系数法，该法将地下连续墙的入土部分视为弹性地基梁，采用文克勒假定计算，基床系数沿深度变化。该计算方法也称"m"法。

如图 6-6 所示，地下连续墙顶部作用有水平力 H、弯矩 M，基坑底面以上墙外侧作用有分布荷载 $q_1\sim q_2$，假定地下连续墙产生弹性弯曲变形（见图中虚线），此时基坑底面以下地基土产生弹性抗力，整个墙体绕基坑底以下某点 O 转动，在 O 点上下的地基土弹性抗力方向相反。

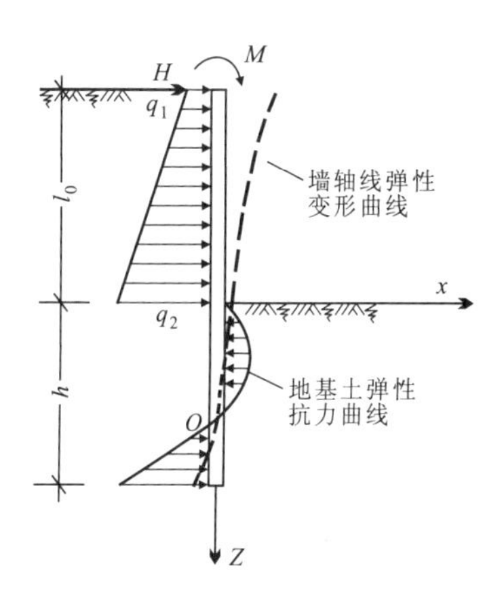

图 6-6　竖向弹性地基梁"m"法计算简图

计算时，将地下连续墙视为埋入地基土中的弹性杆件，假定其基床系数在基坑底标高处为零，并随深度成正比增加。当地下连续墙埋入段的换算深度（参见第四章第六节）$\alpha h \leqslant 2.5$ 时，依设计经验，此时可假定地下墙体的刚度为无限大，按刚性基础计算即可；当 $\alpha h > 2.5$ 时，则按弹性基础计算。由第四章的式(4-36)，水平变形系数 $\alpha = \sqrt[5]{\frac{mb}{EI}}$，墙侧地基土的比例系数 m 值可由地下连续墙的有关设计及施工规程中查得，E 为地下连续墙的混凝土弹性模量；I 为墙截面惯性矩；b 为墙的计算宽度，一般取 $b=1\text{m}$。

由图 6-6 可知，基坑底标高处地下连续墙的内力为：

弯矩：
$$M_0 = M + Hl_0 + \frac{2q_1 + q_2}{6} l_0^2 \tag{6-5}$$

剪力：
$$H_0 = H + \frac{1}{2}(q_1 + q_2) l_0 \tag{6-6}$$

根据弹性梁的挠曲微分方程，可得如下表达式：

$$\frac{\mathrm{d}^4 x}{\mathrm{d}z^4} + \frac{mb}{EI} xz = 0 \tag{6-7}$$

采用幂级数法解上述微分方程，并规定位移、剪力的方向指向基坑内时为正，墙的内侧受拉时弯矩为正，转角逆时针方向为正，可解得：

$$\left.\begin{aligned}
&\text{位移：} && x = x_0 A_1 + \frac{\varphi_0}{\alpha} B_1 + \frac{M_0}{\alpha^2 EI} C_1 + \frac{H_0}{\alpha^3 EI} D_1 \\
&\text{转角：} && \varphi = \alpha x_0 A_2 + \varphi_0 B_2 + \frac{M_0}{\alpha EI} C_2 + \frac{H_0}{\alpha^2 EI} D_2 \\
&\text{弯距：} && M = \alpha EI(\alpha x_0 A_3 + \varphi_0 B_3) + M_0 C_3 + \frac{H_0}{\alpha} D_3 \\
&\text{剪力：} && Q = \alpha^2 EI(\alpha x_0 A_4 + \varphi_0 B_4) + \alpha M_0 C_4 + H_0 D_4
\end{aligned}\right\} \tag{6-8}$$

式中：H_0、M_0——分别为基坑底面处墙上剪力(kN)、弯矩(kN·m)；

x_0、φ_0——基坑底面处墙的水平位移(m)、转角(rad)；

A、B、C、D——无量纲影响系数，按换算深度 αh 查表得出，见《建筑桩基技术规范》(JGJ 94—2008)。

计算时，因计算点深度 h 及水平变形系数 α 为已知，即可查表求得 A、B、C、D 各系数，根据地下墙所受荷载，按式(6-5)、式(6-6)即可求得 M_0、H_0，现只需求得基坑底标高处地下墙的变形 x_0、φ_0，即可解出基坑底以下连续墙身各截面的变形 x、φ 及内力 M、H。

依墙底边界条件及式(6-8)，可求得基坑底标高处在墙上施加单位水平力时（$H_0=1$，$M_0=0$）该处墙身产生的水平位移 δ_{HH} 及转角 δ_{MH}：

$$\left.\begin{aligned}
\delta_{HH} &= \frac{1}{\alpha^3 EI} \cdot \frac{B_3 D_4 - B_4 D_3}{A_3 B_4 - A_4 B_3} \\
\delta_{MH} &= \frac{1}{\alpha^2 EI} \cdot \frac{A_3 D_4 - A_4 D_3}{A_3 B_4 - A_4 B_3}
\end{aligned}\right\} \tag{6-9}$$

同理，可求得基坑底标高处在墙上施加单位弯矩时（$H_0=0$，$M_0=1$）该处墙身产生的水平位移 δ_{HM} 及转角 δ_{MM}：

$$\left.\begin{aligned}
\delta_{HM} &= \delta_{MH} \\
\delta_{MM} &= \frac{1}{\alpha EI} \cdot \frac{A_3 C_4 - A_4 C_3}{A_3 B_4 - A_4 B_3}
\end{aligned}\right\} \tag{6-10}$$

至此，基坑底标高处墙身变形可由下式求得：

$$\left.\begin{aligned}&\text{水平位移：}\quad x_0=H_0\delta_{HH}+M_0\delta_{HM}\\&\text{转　　角：}\quad \varphi_0=-(H_0\delta_{MH}+M_0\delta_{MM})\end{aligned}\right\}\tag{6-11}$$

将 x_0、φ_0 代入式(6－8)，即可求得基坑底以下墙身各处截面的 x、φ、M、H 值。

当地下墙面有支锚结构时，如图 6－7 所示，先按各支点处水平变位为零，用力法求出各支锚的内力 R_a、R_b、R_c，即：

$$\left.\begin{aligned}R_a\delta_{aa}+R_b\delta_{ab}+R_c\delta_{ac}+\Delta_{ap}=0\\R_a\delta_{ba}+R_b\delta_{bb}+R_c\delta_{bc}+\Delta_{bp}=0\\R_a\delta_{ca}+R_b\delta_{cb}+R_c\delta_{cc}+\Delta_{cp}=0\end{aligned}\right\}\tag{6-12}$$

之后将支锚内力 R_a、R_b、R_c 作为集中荷载作用在预定位置，再按前述方法计算地下连续墙的变形及内力。

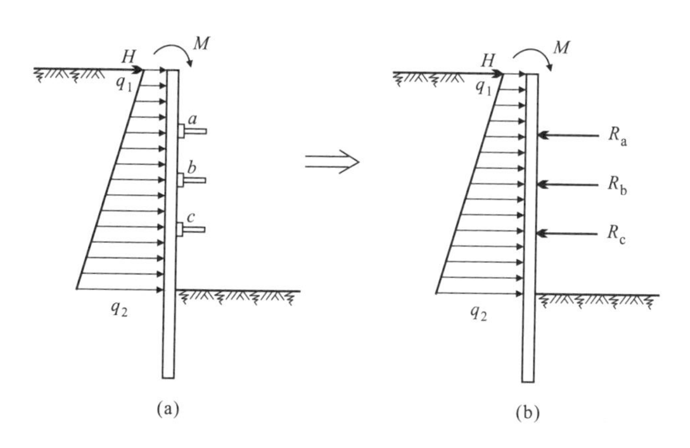

图 6－7　采用支撑(拉锚)的地下连续墙计算简图

当采用该方法对开挖过程中的地下连续墙进行计算时，由于开挖及支锚施工是分段进行，若能及时设置各层支撑，则应按实际分段开挖支锚情况分别进行计算。

三、地下连续墙的竖向承载力

当地下连续墙作为基础的一部分时，除了承受水平侧向荷载外，由于墙侧壁及墙底可分别提供摩阻力及端阻力，其竖向承载力仍相当可观，若合理地利用其竖向承载力，可使基础设计更加经济。

地下连续墙的竖向极限承载力 P 可由下式表达：

$$P=F+R\tag{6-13}$$

式中：F、R——分别为墙侧壁摩阻力及墙底端阻力(kN)。

1. 侧壁摩阻力 F 的计算

(1)按墙侧土体抗剪强度指标确定 F 值：

方法一：

$$F=L\sum h_iE_i\tan\varphi_i\tag{6-14}$$

式中：L——地下连续墙水平方向长度(m)；

φ_i、h_i——分别为第 i 土层内摩擦角(°)及厚度(m)；

E_i——h_i厚度内单位长度地下连续墙所受静止土压力的合力(kN/m)。

方法二：

$$F=\xi\cdot L\sum_i(\lambda_i\bar{\sigma}_{czi}\tan\varphi_i+c_i)h_i+\xi\cdot l\sum_j(\lambda_j\bar{\sigma}_{czj}\tan\varphi_j+c_j)h_j \tag{6-15}$$

式中：ξ——摩阻力降低系数；

l、L——地下墙内、外侧水平方向长度(m)；

φ_j、φ_i、c_j、c_i——分别为地下墙内外侧第 j、i 土层的内摩擦角(°)、黏聚力(kPa)；

λ_j、λ_i——地下墙内外侧第 j、i 土层的侧压力系数；

h_j、h_i——地下墙内侧第 j 土层(位于地下结构底板以下)及外侧第 i 土层的厚度(m)；

$\bar{\sigma}_{czj}$、$\bar{\sigma}_{czi}$——第 j、i 土层的平均自重应力(kPa)。

(2)按经验参数确定 F 值：

$$F=L\sum q_{si}h_i \tag{6-16}$$

式中：q_{si}——墙侧土极限摩阻力标准值(参见第四章表 4-7)。

2. 墙底端阻力 R 的计算

端阻力可按有关的深基础理论公式计算，还可近似地按桩端承载力估算，即：

$$R=q_pBL \tag{6-17}$$

式中：q_p——墙底土极限端阻力标准值(参见第四章表 4-8)；

B、L——分别为地下连续墙的宽度(m)及长度(m)。

四、构造处理

为了保证工程质量，使施工能顺利进行，应使地下连续墙满足所需的构造要求。

(一)对钢筋笼及混凝土的要求

当地下连续墙单元槽段开挖完毕后，需将成型后的钢筋笼整体吊放入槽内。为了维护坑槽土壁的稳定并保证吊放作业能顺利进行，钢筋笼截面宽度一般应比槽宽度小 140～200mm，钢筋笼截面端部与接头管或已浇筑的混凝土接头面应留有 150～200mm 的空隙[图 6-9(b)]。

钢筋笼构造见图 6-8，主筋应采用直径为 20～25mm 的 HRB335 级钢筋，每米墙段 4～6 根，水平向钢筋应采用直径为 14～16mm 的变形钢筋，间距 250mm。对分段制作的钢筋笼，先将下段钢筋笼垂直悬挂在导墙上，然后将垂直吊起的上段钢筋笼与之对接，钢筋笼定位时，笼底部应距离槽底设计标高 300～500mm。

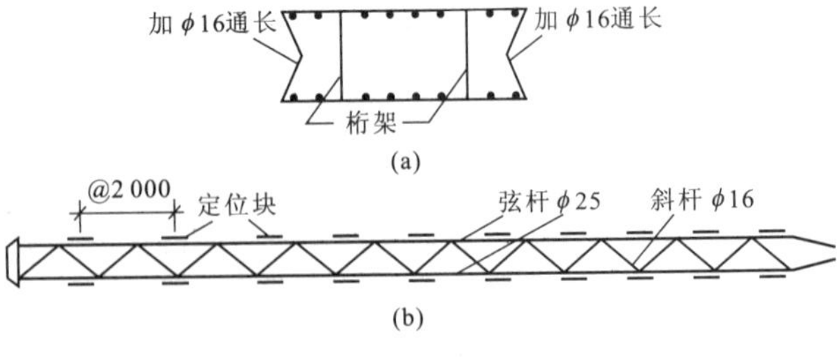

图 6-8　钢筋笼构造示意图

(a)横剖面图；(b)纵向桁架纵剖面图

分段下入槽内后，对需承受下部钢筋笼重量的上下主筋应采用焊接，其余主筋可采用搭接绑扎方式连接，还可预先在上下钢筋连接部位焊接头钢板，吊放对接过程中接头钢板以螺栓连接。

现浇钢筋混凝土地下连续墙的设计混凝土强度等级不得低于 C20，由于需采用水下灌注混凝土工艺，施工时则要求将混凝土强度等级提高至不低于 C25。每立方混凝土水泥用量不得少于 370kg，水灰比不大于 0.6，坍落度为 18～20cm。

考虑到水下灌注混凝土的特点，混凝土保护层厚度一般为7～8cm，为了使混凝土保护层厚度得到保证，应在钢筋笼两侧均匀设置5cm厚的保护层垫块，也可在相应位置焊薄钢板以替代垫块。

(二)接头设计

地下连续墙的接头形式及施工质量直接影响地下连续墙的工作性能。根据地下连续墙的受力及防渗要求，可选择不同形式的接头。地下连续墙的接头可分为施工接头和结构接头两类：浇注地下连续墙时，在墙的端部设置的连接两相邻单元墙段的竖向接头称为施工接头；在地下连续墙的水平向设置的与地下内部结构(如梁、柱、墙、板等)相连接的接头称为结构接头。

1. 施工接头(竖向接头)

在进行槽段间竖向接头的构造设计时，要对以下因素进行考虑：所设计的接头不应给下一槽段的成槽施工造成困难；在浇注混凝土时不致引起混凝土从接头部位的下端及侧面流入接头背面；它既能承受混凝土的侧压力并不致产生严重变形，又能按结构设计的要求，传递槽段之间的应力并能起到伸缩接头的作用；当因槽段较深需将接头装置分段吊入槽内时，应装拆方便，并能在泥浆中较准确地定位，且造价不高。

(1)接头管(锁口管)接头。该接头形式是地下连续墙施工中应用最多的一种施工接头，操作简便，只要施工管理得当，其施工质量完全可满足要求。

施工时，待单元槽段土方开挖完毕后，将接头管吊放入槽段端部就位，之后吊放钢筋笼并浇注混凝土，待混凝土强度达到0.05～0.2MPa时(一般在混凝土浇注后3～5h可达到该强度)，用吊车或液压顶升架起拔接头管，上拔速度应与混凝土浇注高度及时间、强度增长速度等情况相适应，一般为2～4m/h，并应在混凝土浇注完毕后8h内将接头管全部拔出(图6-9)。

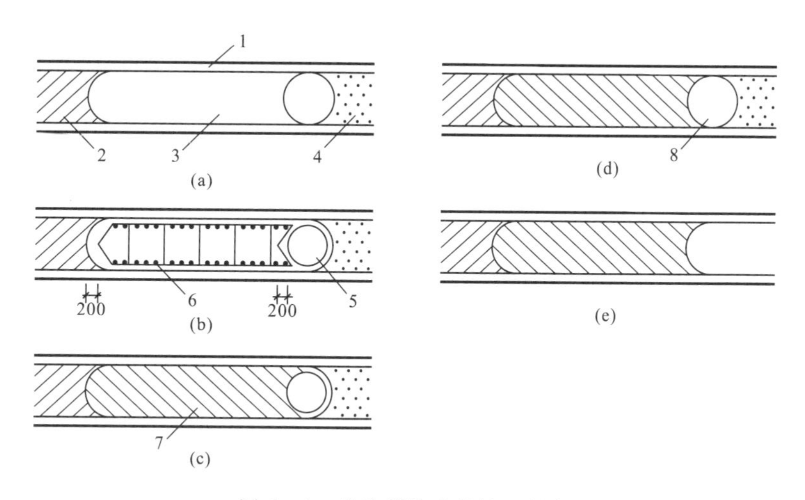

图6-9 接头管接头的施工程序

(a)开挖槽段；(b)吊放接头管和钢筋笼；(c)浇注混凝土；(d)拔出接头管；(e)形成接头

1—导墙；2—已浇注混凝土的单元槽段；3—开挖的槽段；4—未开挖的槽段；5—接头管；6—钢筋笼；7—正浇注混凝土的单元槽段；8—接头管拔出后的孔洞

接头管直径应比墙厚度小50mm，当基坑槽深度较大时，可依工程需要分段接长，待接头管拔出后，槽段端部即形成圆弧面，待下段施工完毕即形成槽段接头。

(2)接头箱接头。接头箱接头的施工方法与接头管接头的施工方法相似,只是以接头箱替代接头管,接头的刚度明显增强,使地下墙的接头部位形成整体。

接头箱的截面形式如图 6－10 所示,待槽段土方开挖结束后,将接头箱吊放入槽段内,接头箱的一侧开口,吊放时开口朝向待浇注混凝土的一侧,接头箱的另一侧(未开口)需紧靠接头管,以抵抗混凝土对接头箱的压力。吊放钢筋笼后,钢筋笼端部因设有钢板(将穿孔钢板套入水平筋内并焊牢),此时钢板将接头箱的开口面封堵,使浇注的混凝土不能进入接头箱(钢筋笼端部一定长度的水平钢筋已伸入接头箱内)。待混凝土初凝后,逐步吊出接头箱,待下一槽段钢筋笼吊放后,前槽段伸入接头箱内的水平向钢筋将与下一槽段钢筋笼的水平向钢筋交错重叠,第二槽段混凝土浇注后,因相邻两槽段的水平钢筋交错搭接而形成整体接头。

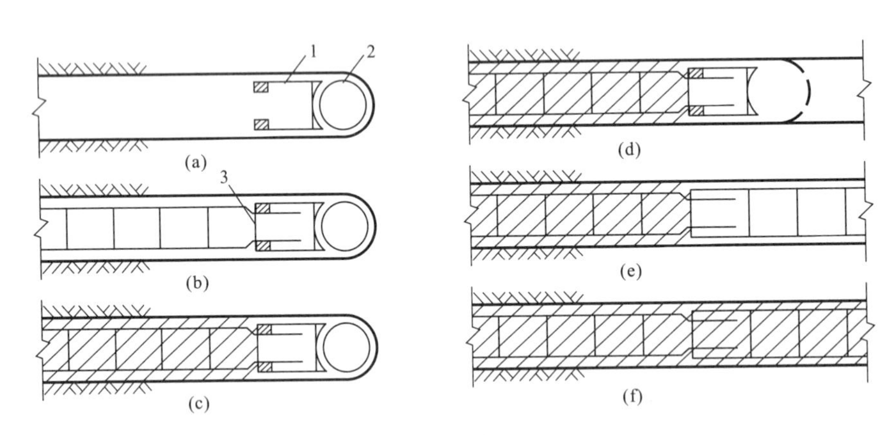

图 6－10　接头箱接头的施工程序

(a)插入接头箱;(b)吊放钢筋笼;(c)浇注混凝土;(d)吊出接头管;
(e)吊放后一槽段的钢筋笼;(f)浇注后一槽段的混凝土,形成整体接头
1—接头箱;2—接头管;3—焊在钢筋笼上的钢板

2.结构接头

地下连续墙与内部结构的楼板、柱、梁、底板等连接的结构接头主要有以下 3 种:

(1)预埋连接钢筋法。预埋连接钢筋法是应用最多的一种方法,如图 6－11 所示。

施工时,将预埋连接钢筋按设计要求焊于钢筋笼上,并将连接筋的搭接段弯折至与钢筋笼侧面平齐,随钢筋笼下入槽段内并预埋入混凝土中,待基坑开挖至相应部位时,凿开预埋筋处墙面混凝土,将露出的预埋筋弯成设计形状,与后浇结构的受力筋连接。为了便于施工,预埋筋直径应不大于 20mm 为宜,弯折时宜缓慢加热,以免其强度降低过多。由于连接处往往是结构强度的薄弱部位,设计时应将连接筋增加 20%的富余量。

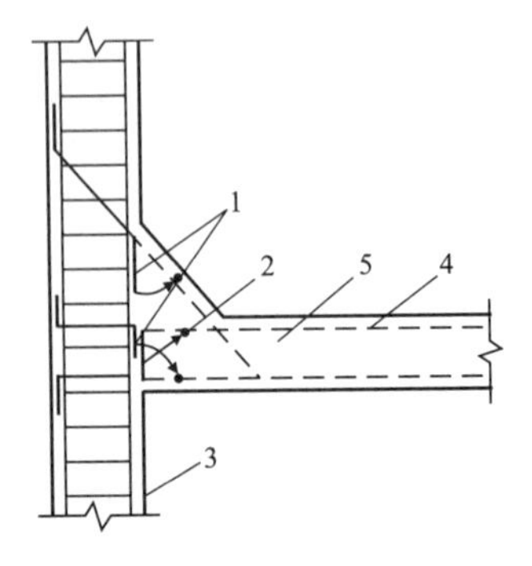

图 6－11　预埋连接钢筋法

1—预埋的连接钢筋;2—焊接处;3—地下连续墙;
4—后浇结构中受力钢筋;5—后浇结构

(2)预埋连接钢板法。该方法是将预埋连接钢板按设计要求固定于钢筋笼上,待土方开挖后,凿开墙面相应部位的混凝土使预埋钢板外露,将

后浇结构的受力筋与预埋连接钢板焊接，见图 6－12。浇注混凝土时应使预埋钢板内侧的混凝土饱满密实，若钢板内侧形成空穴，则必须进行灌浆处理。

(3)预埋剪力连接件法。剪力连接件的形式有多种，较常见的是带有锚筋的钢板剪力连接件(图 6－13)，以不防碍浇注混凝土、连接件的承压面大且形状简单者为好。施工时，将剪力连接件焊接于钢筋笼上，待混凝土浇注完毕，土方开挖后，凿开预埋剪力连接件处墙面混凝土，将锚筋弯折出来与后浇结构连接。

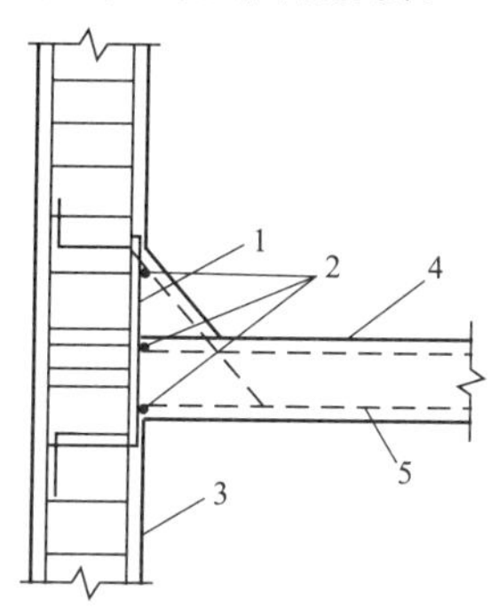

图 6－12　预埋连接钢板法

1—预埋连接钢板；2—焊接处；3—地下连续墙；4—后浇结构；5—后浇结构中的受力钢筋

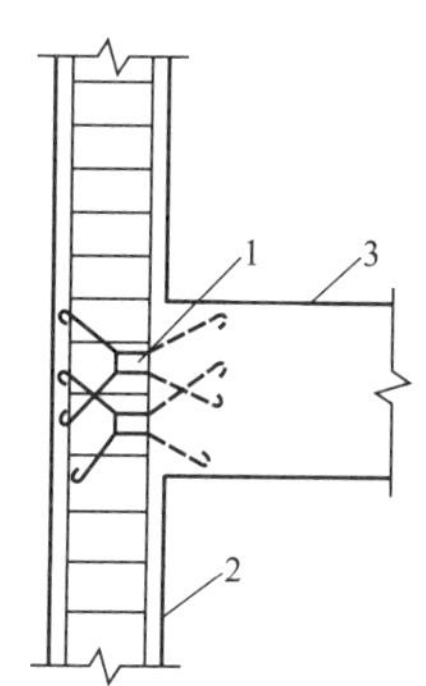

图 6－13　预埋剪力连接件法

1—预埋剪力连接件；2—地下连续墙；3—后浇结构

五、基坑稳定性分析

采用地下连续墙挡土的基坑，在开挖施工过程中同样需考虑基坑稳定性问题，特别是对处于软弱地基土中的工程，进行基坑稳定性验算显得尤为重要。与其他挡土结构一样，验算时仍从整体滑动失稳、坑底隆起及管涌三方面对基坑稳定性进行分析，具体验算方法可参见第五章。

为了减少不安全因素，避免失误，设计时应尽可能将地下连续墙的下端插入强度较高的土层中，在施工条件允许的情况下，应将最下一道支锚尽量安排在标高较低的位置，在开挖施工的后期，支锚工作应及时，并尽可能施加预应力，以防不测。

第三节　地下连续墙的施工

一、准备工作

施工前应对地质情况及施工现场情况认真地进行调查分析，并依此编制合理的施工组织设计，为施工的顺利进行打下良好的基础。

(一)工程地质及水文地质情况的调查分析

地下连续墙的设计、施工及工程的使用性能，在很大程度上取决于设计及施工人员对工程地质及水文地质情况是否已正确全面地掌握。而地质勘察成果的质量及精度，将直接影响设计的合理性、施工方案的选择及施工质量。因此，地质勘察工作应根据工程要求合理选定钻孔位置，钻孔深度应超过地下连续墙的设计深度，并提供工程所需要的工程地质及水文地质资料，如土层性状及分布情况、各土层物理力学指标、地下水位及其变化情况、地下水流速、承压含水层的分布、压力大小及地下水的水质分析结果等。

根据地质资料，合理地确定开挖槽段的长度，选择合适的挖槽机械，估算挖土效率以安排施工进度，按地层确定合适的泥浆配比以维护槽壁的稳定性，并选择护壁及排渣效果好的泥浆循环工艺。

例如：采用钻抓法（后详）施工时，钻导孔所用的潜水钻机为正循环方式出土，当在砂土层中钻进，若钻头喷浆量过大，会引起钻孔直径过大甚至会造成坍孔；当进入卵石层时，由于较大沉渣难以返出孔外会给钻进工作造成困难；当采用多头钻（后详）施工时，由于采用的是反循环方式出土，当处于松软土层时，排浆能力及补浆质量将直接影响挖掘效率；此外，还应根据土层情况选择反循环泥浆的处理方法。

（二）现场情况调查

地下连续墙施工前，应对以下几个方面的现场情况进行调查。

1.大型机械进出场条件

施工所需的大型机械，如钻机、成槽机、起重吊车等，均需安全顺利地运至现场进行组装，因此，对运输途中及现场的道路和地形条件均应进行调查，尤其对路面状况、宽度、坡度、弯道半径及桥梁的限载情况应逐处调查，并应准备相应的运输辅助措施，以免在运输途中受阻。

2.水源及电源条件

施工时因用水量大，现场供水条件是否满足施工要求，供电条件与施工作业时的电力消耗是否匹配等均应详细调查，必要时应另备水源，增设发电设备。

3.邻近建（构）筑物的情况

为了确定地下连续墙的位置、槽段长度、挖槽方法、墙体刚度及墙体支锚位置等，均应对邻近建（构）筑物的结构形式、基础形式、基础的埋深及持力层情况进行调查分析，以便判定施工对邻近建（构）筑物的影响程度及邻近建（构）筑物产生的附加荷载对槽壁的稳定性及地下墙体内力的影响。必要时应提前采取防范措施。

4.地下障碍物情况

地下连续墙施工时若遇地下障碍物（如混凝土块体、旧基础、地下管线设施等），会因施工受阻造成停工，所以应在施工前进行详实的勘察并设法排除，对地下管线之类的设施，应会同有关单位采取其他必要措施，使施工能继续进行。

5.施工对环境的影响

地下连续墙的施工，其噪声及振动对环境的影响较小，但在医院、学校等单位附近施工时，还应采取措施以减小对附近环境的影响。

地下连续墙施工时产生大量的废弃泥浆，若直接排放会污染环境，必须经沉淀或进行泥水分离处理后再排放，沉淀或泥水分离处理后的沉渣、弃土应运至有关部门指定的地点。

（三）编制施工组织设计

地下连续墙往往是在地质条件及施工条件较差的情况下采用的一种工艺，而且在施工期间无法直观地判定其施工质量，一旦发生质量事故则难以处理。因此，施工前编制合理的施工方案非常必要。当详细地研究了工程的规模、技术质量要求、地质情况、现场环境条件等因素之后，即可编制详细的施工组织设计。地下连续墙的施工组织设计应包括以下主要内容：

(1)工程概况。主要内容有:工程规模及技术质量要求,水、电、道路畅通,场地平整等情况。

(2)场地地质条件及环境条件。

(3)施工方案及方法。主要包括:①挖掘机械等施工设备的选择;②导墙设计;③单元槽段的划分及施工顺序;④预埋件以及地下墙与内部结构连接的设计及施工详图;⑤泥浆的配比,循环路径布置及管理,泥浆处理方法及废浆、弃土的处理;⑥钢筋笼制作详图,钢筋笼加工、运输及吊放所用的设备及操作方法;⑦混凝土配合比设计,混凝土供应方式及混凝土灌注工艺;⑧供排水设施及供电设施的布置。

(4)施工平面布置。主要包括:挖掘机械的布置及运行路线;混凝土浇灌机具的布置;泥浆制备及处理设备的布置;出土运输路线;钢筋加工及堆放场地;混凝土搅拌站的设置,砂石料场及水泥库房的设置,混凝土的运输路线以及其他临时设施的布置等。根据施工现场条件及施工需要,将以上内容在施工场地范围内合理布置并绘制施工平面布置图。

(5)施工进度计划,材料及劳动力等供应计划,并制定出工期指标及劳动生产率指标。

(6)根据各工序工种的具体情况,制定出安全措施、质量管理及技术组织措施等。

二、地下连续墙施工

地下连续墙的施工工序,主要有修筑导墙、泥浆制备及处理、深槽挖掘、钢筋笼制作与吊装以及混凝土灌注等。

(一)修筑导墙

导墙是地下连续墙挖槽施工前修筑的临时结构。在开挖沟槽时,由于表层土极不稳定且易坍塌,而护壁泥浆对其维护作用不大,此时主要靠导墙维护槽口土壁的稳定。为了防止导墙因受侧压力作用而产生位移,往往需在导墙内侧设置木支撑(以 5cm×10cm 或 10cm×10cm 的方木,按 1m 左右的水平间距设上下两道支撑),当沟槽附近地面有较大荷载时,还应按一定间距设置钢支撑(支撑两端加设钢板)。当导墙修筑完毕后,沟槽的位置即已确定,并可沿导墙进行单元槽段的划分,同时,导墙亦作为测量槽段标高、垂直度及精度的基准面。在施工过程中,它既是挖槽机械运行轨道的支撑面,又是钢筋笼、接头管件搁置的支撑面,并且还承受其他设备的荷载。导墙还能起到维持槽内泥浆高度的作用(为了使槽壁稳定,需将泥浆面保持在导墙顶面以下 20cm,且应高于地下水位不少于 1m)。另外,它可防止地表水流入槽内以免使泥浆性能变差,还能阻止泥浆漏失。在邻近建筑物附近施工时,可减小施工对邻近建筑物的影响。

1. 导墙的形式

施工中采用较多的是现浇钢筋混凝土导墙。若需考虑多次重复使用,则可采用钢制或预制钢筋混凝土装配式导墙。为了使挖槽机械能正常作业,各种结构及形式的导墙,其强度、刚度及精度均应满足要求。

导墙的形式,应综合考虑以下因素后再确定:

(1)土层的情况及地下水的状况。主要包括表层土体的软硬密实程度、物理力学性能、有无地下埋设物、地下水位及其变化情况等。

(2)导墙所受荷载情况。应考虑挖槽机械的重量及组装方法、钢筋笼的重量及施工过程中导墙附近出现的超载等情况。

(3)施工时对邻近建(构)筑物可能产生的影响程度。当作业面位于先期施工的支护结构附近时，施工对该支护结构的影响也应考虑。

图 6-14 为地下连续墙施工时所用的几种现浇钢筋混凝土导墙，可依据不同的施工条件选用。

当表层土较好及导墙上荷载较小时，可采用导墙断面最简单的图 6-14(a)、(b)形式。

当表层土为杂填土、软黏土等承载力较低的土层时，可选择图 6-14(c)、(d)形式。

当导墙上的荷载很大时，可根据荷载大小将导墙上部沿水平向外伸一定长度，形成图 6-14 中(e)形式。

当靠近现有建(构)筑物施工时，为了保护现有结构，阻止其发生变形，可将靠近现有结构一侧的导墙截面面积及配筋量适当增加，即图 6-14 中(f)形式。

当地下水位很高又未采取降水措施时，为了保证槽内外的水头差，需将导墙顶标高控制在地面以上一定高度，此时应沿导墙周边填土，如图 6-14 中(g)形式。

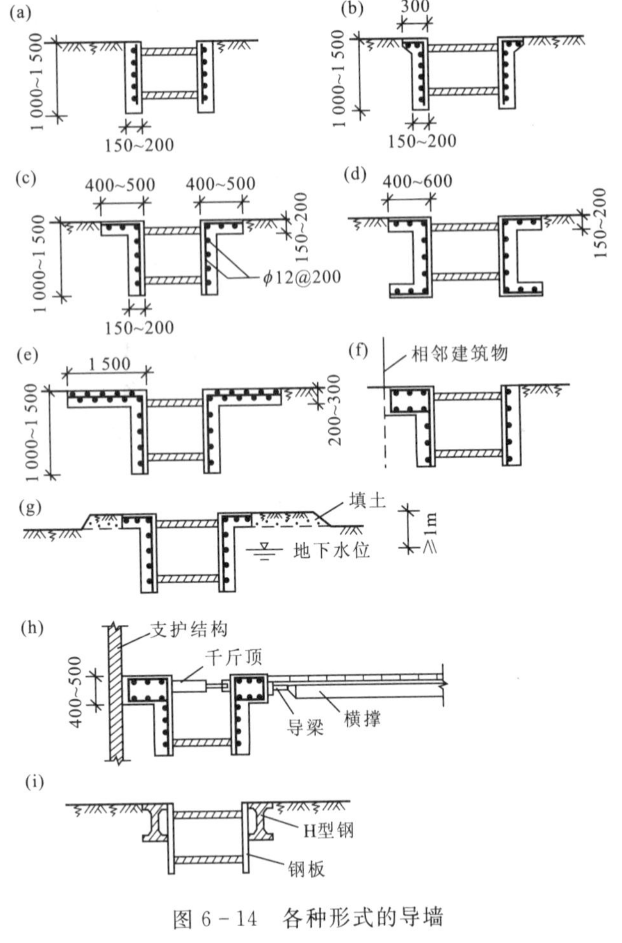

图 6-14　各种形式的导墙

当作业面位于先期施工的支护结构附近时，为了维护已有支护结构的稳定，则宜采用图 6-14中(h)形式，且导墙的截面及配筋应适当增加。

图 6-14 中(i)形式为可重复使用的钢结构导墙，它由 H 型钢(300×300)及钢板共同组成。

2. 导墙施工

当场地平整及测量定位工作完成后，即可沿地下连续墙走向进行施工导墙的挖槽工作。当导墙范围内土体的自立高度能满足导墙施工要求时，则可用土模替代导墙外侧模板；当槽壁土体不稳定时，则应设置导墙外模板。

钢筋绑扎工作可在外模形成后进行，配筋一般为 φ12@200，水平向钢筋必须通长连接，使导墙成为整体。当钢筋布置完毕后即可设置内模板，导墙厚度一般为 150～200mm，墙趾处厚度不宜小于 200mm，其深度一般为 1.0～2.0m，导墙的施工接头位置应与地下墙的施工接头位置错开。支模及混凝土浇注时，应对施工质量进行控制，为防止地表水流入槽内，导墙顶面应高出地面 100mm，导墙的内墙面应与地下连续墙的轴线平行，导墙内侧净距应比地下连续墙厚度大 40mm(允许误差±5mm)，导墙顶面应水平，侧面应垂直，墙基底应与地基土面密合，以防泥浆外渗。导墙的混凝土强度等级一般为 C20。

导墙外模拆除后的空隙应用黏土回填密实，内模拆除后即可设置横支撑。为了防止导墙变形受损，在混凝土达到设计强度之前，禁止使导墙附近地面承受较大的超载。

（二）泥浆制备与处理

地下连续墙的深槽开挖作业必须在泥浆护壁的条件下进行。成槽过程中，要对泥浆的性能进行维护以保证成槽质量及施工的顺利进行。所选用的制浆材料既要考虑其护壁效果，又要尽可能地利用当地材料，以降低工程造价。

1. 泥浆的作用

由于泥浆具有一定的黏度，它能将钻头式挖槽机施工过程中形成的土渣悬浮并随同泥浆排出槽外，避免土渣在槽底大量沉积而影响挖掘效率。当采用钻头式或冲击式挖槽机成槽时，作为冲洗液的泥浆既可冷却钻具避免其产生高温，又可起润滑作用减轻钻具磨损，提高了钻具的使用寿命。由于泥浆的密度大于水的密度，当槽内泥浆面高出槽外地下水位一定高度时，槽内的静水压力可抵抗槽壁外的侧压力，相当于在槽内壁上形成一种液体支撑，既可阻止地下水向槽内渗入，也可防止槽壁剥落和坍塌。在槽内外压力差的作用下，渗入槽壁土体内一定范围的泥浆会黏附在土颗粒上，使槽壁土的透水性降低，增强了槽壁的稳定。同时，因泥浆中的自由水在压力差作用下会渗入槽壁土体中，泥浆中的黏粒在槽壁上形成透水性很弱的泥皮，使槽内静水压力更有效地作用在槽壁上，以防止槽壁剥落坍塌。

根据槽内外压力差与土的抗剪强度的关系，可将采用泥浆护壁时的沟槽临界深度由下式表达（Meyehof 公式）：

$$H_{cr}=\frac{N\tau}{K_0\gamma'-\gamma_1'} \tag{6-18}$$

式中：H_{cr}——沟槽临界深度（m）；

N——条形基础的承载力系数，对于矩形沟槽，$N=4(1+B/L)$，其中，B 为槽宽（m），L 为槽的平面长度（m）；

τ——土的不排水抗剪强度（kN/m^2）；

K_0——静止土压力系数；

γ'——土体的有效重度（kN/m^3）；

γ_1'——泥浆的有效重度（kN/m^3）。

由上式可看出，提高泥浆重度可使沟槽的临界深度相应增加。

同理，可将沟槽的倒坍安全系数 K 表示为：

黏性土　$$K=\frac{N\tau}{p_{0m}-p_{1m}} \tag{6-19}$$

砂土　$$K=\frac{2(\gamma\cdot\gamma_1)^{1/2}\tan\varphi}{\gamma-\gamma_1} \tag{6-20}$$

式中：p_{0m}——槽壁外侧土压力及水压力（MPa）；

p_{1m}——槽壁内侧泥浆压力（MPa）；

γ——砂土重度（kN/m^3）；

γ_1——泥浆重度（kN/m^3）；

φ——砂土内摩擦角（°）。

2. 泥浆性质的控制指标

施工中所采用的护壁泥浆，并非一般的泥水混合物，而是以特殊材料（如膨润土、质量合格的黏土或粉质黏土，并掺入一定比例的外加剂）与不含有害成分的净水配制而成。膨润土（主要成分为蒙脱石）是最常用的制浆材料，当膨润土颗粒遇水膨胀后，形成具胶体性能的泥浆，其护壁效果好。膨润土的性能随产地的不同而不同，使用前应作配比试验。当有合适的黏土时，以该黏土制浆可降低工程造价。例如，塑性指数大于25、粒径小于0.005mm的含量超过50%的黏土，且造浆能力不低于2.5L/kg，能使泥浆的胶体率不小于95%，含砂率不大于4%时，完全可作制浆材料使用；对塑性指数不小于15、粒径大于0.1mm的含量不超过6%的粉质黏土，也可作为制浆材料。成槽施工时，当槽底标高以上土层主要为较好的黏土层时，可将清水注入槽内，在钻具旋转切土的过程中即可形成泥浆，而不需另行制备泥浆。

为了使泥浆具备物理和化学的稳定性、合适的流动性、良好的泥皮形成能力及适当的密度，应对制备的泥浆及循环过程中的泥浆进行检测及质量控制。

(1)泥浆的相对密度。泥浆的相对密度指4℃时泥浆与水的密度比。一般情况下，泥浆的相对密度越大，对槽壁的静压力越大，槽壁也越稳定。但密度过大，泥浆中的水会因受压而渗失增加，使泥皮增厚且疏松引起泥皮脱落，对固壁不利，而且使泥浆循环过程中设备的功率损失增加，也不利于泥浆的泥土分离处理。所以，施工时希望采用密度较小的泥浆，且可节省制浆原料。

泥浆的相对密度可用比重计或比重秤测定，一般宜每隔两小时测定一次，膨润土泥浆的相对密度宜为1.05～1.15，普通黏土泥浆的相对密度宜为1.15～1.25。

在成槽过程中，由于土渣混入泥浆，必然使其密度增加，槽底沉淀增加，而且也影响钢筋与混凝土的握裹力以及地下墙槽段的接头质量，所以，应对循环过程中的泥浆及时检测，加强管理，将其密度控制在规定范围之内，密度指标如表6-3所示。

(2)黏度。黏度是液体内部阻碍其相对流动的一种特性。当膨润土或黏土与水混合后，绝大多数土粒吸水后形成带水膜的微粒，另有少部分呈分散状的黏粒及砂粒，当泥浆流动时，带水膜的液体微粒之间、分散的黏粒与水之间以及黏粒与砂粒之间均产生摩擦，即形成了泥浆的黏度。

黏度大的泥浆，其悬浮土渣的能力强，但易糊住钻头，使钻挖的阻力增大，泥皮增厚；若黏度小，悬浮土渣的能力弱，对防止流沙及泥浆漏失不利，各种土层中的泥浆指标控制值见表6-3。

表6-3　泥浆性质控制指标

指标 性质 / 土层	黏度(s)	相对密度	含砂量(%)	失水量(%)	胶体率(%)	泥皮厚度(mm)	静切力(kPa)	pH值
黏土层	18～20	1.15～1.25	<4	<30	>96	<4	3～10	>7
砂砾石层	20～25	1.20～1.25	<4	<30	>96	<3	4～12	7～9
漂卵石层	25～30	1.10～1.20	<4	<30	>96	<4	6～12	7～9
碾压土层	20～22	1.15～1.20	<6	<30	>96	<4	—	7～8
漏失土层	25～40	1.10～1.25	<15	<30	>97	—	—	—

施工现场可用漏斗黏度计测定泥浆黏度，黏度指标指黏度计漏斗内700mL泥浆（滤去粗

砂粒)流满500mL量杯所需的时间。

(3)含砂量。泥浆的含砂量愈大,其相对密度也愈大,且会使泥浆的黏度降低,悬浮土渣的能力减弱,若循环过程中的泥浆含砂量较大而未进行及时处理,则会使槽底沉淀增多,且加剧了对钻具、泥浆泵等机具的磨损。一般用含砂量测定仪测定泥浆的含砂量,其指标愈小愈好,对新鲜泥浆宜控制在不大于4%(体积比)。

(4)失水量及泥皮厚度。失水量表示泥浆在土层中失去水分的性能。泥浆中的自由水渗入土层时,未透过土层的黏粒会黏附在槽壁上形成泥皮,同时,泥皮又可阻止或减少泥浆中的水分继续渗入土体。

当泥浆的失水量较大时,形成的泥皮厚而疏松,与槽壁的附着性差,不利固壁,且使挖槽机具升降不畅。所以,薄而密实的泥皮既利于槽壁稳固又便于挖槽机具(钻具、抓斗等)的升降。对新鲜泥浆,用失水仪测得的失水量要求不大于0.33mL/min,对循环使用过程中的泥浆,失水量在0.7~1.0mL/min较为合适,泥皮厚度以1~3mm为宜。

失水量及泥皮厚度在现场常用泥浆失水量测定仪测定。测定时,对测定仪内一定量(不小于290mL)的泥浆施加0.3MPa的恒压达30min,然后测定经滤纸及金属滤网渗出的水量(即失水量)及滤纸上的泥皮厚度。

(5)pH值。泥浆的pH值一般应控制在7~9,在施工中当水泥及地下水或土体中的其他阳离子进入泥浆,会使泥浆碱性增大,当pH>11时会使泥浆产生分层现象而失去护壁作用。在现场用试纸测定即可。

(6)胶体率及稳定性。胶体率是泥浆中黏粒分散及水化程度的粗略表示指标。测定时,将泥浆静置24h,观察泥浆中析水分层情况,悬浮状泥浆与泥浆总体积之比即为胶体率。胶体率高的泥浆,可悬浮大量的钻渣土粒。为此,施工中要求泥浆的胶体率应大于96%,否则,应掺入一定比例的Na_2CO_3或NaOH以改善其性能。

泥浆的稳定性表示泥浆中黏粒分散的均匀程度,即测定静置24h的泥浆上下层密度,一般要求上下层泥浆密度差不大于0.02。

(7)静切力。对处于静止状态的泥浆施加外力时,泥浆开始流动的一瞬间阻止其流动的阻力称为静切力,它表示泥浆静置时形成的内部结构强度。静切力较大的泥浆,悬浮土渣的能力强,但钻具的阻力增大;若静切力太小,则钻渣易沉淀。静切力可采用静切力计分两次测定,一般规定对静止1min后测得的静切力(初切力)为2~3kPa,再静置10min后测定的静切力(终切力)为5~10kPa。

对泥浆的性能进行分析时,不能仅仅依据某一个指标就对其性质进行判定。例如,胶体率高的泥浆,并不能完全说明泥浆中的胶体颗粒含量大,也不等于泥浆的失水量小,或者其他性能也满足要求,应综合分析各项指标,使其性能全面达到要求。

为了使泥浆性能维持在较好状态,泥浆中需掺入一定比例的外加剂。例如,为了减小泥浆黏度,降低密度,促使砂土沉淀,可增加泥浆中水的含量;为了增加黏度,减少失水量及改善泥皮性质,可加入增黏剂CMC(羧甲基纤维素,为高分子白色粉末状,溶于水后呈黏度很大的透明液体),掺入量为水重的0.03%~0.1%;为了降低黏度,提高泥浆的抗絮凝化能力,促使泥浆中的砂土沉淀,降低泥浆密度,可掺入分散剂FCL(铁硼木质素磺酸钠,呈黑褐色,易溶于水),也可掺入0.5%~1.0%的Na_2CO_3或$NaHCO_3$等,但分散剂掺入量超过一定限度后,分散效果不再增强,有时甚至使分散效果降低;为了增加泥浆的黏度,提高稳定性,减小失水量,改善泥皮性能，可将膨润土浆液掺入，使泥浆质量提高；在地下水头高或土压力很大的情况下，为了提高泥浆维护槽壁稳定的能力，需增大泥浆密度，可掺入加重剂重晶石（相对密度4.1～4.2，呈灰白色粉末状），掺入后能提高泥浆的密度、黏度及凝胶强度。

3.泥浆的制备及处理

（1）制浆前的准备工作。制浆前，应调查地下水位及其变化情况、地下水的流速、地下水中易使泥浆性能变坏的有害离子含量（如钙离子及其他盐分）、pH值等。

首先确定制浆材料的掺入量及增黏剂的掺量。例如，膨润土泥浆每一立方水掺入60～90kg膨润土及0.5～0.8kg增黏剂CMC。按以上初步确定的配比先进行试配，若经测定，其性质指标符合要求即可按需用量配制并投入使用，否则应调整配比。表6-4为上海某工程平面尺寸50m×90m、深13m基坑的地下连续墙成槽施工所采用的泥浆配比实例。

表6-4　护壁泥浆配比实例

泥浆材料 / 泥浆用途	水	陶土粉	纯碱	CMC
一般槽段新鲜泥浆（kg/m³）	1 000	70	4～5	0.5～0.8
再生处理泥浆（kg/m³）	1 000	—	15	2
坍方槽段及特殊情况使用的泥浆（kg/m³）	1 000	140	15	2

（2）泥浆制备。所选用的泥浆搅拌机应效率高，操作方便，噪声小且装拆方便。施工中常用的有高速回转式搅拌机和喷射式搅拌机两类。高速回转式搅拌机也称螺旋桨式搅拌机，由电动机、搅拌筒及搅拌叶片几部分组成。工作时搅拌叶片以400～1 000r/min进行高速回转，使泥浆产生激烈涡流而将泥浆搅拌均匀。该搅拌机分单筒式及双筒式，筒容量0.2～1.2m³，且有多种型号可供选择。喷射式搅拌机是利用喷水射流进行拌合的搅拌方式进行制浆，可进行大容量搅拌，其效率高于高速回转式搅拌机，耗电少，且达到相同黏度时的搅拌时间短，图6-15为该类搅拌机的工作原理图。其工作原理是以泵将水喷射成射流状，利用喷嘴附近的真空吸力，将加料器中的膨润土吸出并与射流进行拌合。浆液浓度未达到设计要求前，可将喷嘴喷出的未达到浓度标准的浆液送入贮浆罐，罐中泥浆再由泵经过喷嘴与膨润土拌合，如此循环直至浓度达到要求。

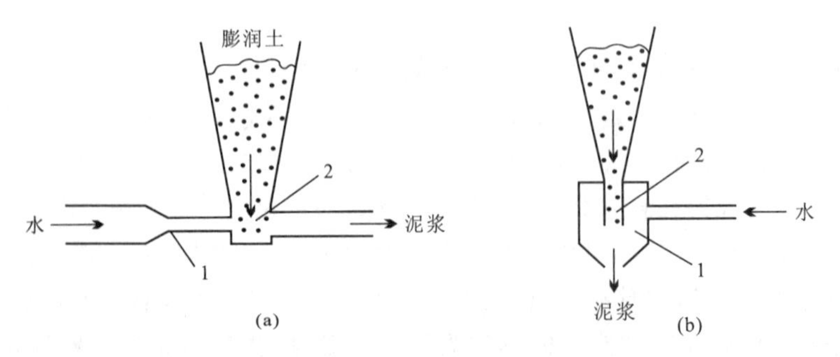

图6-15　喷射式搅拌机工作原理

(a)水平型；(b)垂直型；

1—喷嘴；2—真空部位

由于膨润土达到完全溶胀需一定时间，制浆时需充分搅拌，否则泥浆的黏度及失水量达不到要求。一般情况下膨润土与水混合搅拌后（高速回转式搅拌机需搅拌 4～7min），大部分膨润土经 3h 后已溶胀，可供施工使用，经一天时间可达完全溶胀。由于增黏剂 CMC 较难溶解，宜先配成 1%～3% 的 CMC 溶液，且因 CMC 溶液可能会妨碍膨润土溶胀，所以应在加入膨润土之后再掺入溶液，之后再投入其他外加剂。配制后的泥浆送入贮浆罐或泥浆池中存放待用。

（3）泥浆处理。在成槽及混凝土灌注过程中，泥浆与地下水、土、混凝土接触，使泥浆中的膨润土及外加剂等有效成分有所消耗，且泥浆中混入土渣及电解质离子等，使泥浆受污染而质量恶化。被污染且性质恶化的泥浆经处理后可重复使用，对严重污染的泥浆难以处理或处理不经济时则作废浆舍弃。泥浆的质量恶化程度及废浆产生量与挖槽方法、土类别、地下水质及混凝土浇注工艺等有关，特别是受挖槽方法的影响更大。据国内多项工程的统计，采用反循环多头钻成槽时，膨润土泥浆的废浆当量约为 0.8，同样的泥浆若采用抓斗法成槽时，所产生的废浆当量约为 0.4。

泥浆处理方法可分为土渣分离处理（物理再生处理）和污染泥浆化学处理两类。

1）土渣分离处理。当泥浆中的土渣含量过大时，会出现以下不利因素：所形成的泥皮厚度增大，附着力降低，对维护槽壁的稳定性不利；使泥浆的黏度增大并加剧循环机具的磨损；影响混凝土灌注质量；由于沉渣增多，会引起建成后的地下连续墙沉降量增大等。

进行土渣分离时，可采用重力沉降处理和机械处理两种方法，若两种方法结合使用则效果更佳。

①重力沉降处理。在施工现场设泥浆沉淀池，将槽内返出的泥浆送入池内沉淀，并清除池底土渣以达到土渣分离的效果，即属重力沉降处理。池的容积愈大，泥浆沉淀时间愈长，则土渣沉淀分离的效果愈好。沉淀池一般为分隔式，其间由埋管或槽口连通。考虑到沉淀土渣会减少池的有效容积，故池的容积应以单元槽段挖土量的两倍以上为宜。

②机械处理。机械处理是利用振动筛与旋流器对泥浆进行处理。带有土渣的泥浆先经振动筛将粒径较大的土渣（0.77mm 以上）分离出，处理能力一般为 $2\sim5m^3/h$，之后将仍含有土渣的泥浆在泵压（0.25～0.35MPa）作用下送入旋流器，旋流器的工作原理如图 6-16 所示。进入旋流器内的泥浆因高速旋转产生离心力，因土渣质量较大，产生较大的离心力而被甩至旋流器壁上并下滑排出，含有微粒土渣的泥浆则由溢流管流出，并送入沉淀池沉淀。对于黏度超过 25s 的泥浆，沉淀效果会显著降低。一般在 4h 内沉淀作用较明显，16h 后处于稳定状态。

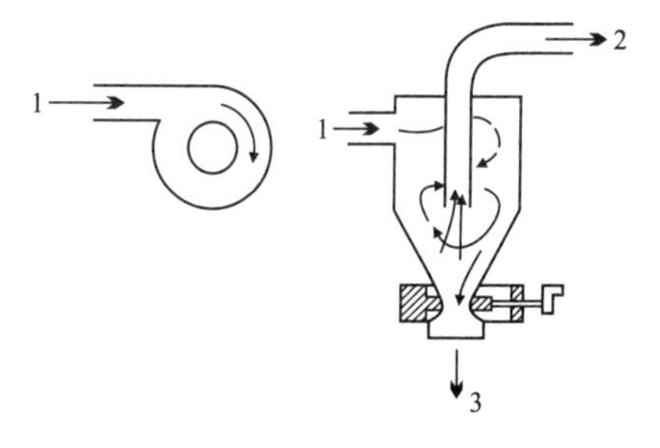

图 6-16　旋流器工作原理
1—带土渣的泥浆；2—泥浆；3—土渣

2）化学处理。当泥浆与土渣及混泥凝土接触后，浆液中阳离子含量增大，并吸附在膨润土颗粒表面，使泥浆的凝胶化倾向增加。当泥浆产生凝胶化后，泥皮的形成性能降低，槽壁的稳定性较差，泥浆的黏度增高，使土渣分离困难。在进行水下灌注混凝土时，因大量钙离子混入泥浆，即会产生这一现象，此时应对浆液进行化学处理。

化学处理时，一般可加入分散剂，以加速其中悬浮物的沉淀。因采用该方法处理的沉淀物含水量较大，还需再进行土渣分离处理。施工中应根据泥浆的性质，采用物理再生处理与化学处理相接合的方法，会使泥浆质量维护在较佳状态。

（三）挖槽施工

挖槽施工是最关键的工序，其工期约占地下连续墙施工总工期的1/2。因此，合理选择挖槽机械并正确使用，制定出维护槽壁稳定的施工措施，对提高挖槽效率、缩短工期相当有利。

1. 单元槽段划分

挖槽施工前，预先沿地下连续墙的长度方向将地下连续墙划分为若干一定长度的单元槽段，每个单元槽段依机械作业情况可分为一个或几个挖掘段（挖掘机械的一次挖土长度为一个挖掘段），所以，单元槽段的最小长度不得小于一个挖掘段。为了减少槽段的接头数量，增加地下连续墙的整体性及防水性，提高工效，根据设计要求及结构特点，可适当增加单元槽段的长度，同时，还应对以下因素进行考虑：

（1）地质条件。当土层稳定性差、地下水位较高时，为了防止槽壁坍塌，缩短成槽时间以便及时灌注混凝土，应限制槽段长度。

（2）地面荷载。当附近有高大建（构）筑物或地面有较大的超载时，为减小对已有建（构）筑物的影响，缩短槽壁的暴露时间，也应缩短单元槽段的长度。

（3）起重机械的起重能力。由于单元槽段的钢筋笼需整体吊装（分段吊装时仅在竖向分段），所以，起重能力应与相应槽段钢筋笼的总重量相适应。

（4）混凝土的供应能力。一般情况下，一单元槽段内的混凝土宜在4h内灌注完毕，当混凝土供应能力难以达到要求时，应减小槽段长度，否则应增加混凝土的供料能力。

另外，对槽段形状特殊（如T形）、钢筋笼难以吊入的槽段，也应限制单元槽段的长度。为了使地下连续墙具有较好的整体性，在划分槽段时，各槽段的接头位置应避开地下墙与内部结构的连接部位，接头位置避免设在转角处。单元槽段的长度一般为5～7m，条件允许时也可大于10m。

2. 挖槽机械

由于地下连续墙施工时的开挖规模、技术要求及地质条件各不相同，目前还没有适于各种条件的多功能挖槽机械，因此需根据具体地质条件及工程要求选择合适的挖槽机械。国内常用的挖槽机械可分为挖斗式、冲击式及回转式三大类，每一类又有多种形式。

（1）挖斗式挖槽机。挖斗式挖槽机是构造最简单的一种机型，挖掘时以斗体上的斗齿切削土体，由斗体收容土体并提升至槽外开斗卸土，之后返回槽内重新挖土。工作时靠斗体重量将斗齿切入土体，所以适于在较松散的土层中挖掘，当标贯击数N值大于30则挖掘速度明显下降，N值超过50则难以挖掘。因此，在硬土层中作业时，采用钻抓法更为合适，即先由钻机按抓斗开启宽度，间隔预钻导孔，孔径等于墙厚度，导孔间土体（其两侧已形成竖直自由面）只须由抓斗闭合斗体即可挖掘。由于需提升至地面卸土，当沟槽深度太大则挖土效率不高，所以挖掘深度不宜超过20m。

为了使挖掘方向及成槽精度得到保证，可在抓斗上安装导板成为常用的导板抓斗；也可在挖斗上装长导杆，工作时导杆沿机架上的导向立柱上下移动，成为液压抓斗，既可提高成槽精度，又增加了斗体自重，使切土能力提高。

这类机械构造简单，耐用且故障少，多以履带式起重机作载运机械，适于施工单位自制，如常用的蚌式抓斗。意、法、日等国的相应工法中皆采用了蚌式抓斗，它可在N值小于50的土层中进行宽450～2 000mm、深50m的地下连续墙挖槽施工。由于蚌式抓斗两侧面多安装导向板，故常称为导板抓斗。当斗体的上下移动及开闭是通过钢索操纵时称索式抓斗；当抓斗沿导杆上下移动并通过液压开闭斗体时称导杆液压抓斗。

1)索式中心提拉式导板抓斗。该形式抓斗如图 6-17 所示。工作时由滑轮组上的钢索操纵开斗、抓斗、闭斗及提升，并根据需要安装一定长度的导板。这类抓斗适合在软土层中使用，当挖掘深度较大或土层较硬时则效率较低。

2)索式斗体推压式导板抓斗。该形式抓斗如图 6-18 所示。它主要由斗体、弃土压板、导板、导架、滑轮组、提杆等部分组成，其挖土动作及切土轨迹如图 6-19 所示。挖土时能推压抓斗斗体进行切土，且设有弃土压板，故切土及弃土效果好。国内曾用这种抓斗进行深达 26m 的成槽施工，效果完全达到要求。

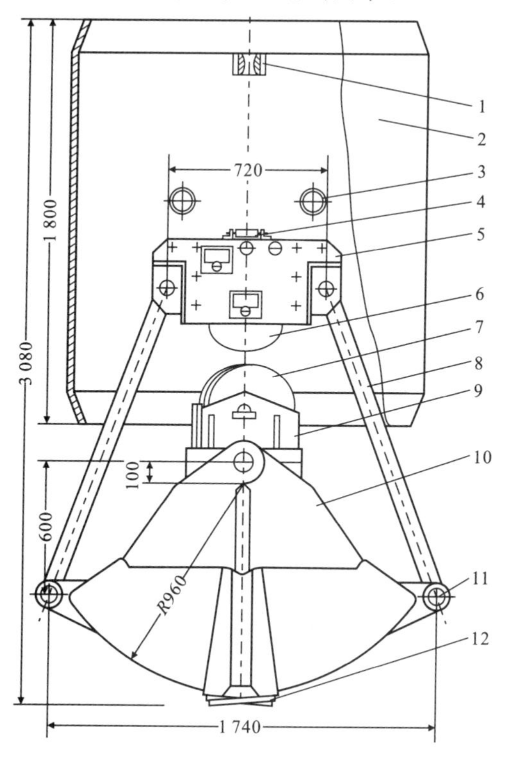

图 6-17 索式中心提拉式导板抓斗

1—导向块；2—导板；3—撑管；4—导向辊；5—斗脑；6—上滑轮组；7—下滑轮组；8—提杆；9—滑轮座；10—斗体；11—斗耳；12—斗齿

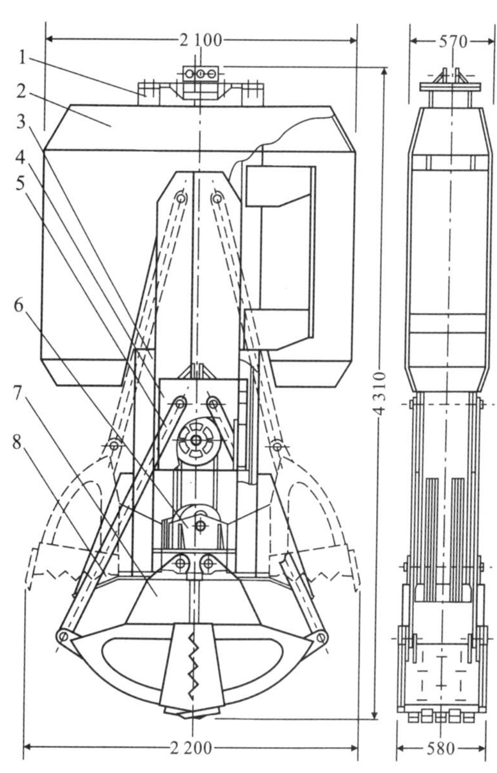

图 6-18 索式斗体推压式导板抓斗

1—导轮支架；2—导板；3—导架；4—动滑轮座；5—提杆；6—定滑轮；7—斗体；8—弃土压板

3)导杆液压抓斗。其构造示意图如图 6-20 所示。抓斗的液压开闭装置位于导杆下端，通过导杆自重使抓斗向下推压，斗体切入土中挖掘土体。抓斗的载运机械为履带式起重机，机架上装有导向滑槽，使导杆在槽内上下移动，导杆及导向滑槽的长度可根据挖槽深度调整。

采用这种抓斗挖槽时不需钻导孔，成槽精度较高。各种形式单元槽段内的挖掘顺序如图 6-21 所示。

(2)冲击式挖槽机。国内使用的冲击式挖槽机属钻头冲击式挖槽机。挖槽时通过各种形状的钻头靠重力作用冲击破碎土体，借助循环泥浆把土渣排出槽外，所以在一般土层、卵砾石

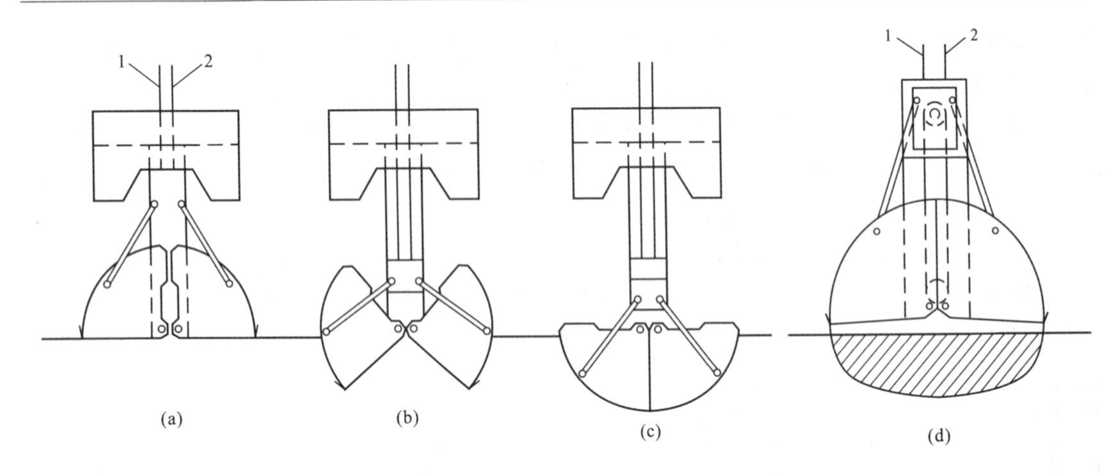

图 6-19　索式斗体推压式导板抓斗的挖土动作和切土轨迹

(a)抓斗就位；(b)斗体推压抓土；(c)抓斗闭合；(d)抓斗切土轨迹

1—悬吊索；2—斗体启闭索

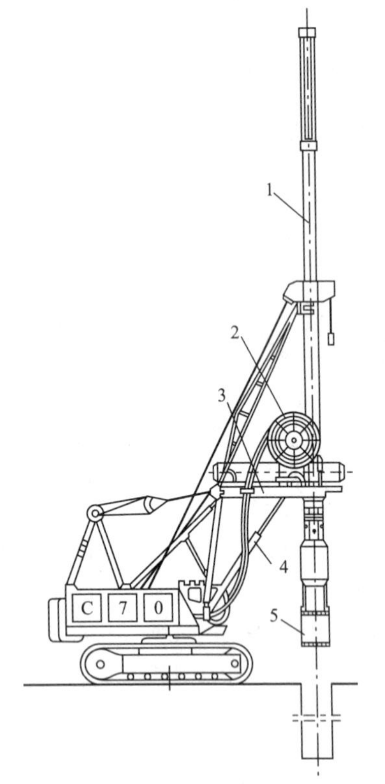

图 6-20　导杆液压抓斗构造示意图

1—导杆；2—液压管线回收轮；3—平台；

4—调整倾斜度用的千斤顶；5—抓斗

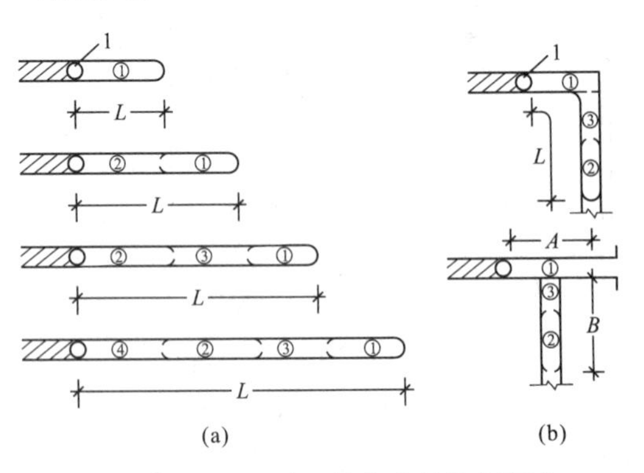

图 6-21　单元槽段内的挖掘顺序

(a)直线形单元槽段；(b)转角部位单元槽段

1—接头管处的孔；L(或 $A+B$)为单元槽段长度；

①、②、③、④—抓斗挖掘顺序

层及岩层中也能成槽。图 6-22 为 ICOS 冲击钻机组示意图，它将泥浆制备、输送及处理设备与冲击钻配置成机组的形式，给施工带来方便。

图 6-23 为常用的十字形冲击钻头，成孔直孔一般为 800mm，成槽时先按一定间距冲钻成主孔，之后在主孔间劈打成副孔，即形成槽段。

冲击式挖槽机成槽时，可采用泥浆正循环或泥浆反循环方式排渣。采用正循环方式时，作用在挖槽工作面处的泥浆压力较大，但对于整个开挖槽段的泥浆，其上升速度与挖槽断面面积成反比，若断面较大的情况下采用泥浆正循环方式，土渣上升速度慢且易于混在泥浆中，使泥浆密度增大，所以此时不宜采用泥浆正循环方

式。采用反循环方式时，土渣随泥浆一起被吸入钻头，通过钻杆及管道排出槽外，经泥水分离装置排除土渣后成为再生泥浆并继续使用。由于反循环泥浆在钻具内上升速度快，可将较大块的土渣吸入钻具内，故挖掘面无沉渣堆积现象。但是，当挖槽断面较小时，槽段内泥浆向下流动速度较快，会使槽壁上的泥浆压力小于正循环时的泥浆压力，此时泥浆护壁作用会降低。

(3)回转式挖槽机。该类挖槽机是以回转的钻头切削土体进行挖掘工作，土渣随反循环泥浆排出槽外。钻头数目有单头钻及多头钻之分，前者主要用于钻导孔，后者用于成槽。

我国设计制造的多头钻成槽机及钻头如图6-24、图6-25所示。该机型采用动力下放、泥浆反循环排渣、电子测斜纠偏及自动控制给进成槽，工艺较先进。

多头钻利用两台潜水电钻带动减速机构及传动分配箱的齿轮，驱动钻头等速对称旋转以切削土体，并带动8个侧刀(每边4个)上下运动，以切除钻头工作后所余下的土体，即可一次

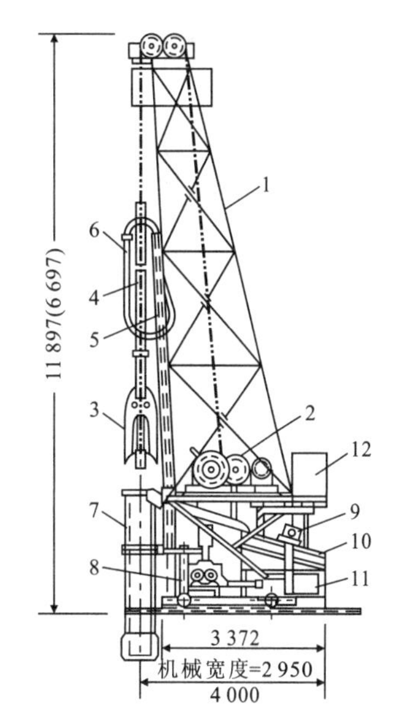

图6-22　ICOS冲击钻机组

1—机架；2—卷扬机；3—钻头；4—钻杆；5—中间输浆管；6—输浆软管；7—导向套管；8—泥浆循环泵；9—振动筛电动机；10—振动筛；11—泥浆槽；12—泥浆搅拌机

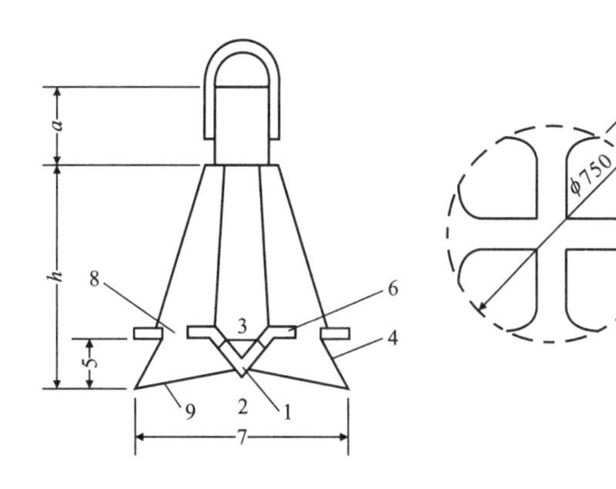

图6-23　十字形冲击钻头

1—摩擦面；2—底刃角；3—冲击刃角；4—摩擦角；5—冲击刃高；6—钻耳；7—直径；8—水口；9—底刃

形成长圆形断面的槽段。上下两层布置的5个钻头在平面上相互搭接，因钻头转动方向相反，各钻头的钻进反力相抵消，整个多头钻也不会因钻进反力而产生扭转。

挖槽时，机头中心与挖槽段中心对准，将密封储油器加压至0.1～0.15MPa，并随机头下放深度的增加而逐步加压，然后将机头放入槽内进行钻槽，钻槽过程中应将钻机工作电流控制在75A之内，否则应停钻并查找原因，以免钻机设备损坏。

多头钻在钢索悬吊状态下进行挖槽，能保持自然垂直状态。为了进一步提高成槽垂直精

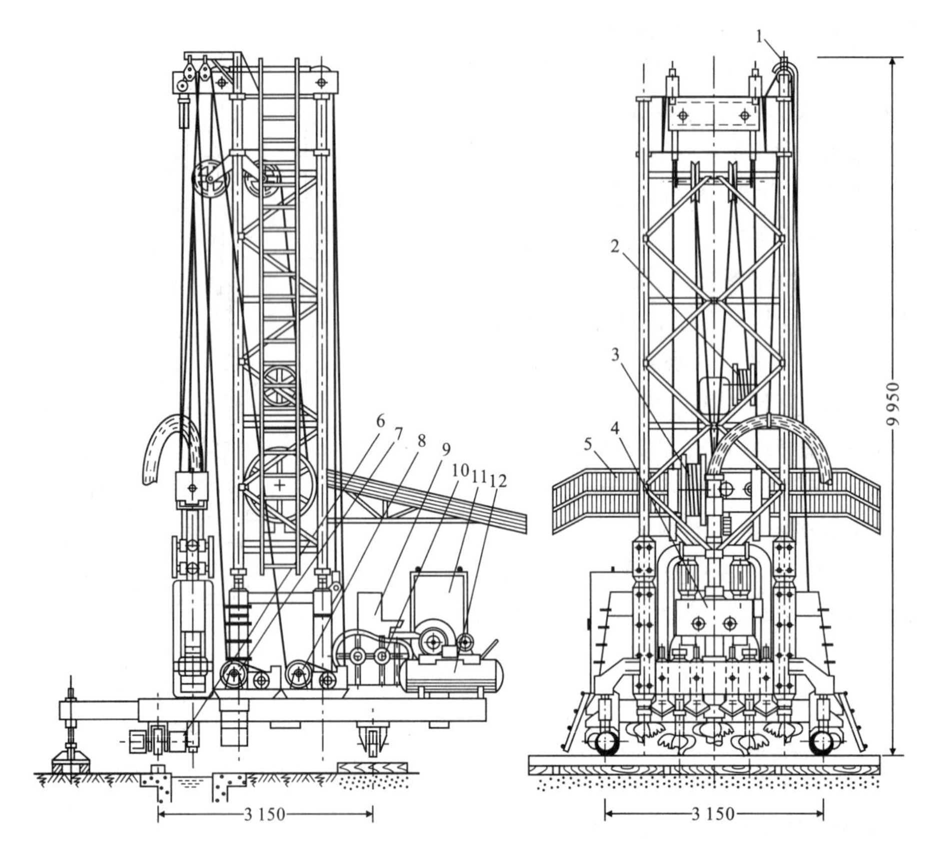

图 6-24　多头钻成槽机

1—皮龙提升台令;2、3—电缆收线盘;4—多头钻机机头;5—雨篷;6—行走电动机;
7、8、10—卷扬机;9—操作台;11—配电箱;12—空气压缩机

度,当多头钻机头出现偏斜时,倾斜仪可显示偏斜程度,此时,可调节操作台上的高压气体阀门,操纵纠偏气缸并分别推动多头钻两侧的四片纠偏导板,自动纠正多头钻在两个方向的偏差。

在悬挂多头钻机头的钢索固定端装有拉力传感器,拉力值可由电子秤显示,并以此换算出钻压,利用调节钢丝绳的荷重来调节钻压,以保证钻机在正常状态下工作。

在成槽过程中,钻渣随泥浆由中间部位钻头的空心钻杆吸入并排出槽外。反循环泥浆由砂石吸力泵或空压机驱动,也可混合使用。

采用多头钻成槽时,钻头对槽壁土的扰动程度小,形成的槽壁较光滑,故吊放钢筋笼顺利,混凝土的超灌量小,在软土、砂土及小粒径卵砾石层中均能顺利成槽,在邻近高层和重要建筑物处也能安全高效地作业,所以适于在建筑物密集区施工,且无噪音,无振动,能做到文明施工。

3.槽壁维护

挖槽施工时,若送入槽内的泥浆量未减少而浆液水位明显下降,则说明泥浆已大量漏失;当较稳定的浆液面出现异常扰动或有大量泡沫产生、导墙及附近地面出现沉降、排土量明显大于设计断面的土方量时,则说明槽内土壁已发生坍塌。塌方一旦发生,不仅可能造成埋钻,使

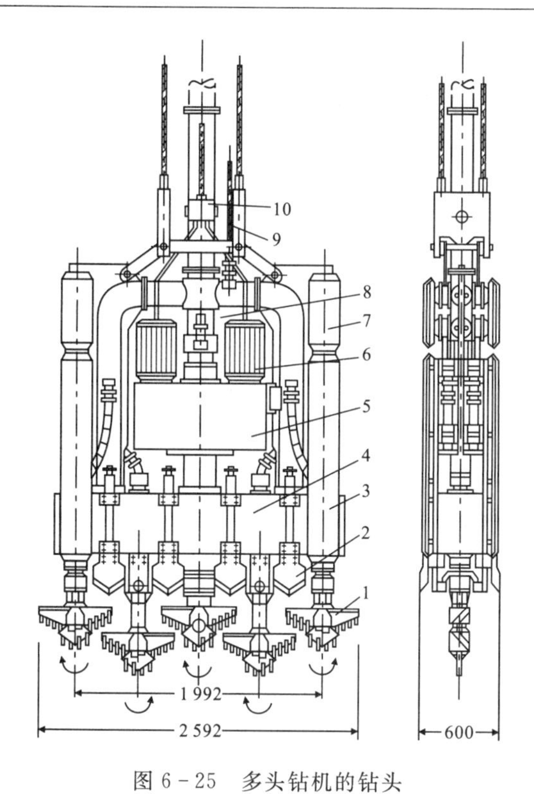

图 6-25　多头钻机的钻头

1—钻头;2—侧刀;3—导板;4—齿轮箱;5—减速箱;6—潜水电动机;7—纠偏装置;8—高压进气管;9—泥浆管;10—电缆结头

工期拖延,同时也可能引起地面沉陷使挖槽机倾覆,对邻近建筑物及地下管线造成破坏。当吊放钢筋笼后或者在混凝土灌注过程中出现塌方,会使土体混入混凝土内造成墙体缺陷,甚至会使墙体内外贯通而成为管涌的通道。可见,施工中出现槽壁塌方是极为严重的事故。

实测资料表明,开挖后的槽壁变形往往是上部大,下部小,一般在地面以下 7～15m 范围内的槽壁出现外鼓,所以塌方部位多发生在地面以下 12m 左右的范围内,塌体多呈半圆筒形,中间大,两头小,且常常是在两侧槽壁上对称出现。影响槽壁稳定性的因素是多方面的,但可以通过对各种因素的分析判断,制定并采取相应的防治措施,使塌方事故减少到最低程度。

为防止坍塌,需采用相对密度较大的泥浆进行护壁。槽壁外地下水位的变化,特别是在挖槽深度不大的情况下,对槽壁的稳定性影响更为显著。例如,当降雨使地下水位急剧升高,甚至经导墙底部流入槽内使泥浆质量改变,此时槽内外静水压力差明显降低,极易出现槽壁塌方,所以,在高地下水位地区进行深槽作业时,由于槽段开挖时间较长,可采用降低地下水位的措施配合施工。泥浆的质量及浆液面与地下水位的高差对槽壁的稳定亦产生很大影响,当浆液面高度超出地下水位较多时,泥浆的相对密度可较小,且槽壁失稳的可能性也较小,依计算及实际观测资料证明,泥浆面宜高出地下水位 0.5～1.0m。另外,单元槽段的开挖规模也直接影响槽壁的稳定性,槽段的长深比(L/H)越大,土拱作用越小,槽壁的稳定性也越差,而且当槽段长度较大时,因作业时间长,泥浆质量会较大程度的降低,也影响槽壁的稳定性。可见,根据地质条件制备合理配比的泥浆,保持泥浆面的高度,挖槽过程中对泥浆质量进行控制,减小单元槽段的长度,避免在沟槽附近出现影响槽壁稳定的超载等,都可作为防止槽壁坍塌的措施。

当出现漏浆现象时,应及时堵漏和补浆,以保证泥浆面的高度,防止槽壁坍塌,这对深度小于 15m 的沟槽开挖作业显得尤为重要。当因槽壁坍塌引起多头钻或蚌式抓斗升降困难时,应及时将挖槽机具提升至地面,避免被埋入地下,并迅速补浆提高液面高度、回填黏性土,待回填土稳定后再重新开挖。

(四)清底

在灌注混凝土之前,应将槽底的沉淀物清除。当槽底的沉淀物达到一定厚度时,会给下道工序的施工质量留下隐患。例如:沉渣会使水下灌注时的混凝土流动性降低,影响灌注速度,甚至会引起钢筋笼上浮,或者会使钢筋笼不能落到设计位置,使地下连续墙的结构配筋发生变化；当沉渣过多且混入混凝土中会使混凝土强度降低，随混凝土带至单元槽段接头部位的沉渣会使接头部位的强度及抗渗性能变差；由于沉渣难以被浇注的混凝土置换出来而留存在槽底，使地下墙的承载力降低，墙体的沉降量会增大，而且使墙体底部的防渗能力大减，成为产生管涌的隐患，以致还需进行注浆处理；另外，沉渣较多时会加速灌注过程中的泥浆变质，使灌注过程后期的浮浆量增加。

当单元槽段挖至设计标高后，应对槽段断面进行测量(用钻头或超声波)，对超过精度要求的槽段土壁可将并联的锁口管或冲击钻头对槽壁进行修整，并对已完工的槽段接头部位进行清刷或用高压空气压吹，之后即可进行清底。当吊放钢筋笼时使槽壁泥皮剥落而堆积槽底，则应在吊放钢筋笼后再一次清底。

泥浆中土渣的沉淀时间可根据挖槽深度及土渣的沉降速度(按斯托克斯公式)求得。在泥浆性质良好的情况下，一般认为挖槽结束后静置 2～4h，绝大多数土渣已沉淀。

清底的方法有沉淀法和置换法。前者是在土渣已基本沉淀至槽底后再进行清底；后者是在挖槽结束后，土渣未沉淀前立即用新泥浆把槽内的泥浆置换出来。当采用沉淀法时，为了使土渣沉淀较充分，可在吊放钢筋笼之前或者在灌注混凝土之前进行清底。清除槽底土渣的具体工艺有砂石吸力泵排泥法、压缩空气升液排泥法、带搅动翼的潜水泥浆泵排泥法等，如图 6-26所示。另外，还可采用抓斗排泥法。

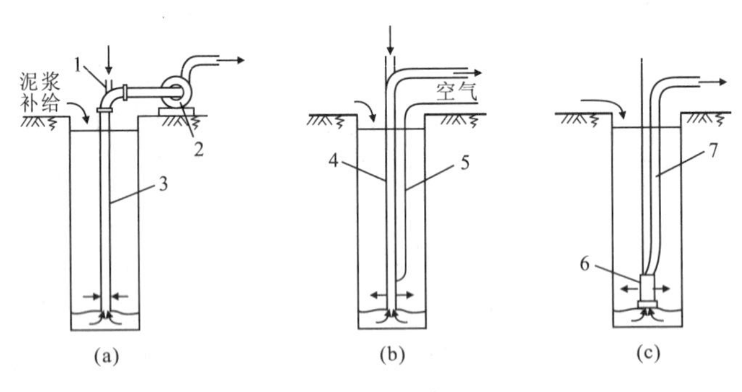

图 6-26　清底方法

(a)砂石吸力泵排泥；(b)压缩空气升液排泥；(c)潜水泥浆泵排泥

1—接合器；2—砂石吸力泵；3—导管；4—导管或排泥管；5—压缩空气管；6—潜水泥浆泵；7—软管

清底完毕后即可将接头管吊放入槽内端部就位，准备吊放钢筋笼。

(五)钢筋笼加工及吊放

1. 钢筋笼加工

钢筋笼根据地下连续墙墙体配筋图及单元槽段的尺寸进行制作，最好按单元槽段尺寸制作成整体。当受制作及起吊条件的限制需分段制作时，则需分段吊放并连接，纵向受力钢筋搭接长度在无特殊要求的情况下一般为 60 倍的钢筋直径，宜采用绑条焊接。

为了给灌注工作创造条件，应按灌注要求在钢筋笼内留出安放混凝土导管的竖直空间，笼周围需加设箍筋和连接筋进行加固。为了避免阻碍导管升降，纵向筋应布置在笼内侧，其底端宜向内弯折，以防吊放时擦伤槽壁，但弯折程度应不致影响混凝土导管的插入，纵向筋的净距不得小于 100mm(图 6-8)。

制作时，钢筋的质量、数量、间距及位置必须符合设计要求，各部位的焊接按规范要求进行，钢筋笼成型时所用的临时扎结铁丝应在焊接后全部拆除。

结构接头部位的预留锚筋一般采用光圆钢筋，直径不宜大于 20mm，预埋钢筋及钢板的布置不能影响混凝土的自由流动，以保证混凝土充满锚固件周围的空间。

由于钢筋笼的尺寸大，整体刚度小，为了防止起吊时产生过大变形，在制作时要依笼重量、尺寸、起吊方式及吊点位置，在笼内布置 2～4 榀的纵向桁架，纵向桁架的弦杆断面按计算确定，通常的做法是将相应部位受力钢筋的断面加大用作桁架的弦杆。

2. 钢筋笼吊放

为了避免使钢筋笼产生不能恢复的变形，必须对钢筋笼的起吊、运输及吊放作业制定出周全的施工方案。

为了防止因起吊使钢筋笼变形，吊点布置应合理，且应采用吊梁或吊架配合起吊，笼下端不能在地面拖引。当向槽内吊入时，钢筋笼中轴线应与地下连续墙中轴线重合，起吊动作平稳，避免因钢筋笼摆动而破坏槽壁。分段制作的钢筋笼对接时，应将上下段钢筋笼竖直对齐。

当全部钢筋笼已插入槽内，应对其轴线位置及顶标高进行检查、调整直至符合设计要求，并将其牢靠地悬吊在导墙上。

当向槽内吊放钢筋笼受阻且难以插入时，应吊出钢筋笼，查明原因并处理。如需进行修槽处理时，应在处理后重新吊放，不能强行插放，否则会引起槽壁坍塌、钢筋笼变形及槽底产生大量沉渣等，使处理工作更加困难。

（六）混凝土灌注

当前述各工序已按规定要求完成后，则可将混凝土灌注机架及接头管顶升架就位，并将混凝土导管吊放入槽内，准备进行混凝土灌注作业。

1. 混凝土配合比

由于地下连续墙采用水下灌注混凝土的方法，在泥浆中浇注的混凝土强度会受到施工条件变化的影响，使地下连续墙各部位的强度出现差异，所以施工配比应比结构设计规定的强度等级提高 5MPa。

为避免混凝土出现分层离析，要求采用粒度良好的河砂，粗骨料宜用 5～25mm 的卵石。当采用 5～40mm 的碎石时应适当增加水泥用量并提高含砂率，以保证坍落度及和易性满足要求。水泥应采用 32.5～42.5 级的普通硅酸盐水泥或矿渣硅酸盐水泥。当粗骨料为卵石时，水泥用量应大于 370kg/m^3；当采用碎石并掺入优良的减水剂时，水泥用量应大于 400kg/m^3；当采用碎石而未掺减水剂时，则应大于 420kg/m^3。水灰比应不大于 0.60，混凝土的坍落度宜为 18～20cm。

2. 混凝土灌注

为了便于混凝土向料斗内供料及装卸混凝土导管，施工时一般采用能跨在导墙上沿轨道移动的混凝土灌注机架进行灌注。

灌注时，导管下口应始终埋入混凝土中不少于 1.5m，否则，在混凝土翻出管口时，会将混凝土上升面附近的泥浆卷入混凝土内，使混凝土强度降低。若导管下端埋入混凝土太深，则会造成混凝土在管内流动不畅，甚至会引起钢筋笼上浮，所以，导管在混凝土中的最大埋深，按计算及施工经验，不宜超过 9m。灌注时应随时掌握灌注量、混凝土上升高度及导管在混凝土中的埋深。随着混凝土面的上升，应逐节拆卸导管，防止导管提空。

为了保证单元槽段端部的浇注质量，导管距槽段端部的距离不得大于 2m。若两根导管的间距过大，则两根导管中间部位的混凝土面较低，易使泥浆卷入混凝土中。所以，当采用多根导管同时灌注时，应使各导管处的混凝土面基本处于同一标高。导管的间距主要取决于导管的灌注有效半径及混凝土的和易性，当灌注上升速度 $v \leqslant 5\text{m/h}$ 时，灌注有效半径 R 可参考以下经验公式确定：

$$R=6.25Sv \tag{6-21}$$

式中：S——混凝土坍落度(m)。

为了将每单元槽段的灌注时间控制在4～6h，灌注速度一般应为30～35m^3/h。随着地基土性状、地下水位及成槽规模等情况的不同，地下连续墙的混凝土超灌量为5%～20%不等。由于混凝土上升面与泥浆接触，形成必须弃除的浮浆层，当灌注工作接近尾声时，应将实际混凝土面灌至设计顶标高以上0.3～0.5m，待混凝土硬化后，再将不符合强度要求的浮浆层凿除，使设计标高处的混凝土强度完全符合要求。

思　考　题

1. 在什么情况下适宜采用地下连续墙工艺？它有何优缺点？
2. 什么是地下室逆作法施工？
3. 工程中一般采用哪几种方法对地下连续墙进行内力计算？说明其计算原理。
4. 进行地下连续墙的挖槽施工时，泥浆性质的控制指标对施工将会产生哪些影响？

主要参考文献

曹声远,沈蒲生.钢筋混凝土结构[M].长沙:湖南大学出版社,1987.
车宏亚.钢筋混凝土结构原理[M].天津:天津大学出版社,1990.
陈希哲.土力学地基基础[M].北京:清华大学出版社,1989.
陈仲颐,叶书麟.基础工程学[M].北京:中国建筑工业出版社,1990.
陈仲颐等.土力学[M].北京:清华大学出版社,1994.
《工程地质手册》编写委员会.工程地质手册[M].北京:中国建筑工业出版社,1992.
顾晓鲁.地基与基础[M].北京:中国建筑工业出版社,1993.
郭继武.建筑地基基础[M].北京:高等教育出版社,1990.
华南理工大学等.地基及基础[M].北京:中国建筑工业出版社,1998.
江正荣,朱国梁.简明施工计算手册[M].北京:中国建筑工业出版社,1999.
交通部公路规划设计院.公路桥涵地基与基础设计规范(JTJ024-XAN85)[S].北京:人民交通出版社,1985.
荆万魁.工程建筑概论[M].北京:地质出版社,1993.
李智毅,杨裕云.工程地质学概论[M].武汉:中国地质大学出版社,1994.
凌治平,易经武.基础工程[M].北京:人民交通出版社,1997.
刘金波.建筑桩基技术规范理解与应用[M].北京:中国建筑工业出版社,2008.
刘金砺.桩基础设计与计算[M].北京:中国建筑工业出版社,1990.
沈杰.地基基础设计手册[M].上海:上海科学技术出版社,1985.
唐大雄,孙愫文主编.工程岩土学[M].北京:地质出版社,1987.
同济大学.房屋建筑工程基本知识[M].上海:上海科学技术出版社,1986.
尉希成.支挡结构设计手册[M].北京:中国建筑工业出版社,1995.
宰金珉,宰金璋.高层建筑基础分析与设计[M].北京:中国建筑工业出版社,1993.
赵志缙,赵帆.高层建筑基础工程施工[M].北京:中国建筑工业出版社,1994.
住房和城乡建设部.建筑桩基技术规范(JGJ 94—2008)[S].北京:中国建筑工业出版社,2008.
住房和城乡建设部.岩土工程勘察规范(GB 50021—2001)[S].北京:中国建筑工业出版社,2001.
住房和城乡建设部.混凝土结构设计规范(GB 50010—2010)[S].北京:中国建筑工业出版社,2015.
住房和城乡建设部.建筑地基基础设计规范(GB 50007—2011)[S].北京:中国建筑工业出版社,2011.
住房和城乡建设部.建筑抗震设计规范(GB 50011—2011)[S].北京:中国建筑工业出版社,2011.
住房和城乡建设部.建筑基坑支护技术规程(JGJ 120—2012)[S].北京:中国建筑工业出版社,2012.
住房和城乡建设部.建筑边坡工程技术规范(GB 50330—2013)[S].北京:中国建筑工业出版社,2013.
中国建筑科学研究院.高层建筑箱形与筏形基础技术规范(JGJ 6—99)[S].北京:中国建筑工业出版社,1999.
《桩基工程手册》编写委员会.桩基工程手册[M].北京:中国建筑工业出版社,1995.